“十二五”普通高等教育本科国家级规划教材

计算机绘图基础教程

第 3 版

主　编　吴佩年　宫　娜　王　迎
参　编　姜文锐　高　岱　李平川　何　蕊　崔馨丹
　　　　曲焱炎　黄海林　冯　宇　唐艳丽　袁　晗
主　审　李利群

机 械 工 业 出 版 社

本书系统地介绍了 AutoCAD 2020 和 SOLIDWORKS 2020 的使用方法和技巧。全书共分两篇 12 章，其中上篇第 1 章～第 5 章为 AutoCAD 二维绘图部分，下篇第 6 章～第 12 章为 SOLIDWORKS 三维建模和工程图生成部分。上篇的主要内容包括 AutoCAD 2020 绘图的基本设置与操作，基本绘图命令，图形编辑，辅助绘图工具，尺寸标注、图案填充与文本标注；下篇的主要内容包括 SOLIDWORKS 2020 基础知识、草图绘制与编辑、实体建模、曲线曲面三维造型、典型零件结构的建模、装配体、工程图。除第 1 章、第 4 章和第 6 章外，各章均配有与章节内容相适应且数量相当的实例，以及供学生上机操作的习题。

本书结构紧凑，内容简明扼要，语言通俗易懂，层次循序渐进，例题讲解详实，具有很强的实用性。本书可作为工科院校的本科生计算机绘图教材，也可作为研究生和广大工程技术人员的自学参考书。

* 本书中以二维码的形式链接了一定数量的讲解视频，并通过机械工业出版社教育服务网（www.cmpedu.com）提供电子课件及图形源文件等配套资源。

图书在版编目（CIP）数据

计算机绘图基础教程 / 吴佩年，宫娜，王迎主编. — 3版. — 北京：机械工业出版社，2022. 7（2025.1重印）

“十二五”普通高等教育本科国家级规划教材

ISBN 978-7-111-70911-4

Ⅰ. ①计… Ⅱ. ①吴…②宫…③王… Ⅲ. ①计算机制图–高等学校–教材 Ⅳ. ①TP391.72

中国版本图书馆CIP数据核字（2022）第095926号

机械工业出版社（北京市百万庄大街22号 邮政编码100037）
策划编辑：徐鲁融 责任编辑：徐鲁融
责任校对：樊钟英 刘雅娜 责任印制：刘 媛
涿州市般润文化传播有限公司印刷
2025年1月第3版第5次印刷
184mm × 260mm · 21.5印张 · 529千字
标准书号：ISBN 978-7-111-70911-4
定价：66.60元

电话服务 网络服务
客服电话：010-88361066 机 工 官 网：www.cmpbook.com
010-88379833 机 工 官 博：weibo.com/cmp1952
010-68326294 金 书 网：www.golden-book.com
封底无防伪标均为盗版 机工教育服务网：www.cmpedu.com

前　言

《中国制造 2025》为中国制造业的未来设计了顶层规划和路线图，新一代数字化、虚拟化、智能化设计平台是培育创新型人才的重要手段。计算机图形技术早已被广泛应用于机械、电子、航天、船舶、建筑等领域，且发挥着越来越大的作用。我国企业也已经广泛、深入应用计算机技术，同时各高等院校工程图学教育改革不断进行，培养的学生既要掌握图学理论知识也要熟练应用计算机绘图技术。

AutoCAD 是当今较为先进的计算机辅助设计软件之一，其二维绘图功能尤为强大。本书所介绍的 AutoCAD 2020 对设计者的视觉和视界提供了更加柔和清晰的体验，增强的 DWG 图形比较、快速测量等功能相当实用。

SOLIDWORKS 是目前较为流行的三维建模软件之一，其功能十分强大。与其他三维软件相比，SOLIDWORKS 用户操作界面更为简单，易于学习和掌握，因此受到广大用户的普遍欢迎。SOLIDWORKS 2020 版本无论在内容上还是在功能上都更加贴近用户的需求。

为了适应社会对人才的更高要求和教学改革的发展趋势，编者结合多年从事高校计算机绘图本科教学和研究的经验，并充分考虑工程图学的教学特点编写本书。本书是将计算机二维绘图（AutoCAD）和三维建模（SOLIDWORKS）良好结合而推出的计算机绘图基础教材，旨在帮助学生更好地适应“从平面到立体”“由三维模型直接生成二维工程图”的全方位的工程图学立体教学模式。

本着“少而精”的原则，本书内容简洁，结构紧凑，重点突出，通俗易懂，举例详实。同时，书中以二维码的形式链接了一定数量的讲解视频，并通过机械工业出版社教育服务网（www.cmpedu.com）提供电子课件及图形源文件等配套资源，便于学生自学。

本书在每章章末均设有“思政拓展”模块，让学生在学习计算机绘图技术之余，了解天河三号、天鲲号、蛟龙号等中国创造的辉煌成就，体会大国工匠的精神和品质，理解工程图样的重要价值，将党的二十大精神融入其中，树立学生的科技自立自强意识，助力培养德才兼备的高素质人才。

本书由吴佩年、宫娜、王迎任主编，参与编写的人员有姜文锐、高岱、李平川、何蕊、崔馨丹、曲焱炎、黄海林、冯宇、唐艳丽、袁晗。由李利群担任主审。

由于编者水平所限，书中难免有不足之处，恳请广大读者予以指正。

编　者

目录

下篇 SOLIDWORKS

上篇

AutoCAD

AutoCAD

第 1 章

AutoCAD 2020 绘图的基本设置与操作

美国 Autodesk 公司是全球最大的二维、三维设计和工程软件公司，为制造业、工程建设行业、基础设施业以及传媒娱乐业提供卓越的数字化设计及工程软件服务和解决方案。其旗下的 AutoCAD 系列产品是一款通用计算机辅助设计软件，具有易于掌握、使用方便、体系结构开放等优点，胜任各类二维与三维图形的绘制、尺寸标注、图形渲染以及图样的打印输出等工作，已广泛应用于机械、建筑、电子、航天、石油化工、土木工程等诸多领域。

AutoCAD 2020 是 Autodesk 公司于 2019 年 3 月发布的 AutoCAD 系列的最新软件产品，与低版本完全兼容，并在性能和功能方面都有较大的改进与提升，该版本主要有以下特色功能。

1）暗色主题：提供了新的暗色主题界面，外观、对比度和图标都做了进一步优化，对设计者的视觉和视界提供了更加柔和清晰的体验。

2）功能区库：可从功能区中直观地访问图形内容，省时又省力。功能区库提供了直观、可视且快速的工作流程。例如，要将块添加到设计中，就可以使用功能区库来实现，将鼠标指针悬停在功能区上方，块库会显示所有块的缩略图，用户可以直接插入选择的内容，而无需使用对话框。

3）新建选项卡页面：可在此快速打开新的和现有的图形，并访问大量的设计元素。

4）命令预览：在提交命令之前，可先预览常用命令的结果。命令预览能通过评估潜在的命令更改（如 OFFSET、FILLET 和 TRIM），减少撤消命令的次数。

5）联机地图：可以从绘图区内部直接访问联机地图（以前的版本中称为实时地图），并且可以将其捕获为静态图像并进行打印。整合到设计中的地图可包含在最终图像中，并且可以打印到纸张或创建包含地理位置地图的 PDF 文件。

6）设计提要：增强功能包括可以在 Intranet 上使用设计提要，也可在 Internet 或云连接上使用。设计和对话处于同一位置，而且在发送最终图形时，可以选择是否随对话一起发送。

7）可用性增强功能：借助全新的在线帮助主页、重新设计的欢迎页面以及“打印”对话框预览按钮，可快速直观地工作；按〈F1〉键可查找关于文档、安装和部署的相关帮助；使用搜索功能可查找可共享的文章，也可将其添加至书签以供将来参考。

1.1 启动与退出

1.1.1 启动 AutoCAD 2020

在成功安装 AutoCAD 2020 之后，用户可以通过以下三种方式之一启动软件。

1）双击计算机桌面上的“AutoCAD 2020”快捷方式图标。

2）双击工作文件夹中扩展名为“dwg”的文件。

3）从 Windows“开始”菜单的程序列表中找到“Autodesk”→“AutoCAD 2020- 简体中文（Simplified Chinese）”的快捷方式。

启动 AutoCAD 2020 后，默认情况下打开如图 1-1 所示的“开始”界面。该界面的中心部分显示最近使用的文档，其显示方式可在底部选择为预览模式、缩略图模式或列表模式。

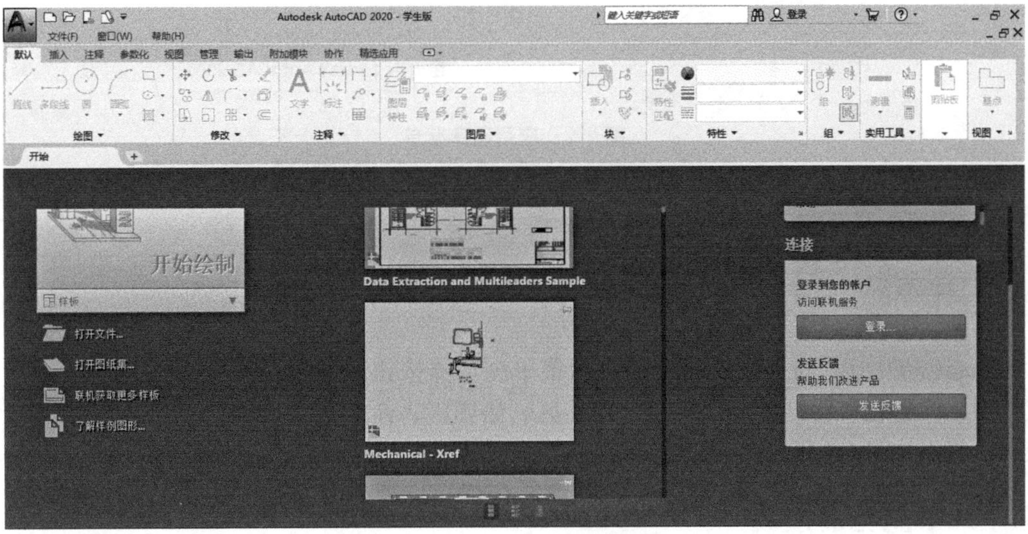

图 1-1 “开始”界面

1.1.2 退出 AutoCAD 2020

用户可以通过以下四种方式之一退出 AutoCAD 绘图软件。

1）单击 AutoCAD 2020 标题栏中最右侧的“关闭”按钮 ×。

2）选择菜单栏中的“文件”→“退出”命令。

3）单击界面左上角的菜单浏览器按钮，在打开的应用程序菜单中单击退出 Autodesk AutoCAD 2020按钮，如图 1-2 所示。

4）在命令行窗口中输入命令“QUIT”或“EXIT”，并按〈Enter〉键。

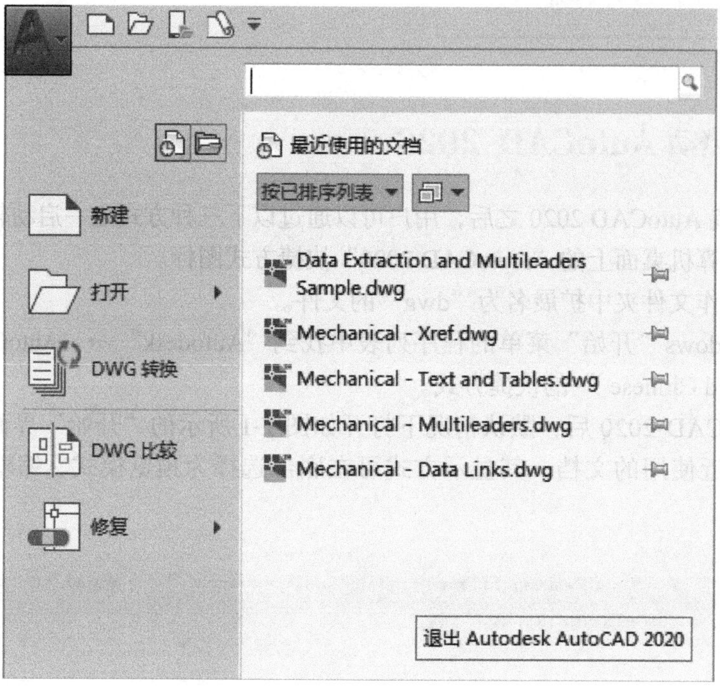

图 1-2　应用程序菜单

1.2 工作界面

AutoCAD 2020 的工作界面主要包括菜单浏览器按钮、快速访问工具栏、标题栏、帮助栏、菜单栏、功能区、绘图区、命令行窗口和状态栏等，如图 1-3 所示。

讲解视频：AutoCAD 工作界面

1. 菜单浏览器按钮

菜单浏览器按钮位于工作界面的左上角。单击此按钮将弹出应用程序菜单，如图 1-2 所示。用户可通过该菜单中的工具来进行搜索命令、浏览文档、保存、发布、打印等操作。

2. 快速访问工具栏

快速访问工具栏位于菜单浏览器按钮的右侧，如图 1-4 所示。其中展示一些最常用的命令工具，如“新建”“打开”“保存”“另存为”“打印”“放弃”“重做”“工作空间切换”等。用户可通过该工具栏最右侧的下拉按钮展开下拉菜单，对常用命令进行显示和隐藏设置。

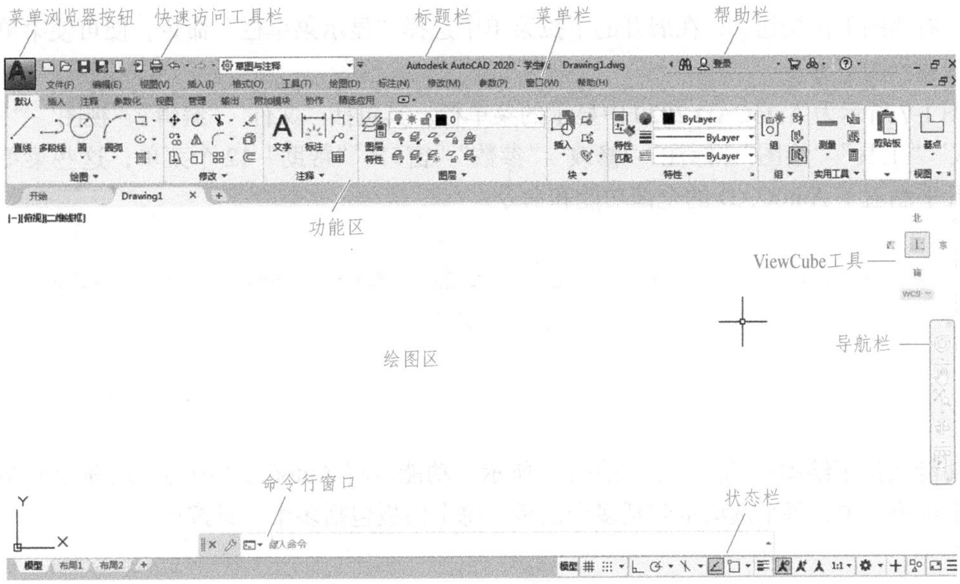

图 1-3　AutoCAD 2020 工作界面

图 1-4　快速访问工具栏

3. 标题栏

标题栏位于 AutoCAD 2020 工作界面顶部，如图 1-5 所示，其左侧部分显示软件和当前图形文件的名称，最右侧有“最小化”“最大化 / 还原”“关闭”三个按钮。

图 1-5　标题栏

4. 帮助栏

标题栏中右侧是 AutoCAD 2020 的帮助栏，如图 1-6 所示。用户可以在帮助栏的文本框中输入所要查找的内容进行快速搜索，或者单击 ? 按钮进入“帮助”界面查找，还可以单击“登录”按钮快速登录 Autodesk 360 云服务平台，进入应用商店或社区。

图 1-6　帮助栏

5. 菜单栏

在 AutoCAD 2020 中，菜单栏默认处于隐藏状态。若要显示菜单栏，可以单击快速访问工具栏右侧的下拉按钮，在展开的下拉菜单中选择“显示菜单栏”命令，便可使菜单栏显示在标题栏的下方。

图 1-7 所示为 AutoCAD 2020 中显示的菜单栏。其包括“文件”“编辑”“视图”“插入”“格式”“工具”“绘图”“标注”“修改”“参数”“窗口”“帮助”12 个菜单，这些菜单中的内容几乎涵盖了 AutoCAD 的全部功能和命令。

图 1-7 菜单栏

6. 功能区

功能区位于绘图区的上方，如图 1-8 所示。功能区将 AutoCAD 中的常用命令分类展示在各个选项卡中，每个选项卡包括多个面板，每个面板包括多个工具按钮。

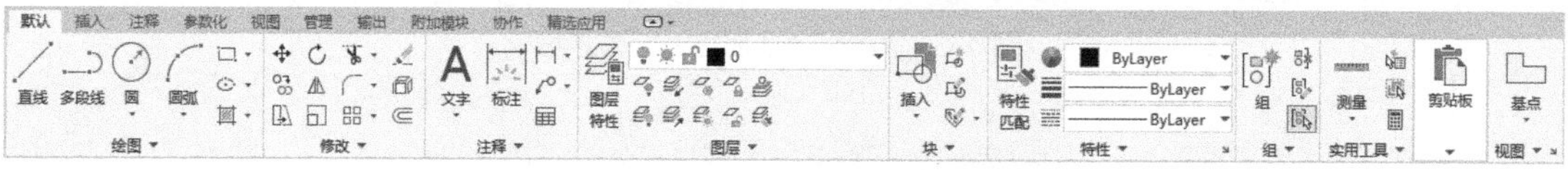

图 1-8 功能区

单击功能区第一行右端的下拉按钮展开下拉菜单，如图 1-9 所示。用户可以通过该菜单调整功能区的显示面积，将功能区最小化为选项卡、面板标题或面板按钮。单击“精选应用”标签右侧的“循环”按钮可以实现功能区的完整界面与这三项之间的切换。

在功能区选项卡上单击鼠标右键将打开一个浮动菜单，如图 1-10 所示，可以对选项卡和面板内容的显示项目进行选择。此处也可以选择“浮动”命令，将功能区从默认的窗口布局中解锁，然后用鼠标将其拖动到任意位置浮动显示，或者固定在窗口布局的两侧。选择“关闭”命令可以将功能区关闭，若要再次打开功能区，则可以通过以下两种方式实现。

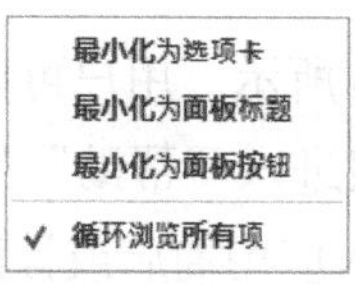

图 1-9 功能区下拉菜单

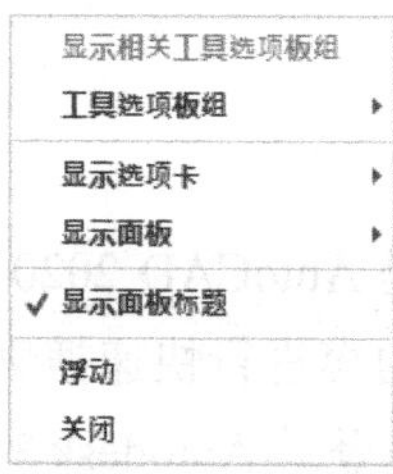

图 1-10 功能区浮动菜单

1）选择菜单栏中的“工具”→“选项板”→“功能区”命令。

2）在命令行窗口中输入命令“RIBBON”，然后按〈Enter〉键。

7. 绘图区

绘图区是工作界面中的主体区域，用来绘制和观察图形。在绘图区中，用户需注意以下四个方面的内容。

1）鼠标指针：将鼠标指针移至绘图区，会显示为带有正方形小框的空心十字光标，主要用于指定点或选择对象。

2）坐标系图标：在绘图区左下角显示的是 AutoCAD 2020 的三维直角坐标系（包括 *X*、*Y* 和 *Z* 轴），帮助用户确定绘图的方向。

3）选项卡标签：在绘图区的底部有三个选项卡标签，即“模型”“布局 1”“布局 2”，如图 1-11 所示，它们分别代表了两种绘图空间。模型空间是绘制并建立模型时的工作空间；布局空间是一种图纸空间，其布局设置主要便于图形的打印输出。单击标签可以打开相应的选项卡。

4）控件组：控件组位于绘图区的左上角，包括三种控件，分别是视口控件、视觉控件和视觉样式控件。如图 1-11 中所示，[−][俯视][二维线框] 即为控件组。控件组为图形的观察方法提供了多样化的选择。

AutoCAD 软件支持多文档操作，绘图区可以显示多个绘图窗口，每个窗口显示一个图形文件，标题加亮显示的为当前窗口。

图 1-11　选项卡标签

8. 命令行窗口

在绘图区下方是一个输入命令和显示命令提示的区域，称为命令行窗口，如图 1-12 所示。命令行窗口可以是固定的也可以是浮动的。用户可以调整窗口的大小，也可以通过选择菜单栏中的“工具”→“命令行”命令或者按〈Ctrl+9〉组合键来设置命令行的显示或关闭状态。

图 1-12　命令行窗口

命令行窗口分上、下两个部分。上部分显示历史命令，下部分是命令行，用于提示用户输入命令或命令选项。

命令行窗口是 AutoCAD 中最重要的人机交互功能模块，AutoCAD 2020 的所有命令都可以在这里输入。用户输入相应命令后，命令行会逐步地提示用户进行选项的设置和参数的输入。命令执行过程中，命令行窗口总是给出下一步要如何操作的提示，因此该窗口也称为命令提示窗口，所有操作过程都会记录在命令行窗口中。

9. 状态栏

状态栏位于整个界面的右下角，用于显示各种工具的开关状态，进行各种模式的设置与切换，如图 1-13 所示。

图 1-13 状态栏

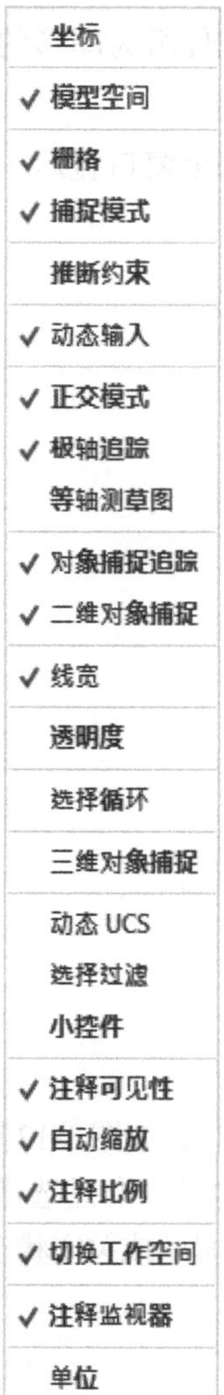

单击状态栏最右侧的“自定义”按钮☰将打开状态栏的快捷菜单，如图 1-14 所示。该菜单包含了状态栏的所有控制按钮，单击相应的选项在其前面标记✓，即可使其显示在状态栏中。

10. ViewCube 工具和导航栏

在默认情况下，ViewCube 工具位于绘图区的右上角，用于控制图形的三维显示和视角，如图 1-15 所示。导航栏位于绘图区的右侧，如图 1-16 所示，用于控制图形的缩放、平移、回放、动态观察等。

单击绘图区的视口控件按钮[-]，在展开的下拉菜单中通过对“ViewCube”和“导航栏”的选择，在前面标记或取消标记✓来设定显示或隐藏状态，如图 1-17 所示。

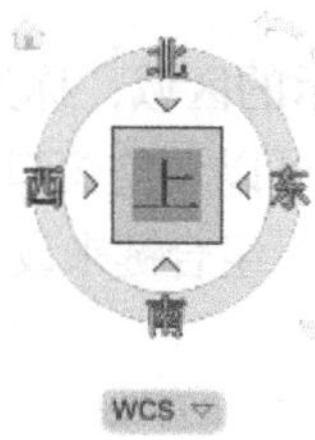

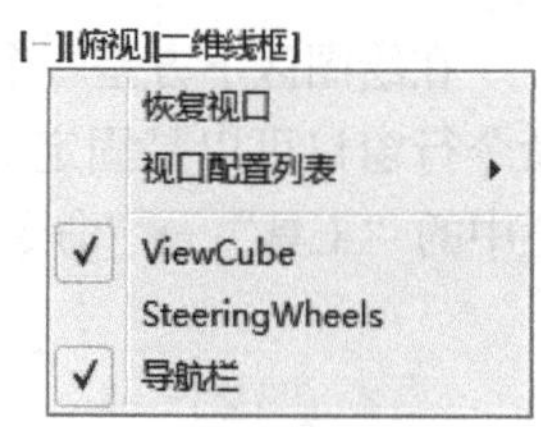

图 1-14 状态栏的快捷菜单　图 1-15 ViewCube 工具　图 1-16 导航栏　图 1-17 设定显示 / 隐藏状态

1.3 工作空间

工作空间是由分组组织的菜单、工具栏、选项板和功能区控制面板组成的集合，使用户可以在专门的、面向任务的绘图环境中工作。使用工作空间时，界面上只显示与任务相关的菜单、工具栏和选项板。此外，工作空间还可以自动显示功能区，即带有特定任务的控制面板的特殊选项板。

AutoCAD 2020 为用户提供了三种基于任务的工作空间，即草图与注释、三维基础和三维建模。相较于之前的 AutoCAD 版本取消了经典界面模式。例如，在创建三维模型时，可以使用“三维建模”工作空间，其仅包含与三维相关的菜单、工具栏和选项板。

启动 AutoCAD 2020 后，用户首先应该根据需要切换工作空间以辅助绘图。可以通过以下三种方式切换工作空间。

1）单击快速访问工具栏中的“工作空间”按钮，在展开的下拉菜单中选择所需的工作空间，如图 1-18 所示。

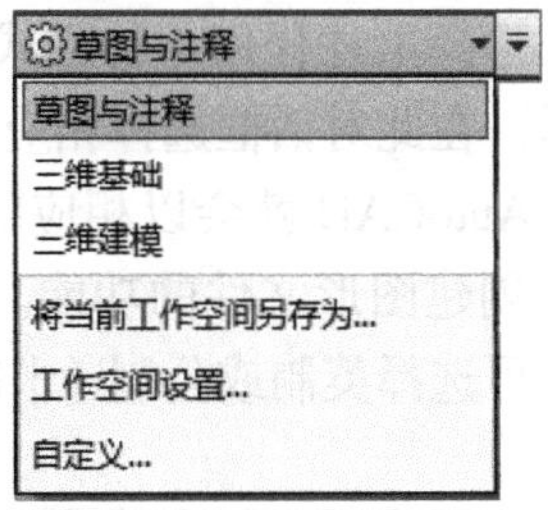

图 1-18 工作空间的切换方式（一）

2）当 AutoCAD 工作界面显示菜单栏时，选择“工具”→“工作空间”命令，在弹出的菜单中切换工作空间，如图 1-19 所示。

3）单击状态栏上的“切换工作空间”按钮，在弹出的下拉菜单中选择相应选项切换工作空间，如图 1-20 所示。

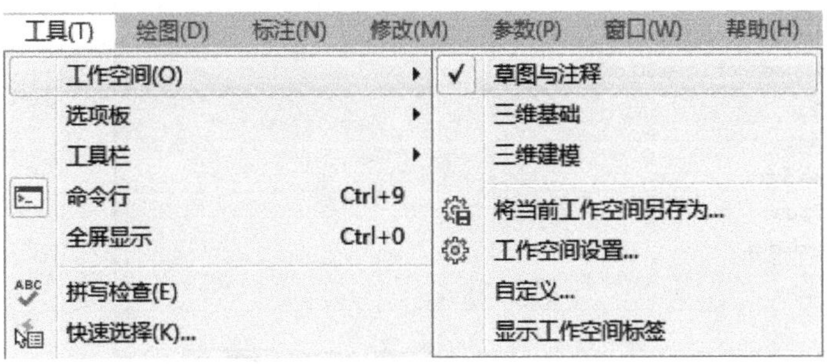

图 1-19 工作空间的切换方式（二）

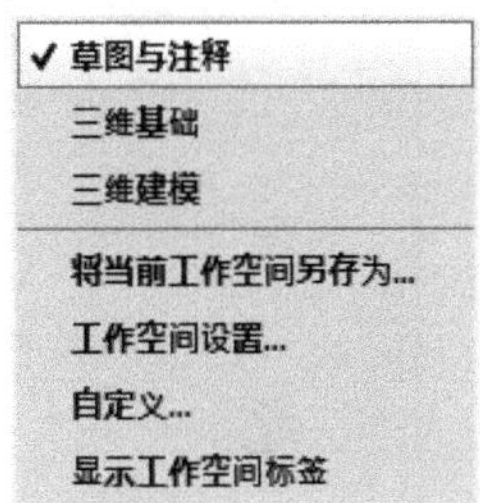

图 1-20 工作空间的切换方式（三）

1.4 文件管理

AutoCAD 图形文件的扩展名为“dwg”。对图形文件的基本操作包括新建、保存、打开及关闭等。

1. 新建文件

启动 AutoCAD 2020，如图 1-1 所示，单击“开始绘制”按钮后，系统会自动新建一个名为“Drawing1.dwg”的默认文件。用户如果需要另行创建一个图形文件，可以通过以下五种方式来实现。

1）单击快速访问工具栏中的“新建”按钮。

2）单击菜单浏览器按钮，从弹出的应用程序菜单中选择“新建”命令。

3）在菜单栏中选择“文件”→“新建”选项。

4）在命令行窗口中输入命令“NEW”，并按〈Enter〉键。

5）按〈Ctrl＋N〉组合键。

选择上述任何一种方式输入命令，AutoCAD 都会弹出“选择样板”对话框，如图 1-21 所示。在此对话框选择相应的样板后（默认的样板为“acadiso.dwt”文件），单击“打开”按钮，AutoCAD 就会以相应的样板为模板建立新图形。AutoCAD 也为用户提供了“无样板”方式创建图形文件的功能。单击“打开”按钮右侧的下拉按钮，展开如图 1-22 所示的菜单，可选择英制或公制（米制）单位的无样板绘图文件。

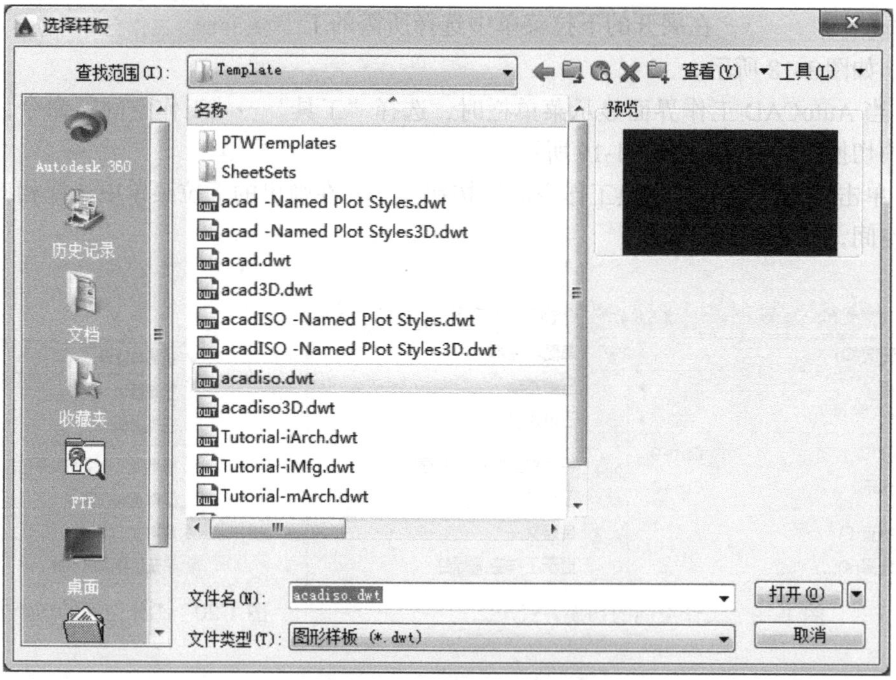

图 1-21 “选择样板”对话框

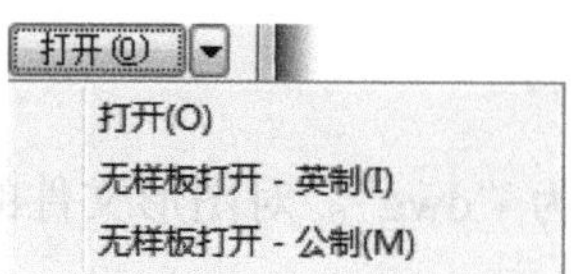

图 1-22 “打开”下拉菜单

2. 打开文件

打开一个已有绘图文件的方法有很多，常用的有以下五种。

1）单击快速访问工具栏中的“打开”按钮。

2）单击菜单浏览器按钮，从弹出的应用程序菜单中选择“打开”命令。

3）在菜单栏中选择“文件”→“打开”命令。

4）在命令行窗口中输入命令“OPEN”，并按〈Enter〉键。

5）按〈Ctrl + O〉组合键。

3. 保存文件

在 AutoCAD 中，可以使用多种方法将所绘制的图形以文件形式存入磁盘，常用的有以下五种。

1）单击快速访问工具栏中的“保存”按钮。

2）单击菜单浏览器按钮，从弹出的应用程序菜单中选择“保存”命令。

3）在菜单栏中选择“文件”→“保存”命令。

4）在命令行窗口中输入命令“SAVE”，并按〈Enter〉键。

5）按〈Ctrl + S〉组合键。

4. 文件另存为

用户若在已保存的图形基础上进行了修改操作，但又不想覆盖原来的图形，则可以使用“另存为”命令，将修改后的图形以不同的文件名进行保存。常用的方法主要有以下五种。

1）单击快速访问工具栏中的“另存为”按钮。

2）单击菜单浏览器按钮，从弹出的应用程序菜单中选择“另存为”命令。

3）在菜单栏中选择“文件”→“另存为”命令。

4）在命令行窗口中输入命令“SAVEAS”，并按〈Enter〉键。

5）按〈Ctrl + Shift + S〉组合键。

5. 关闭文件

AutoCAD 2020 支持多文档操作，也就是说可以同时打开多个图形文件，同时在多张图纸上进行操作，这对提高工作效率是非常有帮助的。但是为了节约系统资源，用户要学会有选择地关闭一些暂时不用的文件，可以采用以下五种方法关闭文件。

1）单击绘图文件标签上文件名称右侧的关闭按钮 ×。

2）单击菜单浏览器按钮，从弹出的应用程序菜单中选择“关闭”命令。

3）在菜单栏中选择“文件”→“关闭”命令。

4）在命令行窗口中输入命令“CLOSE”，并按〈Enter〉键。

5）按〈Ctrl + C〉组合键。

AutoCAD 执行“关闭”命令后，如果该文件尚未保存，则系统会给出是否保存的提示。

1.5 鼠标和键盘的基本操作

鼠标和键盘在 AutoCAD 操作中起着非常重要的作用，是不可或缺的工具。键盘一般用于输入坐标值、输入命令和选择命令选项等。在 AutoCAD 中，绘图、编辑都要用到鼠标，灵活使用鼠标有助于加快绘图速度、提高绘图质量。所以用户需要了解和掌握鼠标指针在不同情况下的形状、鼠标的基本操作和键盘的基本操作。

1. 鼠标指针的形状

在 AutoCAD 中，鼠标的指针有很多样式，不同的形状表示系统处于不同的工作状态。了解鼠标指针的形状对用户使用 AutoCAD 非常重要。各种鼠标指针形状的含义见表 1-1。

表 1-1 各种鼠标指针形状的含义

指针形状	含 义	指针形状	含 义
	正常绘图状态		调整右上左下尺寸
	指向状态		调整左右尺寸
	输入状态		调整左上右下尺寸
	选择对象状态		调整上下尺寸
	缩放状态		视图平移状态
	调整命令窗尺寸		文本插入符号

此外，在 AutoCAD 2020 中，鼠标指针旁常显示反映操作状态的标记。例如，执行“缩放”命令时，鼠标指针旁会显示缩放标记，如图 1-23a 所示。AutoCAD 还为鼠标指针添加了常用编辑命令的预览功能。例如，执行“修剪”命令时，将被删除的线段会显示得稍暗一些，并且鼠标指针的形状变为，表示该线段将被修剪，如图 1-23b 所示。

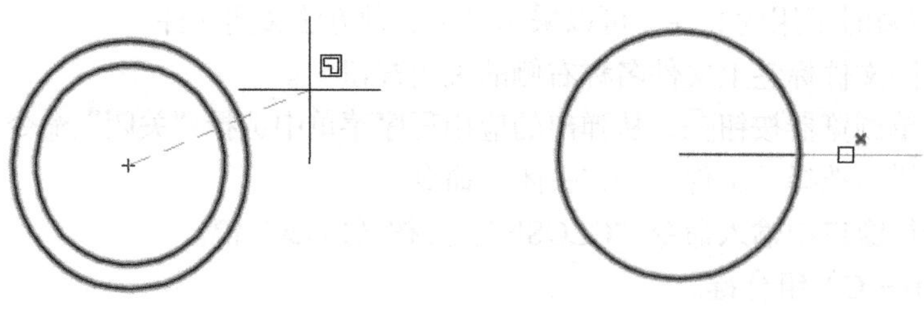

a) b)

图 1-23 执行不同命令时鼠标指针的形状

a）执行“缩放”命令时鼠标指针的形状 b）执行“修剪”命令时鼠标指针的形状

2. 鼠标的基本操作

鼠标的基本操作主要包括以下几种。

1）单击左键：主要用于选择命令、选择对象、绘图等。

2）单击右键：用于结束选择目标、弹出快捷菜单、结束命令等。

3）双击左键：在某一图形对象上双击鼠标左键，可在弹出的“特性”对话框中修改其特性。

4）间隔双击左键：主要用于对文件或层进行重命名。

5）拖动鼠标：在某对象上按住鼠标左键并拖动鼠标，在适当的位置释放，可改变对象位置。

6）滚动中键：在绘图区滚动鼠标中键可以实现对视图的实时缩放。

7）拖动中键：在绘图区直接拖动鼠标中键可以实现视图的实时平移；按住〈Ctrl〉键并拖动鼠标中键可以沿某一方向实时平移视图；按住〈Shift〉键并拖动鼠标中键可以实时地旋转三维视角。

8）双击中键：在绘图区双击鼠标中键，可以将所绘制的全部图形完全显示在屏幕上，使其便于操作。

用鼠标选取对象时主要有以下三种选取方法，不同的操作带来不同的选取结果。

1）单选：单击对象以实现对当前对象的选取。

2）窗选：单击鼠标左键并释放，然后移动到另外一点单击鼠标左键并释放，即创建了一个矩形选窗。若第二角点在第一角点右侧，则矩形选窗边框为实线，内部为蓝色透明填充状态，此时只有完全被选窗包含的对象将被选中，如图 1-24a 所示。若第二角点在第一角点左侧，矩形选窗边框为虚线，内部为绿色透明填充状态，此时凡被选窗包含或与选窗相交的对象均被选中，如图 1-24b 所示。

3）套索：按住鼠标左键不释放，在绘图区内拖动鼠标画出所要选择范围的轨迹后释放，即创建了一个套索区域。若鼠标拖动的最初方向为向右，则套索边框为实线，内部为蓝色透明填充状态，此时只有完全被套索区域包含的对象将被选中，如图 1-24c 所示。若鼠标拖动的最初方向为向左，套索边框为虚线，内部为绿色透明填充状态，此时凡被套索区域包含或与之相交的对象均被选中，如图 1-24d 所示。

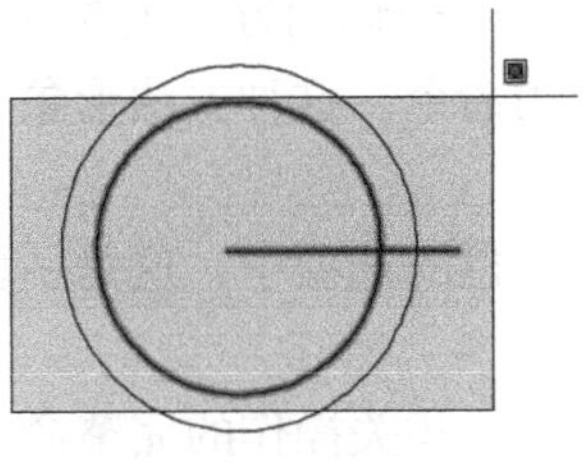

a)

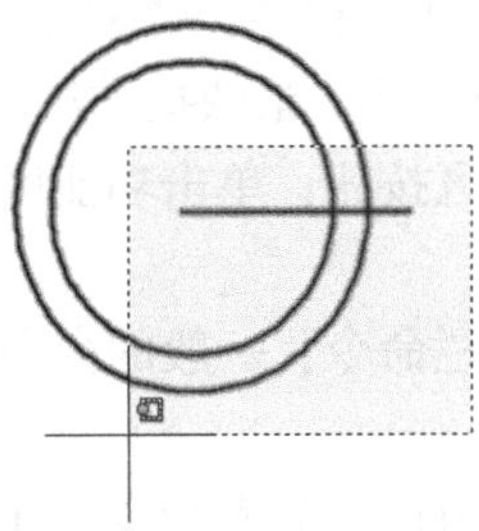

b)

图 1-24 窗选及套索方式的选取结果

a）第二角点位于第一角点右侧的窗选 b）第二角点位于第一角点左侧的窗选

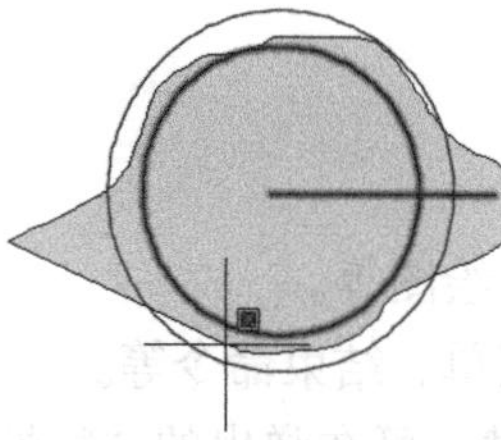
c)

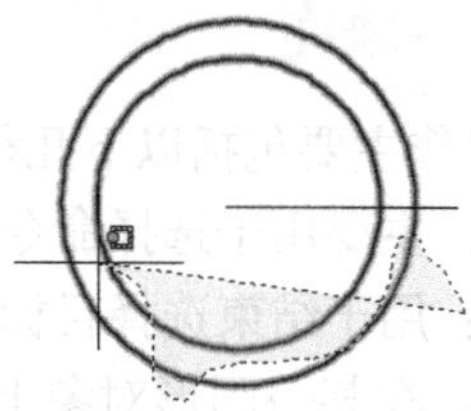
d)

图 1-24 窗选及套索方式的选取结果（续）

c）最初向右移动鼠标，套索边框为实线 d）最初向左移动鼠标，套索边框为虚线

3. 键盘的基本操作

在 AutoCAD 软件中，键盘一般用于输入坐标值、输入命令和选择命令选项等。最常用的几个按键的作用如下。

1）〈Enter〉键用于确认某一操作，提示系统进行下一步操作。例如，输入命令结束后，需按〈Enter〉键。

2）〈Esc〉键用于取消某一操作，恢复到无命令状态。若要执行一个新命令，可按〈Esc〉键退出当前命令。

3）在无命令状态下，按〈Enter〉键和空格键将重复上一次的命令。

4）〈Delete〉键用于快速删除选中的对象。

1.6 使用命令

使用 AutoCAD 绘制图形，是系统执行相应的命令来逐步实现的，待命令行窗口出现相应的提示后，用户根据提示输入相应的指令，才能完成图形的绘制。所以，用户应当熟练掌握命令调用的方式和命令的操作方法，还需掌握命令提示中常用选项的用法及含义。

1.6.1 命令调用方式

调用命令的方式有很多，各种方式之间存在难易、繁简的区别。用户可以在不断的练习中找到一种适合自己的、最快捷的绘图方法或技巧。命令调用方式主要有以下五种。

1）单击功能区按钮：单击功能区中的按钮调用命令。这种方法形象、直观，是初学者最常用的方法。

2）选择菜单栏命令：一般的命令都包含在菜单栏的选项中，这是一种较实用的命令调用方法。

3）在命令行窗口中输入命令：在命令行窗口输入相关操作的完整命令或快捷命令，然后按〈Enter〉键或空格键即可使 AutoCAD 执行命令。

提示：AutoCAD 的完整命令通常是该命令的英文，快捷命令一般是英文命令的首字母，当两个命令首字母相同时，大多数情况下使用该命令的前两个字母即可调用该命令，需要用户在使用过程中记忆。直接输入命令是使 AutoCAD 最快速执行命令方式。

4）使用右键快捷菜单：右键单击适当的位置，在弹出的快捷菜单中选取相应选项即可激活相应命令。

5）使用快捷键和功能键：使用快捷键和功能键是最简单、快捷的调用命令的方式。常用的快捷键和功能键见表 1-2。

表 1-2　常用快捷键和功能键

快捷键或功能键	功　能	快捷键或功能键	功　能
〈F1〉	AutoCAD 帮助	〈Ctrl + N〉	新建文件
〈F2〉	文本窗口开或关	〈Ctrl + O〉	打开文件
〈F3〉/〈Ctrl+F〉	对象捕捉开或关	〈Ctrl + S〉	保存文件
〈F4〉	三维对象捕捉开或关	〈Ctrl + Shift + S〉	另存文件
〈F5〉/〈Ctrl+E〉	等轴测平面转换	〈Ctrl + P〉	打印文件
〈F6〉/〈Ctrl+D〉	动态 UCS 开或关	〈Ctrl + A〉	选择全部图线
〈F7〉/〈Ctrl+G〉	栅格显示开或关	〈Ctrl + Z〉	撤消上一步的操作
〈F8〉/〈Ctrl+L〉	正交开或关	〈Ctrl + Y〉	重复撤消的操作
〈F9〉/〈Ctrl+B〉	栅格捕捉开或关	〈Ctrl + X〉	剪切
〈F10〉/〈Ctrl+U〉	极轴开或关	〈Ctrl + C〉	复制
〈F11〉/〈Ctrl+W〉	对象追踪开或关	〈Ctrl + V〉	粘贴
〈F12〉	动态输入开或关	〈Ctrl + J〉	重复执行上一命令
〈Delete〉	删除选中的对象	〈Ctrl + K〉	超级链接
〈Ctrl + 1〉	对象特性管理器开或关	〈Ctrl + T〉	数字化仪开或关
〈Ctrl + 2〉	设计中心开或关	〈Ctrl + Q〉	退出 CAD

调用命令后，系统并不能自动绘制图形，用户需要根据命令行窗口的提示进行操作。提示有以下几种形式。

1）直接提示：这种提示直接出现在命令行窗口，用户可据此了解该命令的设置模式或直接进行相应的操作完成绘图。

2）中括号内的选项：有时在提示中会出现中括号。中括号内的选项称为可选项。若要使用该选项，可直接单击选项，或者使用键盘输入相应选项后小括号内的字母，按〈Enter〉键完成选择。

3）尖括号内的选项：有时提示内容中会出现尖括号。尖括号中的选项为默认选项，直接按〈Enter〉键即可执行该选项。

1.6.2　坐标输入

AutoCAD 2020 提供了两种坐标输入方式：绝对坐标输入和相对坐标输入，可以通过命令行窗口或动态输入框输入坐标。

启用和关闭动态输入功能可通过点击状态栏中的“动态输入”按钮设置。

当选用命令行窗口输入坐标时，系统默认的输入方式为绝对坐标方式；当选用动态输入框输入坐标时，系统默认的输入方式为相对坐标方式。若要改变或强制设置输入方式，可以在坐标值前添加“#”符号表示绝对坐标输入，或者添加“@”符号表示相对坐标输入。

1. 绝对坐标输入方式

（1）直角坐标输入　直角坐标输入就是输入点的 *X*、*Y* 和 *Z* 坐标值，坐标值间要用西文的逗号隔开。当绘制二维图形时，用户只需要输入点的 *X* 和 *Y* 坐标值即可。例如，点 *A* 坐标为（8，6）时，通过命令行窗口输入“8，6”，或者通过动态输入框输入“#8，6”即可。

（2）极坐标输入　对于绘制二维图形来说，在某些时候以极坐标输入点是很方便的。极坐标输入就是输入某点与坐标原点的距离和与 *X* 轴正方向（逆时针）的夹角，中间用西文的“<”符号隔开。例如，点 *A* 距离坐标原点 15 个单位长度，与 *X* 轴正方向的夹角为 45°，通过命令行窗口输入“15<45”，或者通过动态输入框输入“#15<45”即可。

2. 相对坐标输入方式

相对坐标是指当前点相对于前一点的坐标。相对坐标也有直角坐标、极坐标等输入方式。例如，已知点 *A* 坐标为（10，15），下一点 *B* 在点 *A* 沿 *X* 轴正方向向前 5 个单位长度、沿 *Y* 轴负方向向下 10 个单位长度处，则通过命令行窗口输入“@5，−5”，或者通过动态输入框输入“5，−5”即可。点 *B* 的绝对坐标为（15，10）。

此外，为方便于绘制三维图形，AutoCAD 2020 还提供了球面坐标与柱面坐标，这里不再赘述。

1.7 规划和管理图层

在 AutoCAD 中，任何对象都是在图层上绘制的。图层就好像一张张透明的图纸，整个图形就相当于若干个透明图纸上下叠加的效果。一般情况下，相同图层上的对象具有相同的线型、颜色、线宽等特性。

讲解视频：图形界限和图层设置

用户可以根据自己的需要建立和设置图层。AutoCAD 允许建立多个图层，但是绘图工作只能在当前图层上进行。

1.7.1 图层介绍

图层的创建和设置在“图层特性管理器”对话框中进行，打开此对话框有以下几种方法。

1）在菜单栏中选择“格式”→“图层”命令，如图 1-25 所示。

2）单击功能区“图层”面板上的“特性管理器”按钮，如图 1-26 所示。

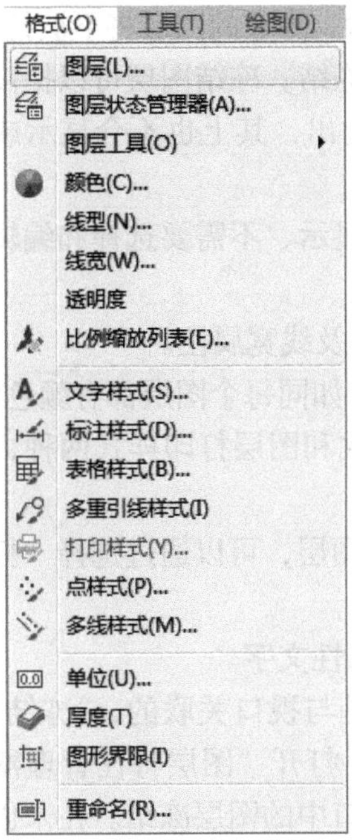

图 1-25　选择“格式”→“图层”命令

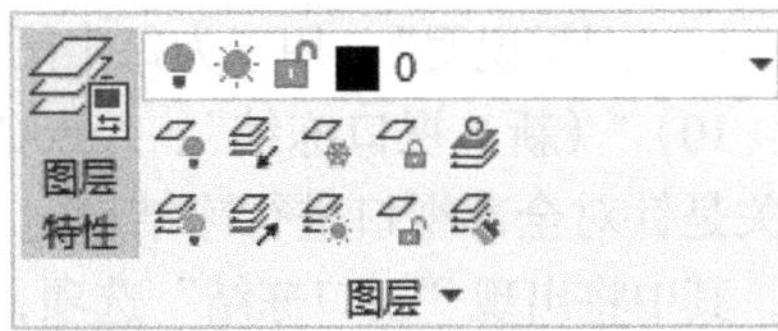

图 1-26　“图层”面板

3）在命令行窗口内输入“图层特性”英文名称“LAYER”或“LA”，按空格键确定。

系统弹出的“图层特性管理器”对话框如图 1-27 所示。在该对话框中，可以看到所有图层的列表、图层的组织结构和各图层的属性和状态。对于图层的所有操作，如新建、重命名、删除及图层特性的修改等，都可以在该对话框中完成。

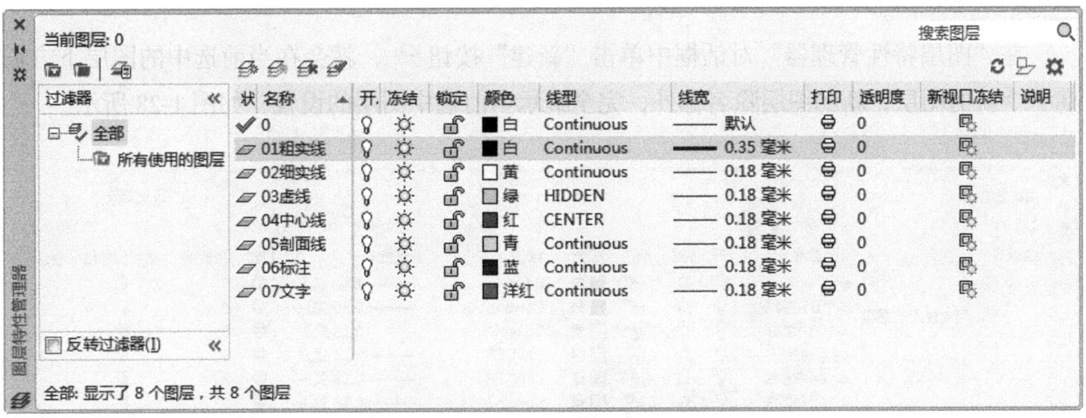

图 1-27　“图层特性管理器”对话框

对话框中各栏目项的含义如下。

1）“状态”：用来指示和设置当前图层，双击某个图层“状态”列的图标可以快速设置该图层为当前层。

2）“名称”：用于设置图层名称。选中一个图层使其以蓝色高亮显示，单击“名称”列的表头，可以让各图层按照图层名称进行升序或降序排列。

3）“打开 / 关闭”开关：用于控制图层是否在屏幕上显示。隐藏的图层将不被打印输出。

4）“冻结 / 解冻”开关：用于将长期不需要显示的图层冻结。冻结图层可以提高系统运行速度，减少图形刷新的时间。被冻结的图层不会被打印输出，其上也不会显示或重生成对象。

5）“锁定 / 解锁”开关：如果某个图层上的对象只需要显示、不需要选择和编辑，那么可以锁定该图层。

6）“颜色”“线型”“线宽”：用于设置图层的颜色、线型及线宽属性。

7）“打印样式”：用于为每个图层选择不同的打印样式。如同每个图层都有颜色值一样，每个图层也都具有打印样式特性。AutoCAD 有颜色打印样式和图层打印样式两种，当前文档使用颜色打印样式时，则该属性不可用。

8）“打印”开关：对于那些没有隐藏也没有冻结的可见图层，可以通过选择“打印”属性项来控制打印时该图层是否打印输出。

9）“图层说明”：用于为每个图层添加单独的解释、说明性文字。

10）“（新）视口冻结”：AutoCAD 中关于图层的设定是与视口关联的，“冻结 / 解冻”开关是针对全部视口进行冻结设定的。当处于某个视口时，打开“图层特性管理器”对话框，其中将出现“视口冻结”选项，用以设定是否将当前视口中的图层冻结。在未创建视口之前仅有“新视口冻结”的设置可见。这里可以对某图层进行设定，使其仅显示于当前视口，而在新创建的视口中处于冻结状态。

1.7.2 图层的新建、删除和重命名

1. 新建图层

在“图层特性管理器”对话框中单击“新建”按钮，就会在当前选中的图层下方创建一个新的图层，新的图层除名称外，完全继承当前选中图层的设置，如图 1-28 所示。

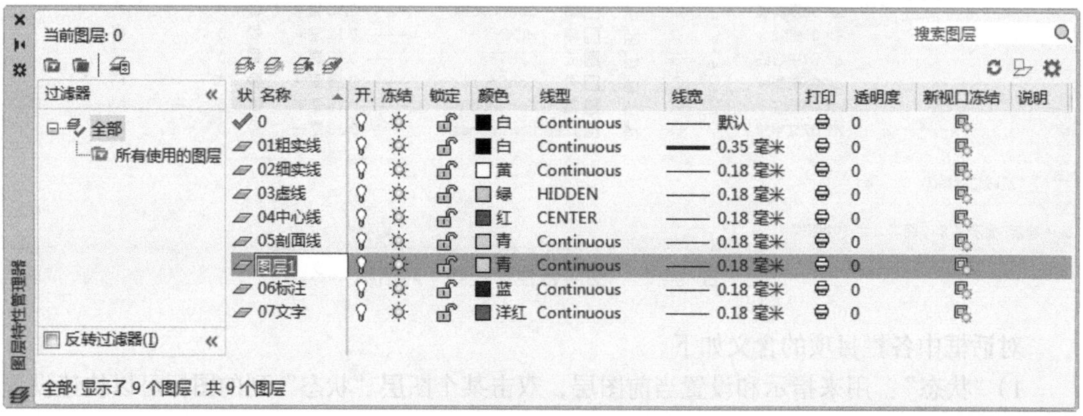

图 1-28 新建图层

2. 图层的删除

在“图形特性管理器”对话框中选择图 1-28 所示创建的“图层 1”，然后单击“删除”按钮，就可以删除所选定的图层。

注意：AutoCAD 规定以下五种图层不能被直接删除。

1）0 图层：是系统默认的第一个图层，通常用来创建块文件，具有随层属性（即在哪个图层插入该块，该块就具有插入层的属性）。

2）Defpoints 图层：是系统默认图层，只要标注尺寸，系统马上就会自动生成 Defpoints 图层用以记录各种标注的基准点。

3）当前图层：要删除当前图层，可以先将当前图层改变为其他图层。

4）插入了外部参照的图层：要删除该层，必须先删除外部参照。

5）包含了可见图形对象的图层：要删除该图层，必须先删除该图层中的所有图形对象。

提示：包含了对象的图层，在“图层特性管理器”对话框的“状态”列中图标显示为蓝色，否则显示为灰色。

3. 重命名图层

默认情况下，创建的图层会依次以“图层 1”“图层 2”进行命名。要重命名一个图层，则在“图形特性管理器”对话框中选中该图层，接着按〈F2〉键，此时“名称”文本框呈可编辑状态，输入图层名称即可；也可以在该图层的“名称”处双击，输入图层名称；或者在创建新图层时，直接在文本框中输入新名称。

1.7.3 设置图层特性

图层特性是属于该图层的图形对象所共有的外观特性，包括层名、颜色、线型、线宽和打印样式等。在对图层的这些特性进行设置后，该图层上的所有图形对象的特性就会随之发生改变。

1. 设置为当前图层

当前图层是当前工作状态下正在使用的图层。当设置某一图层为当前图层后，接下来所绘制的全部图形对象都将位于该图层中。如果以后想在其他图层中绘图，就需要更改当前图层设置。设置当前图层的方法常用的有如下五种。

1）在“图层特性管理器”对话框中，选中一个图层，单击对话框中的“置为当前”按钮。

2）在“图层特性管理器”对话框中，双击所选图层的“状态”列图标。

3）在功能区的“图层”面板中，展开图层列表，单击所选图层，如图 1-29 所示。

4）在“图层”工具栏的下拉列表框中选择需要的图层，如图 1-30 所示。

5）在绘图区内选中所要切换的图层中的一个对象，然后单击功能区“图层”面板处的“置为当前”按钮。

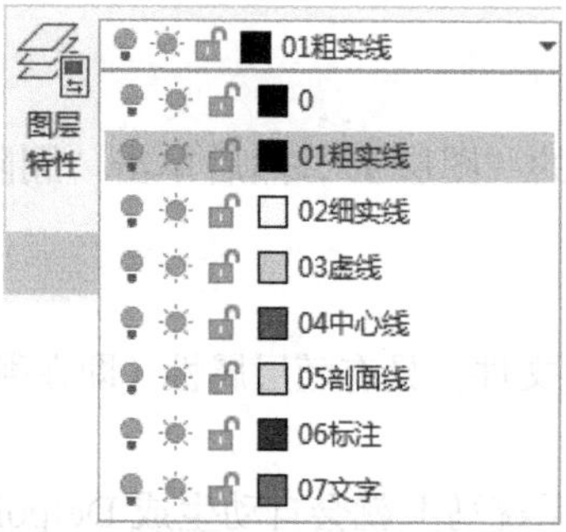

图 1-29 选择需要的图层（一）

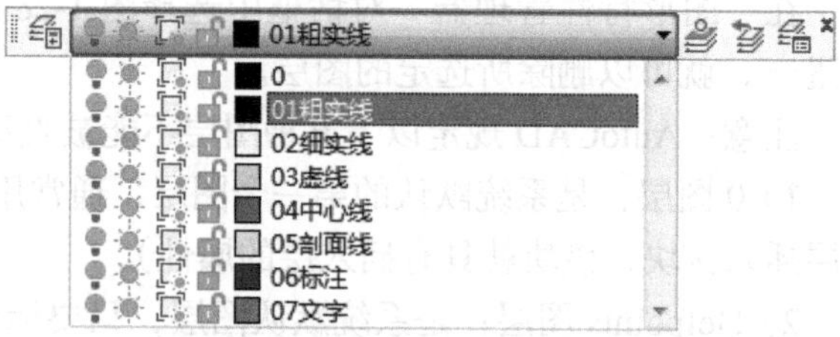

图 1-30 选择需要的图层（二）

2. 设置图层颜色

图层的颜色实际上就是图层中图形的颜色。每个图层都可以设置颜色，不同图层可以设置相同的颜色，也可以设置不同的颜色。设置图层颜色非常有利于区分各图层上的对象。

单击“图层特性管理器”中的“颜色”列中的项，可以打开“选择颜色”对话框，如图 1-31 所示，可以使用“索引颜色”“真彩色”“配色系统”三个选项卡选择需要的颜色。

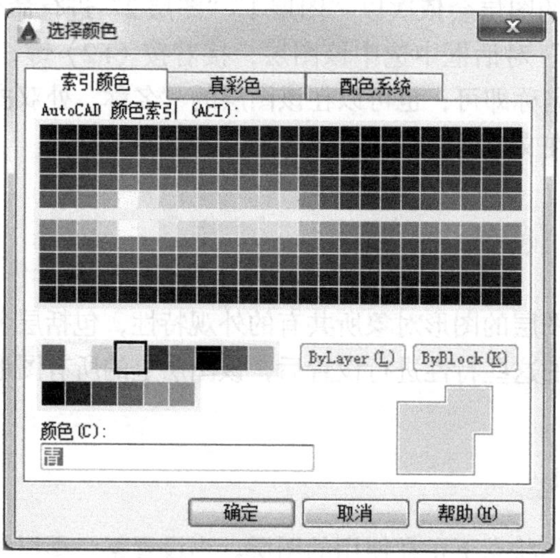

图 1-31 “选择颜色”对话框

3. 设置图层线型

图层线型表示图层中图形线条的特性，不同的线型表示的含义不同，默认情况下是“Continuous 线型”，设置图层的线型便于区别不同的对象。在 AutoCAD 中既有简单线型，也有由一些特殊符号组成的复杂线型，以满足不同国家或行业标准的要求。

在进行线型选择时，打开“图层特性管理器”对话框，选择图层，然后单击该图层的“线型”列中的图标，系统将打开如图 1-32 所示的“选择线型”对话框，该对话框列出了当前已经加载的线型，单击列表中的线型进行选择即可。

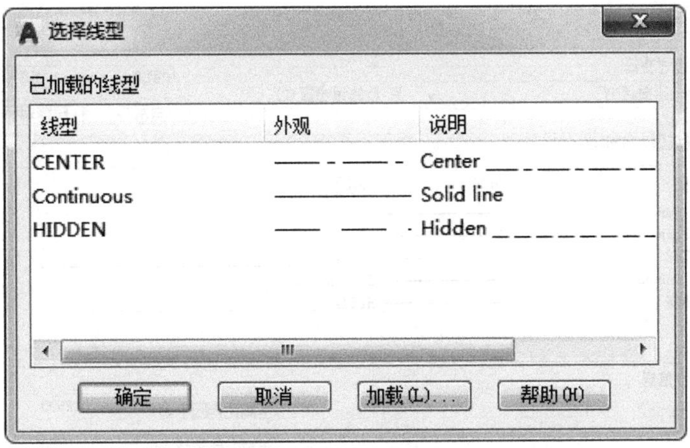

图 1-32 “选择线型”对话框

若列表中没有所需要的线型，则可以单击“加载”按钮来加载更多的线型，此时系统将弹出“加载或重载线型”对话框，如图 1-33 所示。加载完成后返回“选择线型”对话框，选择刚加载的线型后单击“确定”按钮完成线型设置。

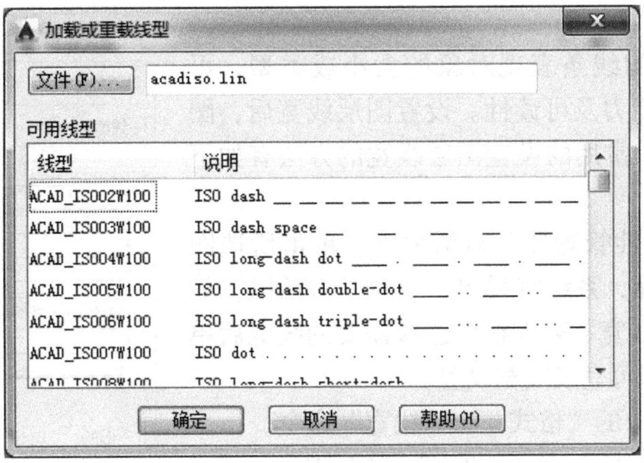

图 1-33 “加载或重载线型”对话框

4. 设置线型比例

由于绘制的图形尺寸大小的关系，非连续的线型的样式不能总被显示出来，这时就需要调整线型的比例来使其正常显现。常用的设置线型比例的方法有如下两种。

1）在菜单栏选择“格式”→“线型”命令打开“线型管理器”对话框，单击“显示细节”按钮（之后该按钮显示为“隐藏细节”），展开详细信息，如图 1-34 所示。

设置“全局比例因子”数值将更改当前文件中所有线型的比例；设置“当前对象缩放比例”数值将更改线型列表中所选中的线型的比例。系统默认所有的线型比例均为“1”。

2）在命令行窗口中输入命令“LTS”，并按〈Enter〉键，然后输入新的线型比例值后再按〈Enter〉键确认。这时修改的是全局比例因子。

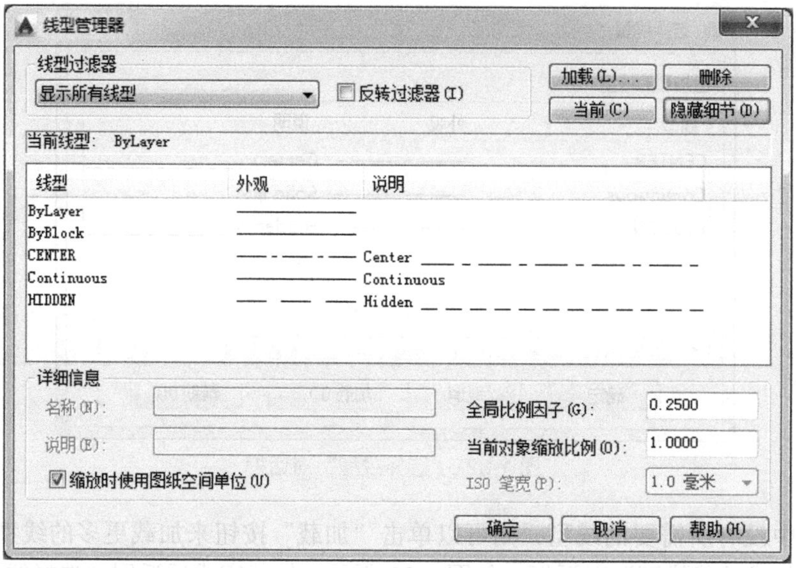

图 1-34 “线型管理器”对话框

5. 设置图层线宽

使用不同宽度的线条表现对象的大小或类型，可以提高图形的表达能力及可读性。设置图层线宽后，图层更为清晰、直观。常用的设置图层线宽的方法有如下三种。

1）在“图层特性管理器”对话框中，单击所选图层的“线宽”列图标，系统将弹出“线宽”对话框，如图 1-35 所示。在“线宽”列表框中选择需要的线宽后单击“确定”按钮，即可完成线宽设置。

2）选择菜单栏中的“格式”→“线宽”命令。

3）在命令行窗口中输入命令“LW”并按〈Enter〉键。

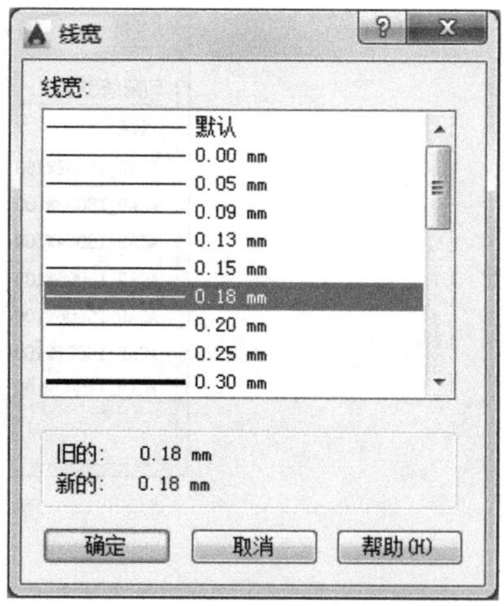

图 1-35 “线宽”对话框

说明： 设置了图层线宽后，如果要在屏幕上显示出线宽，则必须使状态栏中的“显示线宽/隐藏线宽”开关按钮处于点亮状态。

思政拓展： 计算机绘图技术的发展依赖于计算机运算能力的发展，扫描右侧二维码了解我国超级计算机——天河三号的研制历程。

思政拓展
中国创造：天河三号

第2章

基本绘图命令

AutoCAD 绘图命令是绘制工程图样的基本命令。能否准确、灵活、高效地绘制图形，关键在于能否熟练掌握绘图命令及其应用技巧。本章主要介绍 AutoCAD 2020 的绘图命令和应用。

2.1 "直线"命令

讲解视频：
"直线"命令

1. 功能

绘制二维或三维直线。

2. 命令格式

- 菜单栏："绘图"→"直线"。
- 功能区："默认"→"绘图"→"直线"。

说明： 在本章介绍的基本绘图命令均为"草图与注释"工作空间中功能区会展示的命令，在"三维基础""三维建模"工作空间中或 AutoCAD 经典界面中，如需调用相关命令，仅需寻找其按钮。例如，在界面中找到按钮并单击，便可调用"直线"命令。后续命令均与此类似，不再赘述。

选择上述任何一种方式调用命令，AutoCAD 都有如下提示：

指定第一点：// 给定坐标数值↙

指定下一点或［放弃（U）］：// 给定坐标数值↙

指定下一点或［放弃（U）］：// 给定坐标数值↙

指定下一点或［闭合（C）/ 放弃（U）］：↙ // 结束命令，也可输入"C"封闭图形

[例 2-1] 使用“直线”命令和绝对坐标输入方式绘制矩形，如图 2-1 所示。

单击 按钮，系统会出现如下提示，根据提示信息进行如下操作：

指定第一点：20，20↙ //指定 A 点的绝对坐标值

指定下一点或［放弃（U）］：70，20↙ //指定 B 点的绝对坐标值

指定下一点或［退出（E）/放弃（U）］：70，60↙ //指定 C 点的绝对坐标值

指定下一点或［闭合（C）/退出（X）/放弃（U）］：20，60↙ //指定 D 点的绝对坐标值

指定下一点或［闭合（C）/退出（X）/放弃（U）］：20，20↙ //或输入“C”↙

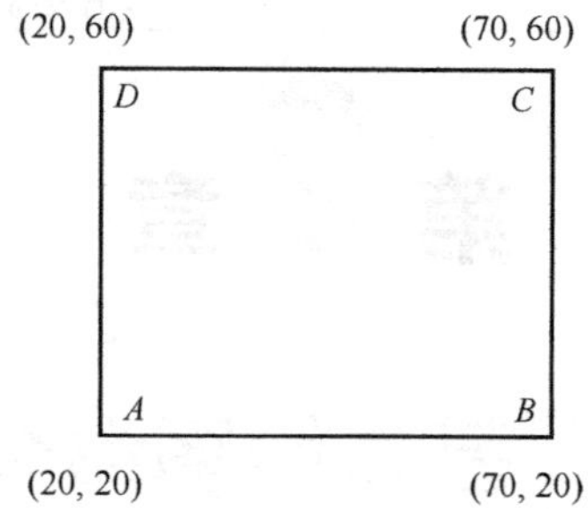

图 2-1 矩形示例

[例 2-2] 用相对坐标输入方式绘制如图 2-1 所示的图形。

单击 按钮，系统会出现如下提示，根据提示信息进行如下操作：

指定第一点：20，20↙ //指定 A 点的绝对坐标值

指定下一点或［放弃（U）］：@50，0↙ //指定 B 点的相对 XY 坐标值

指定下一点或［退出（E）/放弃（U）］：@40<90↙ //指定 C 点的相对极坐标值

指定下一点或［闭合（C）/退出（X）/放弃（U）］：@50<180↙ //指定 D 点的相对极坐标值

指定下一点或［闭合（C）/退出（X）/放弃（U）］：C↙ //闭合

说明： 在“指定下一点或［关闭（C）/退出（X）/放弃（U）］：”提示下，有两类选项，即给定下一点坐标值或取消。若输入“U”，将取消折线中最后绘制出的直线段，回到前一个坐标点处，这样可及时纠正绘图时出现的错误。

2.2 “圆”命令

讲解视频：“圆”命令

1. 功能

在指定位置绘制圆。

2. 命令格式

- 菜单栏：“绘图”→“圆”。

- 功能区：“默认”→“绘图”→“圆”。

选择上述任何一种方式调用命令，系统都有如下提示：

指定圆的圆心或［三点（3P）/二点（2P）/切点、切点、半径（T）］：

各选项功能如下。

1）“指定圆的圆心”：以“圆心，半径”方式绘制圆，为默认选项。

2）“三点（3P）”：以“三点”方式画圆。

3）“两点（2P）”：以“两点”方式画圆。

4）“切点、切点、半径（T）”：以“相切，相切，半径”方式画圆。

AutoCAD共给出六种绘制圆的方式，如图2-2所示。不同方式下的绘制效果如图2-3所示。

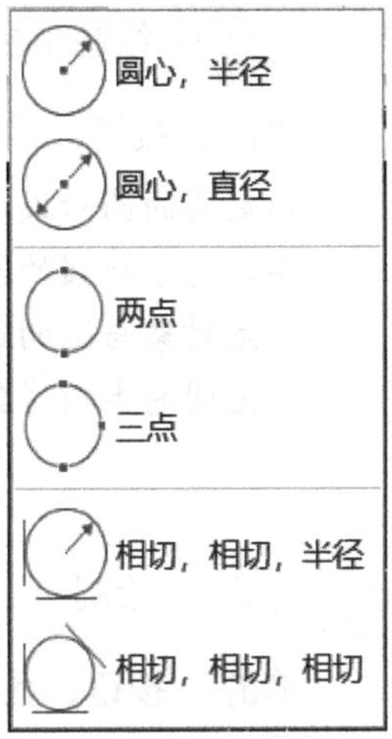

图2-2　绘制圆的六种方式

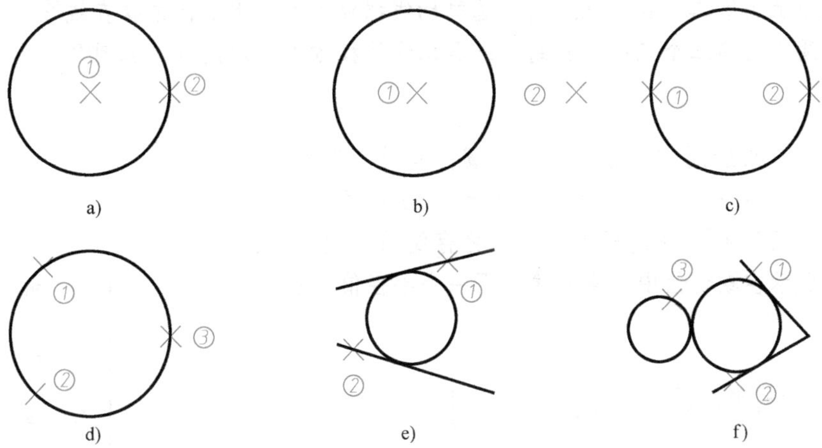

图2-3　绘制圆

a）“圆心，半径”方式　b）“圆心，直径”方式　c）“两点”方式　d）“三点”方式　e）“相切，相切，半径”方式　f）“相切，相切，相切”方式

［例2-3］　给定圆心，绘制半径R=50mm的圆，如图2-3a所示。

单击按钮，系统会出现如下提示，根据提示信息进行如下操作：

指定圆的圆心或［三点（3P）/两点（2P）/切点、切点、半径（T）］：//用鼠标选取①点

指定圆的半径或［直径（D）］〈默认值〉：50↙//或鼠标选取②点

[例 2-4] 绘制半径 R=30mm 且与两直线相切的圆，如图 2-3e 所示。

单击按钮，系统会出现如下提示，根据提示信息进行如下操作：

指定圆的圆心或［三点（3P）/ 两点（2P）/ 切点、切点、半径（T）］：T↙
指定对象与圆的第一个切点：// 用鼠标选取直线①
指定对象与圆的第二个切点：// 用鼠标选取直线②
指定圆的半径〈默认值〉：30↙

[例 2-5] 绘制与三个图元相切的圆，如图 2-3f 所示。

单击按钮，系统会出现如下提示，根据提示信息进行如下操作：

指定圆的圆心或［三点（3P）/ 两点（2P）/ 切点、切点、半径（T）］：3P↙
指定圆上的第一个点：_tan 到 // 选取切线捕捉方式，用鼠标选取直线①
指定圆上的第二个点：_tan 到 // 选取切线捕捉方式，用鼠标选取直线②
指定圆上的第三个点：_tan 到 // 选取切线捕捉方式，用鼠标选取圆③

说明：如果选用“三点”方式画圆，同时使用捕捉切点功能，其效果与“相切，相切，相切”方式画圆一样。另外，在执行画圆命令过程中，系统将存储前一次绘制圆的半径并显示在默认值中，直到输入下一个半径值为止。

2.3 “圆弧”命令

1. 功能

绘制给定参数的圆弧。

2. 命令格式

- 菜单栏：“绘图”→“圆弧”。
- 功能区：“默认”→“绘图”→“圆弧”。

选择上述任何一种方式调用命令，系统都会出现如下提示：

指定圆弧的起点或［圆心（C）］：

在此提示下，可以根据圆弧的要求来选择不同的画弧方式。AutoCAD 共给出 11 种绘制圆弧的方式，如图 2-4 所示。除了“圆心，起点，长度”和“连续”方式，其他 9 种方式的绘制效果如图 2-5 所示。

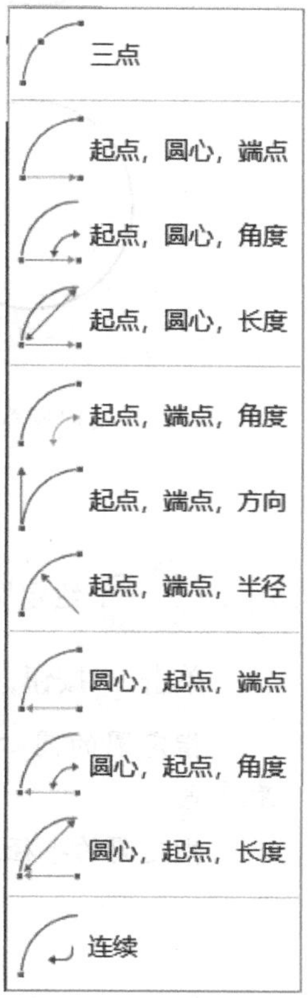

图 2-4 “圆弧”命令

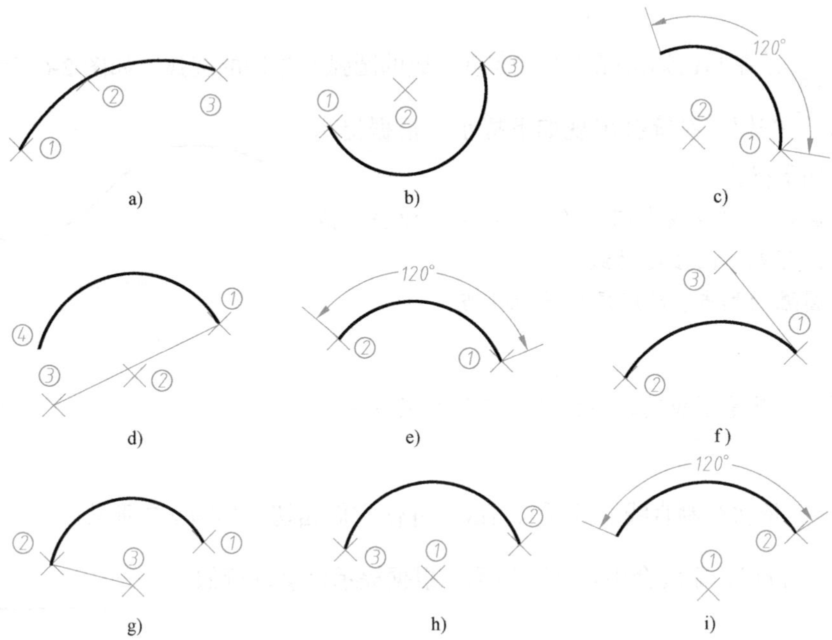

图 2-5　绘制圆弧

a）“三点”方式　b）“起点，圆心，端点”方式　c）“起点，圆心，角度”方式　d）“起点，圆心，长度”方式（①④间弦长 = ①③线段长）　e）“起点，端点，角度”方式　f）“起点，端点，方向”方式　g）“起点，端点，半径”方式　h）“圆心，起点，端点”方式　i）“圆心，起点，角度”方式

［例 2-6］ 已知三点，绘制圆弧，如图 2-5a 所示。

单击 按钮，系统会出现如下提示，根据提示信息进行如下操作：

指定圆弧的起点或［圆心（C）］：// 用鼠标选取①点

指定圆弧的第二点或［圆心（C）/ 端点（E）］：// 用鼠标选取②点

指定圆弧的端点：// 用鼠标选取③点

［例 2-7］ 已知圆弧起点、端点、圆心角绘制圆弧，如图 2-5e 所示。

单击 按钮，系统会出现如下提示，根据提示信息进行如下操作：

指定圆弧的起点或［圆心（C）］：// 用鼠标选取①点

指定圆弧的第二点或［圆心（C）/ 端点（E）］：E↙

指定圆弧的端点：// 用鼠标选取②点

指定圆弧的圆心或［角度（A）/ 方向（D）/ 半径（R）］：A↙

指定包含角：120↙ // 逆时针绘制圆弧

说明：“方向（D）”选项是指圆弧的切线方向。

[例2-8] 绘制与已知圆弧（①～③点形成的圆弧）相切的圆弧，如图2-6所示。

单击 按钮，系统会出现如下提示，根据提示信息进行如下操作：

指定圆弧的起点或［圆心（C）］：↙ // 以当前点③为起点，可见一圆弧拖动线

指定圆弧的端点：// 用鼠标选取④点

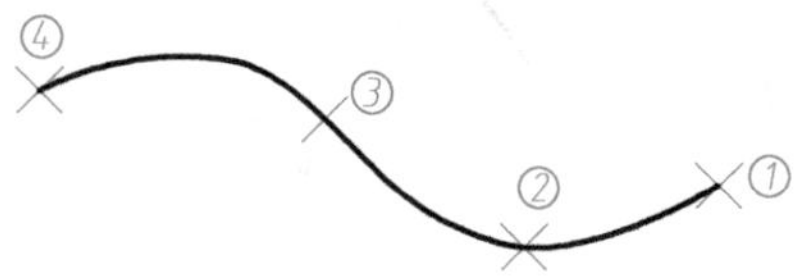

图2-6 绘制与已知圆弧相切的圆弧

说明： 这就是下拉菜单中的“连续”画弧方式。

[例2-9] 依次绘制直线、圆弧与直线，并使它们相切，如图2-7所示。

单击 按钮，系统会出现如下提示，根据提示信息进行如下操作：

指定第一点：// 用鼠标选定①点

指定下一点或［放弃（U）］：// 用鼠标选定②点

指定下一点或［退出（E）/ 放弃（U）］：↙ // 绘制直线段①②

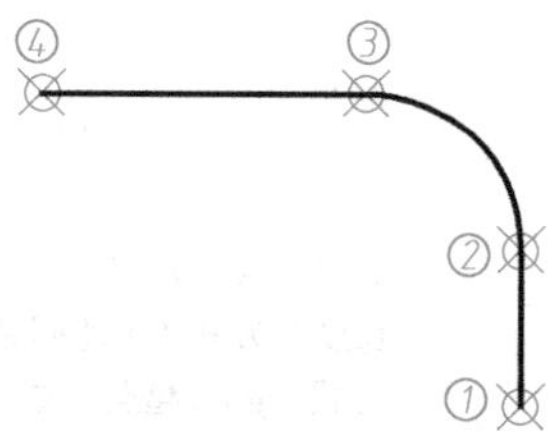

图2-7 绘制直线、圆弧与直线并相切

单击 按钮，AutoCAD出现如下提示，根据提示信息进行如下操作：

指定圆弧的起点或［圆心（C）］：↙ // 以当前点为起点，即②点

指定圆弧的端点：// 用鼠标选取③点，绘制圆弧②③

单击 按钮，AutoCAD会出现如下提示，根据提示信息进行如下操作：

指定第一点：↙ // 以当前点③为直线起点

直线长度：60 ↙ // 或鼠标选定④点

指定下一点或［退出（E）/ 放弃（U）］：↙ // 结束命令

说明： 圆弧具有方向性，除“三点”方式绘制圆弧外，都可以设置为从起点向端点按逆时针方向还是顺时针方向画圆弧，例如指定正的角度则按逆时针方向绘制圆弧。

2.4 “构造线”命令

1. 功能

绘制在两个方向上无限延长的二维直线或三维直线。

2. 命令格式

- 菜单栏："绘图"→"构造线"。
- 功能区："默认"→"绘图"→"构造线" 。

选择上述任何一种方式调用命令，AutoCAD都有如下提示：

指定点或［水平（H）/垂直（V）/角度（A）/二等分（B）/偏移（O）］：

可根据画图需要来选择方括号内的选项。各选项含义如下。

1）"指定点"：该选项为默认选项，用来绘制通过指定两点的构造线，利用该选项可以绘制通过一点的多条构造线。

2）"水平（H）"：绘制通过定点的水平构造线。

3）"垂直（V）"：绘制通过定点的垂直构造线。

4）"角度（A）"：绘制与*X*轴正方向成一定角度的构造线。

5）"二等分（B）"：绘制角平分线构造线。

6）"偏移（O）"：绘制与指定线平行偏移的构造线。

［例2-10］ 绘制通过给定圆心的水平和垂直构造线，如图2-8所示。

单击 按钮，AutoCAD会出现如下提示，根据提示信息进行如下操作：

指定点或［水平（H）/垂直（V）/角度（A）/二等分（B）/偏移（O）］：// 用"捕捉"方式确定圆心位置①点

指定通过点：// 打开正交绘图方式，指定②点

指定通过点：// 指定③点

指定通过点：↙ // 结束命令

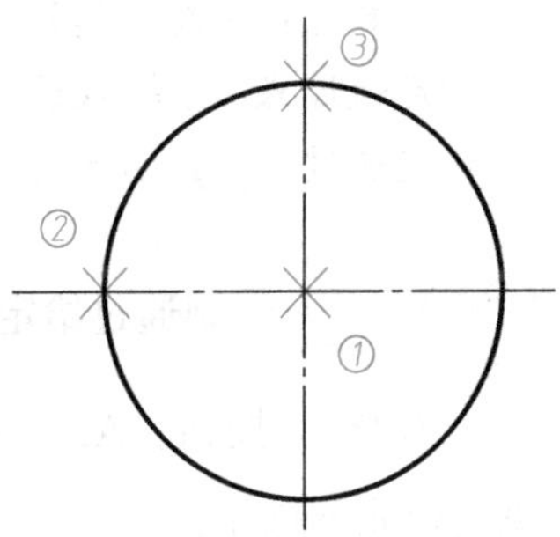

图2-8 绘制过圆心的构造线

［例2-11］ 绘制平分∠*ABC*的构造线，如图2-9所示。

单击 按钮，AutoCAD会出现如下提示，根据提示信息进行如下操作：

指定点或［水平（H）/垂直（V）/角度（A）/二等分（B）/偏移（O）］：B↙

指定角的顶点：// 拾取角的顶点①

指定角的起点：// 捕捉一边端点②（可见构造线的拖动线）

指定角的端点：// 捕捉另一边端点③

指定角的端点：↙ // 结束命令

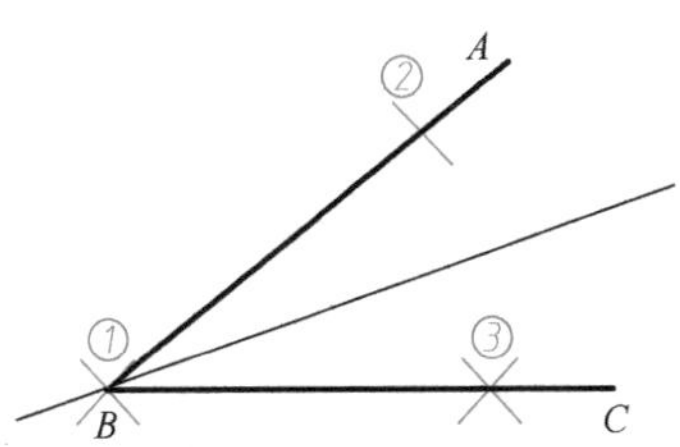

图2-9 平分角的构造线

说明：工程制图中，通常有“长对正”“高平齐”“宽相等”的要求，因此作图时可以使用一些构造线作为辅助线，这样可较容易地绘制出所需要的图形。构造线一般存放在单独的一个图层，当不需要这些构造线时，可以关闭该图层。

2.5 “射线”命令

1. 功能

绘制以给定点为起点，且在单方向上无限延长的直线。

2. 命令格式

- 菜单栏：“绘图”→“射线”。
- 功能区：“默认”→“绘图”→“射线”。

选择上述任何一种方式调用命令，AutoCAD 都有如下提示：

指定起点：// 输入起始点

指定通过点：// 输入通过的点

指定通过点：↙ // 结束命令

[例 2-12] 绘制通过给定圆心的射线，如图 2-10 所示。

单击按钮，AutoCAD 会出现如下提示，根据提示信息进行如下操作：

指定起点：// 捕捉圆心①点

指定通过点：// 捕捉四分圆弧点②

指定通过点：↙ // 结束命令

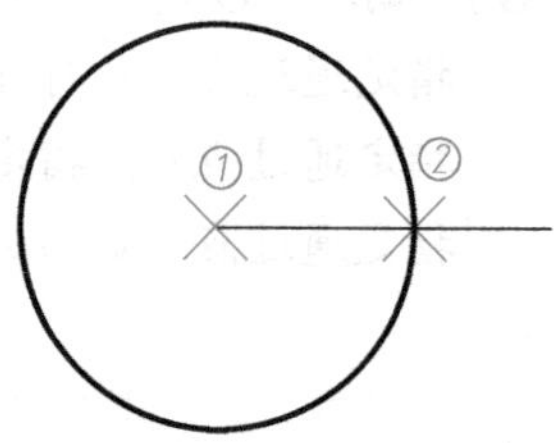

图 2-10 绘制过圆心的射线

2.6 “矩形”命令

1. 功能

绘制二维矩形或三维矩形，可带倒角或圆角。

2. 命令格式

- 菜单栏：“绘图”→“矩形”。

- 功能区："默认"→"绘图"→"矩形" □。

选择上述任何一种方式调用命令，AutoCAD 都有如下提示：

指定第一个角点或［倒角（C）/标高（E）/圆角（F）/厚度（T）/宽度（W）］：//指定第一角点

指定另一个角点或［面积（A）/尺寸（D）/旋转（R）］：

可根据绘图需要来选择方括号内的选项。各选项含义如下。

1）"指定第一个角点"：指定矩形的第一个角点，该选项为默认选项。

2）"倒角（C）"：用于设置矩形的倒角大小。

3）"标高（E）"：用于设置标高（适用于 3D 绘图）。

4）"圆角（F）"：用于设置矩形的圆角大小。

5）"厚度（T）"：用于设置矩形的厚度（适用于 3D 绘图）。

6）"宽度（W）"：用于设置矩形的线宽。

7）"面积（A）"：用于设置矩形的面积。

8）"尺寸（D）"：用于设置矩形的长和宽。

9）"旋转（R）"：用于设置矩形的第一条边与 *X* 轴的夹角。

10）"长度（L）"：用于以"面积（A）"方式绘制矩形时设置水平边长度，在选择"面积（A）"选项后出现。

［例 2-13］ 绘制尺寸为 60mm×40mm 的矩形，如图 2-11a 所示。

单击 □ 按钮，AutoCAD 提示如下，根据提示信息进行如下操作：

指定第一个角点或［倒角（C）/标高（E）/圆角（F）/厚度（T）/宽度（W）］：//用鼠标选定矩形的一个角点①

指定另一个角点或［面积（A）/尺寸（D）/旋转（R）］：@60，40//输入矩形的另一个角点

［例 2-14］ 绘制倒角尺寸为 10mm×10mm，外形尺寸为 60mm×40mm 的矩形，如图 2-11b 所示。

单击 □ 按钮，AutoCAD 提示如下，根据提示信息进行如下操作：

指定第一个角点或［倒角（C）/标高（E）/圆角（F）/厚度（T）/宽度（W）］：C↙

指定矩形的第一个倒角距离〈0.00〉：10↙

指定矩形的第二个倒角距离〈10〉：↙

指定第一个角点或［倒角（C）/标高（E）/圆角（F）/厚度（T）/宽度（W）］：//用鼠标选定①点

指定另一个角点或［面积（A）/尺寸（D）/旋转（R）］：@60，40↙

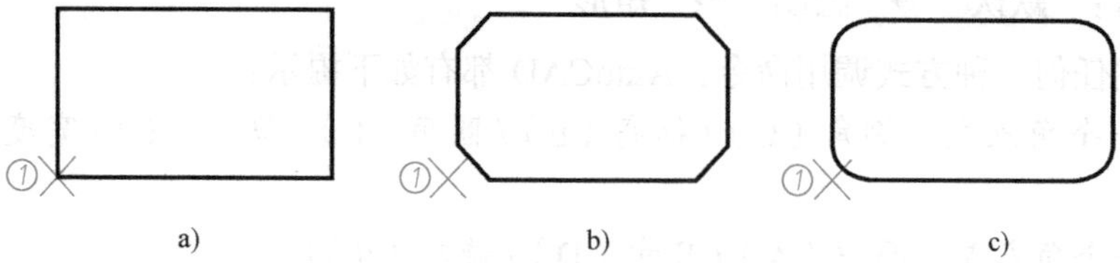

图 2-11 绘制矩形

a）无圆角、倒角 b）有倒角 c）有圆角

[例 2-15] 绘制外形尺寸为 60mm×40mm，圆角半径为 10mm 的矩形，如图 2-11c 所示。

单击 按钮，AutoCAD 提示如下，根据提示信息进行如下操作：

指定第一个角点或［倒角（C）/ 标高（E）/ 圆角（F）/ 厚度（T）/ 宽度（W）］：F↙

指定矩形的圆角半径〈0.00〉：10↙

指定第一个角点或［倒角（C）/ 标高（E）/ 圆角（F）/ 厚度（T）/ 宽度（W）］：// 用鼠标选定①点

指定另一个角点或［面积（A）/ 尺寸（D）/ 旋转（R）］：@60，40↙

2.7 “椭圆”命令

1. 功能

按指定方式在指定位置绘制椭圆或一段椭圆弧。

2. 命令格式

- 菜单栏：“绘图”→“椭圆”。
- 功能区：“默认”→“绘图”→“椭圆” 。

如果展开“椭圆”的子菜单，可以看到三种绘制椭圆的方式，如图 2-12 所示。如果单击 按钮调用命令，AutoCAD 会有如下提示：

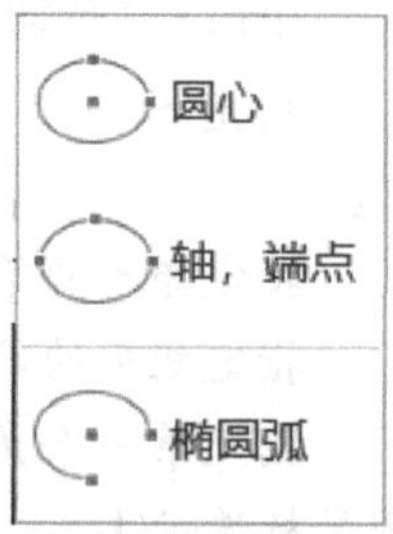

图 2-12 绘制椭圆的方式

指定椭圆的轴端点或［圆弧（A）/ 中心点（C）］：

选择不同的选项绘制椭圆或椭圆弧，又会激活其他选项，各选项的功能如下。

1）“指定椭圆的轴端点”：此选项为默认项，用于确定第一条轴的起始端点。

2）“圆弧（A）”：用于绘制椭圆弧。

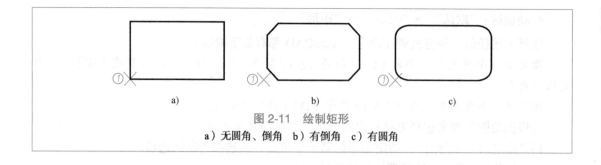

3）“中心点（C）”：用于确定椭圆中心。

4）“旋转（R）”：选择用给定角度的方式确定椭圆的短轴长度，短轴长度 = 长轴长度 × cos 给定角度，0° ≤给定角度 <89.4° 其周期为 90°。

5）“指定起始角度”：确定椭圆弧起始角度（与椭圆第一条轴的夹角）。

6）“指定终止角度”：确定椭圆弧的终止角度（与椭圆第一条轴的夹角）。

7）“参数（P）”：通过参数确定椭圆弧的起始点和终止点（这里不展开介绍，可通过将指针放在椭圆弧上并按〈F1〉快捷键予以查看）。

[例 2-16] 给定了椭圆的一条轴，并已知另一条半轴的长度，绘制如图 2-13 所示的椭圆。

单击按钮，选择“轴，端点”方式，AutoCAD 提示如下，根据提示信息进行如下操作：

指定椭圆的轴端点或 [圆弧（A）/ 中心点（C）]：// 用鼠标选定①点

指定轴的另一个端点：// 用鼠标选定②点（可见一拖动椭圆）

指定另一条半轴长度或 [旋转（R）]：// 用鼠标选定③点

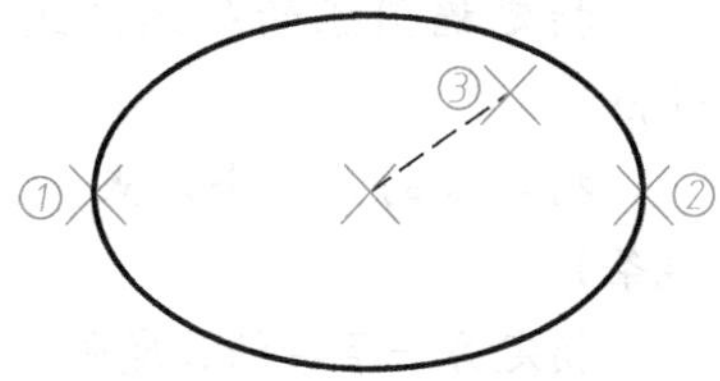

图 2-13 已知长轴和短半轴

说明：③点到椭圆中心的距离为另一条半轴的长度。

[例 2-17] 已知椭圆中心位置，以及长半轴和短半轴的长度，绘制一个椭圆，如图 2-14 所示。

单击按钮，AutoCAD 提示如下，根据提示信息进行如下操作：

指定椭圆的轴端点或 [圆弧（A）/ 中心点（C）]：C↙

指定椭圆的中心点：// 用鼠标选定中心点①

指定轴的端点：// 用鼠标选定②点

指定另一条半轴长度或 [旋转（R）]：// 用鼠标选定③点

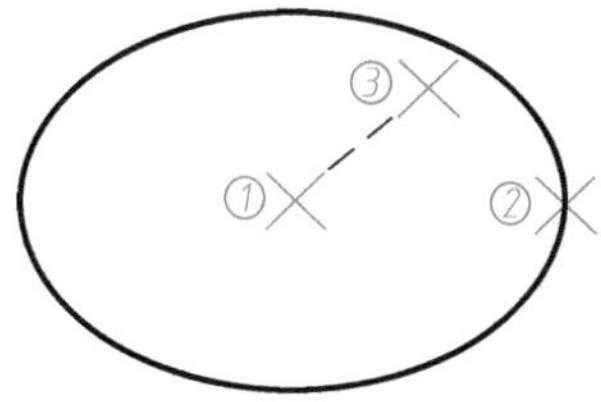

图 2-14 已知中心和长、短半轴

[例 2-18] 已知椭圆长轴的长度，以及椭圆的“旋转（R）”指定角度为 55°，绘制一个椭圆，如图 2-15 所示。

单击按钮，AutoCAD 提示如下，根据提示信息进行如下操作：

指定椭圆的轴端点或 [圆弧（A）/ 中心点（C）]：// 用鼠标选定①点

图 2-15 已知长轴和短轴给定角度

指定轴的另一个端点：// 用鼠标选定②点（可见一拖动的椭圆）
指定另一条半轴长度或［旋转（R）］：R↙
指定绕长轴旋转的角度：55↙

［例 2-19］ 已知长轴长度，以及所需起、止角度，绘制一段椭圆弧，如图 2-16 所示。

单击按钮，AutoCAD 提示如下，根据提示信息进行如下操作：

图 2-16　绘制椭圆弧

指定椭圆的轴端点或［圆弧（A）/ 中心点（C）］：A↙
指定椭圆弧的轴端点或［中心点（C）］：// 用鼠标选定①点
指定轴的另一个端点：// 用鼠标选定②点（绘制出一椭圆母体，从中心拉出一条线条）
指定另一条半轴长度或［旋转（R）］：R↙
指定绕长轴旋转的角度：55↙
指定起点角度或［参数（P）］：30↙ // 相对于①点逆时针旋转 30° 确定椭圆弧起点
指定端点角度或［参数（P）/ 夹角（I）］：180↙ // 相对于①点逆时针旋转 180° 确定椭圆弧终点

2.8 "多边形"命令

1. 功能

绘制正多边形。

2. 命令格式

- 菜单栏："绘图"→"多边形"。
- 功能区："默认"→"绘图"→"多边形"。

选择上述任何一种方式调用命令，AutoCAD 都有如下提示：
输入侧面数〈4〉：// 输入正多边形边数↙
指定正多边形的中心点或［边（E）］：// 输入中心点坐标↙
输入选项［内接于圆（I）/ 外切于圆（C）］〈I〉：// 选择绘制方式
指定圆的半径：// 输入半径值↙
各选项的功能如下。
1）"输入侧面数〈4〉"：确定边数。

2）“指定正多边形的中心点”：默认选项。
3）“边（E）”：以指定边长的方式绘制正多边形。
4）“内接于圆（I）”：以内接于圆的方式绘制正多边形。
5）“外切于圆（C）”：以外切于圆的方式绘制正多边形。

[例2-20] 绘制外切于圆的正六边形，如图2-17所示。

单击 ⬠ 按钮，AutoCAD提示如下，根据提示信息进行如下操作：

输入侧面数〈4〉：6↙
指定正多边形的中心点或［边（E）］：// 捕捉圆心①点
输入选项［内接于圆（I）/ 外切于圆（C）］〈I〉：C↙
指定圆的半径：// 捕捉②点

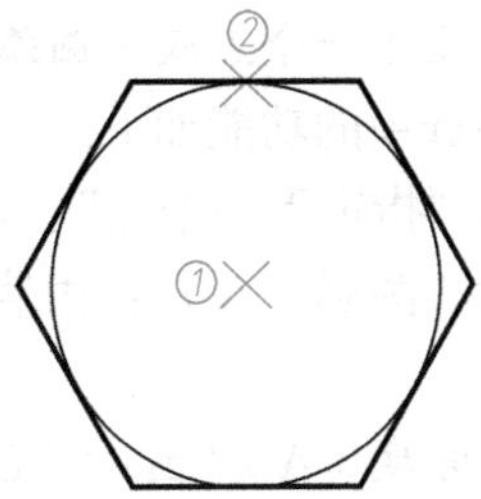

图2-17 绘制外切于圆的正六边形

说明： 圆在画正六边形之前已绘制完成。

[例2-21] 已知两个顶点，绘制如图2-18所示的正六边形。

单击 ⬠ 按钮，AutoCAD提示如下，根据提示信息进行如下操作：

输入侧面数〈4〉：6↙
指定正多边形的中心点或［边（E）］：E↙
指定边的第一个端点：// 用鼠标选定①点
指定边的第二个端点：// 用鼠标选定②点

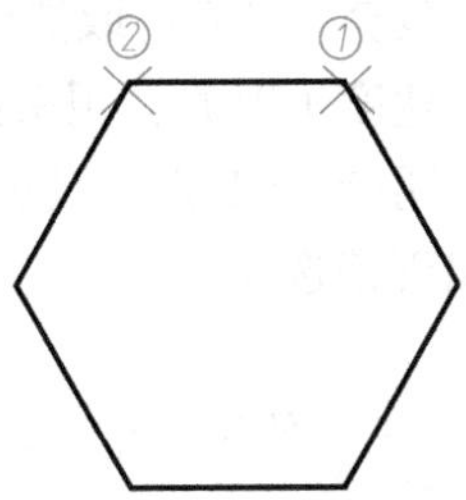

图2-18 已知两顶点，绘制正六边形

说明： 以上述方式绘制正六边形，总是由第一点开始到第二点，沿逆时针方向绘制。

2.9 “多段线”命令

二维多段线是作为单个平面对象创建的相互连接的线段序列。可以用AutoCAD创建直线段、圆弧段或两者的组合线段。

1. 功能

绘制二维多段线。

2. 命令格式

- 菜单栏："绘图" → "多段线"。
- 功能区："默认" → "绘图" → "多段线" 。

选择上述任何一种方式输入命令，AutoCAD 都有如下提示：

指定起点：// 指定第一点

指定下一个点或 [圆弧（A）/ 半宽（H）/ 长度（L）/ 放弃（U）/ 宽度（W）]：

各选项的功能如下。

1）"指定下一个点"：此选项为默认项。

2）"圆弧（A）"：由直线多段线切换到圆弧多段线方式。选择该选项后会出现如下提示：

[角度（A）/ 圆心（CE）/ 方向（D）/ 半宽（H）/ 直线（L）/ 半径（R）/ 第二个点（S）/ 放弃（U）/ 宽度（W）]：

在此提示下，用户可以选择绘制圆弧的方式，各选项功能与 2.3 节中讲的基本相同，此处不再赘述。其中"直线（L）"选项用于将绘制圆弧方式改为绘制直线方式；"第二个点（S）"为三点画圆弧方式。

3）"半宽（H）"：确定多段线的半宽度。

4）"长度（L）"：设定下一段线的长度，如前一段是直线，则其延长方向与该线相同；如前一段是圆弧，则其延长方向为端点处圆弧的切线方向。

5）"放弃（U）"：取消前次操作，可顺序回溯。

6）"宽度（W）"：用来设定多段线的宽度。

7）"闭合（CL）"：设定为封闭多段线，首尾以圆弧或直线段闭合。在完成多段线的第一段后出现该选项。

[例 2-22] 使用二维多段线命令绘制带有 R=10mm 圆角的图形，如图 2-19 所示。

单击 按钮，AutoCAD 提示如下，根据提示信息进行如下操作：

指定起点：// 用鼠标指定①点

指定下一个点或 [圆弧（A）/ 半宽（H）/ 长度（L）/ 放弃（U）/ 宽度（W）]：// 用鼠标指定②点

指定下一个点或 [圆弧（A）/ 闭合（C）/ 半宽（H）/ 长度（L）/ 放弃（U）/ 宽度（W）]：A↙

指定圆弧的端点或 [角度（A）/ 圆心（CE）/ 闭合（CL）/ 方向（D）/ 半宽（H）/ 直线（L）/ 半径（R）/ 第二个点（S）/ 放弃（U）/ 宽度（W）]：CE↙

指定圆弧的圆心：@0，−10// 指定圆心，为相对于②点的坐标

指定圆弧的端点或 [角度（A）/ 长度（L）]：A↙

指定夹角：−90↙ // 顺时针绘制圆弧

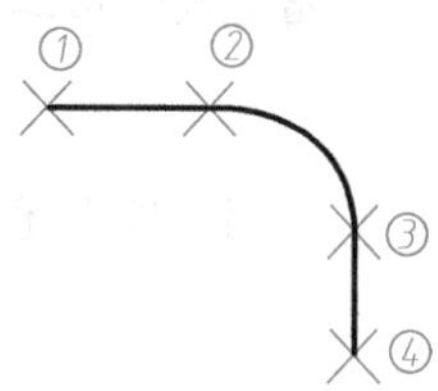

图 2-19 带圆角图形

指定圆弧的端点或［角度（A）/ 圆心（CE）/ 闭合（CL）/ 方向（D）/ 半宽（H）/ 直线（L）/ 半径（R）/ 第二个点（S）/ 放弃（U）/ 宽度（W）］：L↙

指定下一点或［圆弧（A）/ 闭合（C）/ 半宽（H）/ 长度（L）/ 放弃（U）/ 宽度（W）］：// 用鼠标指定④点

指定下一点或［圆弧（A）/ 闭合（C）/ 半宽（H）/ 长度（L）/ 放弃（U）/ 宽度（W）］：↙

［例 2-23］ 绘制一段不同宽度的直线和圆弧，如图 2-20 所示。

单击 按钮，AutoCAD 提示如下，根据提示信息进行如下操作：

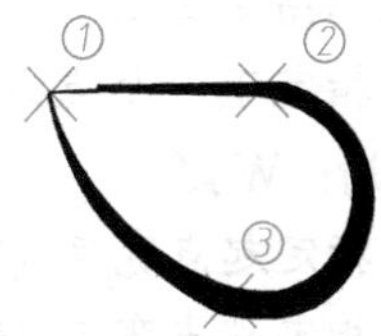

图 2-20 变宽度直线和圆弧

指定起点：// 用鼠标指定①点

指定下一个点或［圆弧（A）/ 半宽（H）/ 长度（L）/ 放弃（U）/ 宽度（W）］：W↙

指定起点宽度〈0.00〉：↙

指定端点宽度〈0.00〉：5↙

指定下一个点或［圆弧（A）/ 半宽（H）/ 长度（L）/ 放弃（U）/ 宽度（W）］：// 用鼠标指定②点

指定下一个点或［圆弧（A）/ 闭合（C）/ 半宽（H）/ 长度（L）/ 放弃（U）/ 宽度（W）］：W↙

指定起点宽度〈5.00〉：↙

指定端点宽度〈5.00〉：10↙

指定下一个点或［圆弧（A）/ 闭合（C）/ 半宽（H）/ 长度（L）/ 放弃（U）/ 宽度（W）］：A↙

指定圆弧的端点或［角度（A）/ 圆心（CE）/ 闭合（CL）/ 方向（D）/ 半宽（H）/ 直线（L）/ 半径（R）/ 第二个点（S）/ 放弃（U）/ 宽度（W）］：// 用鼠标指定③点

指定圆弧的端点或［角度（A）/ 圆心（CE）/ 闭合（CL）/ 方向（D）/ 半宽（H）/ 直线（L）/ 半径（R）/ 第二个点（S）/ 放弃（U）/ 宽度（W）］：W↙

指定起点宽度〈10.00〉：↙

指定端点宽度〈10.00〉：0↙

指定圆弧端点或［角度（A）/ 圆心（CE）/ 闭合（CL）/ 方向（D）/ 半宽（H）/ 直线（L）/ 半径（R）/ 第二个点（S）/ 放弃（U）/ 宽度（W）］：// 用鼠标指定①点

指定圆弧端点或［角度（A）/ 圆心（CE）/ 闭合（CL）/ 方向（D）/ 半宽（H）/ 直线（L）/ 半径（R）/ 第二个点（S）/ 放弃（U）/ 宽度（W）］：↙

［例 2-24］ 绘制一个箭头，如图 2-21 所示。

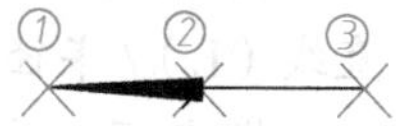

图 2-21 箭头

单击 按钮，AutoCAD 提示如下，根据提示信息进行如下操作：

指定起点：// 用鼠标指定①点

指定下一个点或［圆弧（A）/ 半宽（H）/ 长度（L）/ 放弃（U）/ 宽度（W）]：W↙

指定起点宽度〈0.00〉：↙

指定端点宽度〈0.00〉：8↙

指定下一个点或［圆弧（A）/ 半宽（H）/ 长度（L）/ 放弃（U）/ 宽度（W）]：// 用鼠标指定②点

指定下一个点或［圆弧（A）/ 闭合（C）/ 半宽（H）/ 长度（L）/ 放弃（U）/ 宽度（W）]：W↙

指定起点宽度〈8.00〉：0↙

指定端点宽度〈0.00〉：↙

指定下一个点或［圆弧（A）/ 半宽（H）/ 长度（L）/ 放弃（U）/ 宽度（W）]：// 用鼠标指定③点

指定下一个点或［圆弧（A）/ 闭合（C）/ 半宽（H）/ 长度（L）/ 放弃（U）/ 宽度（W）]：↙

说明： 对用二维多段线命令所绘出的首尾相连的线段或闭合线段，系统将其视为一个实体，即视为一个编辑对象。

2.10 “点”命令

为便于观察和满足作标记等需要，在绘制图形时经常用到几何点。AutoCAD 2020 提供了多种类型点的绘制样式和方法。

2.10.1 “点样式”命令

1. 功能

设置几何点的显示样式和尺寸。

2. 命令格式

- 菜单栏：“格式”→“点样式”。
- 功能区：“默认”→“实用工具”面板→“点样式” 。

选择上述任何一种方式调用命令，AutoCAD 都会弹出如图 2-22 所示的“点样式”对话框，其中给出了 20 种点的样式，默认为第一框样式，用鼠标单击任何一种样式，方框反黑显示，表示被选中。在“点大小”文本框中输入数字可设置点的大小。其下方有两个单选项：“相对于屏幕设置大小”和“按绝对单位设置大小”，可根据需要进行选择。

绘制点的方式主要有三种，即“多点”“定数等分”“定距等分”，如图 2-23 所示。

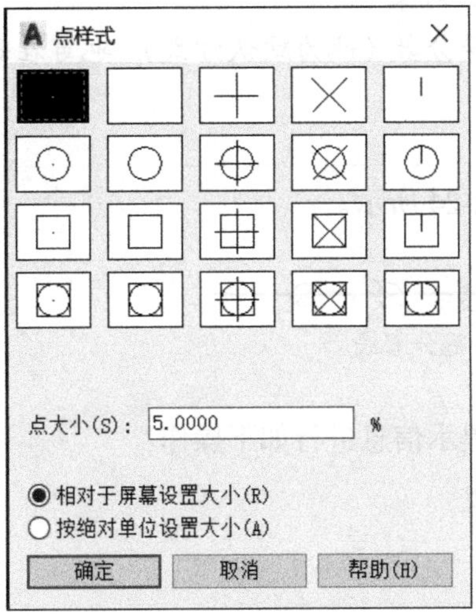

图 2-22 “点样式”对话框

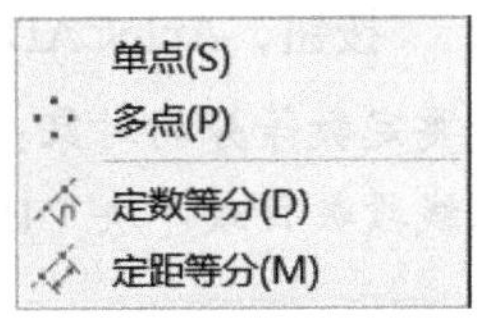

图 2-23 绘制点的方式

2.10.2 “多点”命令

1. 功能

在指定位置绘制点。

2. 命令格式

- 菜单栏：“绘图”→“点”→“多点”。
- 功能区：“默认”→“绘图”→“多点” ⁘。

选择上述任何一种方式调用命令，AutoCAD 都有如下提示：

指定点：// 输入点的位置↙

2.10.3 “定数等分”命令

1. 功能

将一实体等分为几段，在等分处插入点或图块。

2. 命令格式

- 菜单栏："绘图"→"点"→"定数等分"。
- 功能区："默认"→"绘图"→"定数等分"。

选择上述任何一种方式调用命令，AutoCAD都有如下提示：

选择要定数等分的对象：// 用鼠标选择要等分对象

输入线段数目或［块（B）］：// 输入对象的等分数（此为默认方式），也可在等分点处插入图块

［例2-25］ 将一直线用点进行7等分，如图2-24所示。

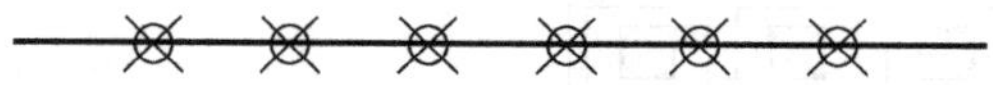

图2-24 用点7等分直线

单击按钮，AutoCAD提示如下，根据提示信息进行如下操作：

选择要定数等分的对象：// 用鼠标选取直线

输入线段数目或［块（B）］：7↙

［例2-26］ 将一直线用图块进行7等分，如图2-25所示。

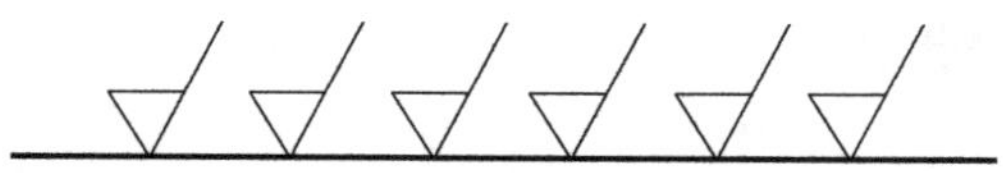

图2-25 用图块7等分直线

单击按钮，AutoCAD提示如下，根据提示信息进行如下操作：

选择要定数等分的对象：// 用鼠标选取直线

输入线段数目或［块（B）］：B↙

输入要插入的块名：WPN1↙ // 输入块名

是否对齐块和对象？［是（Y）/否（N）］〈Y〉：↙

输入线段数目：7↙ // 输入等分数

说明："WPN1"是预先已定义过的图块的名称。

2.10.4 “定距等分”命令

1. 功能

在指定对象上，按指定长度在等距点处插入点或图块。

2. 命令格式

- 菜单栏：“绘图”→“点”→“定距等分”。
- 功能区：“默认”→“绘图”→“定距等分” 。

选择上述任何一种方式调用命令，AutoCAD都有如下提示：

选择要定距等分的对象：// 用鼠标选取要等分的对象

指定线段长度或［块（B）］：// 输入等距点之间的长度（此为默认方式），也可在等分点处插入图块

［例2-27］ 将一直线进行30mm的等距分段，并在等距点处插入图块，如图2-26所示。

单击 按钮，AutoCAD提示如下，根据提示信息进行如下操作：

选择要定距等分的对象：// 用鼠标选取直线

指定线段长度或［块（B）］：B↙

输入要插入的块名：WPN1↙

是否对齐块和对象？［是（Y）/否（N）］〈Y〉：↙

指定线段长度：30↙

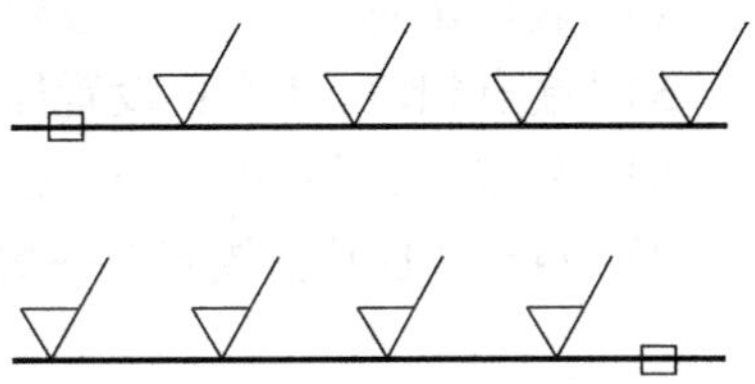

图2-26 定距等分直线

□—表示鼠标选取位置

说明：图块在插入前已创建完成。使用“定距等分”命令对直线分段，分段的起点和鼠标选取对象的位置有关，分段的起点是距鼠标拾取点最近的线段端点，如图2-26所示。

2.11 “样条曲线”命令

样条曲线作为分界线和断裂线广泛应用于工程图样中。

1. 功能

用于绘制样条曲线。

2. 命令格式

- 菜单栏："绘图"→"样条曲线"。
- 功能区："默认"→"绘图"→"样条曲线拟合"。

选择上述任何一种方式调用命令，AutoCAD 都有如下提示：

当前设置：方式＝拟合　节点＝弦

指定第一个点或［方式（M）/ 节点（K）/ 对象（O）］：// 用鼠标指定第一点

输入下一个点或［起点切向（T）/ 公差（L）］：// 用鼠标指定第二点

输入下一个点或［端点相切（T）/ 公差（L）/ 放弃（U）］：// 用鼠标指定第三点

各选项功能如下。

1）"方式（M）"：设置样条曲线创建方式，有"拟合（F）"方式和"控制点（CV）"方式两种。

2）"节点（K）"：指定节点参数化形式（其形式会影响曲线在通过拟合点时的形状），有"弦（C）""平方根（S）""统一（U）"三种形式。

3）"对象（O）"：将用二维或三维的二次或三次样条曲线拟合的多段线转换成等效的样条曲线并删除多段线。

4）"起点切向（T）"：设置样条曲线起始点切矢量。

5）"端点相切（T）"：设置样条曲线终止点切矢量。

6）"公差（L）"：设定拟合公差。

7）"放弃（U）"：放弃上一次的操作。

［例 2-28］ 利用样条曲线绘制机械制图中的波浪线，如图 2-27 所示。

单击按钮，AutoCAD 提示如下，根据提示信息进行如下操作：

当前设置：方式＝拟合　节点＝弦

指定第一个点或［方式（M）/ 节点（K）/ 对象（O）］：// 用鼠标指定①点

输入下一个点或［起点切向（T）/ 公差（L）］：// 用鼠标指定②点

输入下一个点或［端点相切（T）/ 公差（L）/ 放弃（U）］：// 用鼠标指定③点

输入下一个点或［端点相切（T）/ 公差（L）/ 放弃（U）/ 闭合（C）］：// 用鼠标指定④点

输入下一个点或［端点相切（T）/ 公差（L）/ 放弃（U）/ 闭合（C）］：↙

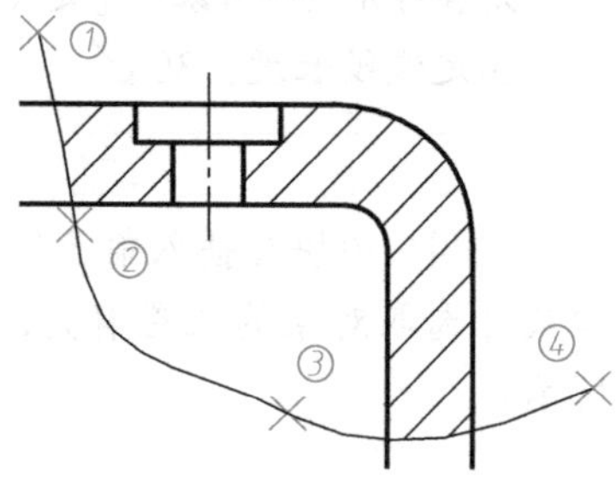

图 2-27 绘制波浪线

2.12 “多线样式”和“多线”命令

多线又称为复合线。在绘制多线之前，必须进行多线样式的设置。

2.12.1 “多线样式”设置命令

1. 功能

用于定义多线的样式。

2. 命令格式

- 菜单栏：“格式”→“多线样式”。
- 按钮：。

选择上述任何一种方式调用命令后，AutoCAD 都会弹出如图 2-28 所示的“多线样式”对话框，并在位于下部的预览区显示当前多线的实际形状。对话框中各选项（按钮）的功能如下。

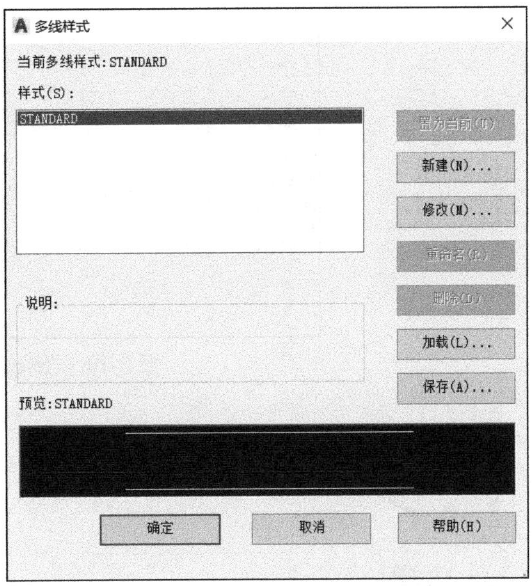

图 2-28 “多线样式”对话框

1）“样式”列表框：该列表框列出了当前已有多线样式的名称。

2）“说明”框：对所定义的多线进行描述，所用字符不能超过 256 个（下同）。

3）“置为当前”按钮：将选中样式定义为当前样式。

4）“新建”按钮：新建样式。

5）“重命名”按钮：对当前多线样式进行重新命名。

6）“删除”按钮：删除样式。

7）“加载”按钮：从多线库文件（如 ACAD.MLN）中加载已定义的多线样式。

8）“保存”按钮：将当前定义的多线样式存入多线文件库中（.MLI）。

在日常绘图中，用户不能删除“STANDARD”样式，只能删除自己定义的多线样式。如果要绘制除“STANDARD”以外的多线形式，则必须通过单击“新建”按钮来创建新样式。单击“新建”按钮弹出的“创建新的多线样式”对话框如图 2-29 所示，在“新样式名”文本框中输入新样式名称，在“基础样式”下拉列表框中选择基础样式，然后单击“继续”按钮，则会弹出如图 2-30 所示“修改多线样式”对话框。

如图 2-30 所示，单击“添加”按钮后，可在“图元”选项组中利用“偏移”“颜色”

“线型”来定义线的偏移量、颜色和线型，如加入一条相对十字光标轨迹偏移量为“0.0”的新线，并通过“填充颜色”下拉列表框选择多线的背景填充颜色。设置完成后单击“确定”按钮，返回到图 2-28 所示的“多线样式”对话框，单击“置为当前”按钮，再单击“确定”按钮，就完成了一个新多线样式的定义，用户就可以用新定义的多线绘图了。

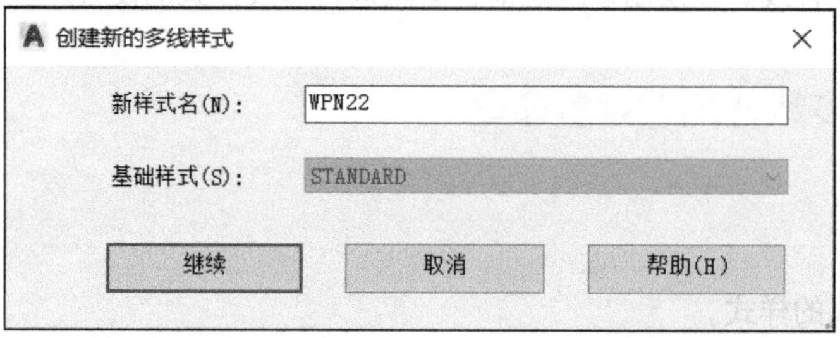

图 2-29 “创建新的多线样式”对话框

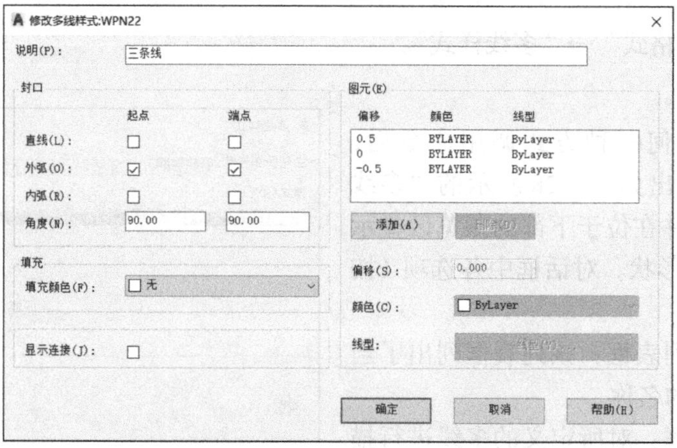

图 2-30 “修改多线样式”对话框

2.12.2 “多线”命令

1. 功能

用于绘制多种线型组成的复合线。

2. 命令格式

- 菜单栏：“绘图”→“多线”。
- 按钮：。

选择上述任何一种方式调用命令，AutoCAD 都有如下提示：

当前设置：对正 = 上，比例 = 20.00，样式 = STANDARD
指定起点或［对正（J）/ 比例（S）/ 样式（ST）］：// 用鼠标指定第一点
指定下一点或［放弃（U）］：// 用鼠标指定第二点

指定下一点或［闭合（C）/放弃（U）］：//用鼠标指定第三点

指定下一点或［闭合（C）/放弃（U）］：↙//结束命令

各选项功能如下。

(1)“对正（J）” 该选项用于确定多线的绘制方式，选取该选项，则AutoCAD会出现如下提示：

输入对正类型［上（T）/无（Z）/下（B）］〈上〉：

1)“上（T）”表示从左向右绘制多线时，十字光标带动最上端线移动，为默认选项。

2)“无（Z）”表示多线中心随十字光标移动。

3)“下（B）”表示从左到右绘制多线时，十字光标带动最底端线移动。

(2)“比例（S）” 该选项用来确定所绘制的多线的宽度相对于多线的定义宽度的比例。

(3)“样式（ST）” 该选项用于调用新的多线样式。

其他选项不再赘述。

［例2-29］ 绘制如图2-31所示的多线，其样式设置如图2-30所示。

单击按钮，AutoCAD提示如下，根据提示信息进行如下操作：

当前设置：对正＝上，比例＝20.00，样式＝WPN22

指定起点或［对正（J）/比例（S）/样式（ST）］：//用鼠标指定①点

指定下一点：//用鼠标指定②点

指定下一点或［放弃（U）］：//用鼠标指定③点

指定下一点或［闭合（C）/放弃（U）］：//用鼠标指定④点

指定下一点或［闭合（C）/放弃（U）］：↙//结束命令

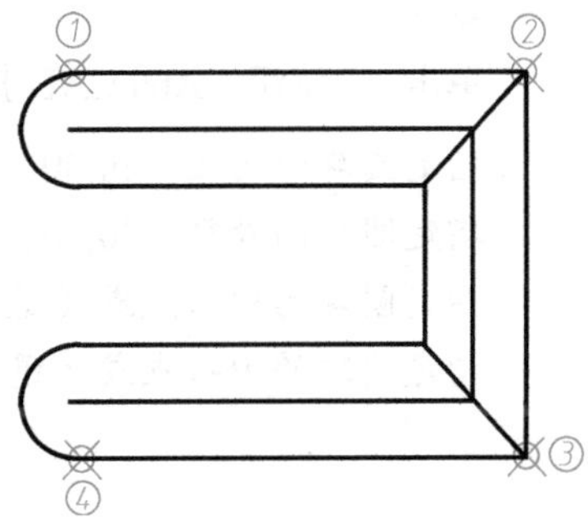

图2-31 多线示例

2.13 “圆环”命令

1. 功能

用于在指定位置绘制指定内、外径的圆环。

2. 命令格式

- 菜单栏：“绘图”→“圆环”。
- 功能区：“默认”→“绘图”→“圆环”◎。

选择上述任何一种方式输入命令，AutoCAD都有如下提示：

指定圆环的内径〈默认值〉：//输入内圆直径

指定圆环的外径〈默认值〉：// 输入外圆直径
指定圆环的中心点或〈退出〉：// 输入圆的中心位置
指定圆环的中心点或〈退出〉：↙ // 结束命令

[例 2-30] 已知圆环中心、内径、外径，绘制如图 2-32 所示的圆环。

单击 ◎ 按钮，AutoCAD 提示如下，根据提示信息进行如下操作：

指定圆环的内径〈10.00〉：20 ↙
指定圆环的外径〈20.00〉：30 ↙
指定圆环的中心点或〈退出〉：// 用鼠标指定①点
指定圆环的中心点或〈退出〉：↙ // 结束命令

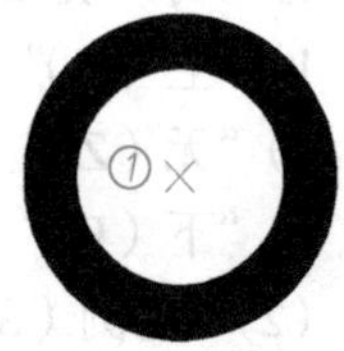

图 2-32 空心圆环

[例 2-31] 利用"圆环"命令绘制实心圆，如图 2-33 所示。

单击 ◎ 按钮，AutoCAD 提示如下，根据提示信息进行如下操作：

指定圆环的内径〈20.00〉：0 ↙
指定圆环的外径〈20.00〉：↙
指定圆环的中心点或〈退出〉：40，60 ↙
指定圆环的中心点或〈退出〉：↙ // 结束命令

图 2-33 实心圆

2.14 "修订云线"命令

1. 功能

用于绘制云线。

2. 命令格式

- 菜单栏："绘图" → "修订云线"。
- 功能区："默认" → "绘图" → "修订云线"。

若展开"修订云线"子菜单，则可以看到三种绘制云线的方式，如图 2-34 所示。若单击按钮调用命令，AutoCAD 则有如下提示：

最小弧长：50 最大弧长：140 样式：普通 类型：徒手画
指定第一个点或 [弧长（A）/ 对象（O）/ 矩形（R）/ 多边形（P）/ 徒手画（F）/ 样式（S）/ 修改（M）]〈对象〉：//

图 2-34 三种绘制云线的方式

指定起始点

沿云线路径引导十字光标 ...// 指定中间若干点

修订云线完成。

各选项功能如下。

1)“弧长（A）”：用来设定云线的最小弧长和最大弧长，最大弧长不能超过最小弧长的 3 倍。

2）“对象（O）”：使已存在的图元变成云线。

3）“矩形（R）”：使用指定的点作为对角点创建矩形云线。

4）“多边形（P）”：创建矩形外的多边形云线。

5）“徒手画（F）”：徒手绘制云线。

6）“样式（S）”：选择圆弧样式，有“普通（N）”和“手绘（C）”两种。

[例 2-32] 绘制如图 2-35 所示云线。

单击按钮，AutoCAD 提示如下，根据提示信息进行如下操作：

最小弧长：50　最大弧长：140　样式：普通　类型：徒手画

指定第一个点或［弧长（A）/ 对象（O）/ 矩形（R）/ 多边形（P）/ 徒手画（F）/ 样式（S）/ 修改（M）］〈对象〉：A↙

指定最小弧长〈50〉：100↙

指定最大弧长〈100〉：200↙

指定第一个点或［弧长（A）/ 对象（O）/ 矩形（R）/ 多边形（P）/ 徒手画（F）/ 样式（S）/ 修改（M）］〈对象〉：// 用鼠标指定①点

沿云线路径引导十字光标 ... // 用鼠标指定多个点

鼠标接近起点，则云线绘制完成。

图 2-35 云线示例

2.15 “螺旋”命令

1. 功能

用于创建二维螺旋线或三维弹簧。

2. 命令格式

- 菜单栏：“绘图”→“螺旋”。
- 功能区：“默认”→“绘图”→“螺旋”。

选择上述任何一种方式调用命令，AutoCAD 都会有如下提示：

圈数 = 3.0000 扭曲 = CCW
指定底面的中心点：// 输入中心点坐标↙
指定底面半径或 [直径（D）] 〈默认值〉：// 给出底面半径或直径↙
指定顶面半径或 [直径（D）] 〈默认值〉：// 给出顶面半径或直径↙
指定螺旋高度或 [轴端点（A）/ 圈数（T）/ 圈高（H）/ 扭曲（W）] 〈1.0000〉：

各选项含义如下。

1）“轴端点（A）”：指定螺旋轴的端点位置，轴端点可以位于三维空间的任意位置，它定义了螺旋的长度和方向。

2）“圈数（T）”：指定螺旋的圈（旋转）数，螺旋的圈数不能超过 500。

3）“圈高（H）”：指定螺旋的节距。

4）“扭曲（W）”：螺旋的旋向，指定以顺时针（CW）方向还是逆时针方向（CCW）绘制螺旋，默认为逆时针方向。

[例 2-33] 试绘制圈数为 10，节距为 10mm，底、顶圆半径均为 50mm 的螺旋线，如图 2-36 所示。

单击按钮，AutoCAD 提示如下，根据提示信息进行如下操作：

圈数 = 3.0000 扭曲 =CCW
指定底面的中心点：// 用鼠标指定中心点
指定底面半径或 [直径（D）] 〈100.0000〉：50↙
指定顶面半径或 [直径（D）] 〈50.0000〉：↙
指定螺旋高度或 [轴端点（A）/ 圈数（T）/ 圈高（H）/ 扭曲（W）] 〈1.0000〉：T↙
输入圈数〈3.000〉：10↙
指定螺旋高度或 [轴端点（A）/ 圈数（T）/ 圈高（H）/ 扭曲（W）] 〈1.0000〉：H↙
指定圈间距〈0.2500〉：10↙

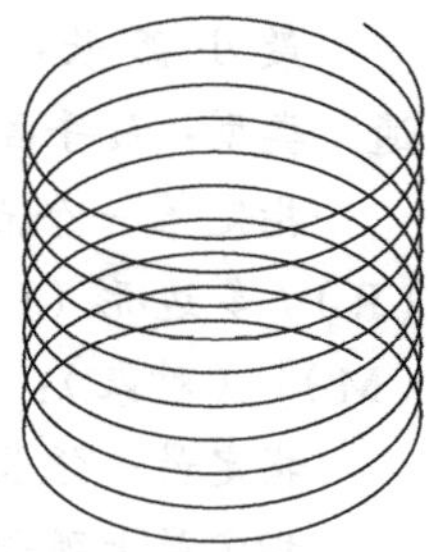

图 2-36 螺旋线

2.16 图块和属性

2.16.1 图块的概念

AutoCAD 中的图块功能非常强大，图块是由多个对象组成并被赋予名称的一个整体，组成图块的各个对象可以有自己的图层、线型和颜色。AutoCAD 把图块当作一个单一的对象来处理，可以随时将它插入当前图形中的指定的位置，也可以对其进行缩放和旋转操作。

图块的主要作用如下。

（1）建立图形库　在绘图时，常常会遇到多次重复使用的图形，如螺栓、螺母、粗糙度符号和标题栏等，将这些常出现的图形作成图块，存放在图形库中，用插入图块的方法来拼合图形，可以避免大量的重复工作，提高绘图速度和质量。

（2）节省存储空间　当前图形中的每个对象都会增加磁盘上相应的存储空间，因为AutoCAD必须保存每个图形对象的信息，而把图形作成图块就不必记录重复的对象构造信息了。图块定义越复杂，插入的次数越多，就越能体现其优越性。

（3）便于修改图形　一张工程图样往往需要进行多次修改，如果对已有的旧图样按照国家标准的要求修改，既费时又不方便。但若要修改的是图块内容，则用户只需简单地再定义这个图块，图中所有引用该图块的地方就会自动更新。

（4）图块可以带有属性　图块所带有的文本信息称为“属性”。属性不但可以在每次插入图块时修改，而且可以设置可见性，还能从图形中提取并传送给外部数据库进行管理。

图2-37所示为由“插入”“创建”“编辑”等按钮组成的“块”面板。

图2-37　“块”面板

2.16.2 创建图块命令

1. 功能

用于将已给出的图形定义为一个图块，并命名。

2. 命令格式

- 菜单栏：“绘图”→“块”→“创建”。
- 功能区：“默认”→“块”→“创建”，或者“插入”→“块定义”→“创建块”。

选择上述任何一种方式调用命令，AutoCAD均弹出如图2-38所示“块定义”对话框。对话框中各主要选项的功能及图块的创建流程如下。

1）在“名称”下拉列表框中输入所定义图块的名称。

2）单击“拾取点”按钮（也可以在“X”“Y”“Z”文本框中直接输入基点坐标），AutoCAD会临时关闭该对话框，返回绘图区并提示用户拾取定义图块的基点。选取基点后，AutoCAD自动返回“块定义”对话框。基点将被AutoCAD视为插入图块时的插入点。

3）单击“选择对象”按钮，AutoCAD也会临时关闭该对话框，返回绘图区并提示用户选择定义图块的对象，当选好对象后，单击鼠标右键返回对话框。如果用户选中了“保留”选项，则原始图形以原图形形式保留在当前的文件中；如果用户选择了“转换为块”选项，则在创建图块后，原始图形以图块的形式保留在当前的文件中；如果用户选择“删除”选项，则在当前图形中删除原始图形。

4）单击“确定”按钮，完成图块的创建。

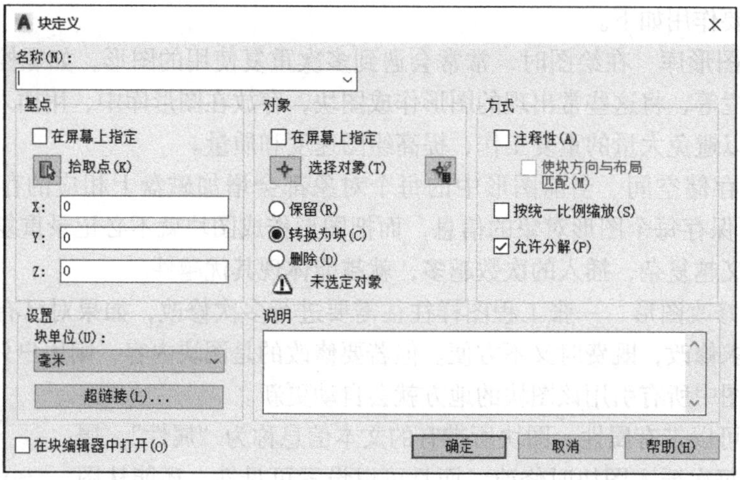

图 2-38 “块定义”对话框

2.16.3 插入图块命令

1. 功能

用于将已定义的图块插入当前所绘制的图形中，在插入的同时还可以改变所插入图块图形的比例与旋转角度。

2. 命令格式

- 菜单栏：“插入”→“块”。
- 功能区：“默认”→“块”→“插入块”，或者“插入”→“块”→“插入块”。

选择上述任何一种方式调用命令，AutoCAD 均会弹出现有块的列表，从中选择一个块名称后，AutoCAD 则有如下提示：

单位：毫米 转换： 1.0000

指定插入点或［基点（B）/ 比例（S）/X/Y/Z/ 旋转（R）］：

可以按提示进行相关操作。

单击“插入块”按钮后，选择“最近使用的块”或“其他图形的块”中的块，AutoCAD 会显示如图 2-39 所示的“插入选项”选项板。各选项的含义如下。

1）“插入点”：如果选中该选项，则插入块时输入坐标，即可指定插入点。如果取消选中该选项，将使用之前指定的坐标。

2）“比例”：如果选中该选项，则需要指定 X、Y 和 Z 方向的比例因子。如果取消选中该选项，将使用之前指定的比例。

3）“旋转”：如果选中该选项，则输入角度来指定块的旋转角度。如果取消选中该选项，将使用之前指定的旋转角度。

4）“重复放置”：如果选中该选项，则系统将自动提示其他插入点，直到按〈Esc〉键取消。如果取消选中该选项，将只插入一次指定的块。

5）“分解”：如果选中该选项，则块中的构成对象将解除关联并恢复为其原有特性状态。如果取消选中此选项，将在块不分解的情况下插入指定块。

说明： 比例因子可正可负，图 2-40 所示为以不同比例因子插入的图形。

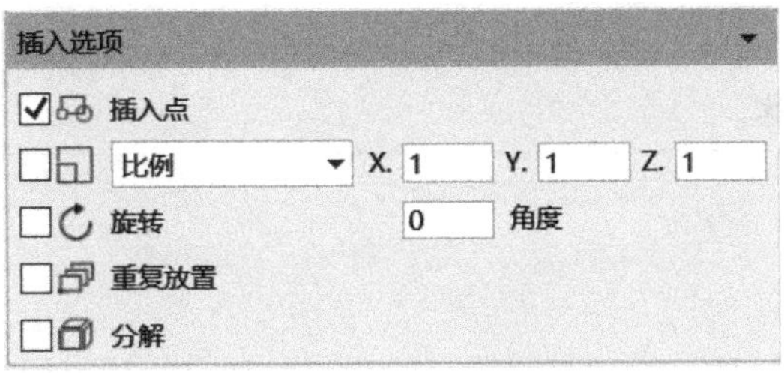

图 2-39 “插入选项”选项板

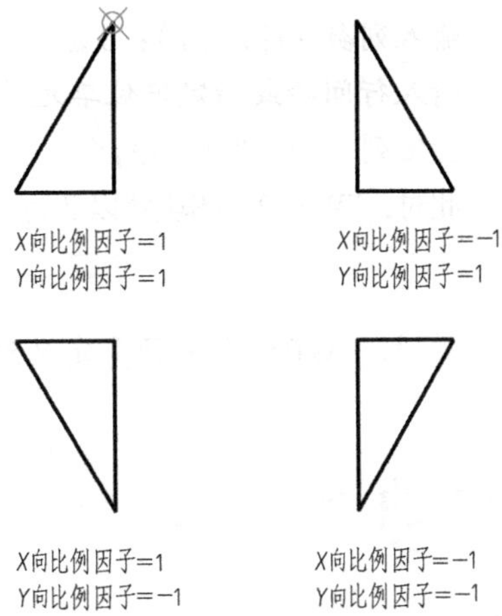

图 2-40 以不同比例因子插入的图形

2.16.4 多重插入命令

1. 功能

用于按行、列的形式插入多个图块。

2. 命令格式

- 命令：MINSERT

[例 2-34] 使用图块多重插入命令创建如图 2-41 所示的图形。

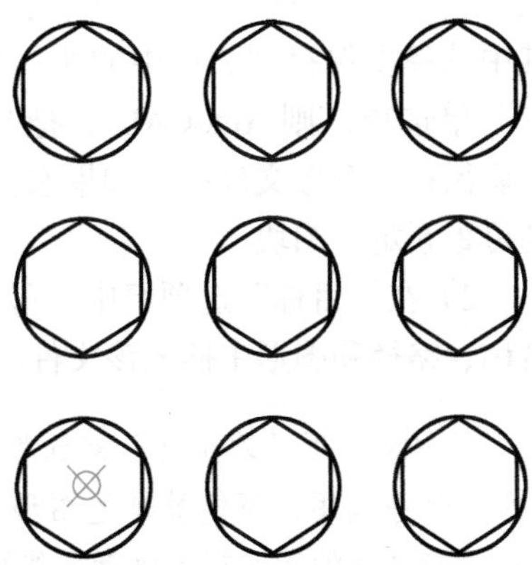

图 2-41 图块多重插入

操作步骤如下。

1）在 AutoCAD 的命令行窗口输入“MINSERT”，并按〈Enter〉键确定。

2）AutoCAD 提示如下：

输入块名或 [?] 〈WPN2〉：↙

单位：毫米 转换： 1.0000

根据提示信息进行如下操作：

指定插入点或 [基点（B）/ 比例（S）/X/Y/Z/ 旋

转（R）]：// 用鼠标指定插入点（如图 2-41 所示“×”处）
输入 X 比例因子，指定对角点，或［角点（C）/XYZ（XYZ）］〈1〉：↙
输入 Y 比例因子或〈使用 X 比例因子〉：↙
指定旋转角度〈0〉：↙
输入行数（---）〈1〉：3↙
输入列数（|||）〈1〉：3↙
输入行间距或指定单位单元（---）：80↙
指定列间距（|||）：80↙
此时，“WPN2”图块就以 3 行 ×3 列，且行距为 80mm、列距为 80mm 的方式进行排列。

说明：“WPN2”是预先定义过的图块名称。

2.16.5 图块存盘命令

1. 功能

用于将图块以文件的形式写入磁盘，即生成图形文件。

2. 命令格式

- 功能区：“插入”→“块定义”→“写块” 。
- 命令：WBLOCK。

选择上述任何一种方式调用命令，AutoCAD 均会弹出如图 2-42 所示的“写块”对话框，其中各选项的功能如下。

1）在“源”选项组中，如果选择“块”单选项，则 AutoCAD 将激活右侧的下拉列表框，可在其中选择要保存到文件中的块；如果选择“整个图形”单选项，则 AutoCAD 会把当前图形作为一个图块保存到图形文件中；如果选择“对象”单选项，则可重新定义图块。

2）在“目标”选项组中，可设置要保存文件的名称、路径和图形中插入该文件时的单位。

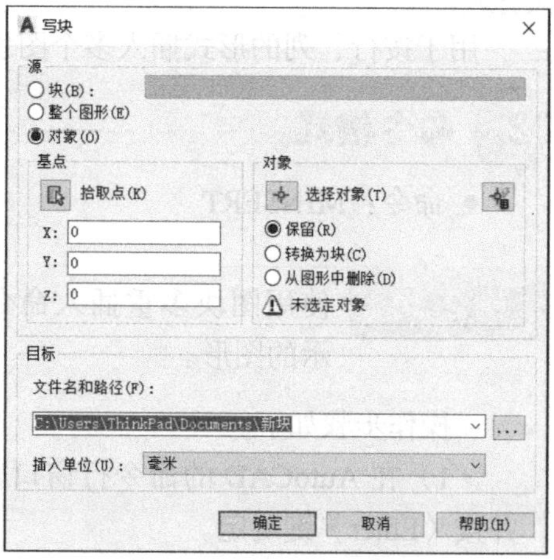

图 2-42 “写块”对话框

说明：用“块定义”对话框定义的图块只存放于当前的图形文件中，即只能在当前图形文件中调用，不能被其他图形文件调用，称为“内部块”。而“写块”命令定义的图块是以图形文件的形式存入磁盘，能被其他图形文件调用，称为“公共图块”或“外部图块”。

2.16.6 带属性的图块

1. 功能

在图块中添加一个或多个属性。

2. 命令格式

- 菜单栏：“绘图”→“块”→“定义属性”。
- 功能区：“默认”→“块”→“定义属性”，或者“插入”→“块定义”→“定义属性”。

选择上述任何一种方式调用命令，AutoCAD 都会弹出如图 2-43 所示的“属性定义”对话框。

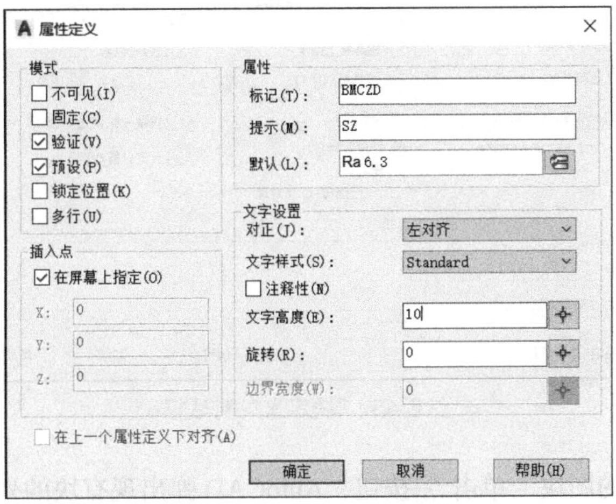

图 2-43 “属性定义”对话框

下面以表面粗糙度符号为例，说明带属性图块的创建和调用方法。

（1）定义属性　单击按钮，打开“属性定义”对话框。

1）在“模式”选项组中选择“验证”和“预设”选项，其中，“验证”为属性值输入的验证方式，“预设”为属性值的预设方式。其他复选项中，“不可见”设置属性为不显示模式，“固定”设置属性值为常量模式。

2）在“属性”选项组中，在“标记”文本框中输入“BMCZD”，在“提示”文本框中输入“SZ”，在“默认”文本框中输入“Ra 6.3”。

3）在“文字设置”选项组中，设置“对正”方式为“左对齐”，“文字样式”为 Standard，“文字高度”为“10”，“旋转”为“0”。

4）在“插入点”选项组中，选择“在屏幕上指定”复选框（也可输入坐标值）。然后单击“确定”按钮，退出对话框。在绘图区用鼠标选取如图 2-44a 所示①点的位置，结果如图 2-44b 所示，即完成了属性的定义和插入。

（2）创建带有属性的图块　单击按钮，在弹出的“块定义”对话框中进行设置，如图 2-45 所示。即选取图 2-44b 所示表面粗糙度符号的顶点②为插入点；选取图形及文字作为图块的对象。按〈Enter〉键返回对话框；单击“确定”按钮，就完成了图块名为“WPN33”且带有属性图块的创建，如图 2-44c 所示。

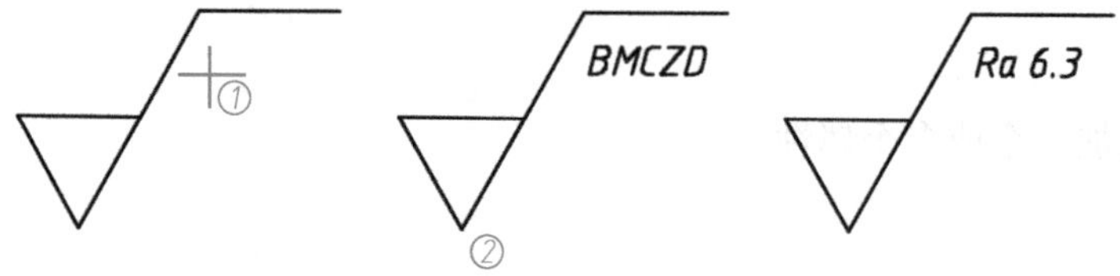

a)　　b)　　c)

图 2-44　表面粗糙度符号图块

a）指定属性的插入点　b）插入属性的结果　c）完成带属性的图块

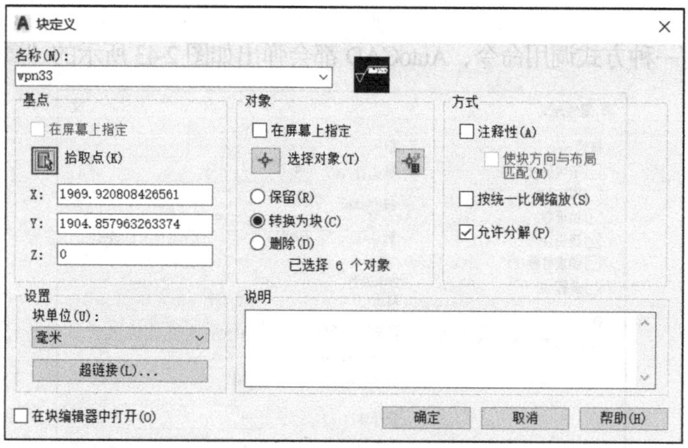

图 2-45　“块定义”对话框

（3）插入带属性的图块　单击按钮，AutoCAD 弹出现有块的列表，如图 2-46a 所示。选择“wpn33”块之后，在绘图区指定插入点，即完成带属性块的插入。如果想对属性值进行更改，在绘图区双击块，则 AutoCAD 会弹出如图 2-46b 所示的“增强属性编辑器”对话框。在“值”文本框中输入想要的属性值，单击“确定”按钮，完成属性值的更改。

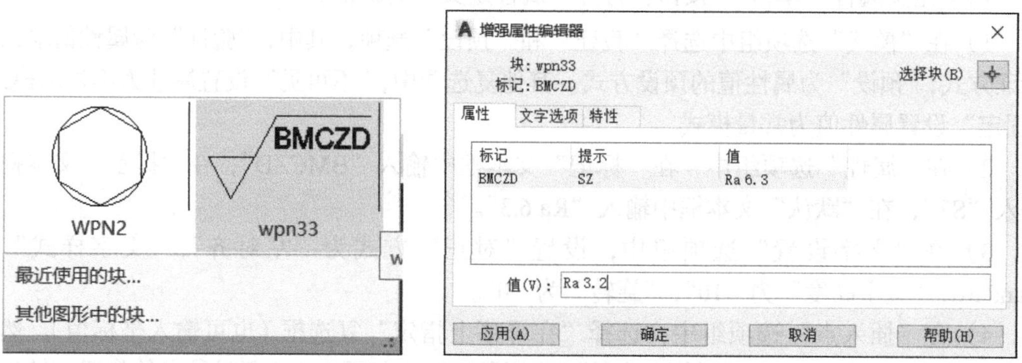

a)　　b)

图 2-46　插入带属性的图块

a）现有块的列表　b）“增强属性编辑器”对话框

2.16.7 属性显示控制命令

1. 功能

用于控制属性显示或不显示。

2. 命令格式

- 按钮：。

单击按钮右侧的倒三角按钮，AutoCAD 会弹出如图 2-47b 所示列表，可选择不同的选项来控制属性是否显示。

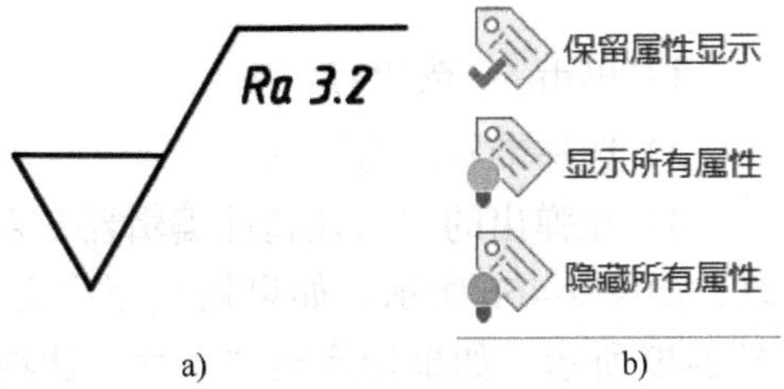

图 2-47 属性显示控制

a）带属性的块 b）属性开关按钮组

2.16.8 编辑属性定义命令

1. 功能

在将定义的属性与图块关联之前对属性进行修改。

2. 方式

双击已经定义好的属性，AutoCAD 会弹出如图 2-48 所示的“编辑属性定义”对话框。可直接在对话框中进行属性修改，然后单击“确定”按钮。

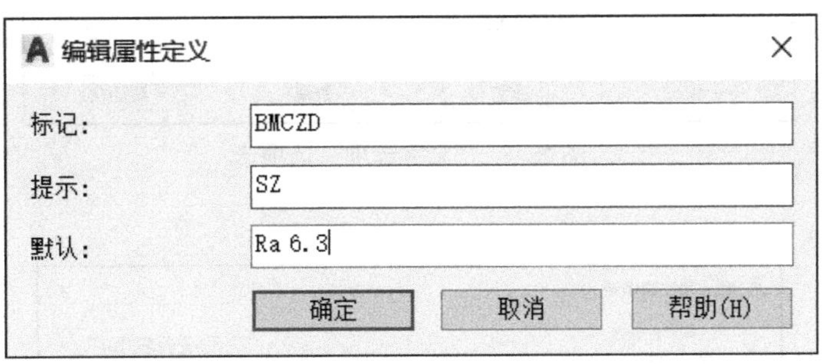

图 2-48 “编辑属性定义”对话框

2.16.9 图块属性编辑命令

1. 功能

修改插入图形中的带属性图块的属性。

2. 命令格式

- 功能区："默认"→"块"→"编辑属性"，或者"插入"→"块"→"编辑属性"。

3. 操作方法

1）单击按钮。

2）选择带属性的图块。

3）在弹出的"增强属性编辑器"对话框中，切换至"属性"选项卡，对属性值进行修改，如图 2-46b 所示。如果切换至"文字选项"选项卡，则可以对文字属性进行修改，如图 2-49 所示。如果切换至"特性"选项卡，则可以对图形中的图层、线型、颜色等属性进行修改，如图 2-50 所示。

说明： 用户不能编辑锁定图层上的图块属性值。

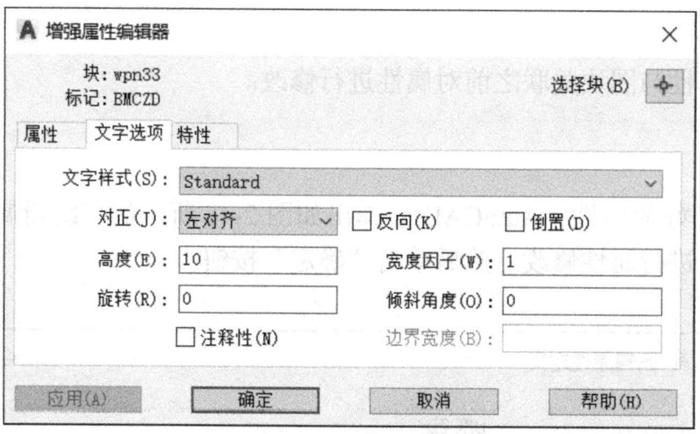

图 2-49 "文字选项"选项卡

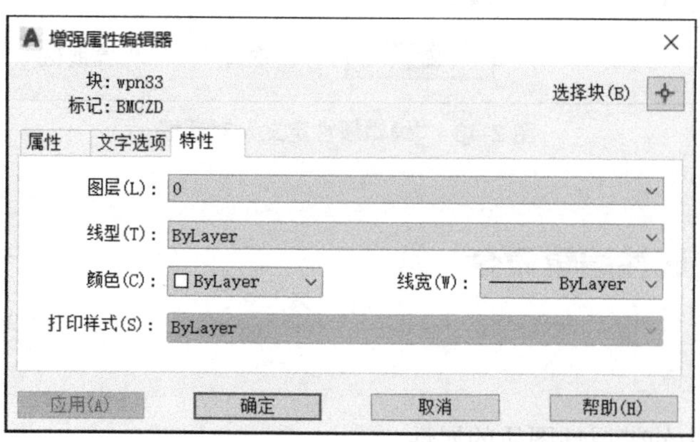

图 2-50 "特性"选项卡

2.16.10 块属性管理器

1. 功能

用于管理图块属性。

2. 命令格式

- 菜单栏：“修改”→“对象”→“属性”→“块属性管理器”。
- 功能区：“默认”→“块”→“块属性管理器”，或者“插入”→“块定义”→“管理属性”。

选择上述任何一种方式输入命令，AutoCAD都会弹出如图2-51所示的“块属性管理器”对话框。单击“编辑”按钮，AutoCAD会弹出如图2-52所示的“编辑属性”对话框。在该对话框中，可以对块属性进行修改，也可对文字选项和特性进行修改。

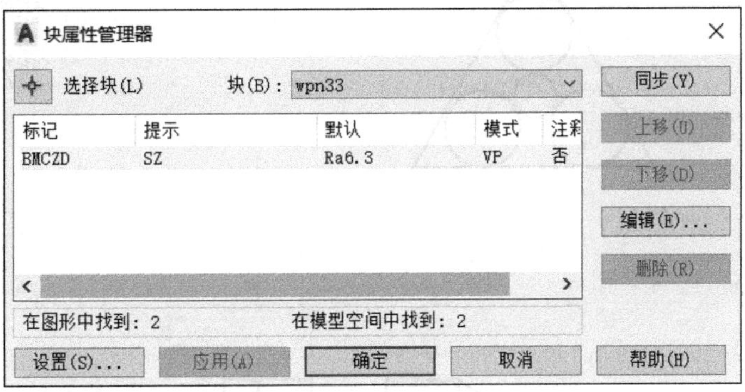

图2-51 “块属性管理器”对话框

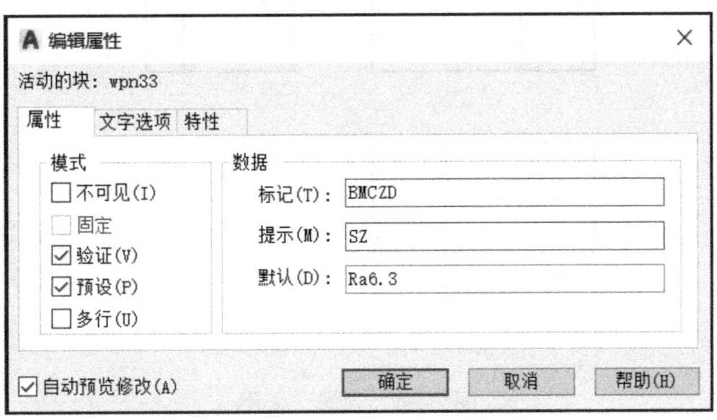

图2-52 “编辑属性”对话框

思政拓展：想象力可以让设计更有创造力，而我国北斗卫星导航系统的成功研制和应用是我们在触摸想象力和创造力的边界，扫描右侧二维码了解我国北斗卫星导航系统应用于哪些场景、让哪些想象成为了现实，并尝

思政拓展
北斗：想象无限

试绘制北斗卫星导航系统在其太空轨道绕地球运行的图形。

习　题

［习题 2-1］　绘制如图 2-53 所示图形（尺寸自定）。

［习题 2-2］　绘制如图 2-54 所示图形。

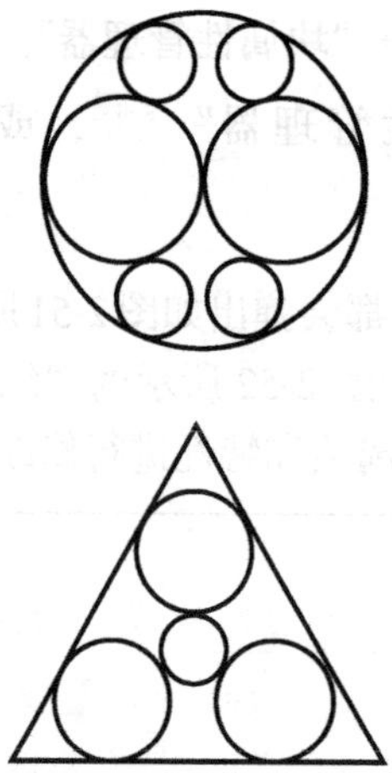

讲解视频：习题 2-1 图形绘制 1

讲解视频：习题 2-1 图形绘制 2

图 2-53　习题 2-1 图

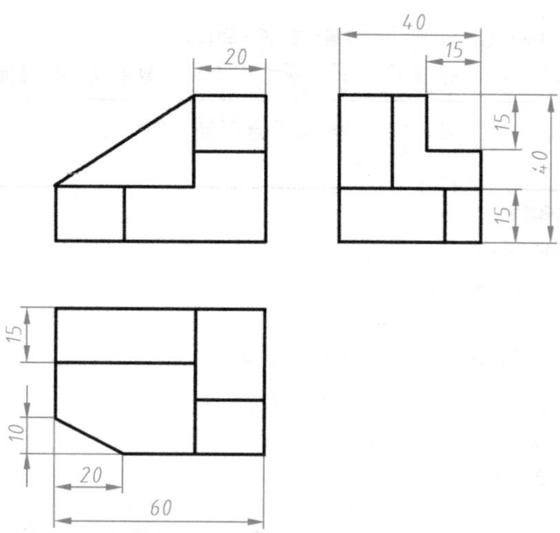

讲解视频：习题 2-2 图形绘制

图 2-54　习题 2-2 图

［习题 2-3］　绘制一个长度为 100mm、宽度为 80mm 的矩形，且使其长边与水平线成 45°。

［习题 2-4］　绘制一个面积为 $800mm^2$、长度为 80mm 的矩形。

［习题 2-5］　绘制如图 2-55 所示图形。

［习题 2-6］　绘制如图 2-56 所示图形。

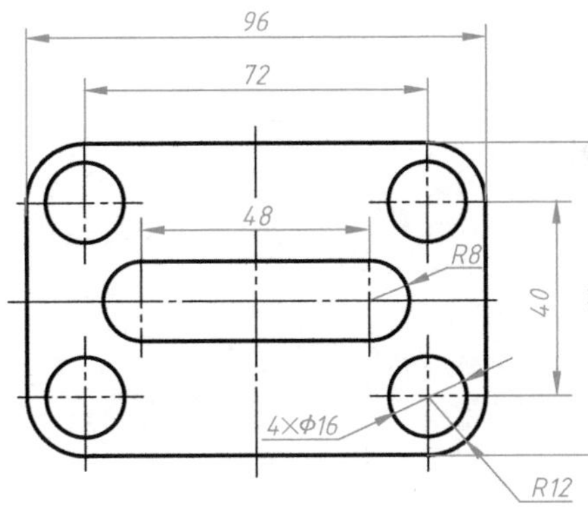

图 2-55 习题 2-5 图

讲解视频：
习题 2-5
图形绘制

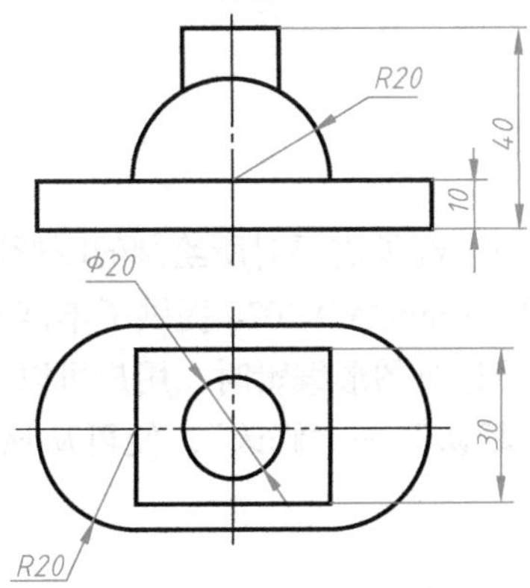

讲解视频：
习题 2-6
图形绘制

图 2-56 习题 2-6 图

［习题 2-7］ 已知一个圆的半径为 50 mm，试绘制该圆的外切和内接正八边形。

［习题 2-8］ 绘制如下条件的椭圆：长半轴长为 80mm，短半轴长为 40 mm，且长轴与 *X* 轴正向之间的夹角为 45°。

［习题 2-9］ 绘制如下条件的椭圆弧：长半轴长为 80mm，短半轴长为 40 mm，且长轴与 *X* 轴正向之间的夹角为 45°，椭圆弧起始点与长轴之间的夹角为 30°，椭圆弧起始点与终止点之间的夹角为 180°。

［习题 2-10］ 试绘制圈数为 10，节距为 10mm，底圆半径为 50mm，顶圆半径为 100mm 的锥螺旋线。

［习题 2-11］ 创建如图 2-57a 所示带有属性的图块，并进行插入练习，效果如图 2-57b 所示。

a) b)

图 2-57 习题 2-11 图

AutoCAD

第 3 章 图形编辑

用 AutoCAD 2020 绘制图形时，经常需要对所绘制的图形进行修剪、复制、偏移等一系列操作，这些操作统称为图形编辑。AutoCAD 2020 提供了丰富的编辑功能，使得绘图速度和质量得以提升。在 AutoCAD 2020 里进行图形编辑时，用户可以通过以下方式之一进行操作。

1）在功能区，依次选择“默认”→“修改”，便可从该面板中调用各种编辑命令，如图 3-1a 所示。

a) b) c) d)

图 3-1 图形编辑功能调用方式

a）“修改”功能区 b）“显示”菜单栏 c）下拉菜单 d）工具栏

2）单击工作空间右侧的▾按钮，出现图 3-1b 所示“显示”菜单栏，选择“显示菜单栏”选项，然后通过“修改”下拉菜单实现编辑，如图 3-1c 所示。

3）选择菜单栏“工具”→“工具栏”→“AutoCAD”→“修改”命令将工具栏调出，如图 3-1d 所示。

3.1 构造选择集

当输入一条编辑命令后，AutoCAD 2020 通常会有如下提示：

选择对象：

此时 AutoCAD 要求用户从绘制的图形中选取要进行编辑的对象（称为构造选择集），并且当前绘图中的十字光标变成了一个小方框（以下称之为拾取框）。下面介绍最常见的构造选择集的方式。

1. 直接点取方式

直接将拾取框放在所要编辑的对象上并单击鼠标左键，该对象会以高亮度的方式显示，表示其已被选中，如图 3-2a 所示。

2. 窗口方式

该方式建立一个矩形窗口，窗口内部的对象被选中，与之相交的对象不被选中。操作方法是：单击鼠标左键，然后松开，从左往右移动鼠标拉出一个实线的矩形，再次单击鼠标左键结束选择，矩形窗口内的实体即被选中，如图 3-2b 所示。如果按住鼠标左键不放，则 AutoCAD 2020 提供不规则区域选择方式。

3. 窗交方式

该方式建立一个矩形窗口，窗口内的对象以及与窗口相交的对象均被选中。操作方法是：单击鼠标左键然后松开，从右往左移动鼠标拉出一个虚线的矩形，再次单击鼠标左键结束选择，矩形窗口内的实体和与窗口相交的实体均被选中，如图 3-2c 所示。如果按住鼠标左键不放，则 AutoCAD 2020 提供不规则区域选择方式。

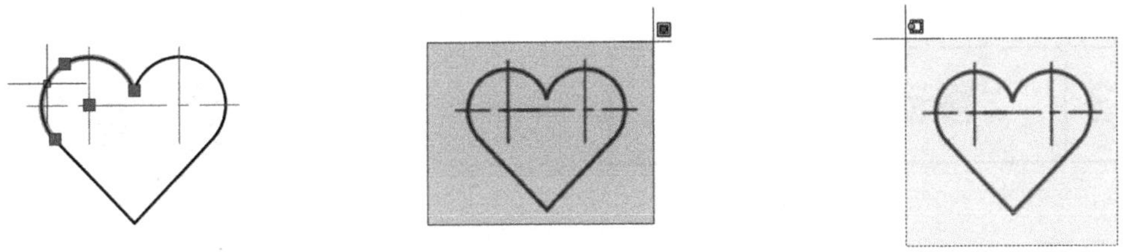

a)　　b)　　c)

图 3-2　构造选择集

a）直接点取方式　b）窗口方式　c）窗交方式

3.2 “删除”命令

1. 功能

用于删除选定的对象。

2. 命令格式

- 菜单栏：“修改”→“删除”。
- 功能区：“默认”→“修改”→“删除”。
- 命令行窗口命令：E。

说明： 在本章介绍的图形编辑命令均为“草图与注释”工作空间中功能区会展示的命令，在“三维基础”“三维建模”工作空间中或AutoCAD经典界面中，如需调用相关命令，仅需寻找其按钮。例如，在界面中找到按钮并单击，便可调用“删除”命令。后续命令均与此类似，不再赘述。

3. 操作方式

1）选择上述任何一种方式调用命令，AutoCAD 2020都有如下提示：

ERASE 选择对象：// 构造选择集

ERASE 选择对象：↙

完成操作后，即可将所选图形删除。

2）可以在构造选择集后调用“删除”命令，也可按〈Delete〉键完成删除任务。

3）在选择了一定对象的情况下，可以输入命令来选择要删除的对象。

① 输入“l”：删除绘制的上一个对象。

② 输入“p”：删除上一个选择集。

③ 输入“all”：从图形中删除所有对象。

④ 输入“？”：查看所有选择方法列表。

按〈Enter〉键结束命令。

3.3 “移动”命令

讲解视频：
“移动”“旋转”
“缩放”命令

1. 功能

用于将选定的对象移动到指定的位置。

2. 命令格式

- 菜单栏："修改"→"移动"。
- 功能区："默认"→"修改"→"移动" 。
- 命令行窗口命令：M。

选择上述任何一种方式调用命令，AutoCAD 2020 都有如下提示：

MOVE 选择对象：// 构造选择集

MOVE 选择对象：↙

上述过程也可以先构造选择集，后选择"移动"命令，无需按〈Enter〉键即可进入以下步骤：

MOVE 指定基点或［位移（D）］〈位移〉：

在此提示下有如下两种选择。

1）用鼠标点取①点，而后 AutoCAD 会有如下提示：

MOVE 指定第二个点或〈使用第一个点作为位移〉：// 用鼠标指定另一点②

2）直接输入相对于当前点的坐标值（如 @40，20）后按〈Enter〉键，则实体移动到新的位置，其移动量 X 为 40，Y 为 20，如图 3-3b 所示。

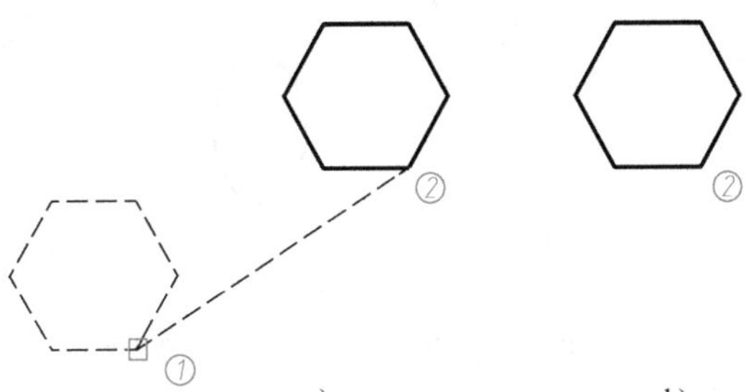

图 3-3 移动操作

a）指定基点后绘图区显示的图形 b）移动后的结果

3.4 "复制"命令

1. 功能

用于将选定的对象复制到指定位置。

2. 命令格式

- 菜单栏："修改"→"复制"。
- 功能区："默认"→"修改"→"复制" 。
- 命令行窗口命令：CO↙。

选择上述任何一种方式调用命令，AutoCAD 2020 都有如下提示：

COPY 选择对象：// 构造选择集↙

COPY 选择对象：↙

上述步骤也可先构造选择集，后选择“复制”命令，无需按〈Enter〉键操作即可进入以下步骤：

当前设置：复制模式 = 多个

COPY 指定基点或［位移（D）/ 模式（O）］〈位移〉：// 指定一点为复制基点①

COPY 指定第二个点或〈使用第一个点作为位移〉：// 用鼠标指定另一个点②（也可以输入第二个点的坐标值后，按〈Enter〉键）

COPY 指定第二个点或［退出（E）/ 放弃（U）］〈退出〉：// 可将源目标做多次复制，或按〈Enter〉键停止命令的执行

如图 3-4 所示，AutoCAD 执行“复制”命令时与执行“移动”命令时一样，都是按位移矢量复制或按位移量复制。区别是“移动”命令是将对象移动到另一个位置，“复制”命令是将对象复制到另一位置，原位置原图形仍存在。

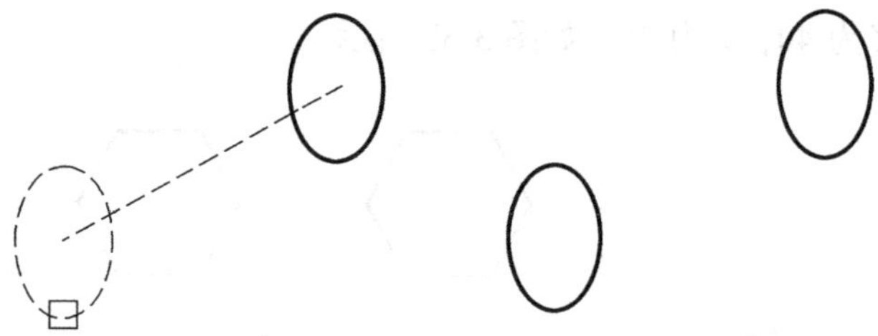

a)　　b)

图 3-4 复制操作

a）指定基点后绘图区显示的图形　b）复制结果

3.5 “旋转”命令

1. 功能

将所选对象绕指定点（旋转基点）旋转指定的角度。

2. 命令格式

- 菜单栏：“修改”→“旋转”。
- 功能区：“默认”→“修改”→“旋转”。
- 命令行窗口命令：RO。

选择上述任何一种方式调用命令，AutoCAD 2020 都有如下提示：

UCS 当前的正角方向：ANGDIR= 逆时针　ANGBASE=0

ROTATE 选择对象：// 构造选择集

ROTATE 选择对象：↙

上述步骤也可先构造选择集，后选择“旋转”命令，无需按〈Enter〉键即可进入以下步骤：

ROTATE 指定基点：// 指定一点为旋转基点

ROTATE 指定旋转角度，或［复制（C）/ 参照（R）］〈0〉：// 输入要旋转的角度

各选项的功能如下。

1）“旋转角度”：为绝对角度值，在此提示下直接输入角度值即可。

2）“复制（C）”：创建所选对象的副本，即旋转图形的同时，将原图形进行复制。

3）“参照（R）”：将所选对象以参考方式旋转。输入该选项“R”后有如下提示：

ROTATE 指定参照角〈0〉：// 输入参考方向的角度

ROTATE 指定新角度或［点（P）］〈0〉：// 输入相对于参考方向的角度

［例 3-1］ 绘制如图 3-5b 所示图形。

分析：图 3-5b 所示的图形可以按照坐标法或极坐标法的画线方式绘制，但是分析可知，绘制一正方形后旋转，则操作更为简便。

操作：首先，绘制图 3-5a 所示的图形（操作步骤略）。

然后，单击 按钮，AutoCAD 提示如下，根据提示信息进行如下操作：

ROTATE 选择对象：// 构造选择集

ROTATE 选择对象：↙

UCS 当前的正角方向： ANGDIR= 逆时针 ANGBASE=0

ROTATE 指定基点：// 鼠标指定①点

ROTATE 指定旋转角度，或［复制（C）/ 参照（R）］〈0〉：45↙ // 顺时针为负，逆时针为正

其结果如图 3-5b 所示。

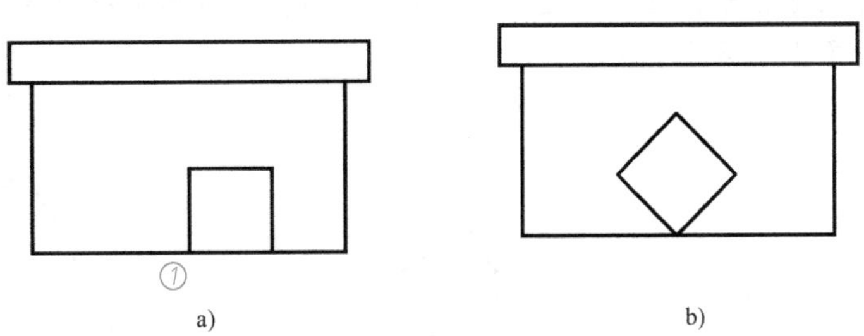

图 3-5 旋转操作

a）旋转前的原图形 b）旋转后的图形

3.6 "对齐"命令

1. 功能

使源对象与目标对象对齐，用来改变源对象的位置、方向和大小。

2. 命令格式

- 功能区："默认"→"修改"→"对齐"。
- 命令行窗口命令：AL。

选择上述任何一种方式调用命令，AutoCAD 2020 都有如下提示：

ALIGN 选择对象：// 构造选择集

ALIGN 选择对象：↙

上述步骤也可先构造选择集，后选择"对齐"命令，无需按〈Enter〉键操作即可进入以下步骤：

ALIGN 指定第一个源点：// 选择源对象上的一点，如图 3-6a 所示矩形的左下角点①

ALIGN 指定第一个目标点：// 选择目标对象上的一点，如图 3-6a 所示三角形的顶点②

ALIGN 指定第二个源点：// 选择源对象上的另一点，如图 3-6a 所示矩形的右下角点③

ALIGN 指定第二个目标点：// 选择目标对象上的第二点，如图 3-6a 所示三角形的顶点④

ALIGN 指定第三个源点或〈继续〉：↙

ALIGN 是否基于对齐点缩放对象？［是（Y）/否（N）］〈否〉：N↙

选择"N"的结果如图 3-6b 所示；如果选择"Y"，其结果如图 3-6c 所示。

说明：对于三维图形，还可以在"指定第三个源点"提示下给出源对象上的第三个点，以及目标对象上的第三个点。

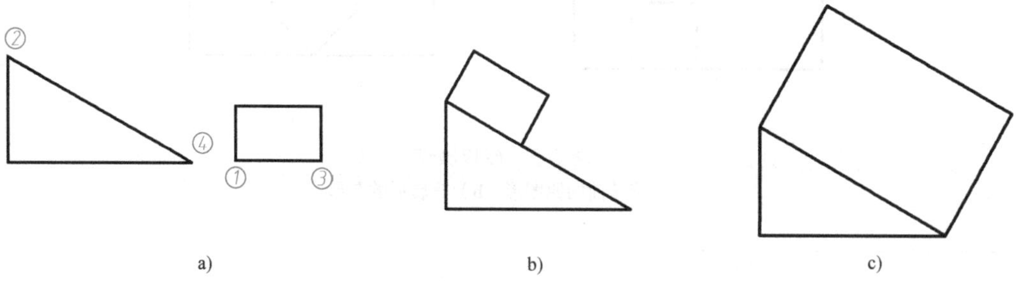

图 3-6 对齐操作

a）指定各点 b）不基于对齐点缩放对象 c）基于对齐点缩放对象

3.7 “缩放”命令

1. 功能

用于将所选对象按指定的比例因子相对于指定的基点放大或缩小。

2. 命令格式

- 菜单栏：“修改”→“缩放”。
- 功能区：“默认”→“修改”→“缩放”。
- 命令行窗口命令：SC。

选择上述任何一种方式调用命令，AutoCAD 2020 都有如下提示：

SCALE 选择对象：// 构造选择集

SCALE 选择对象：↙

SCALE 指定基点：// 选取缩放的基点

SCALE 输入比例因子或［复制（C）/ 参照（R）］：

各选项的功能如下。

1）“输入比例因子”：为默认方式，输入比例因子后，AutoCAD 将按指定的比例缩放选定对象的尺寸。比例因子 > 1 时，对象放大。0 < 比例因子 < 1 时，对象缩小。还可以拖动鼠标使对象放大或缩小。

说明：当使用具有注释性对象的“缩放”命令时，对象的位置将相对于缩放操作的基点进行缩放，但对象的尺寸不会更改。

2）“复制（C）”：创建所选对象的副本。用于在缩放选定对象的同时，将源图形进行复制。

3）“参照（R）”：按参照长度和指定的新长度缩放所选对象。在如上提示下，输入“R”后有如下提示：

SCALE 指定参照长度〈1.0000〉：// 输入参考长度数值↙

SCALE 指定新的长度或［点（P）］〈1.0000〉：// 输入新长度数值↙

说明：AutoCAD 2020 将以参考长度和新长度的比值决定缩放的比例因子。

图 3-7a 所示为将图形以①点为基点放大到原来的 2 倍得到的图形，图 3-7b 所示为将图形以②点为基点缩小到原来的 0.5 倍得到的结果。

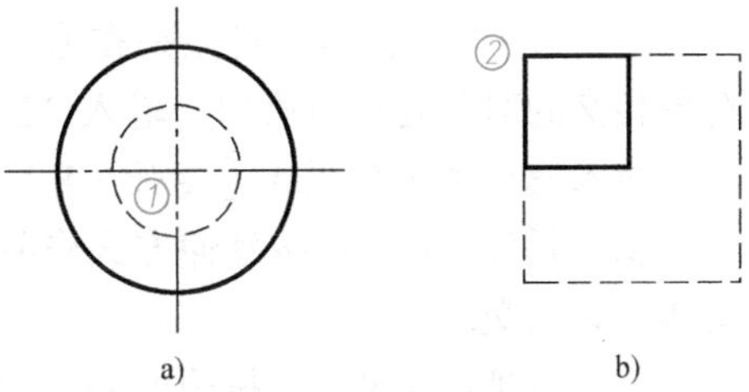

图 3-7 “缩放”命令

a）以①点为基点放大 b）以②点为基点缩小

3.8 “修剪”命令

1. 功能

以指定剪切边或不指定剪切边的方式修剪指定的对象。

2. 命令格式

- 菜单栏：“修改”→“修剪”。
- 功能区：“默认”→“修改”→“修剪”。
- 命令行窗口命令：TR。

选择上述任何一种方式调用命令，AutoCAD 2020 都有如下提示：

当前设置：投影 =UCS　边 = 无

选择剪切边界…

TRIM 选择对象或〈全部选择〉：// 选取作为剪切边界的对象或按〈Enter〉键选取全部对象作为剪切边界进行修剪

选择要修剪的对象，或按住〈Shift〉键选择要延伸的对象，或

TRIM［栏选（F）/ 窗交（C）/ 投影（P）/ 边（E）/ 删除（R）］：// 依次选取被剪切部分

各选项功能如下。

1）“选择要修剪的对象”：为默认方式，直接选取被剪切部分即可。

2）“栏选（F）”：选取与选择栏相交的所有对象。选择栏是一系列临时线段，是用两个或多个栏选点指定的。选择栏不构成闭合环。

3）“窗交（C）”：选择矩形区域（由两点确定）内部或与之相交的对象。

4）“投影（P）”：指定修剪对象时使用的投影方式。输入“P”后有如下提示：

TRIM 输入投影选项［无（N）/UCS（U）/ 视图（V）］〈UCS〉：

①“无（N）”：表示按三维（不是投影）的方式修剪，只对空间相交的对象有效。

②“UCS（U）”：在当前用户坐标系的 *XOY* 平面上修剪。此时可在 *XOY* 平面上按投影关系修剪在三维空间中不相交的对象。

③“视图（V）”：在当前视图平面上修剪。

5）“边（E）”：确定对象是在另一对象的延长边处进行修剪，还是仅在三维空间中与该对象相交的对象处进行修剪。输入“E”后有如下提示：

输入隐含边延伸模式［延伸（E）/ 不延伸（N）］〈不延伸〉：

①“延伸（E）”：按延伸方式修剪。该选项表示剪切边界可以无限延长，边界与被剪切实体不必相交。

②“不延伸（N）”：按边的实际相交情况修剪。

6）“删除（R）”：删除选定的对象。

7）“放弃（U）”：取消上一次操作。

［例 3-2］ 将图 3-8a 所示图形修剪为图 3-8b 所示的图形。

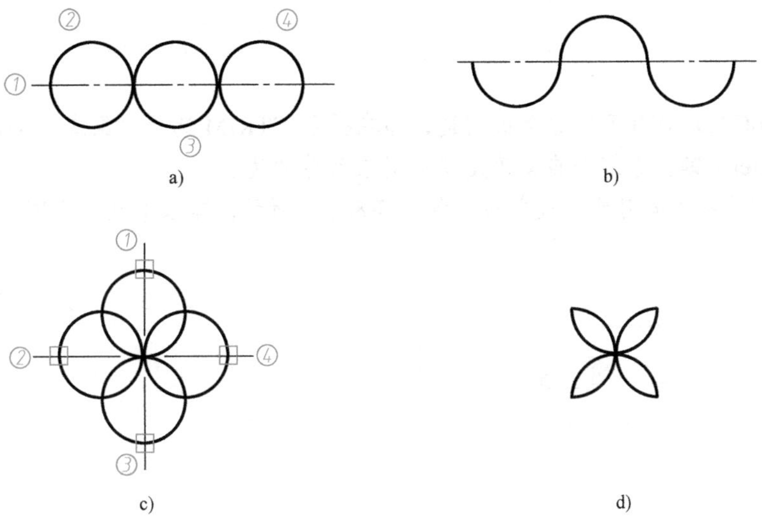

图 3-8 修剪操作

a）修剪前图形 b）修剪后图形 c）剪切边同时作为被剪切边 d）联合修剪后图形

选择任一方式调用“修剪”命令，AutoCAD 2020 均提示如下，根据提示信息进行如下操作：

命令：TRIM

当前设置：投影 =UCS 边 = 无

选择剪切边…

TRIM 选择对象或〈全部选择〉：// 点取直线上的任意一点，如图 3-8a 所示①点（此时，直线为修剪的边界）

选择对象：↙

选择要修剪的对象，或按住〈Shift〉键选择要延伸的对象，或

TRIM［栏选（F）/ 窗交（C）/ 投影（P）/ 边（E）/ 删除（R）］：E↙

输入隐含边界模式［延伸（E）/ 不延伸（N）］〈不延伸〉：E↙

选择要修剪的对象，或按住〈Shift〉键选择要延伸的对象，或

TRIM［栏选（F）/ 窗交（C）/ 投影（P）/ 边（E）/ 删除（R）］：// 点取图 3-8a 所示圆上部②点

选择要修剪的对象，或按住〈Shift〉键选择要延伸的对象，或

TRIM［栏选（F）/ 窗交（C）/ 投影（P）/ 边（E）/ 删除（R）/ 放弃（U）］：// 用窗交方式选取图 3-8a 所示圆下部③点

选择要修剪的对象，或按住〈Shift〉键选择要延伸的对象，或

TRIM［栏选（F）/ 窗交（C）/ 投影（P）/ 边（E）/ 删除（R）/ 放弃（U）］：// 点取图 3-8a 所示圆上部④点

选择要修剪的对象，或按住〈Shift〉键选择要延伸的对象，或

TRIM［栏选（F）/ 窗交（C）/ 投影（P）/ 边（E）/ 删除（R）/ 放弃（U）］：↙
至此，完成操作。

说明：

1）AutoCAD 2020 可以隐含剪切边，即在提示“TRIM 选择对象或〈全部选择〉”时直接按〈Enter〉键，系统会自动确定所有对象为剪切边。

2）剪切边也可同时作为被剪边，如图 3-8c、d 所示，即采用联合修剪方式得到。

3.9 “延伸”命令

1. 功能

可将对象延长到指定的图元上。

2. 命令格式

- 菜单栏：“修改”→“延伸”。
- 功能区：“默认”→“修改”→“修剪”→“延伸”。
- 命令行窗口命令：EX。

选择上述任何一种方式调用命令，AutoCAD 2020 都有如下提示：

当前设置：投影 =UCS　边 = 无

选择边界的边…

EXTEND 选择对象或〈全部选择〉：// 选取延伸到的边界为对象，如图 3-9a 所示的矩形的边

选择对象：↙

选择要延伸的对象，或按住〈Shift〉键选择要修剪的对象，或

［栏选（F）/ 窗交（C）/ 投影（P）/ 边（E）］：// 用鼠标单击①～④点选取需要延长的对象，便可得到如图 3-9b 所示结果。

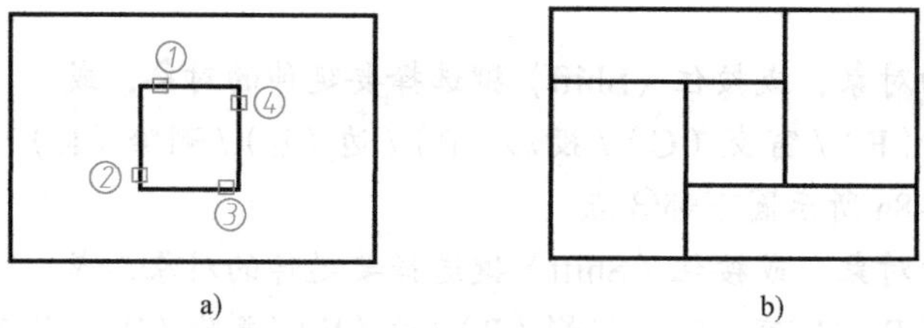

图 3-9　延伸操作

a）延伸前图形　b）延伸后图形

说明：各选项的含义参照"修剪"命令下的各对应选项。"延伸"命令与"修剪"命令操作步骤相似，第一次选择对象时应选择所要延伸和修剪的边界而非想要延伸或修剪的对象。

3.10 "拉长"命令

1. 功能

用于改变直线或圆弧的长度。

2. 命令格式

- 菜单栏："修改"→"拉长"。
- 功能区："默认"→"修改"→"拉长"。
- 命令行窗口命令：LEN。

选择上述任何一种方式调用命令，AutoCAD 2020 都有如下提示：

LENGTHEN 选择要测量的对象或［增量（DE）/百分比（P）/总计（T）/动态（DY）］〈总计（T）〉:

各选项功能如下。

1）"选择要测量的对象"：默认选项，可用鼠标选择所要测量的对象。

2）"增量（DE）"：以指定的增量修改直线或圆弧对象的长度，该增量从距离选择点最近的端点处开始测量。正值扩展对象，负值修剪对象。输入"DE"后，AutoCAD 会有如下提示：

LENGTHEN 输入长度增量或［角度（A）］〈0.0000〉:

①"输入长度增量"：为默认方式，直接输入一个数值并选定对象即可。

②"角度（A）"：以指定的角度修改选定圆弧的包含角。

无论何种方式，正值使其延长，负值使其缩短。

3）"百分比（P）"：通过指定百分数设定对象的长度。输入"P"后，AutoCAD 会提示如下：

LENGTHEN 输入长度百分数〈默认值〉: // 输入百分比值↙

4）"总计（T）"：该选项通过输入直线或圆弧的新长度来改变其长度。输入"T"后有如下提示：

LENGTHEN 指定总长度或［角度（A）］〈默认值〉:

①"指定总长度"：为默认方式，直接输入数值即可。

②"角度（A）"：设定选定圆弧的包含角。

5）"动态（DY）"：打开动态拖动模式。通过拖动选定对象的端点之一来更改其长度，其他端点保持不变。输入"DY"后，AutoCAD 会有如下提示：

LENGTHEN 选择要修改的对象或［放弃（U）］：// 选择对象
LENGTHEN 指定新端点：// 选取对象进行动态操作

3.11 “拉伸”命令

1. 功能

移动图形中某指定的部分。

2. 命令格式

- 菜单栏：“修改”→“拉伸”。
- 功能区：“默认”→“修改”→“拉伸”。
- 命令行窗口命令：STR。

选择上述任何一种方式调用命令，AutoCAD 2020 都有如下提示：
以窗交方式或交叉多边形选择要拉伸的对象…
STRETCH 选择对象：// 用窗交方式构造选择集，如图 3-10a 所示
选择对象：↙
STRETCH 指定基点或［位移（D）］〈位移〉：// 选择如图 3-10a 所示基点①
指定第二个点或［使用第一个点作为位移］：// 选择如图 3-10a 所示第二点②
执行结果如图 3-10b 所示。

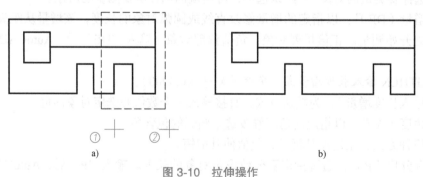

图 3-10 拉伸操作
a）拉伸前图形 b）拉伸后图形

说明：对于由“直线”“圆弧”“多段线”等命令绘制的实体线段，若其整个图形均在选取窗口内，则执行结果为对其进行移动；若其一端在外，一端在内，则选取窗口内的一侧得到拉伸。

3.12 “打断”命令

1. 功能

用于将对象按指定的格式断开。

2. 命令格式

- 菜单栏：“修改” → “打断”。
- 功能区：“默认” → “修改” → “打断” 。
- 命令行窗口命令：BR。

选择上述任何一种方式调用命令，AutoCAD 2020 都有如下提示：

BREAK 选择对象：// 在点①处选取对象（直线），如图 3-11a 所示

BREAK 指定第二个打断点或 [第一点（F）]：

各选项含义如下：

1）“指定第二个打断点”：可用不同方式进行指定，具体的打断方式如下。

① 若直接点取对象上另一点，如点②，则两点之间的部分被删去，如图 3-11a 所示。

② 若输入“@”然后按〈Enter〉键，则在当前所选点处分为两个实体，如图 3-11b 所示，此时的操作相当于“打断于点”方式；也可以单击“修改”工具栏上的按钮来完成这一操作。

③ 若在对象端点或超出端点处取一点，如点②，则删除当前所选点（点①）与端点之间的实体部分，如图 3-11c 所示。

2）“第一点（F）”输入“F”（第一点）后可按如下提示操作。

指定第一个打断点：// 点取对象上点④

指定第二个打断点：// 点取对象上点⑤，此时将对象点④与点⑤之间的线段删除，如图 3-11d 所示

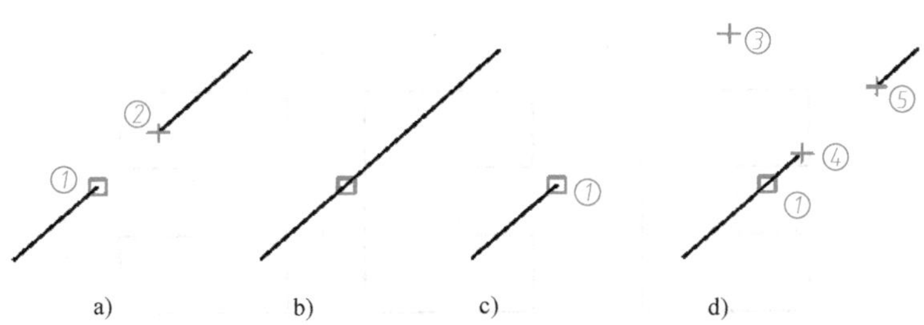

图 3-11 打断操作

3.13 “镜像”命令

1. 功能

用于按指定的镜像线以镜像对称的方式复制图形。

2. 命令格式

- 菜单栏：“修改”→“镜像”。
- 功能区：“默认”→“修改”→“镜像”。
- 命令行窗口命令：MI。

选择上述任何一种方式调用命令，AutoCAD 2020 都有如下提示：

MIRROR 选择对象：// 构造选择集（选择图 3-12a 所示的实线图形）

MIRROR 指定镜像线的第一点：// 点取选择图 3-12b 所示镜像线上一点①（点画线的一个端点）

MIRROR 指定镜像线的第二点：// 点取选择图 3-12b 所示镜像线上的另一点②（点画线的另一个端点）

MIRROR 要删除源对象吗？［是（Y）否（N）］〈N〉：

若直接按〈Enter〉键（即选择“N”），则 AutoCAD 执行镜像复制并保留源对象，如图 3-12b 所示；若输入“Y”后再按〈Enter〉键，则 AutoCAD 执行镜像复制但不保留源对象。

> **说明：** 默认情况下，镜像文字对象不更改文字的方向。如果确实要反转文字，则可在命令行窗口输入“MIRRTEXT”，AutoCAD 会有如下提示
>
> MIRRTEXT 输入 MIRRTEXT 的新值〈0〉：1↙
>
> MIRRTEXT=0 为可读文本镜像，MIRRTEXT=1 为不可读文件镜像。

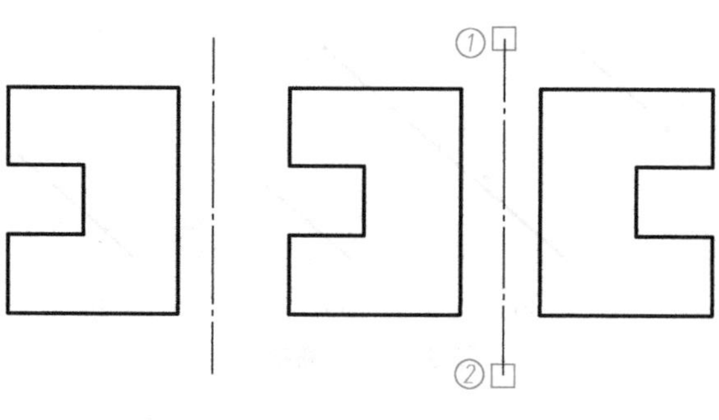

图 3-12 镜像操作

a）构造选择集 b）镜像复制并保留源图形

3.14 “偏移”命令

1. 功能

用于对指定的对象按给定的距离进行复制。

2. 命令格式

- 菜单栏：“修改”→“偏移”。
- 功能区：“默认”→“修改”→“偏移”。
- 命令行窗口命令：O。

选择上述任何一种方式调用命令，AutoCAD 2020 都有如下提示：

当前设置：删除源＝否 图层＝源 OFFSETGAPTYPE=0

OFFSET 指定偏移距离或［通过（T）/ 删除（E）/ 图层（L）］：

各选项的功能如下。

1）“指定偏移距离”：为默认选项，如果在此提示下直接输入一个数值，则表示以该数值为偏移距离进行复制。而后会有如下提示：

OFFSET 选择要偏移的对象，或［退出（E）/ 放弃（U）］〈退出〉：// 选择要偏移的实体

OFFSET 指定要偏移的那一侧上的点，或［退出（E）/ 多个（M）/ 放弃（U）］〈退出〉：// 选取要复制的方向，即在弧线上方拾取一点，其结果如图 3-13 a 所示。

2）“通过（T）”：使复制的对象通过给定点或其延长线。若输入“T”，则 AutoCAD 会提示如下：

OFFSET 选择要偏移的对象，或［退出（E）/ 放弃（U）］〈退出〉：// 构造选择集

OFFSET 指定通过点或［退出（E）/ 多个（M）/ 放弃（U）］〈退出〉：// 给定图 3-13b 所示要通过的点①

OFFSET 选择要偏移的对象，或［退出（E）/ 放弃（U）］〈退出〉：↙

其结果如图 3-13 b 所示。

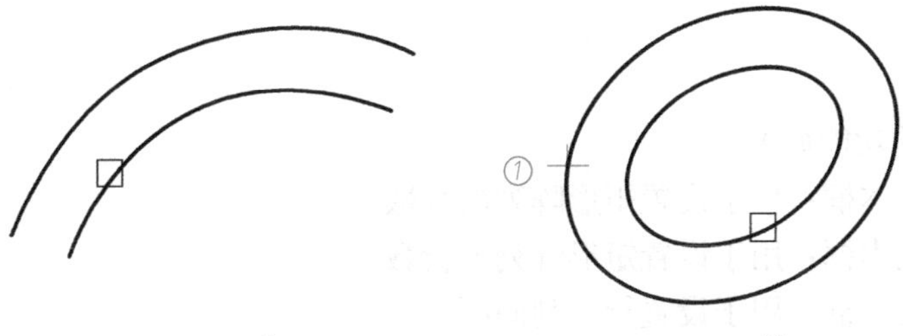

图 3-13 偏移操作

a）选择要复制的方向 b）使复制的对象通过给定点

3）“删除（E）”：用于确定是否要在偏移后删除源对象。

4）“图层（L）”：用于确定将偏移对象创建在当前图层上还是源对象所在的图层上。

说明：

1）使用“偏移”命令时，构造选择集只能用直接点取方式。

2）给定的距离值必须 >0。

3）不能偏移复制点、图块和文本。

为了使用方便，“偏移”命令可重复。要结束该命令，可按〈Enter〉键。

3.15 “阵列”命令

1. 功能

用于按指定方式复制图形对象。

2. 矩形阵列复制

- 菜单栏：“修改”→“阵列”→“矩形阵列”。
- 功能区：“默认”→“修改”→“阵列”。
- 命令行窗口命令：AR\矩形（R）。

选择上述任意一种方式调用命令，即以“矩形阵列（R）”方式复制对象，AutoCAD 2020 都有如下提示：

类型＝矩形　关联＝是

ARRAY 选择夹点以编辑阵列或［关联（AS）/ 基点（B）/ 计数（COU）/ 间距（S）/ 列数（R）/ 层数（L）/ 退出（X）］〈退出〉：

此时，界面中出现矩形阵列的“阵列创建”选项卡，如图 3-14 所示。

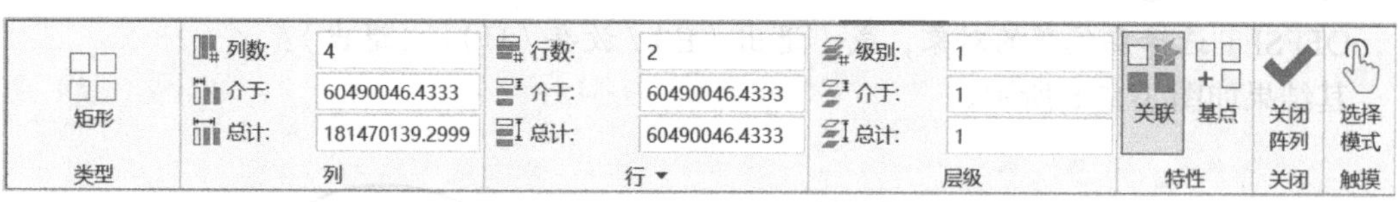

图 3-14　矩形阵列的“阵列创建”选项卡

各主要选项的功能如下。

1）“列数”文本框：用于设置矩形阵列的列数。

2）“行数”文本框：用于设置矩形阵列的行数。

3）“介于”文本框：用于设置行、列间距。

4）“总计”文本框：用于设置或显示总尺寸。

设置完成后单击“关闭阵列”按钮，即可完成矩形阵列。

3. 环形阵列复制

- 菜单栏：“修改”→“阵列”→“环形阵列”。
- 功能区：“默认”→“修改”→“阵列”→“环形阵列”。
- 快捷键命令：AR\ 极轴（PO）。

选择上述任何一种方式调用命令，即以“环形阵列（极轴）”方式复制对象，AutoCAD 2020 都有如下提示：

类型 = 极轴　关联 = 是

ARRAY 指定阵列的中心或［基点（B）/ 旋转轴（A）］：// 用鼠标点选中心点

选择基点：// 用鼠标选择基点后按〈Enter〉键

ARRAYPOLAR 选择夹点已编辑阵列或［关联（AS）/ 基点（B）/ 项目（I）/ 项目间角度（A）/ 填充角度（F）/ 行（ROW）/ 层（L）/ 旋转项目（ROT）/ 退出（X）］〈退出〉：

此时，界面中出现环形阵列的“阵列创建”选项卡，如图 3-15 所示。

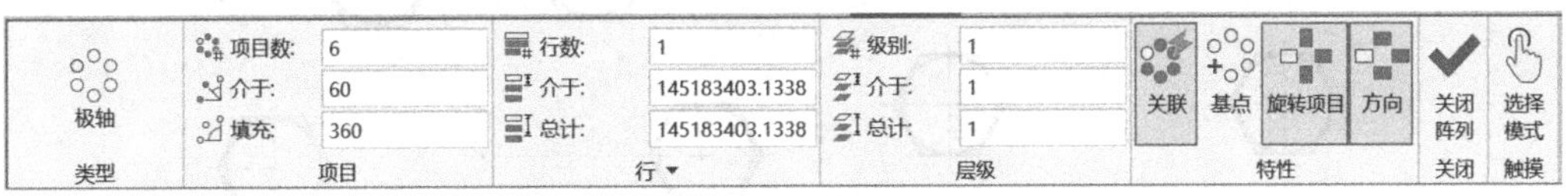

图 3-15　环形阵列的“阵列创建”选项卡

各主要选项的功能如下：

1）“项目数”文本框：用于设置环形阵列产生的个数。

2）“行数”文本框：用于设置环形阵列的行数。

3）“旋转项目”按钮：用于设置所要阵列的对象是否旋转。

设置完成后单击“关闭阵列”按钮✔，即可完成环形阵列。

4. 路径阵列复制

- 菜单栏：“修改”→“阵列”→“路径阵列”。
- 功能区：“默认”→“修改”→“阵列”→“路径阵列”。
- 快捷键命令：AR\ 路径（PA）。

选择上述任何一种方式调用命令，即以“路径阵列”方式复制对象，AutoCAD 2020 都有如下提示：

类型 = 路径　关联 = 是

ARRAYPATH 选择路径曲线：

此时，出现路径阵列的“阵列创建”选项卡，如图 3-16 所示。

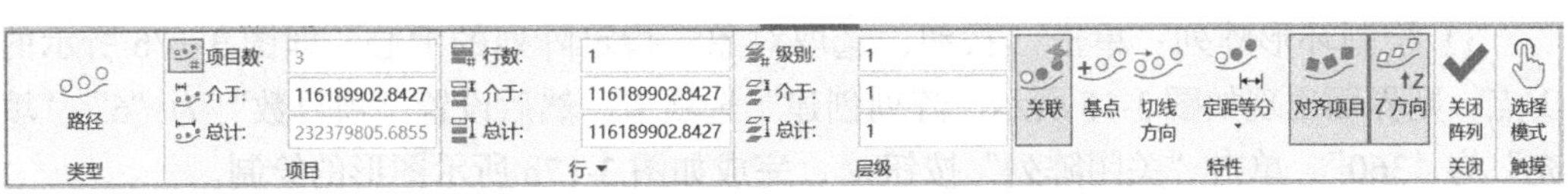

图 3-16　路径阵列的“阵列创建”选项卡

各主要选项的功能如下。

1）“项目数”文本框：用于设置路径阵列产生的个数。

2）“行数”文本框：用于设置路径阵列的行数。

3）“对齐项目”按钮：用于设定所要阵列的对象与第一个项目对齐，以与路径方向相切。

设置完成后单击“关闭阵列”按钮，即可完成路径阵列。

说明： 对于“矩形阵列”命令，行距为正时图形向上阵列复制，为负时向下阵列复制；列距为正时向右阵列复制，为负时向左阵列复制。

[例 3-3] 绘制如图 3-17 所示图形。

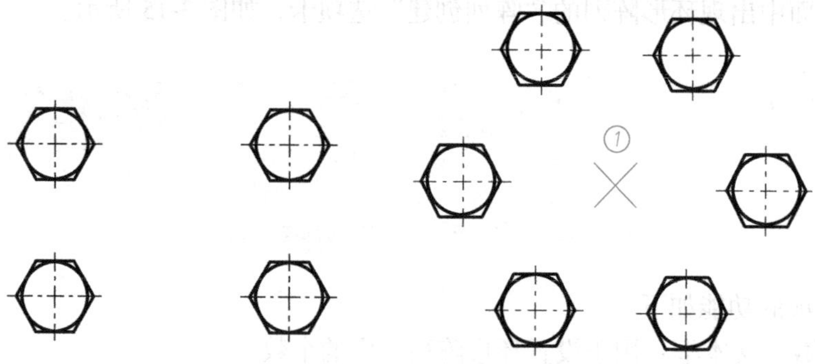

a)　　　　b)

图 3-17　阵列图形

a）矩形阵列图形　b）环形阵列图形

具体步骤如下。

1）利用相关命令绘制如图 3-18 所示所要阵列复制图形。

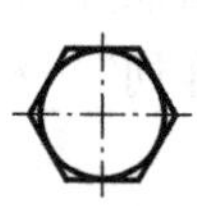

图 3-18　所要阵列复制的图形

2）绘制矩形阵列：单击按钮，选择对象，按〈 Enter 〉键，此时界面会弹出如图 3-14 所示“阵列创建”选项卡，然后在“行”选项组设置“行数”为“2”，“介于”为“20”；在“列”选项组设置“列数”为“2”，“介于”为“30”，单击“关闭阵列”按钮，完成如图 3-17a 所示图形。

3）绘制环形阵列：单击按钮，选取对象，指定阵列的中心，即图 3-17b 所示的①点，则界面出现如图 3-15 所示“阵列创建”选项卡，然后设置“项目数”为“6”，“填充”为“360”，单击“关闭阵列”按钮，完成如图 3-17b 所示图形的绘制。

3.16 “圆角”命令

1. 功能

用于按指定半径给对象倒圆角。

2. 命令格式

- 菜单栏：“修改”→“圆角”。
- 功能区：“默认”→“修改”→“圆角”。
- 命令行窗口命令：F↙。

选择上述任何一种方式输入命令，AutoCAD 2020 都有如下提示：

当前设置：模式 = 修剪　半径 = 0.0000

FILLET 选择第一个对象或［放弃（U）/ 多段线（P）/ 半径（R）/ 修剪（T）/ 多个（M）］：

各选项功能如下。

1）“选择第一个对象”：为默认方式，直接选取第一个实体后，AutoCAD 会出现如下提示：

FILLET 选择第二个对象，或按住〈Shift〉键选择对象以应用角点或［半径（R）］：// 在此提示下选取相邻的另一实体即可

2）“放弃（U）”：恢复到当前命令的上一个操作。

3）“多段线（P）”：用于对二维多段线倒圆角，输入“P”后按〈Enter〉键，AutoCAD 会有如下提示：

FILLET 选择二维多段线或［半径（R）］：

选取多段线后，AutoCAD 会有图 3-19 所示两种情况的结果。根据所采用命令的不同，结果不同。

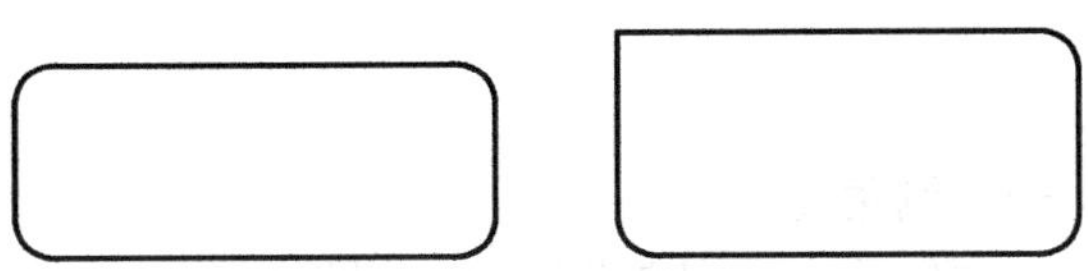

a)　　b)

图 3-19　倒圆角结果

a）用“闭合（C）”命令封闭的多段线　b）用“捕捉”命令封闭的多段线

4）“半径（R）”：设置后续倒圆角时的半径，更改此值不会影响现有圆角。输入“R”后按〈Enter〉键，再输入半径值。

5）“修剪（T）”：将修剪选定对象或线段以便与圆角端点相接。输入“T”后按〈Enter〉键，AutoCAD 会有如下提示：

FILLET 输入修剪模式选项［修剪（T）/ 不修剪（N）］〈修剪〉：

默认选择“修剪（T）”选项的效果如图 3-20b 所示；若选择“不修剪（N）”选项，则效果如图 3-20c 所示，即在添加圆角之前，不修剪选定对象或多余线段。

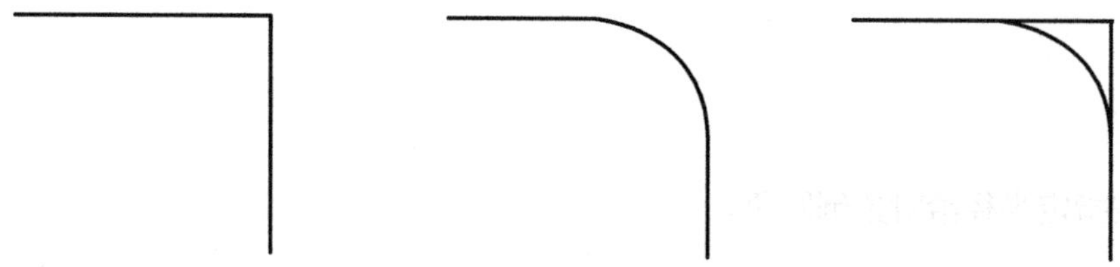

a) b) c)

图 3-20 修剪效果

a）原图 b）修剪模式 c）不修剪模式

说明：

1）若倒圆角半径太大，则会有“半径太大，无效”的提示，将不能完成倒圆角操作。

2）若两条线段交叉而不能作出圆角，则会有“直线不共面”的提示。

3）AutoCAD 2020 允许对平行的两条直线段倒圆角，圆角半径会自动确定。

4）选择“多段线（P）”选项时，如果多段线用“闭合（C）”命令封闭，则可一次完成全部倒圆角。

6）“多个（M）”：允许为多组对象创建圆角。

3.17 “倒角”命令

1. 功能

用于对两条不平行的直线段生成倒角。

2. 命令格式

- 菜单栏：“修改”→“倒角”。
- 功能区：“默认”→“修改”→“圆角”→“倒角”。
- 命令行窗口命令：CHA↙。

选择上述任何一种方式调用命令，AutoCAD 2020 都有如下提示：

当前设置：模式 = 修剪 倒角距离 1=0.0000 距离 2=0.0000

CHAMFER 选择第一条直线或 [放弃（U）/ 多段线（P）/ 距离（D）/ 角度（A）/ 修剪（T）/ 方式（E）/ 多个（M）]：

各选项功能如下：

1）“放弃（U）”：恢复到当前命令的上一个操作。

2)“多段线（P）”：在二维多段线中每两条直线段相交的顶点处插入倒角线。倒角线将成为多段线的新线段，除非将“修剪”选项设置为“不修剪”方式。

3)“距离（D）”：相对第一个对象和第二个对象的交点，设置这两个对象的倒角距离。如果这两个距离值均设置为零，则选定对象或线段将被延伸或修剪，以使其相交。输入“D”后按〈Enter〉键，AutoCAD 有如下提示：

CHAMFER 指定第一个倒角距离〈0.0000〉：// 输入第一条边的倒角距离（如 20）↙

CHAMFER 指定第二个倒角距离〈20.0000〉：// 输入第二条边的倒角距离（如 10）↙

CHAMFER 选择第一条直线或［放弃（U）/ 多段线（P）/ 距离（D）/ 角度（A）/ 修剪（T）/ 方式（E）/ 多个（M）］：// 直接点取一条直线（如图 3-21a 所示的水平线）

CHAMFER 选择第二条直线，或按住〈Shift〉键选择要应用角点的直线：// 点取相邻直线（如图 3-21a 所示铅垂线）

如此操作，结果为对两直线进行了倒角。其倒角距离分别为 20 和 10，如图 3-21b 所示。

4)“角度（A）”：该选项表示根据一个倒角距离值和一个角度值进行倒角。输入“A”后按〈Enter〉键，AutoCAD 会有如下提示：

CHAMFER 指定第一条直线的倒角长度〈0.0000〉：// 输入第一条边的倒角距离（如 15）↙

CHAMFER 指定第一条直线的倒角角度〈0〉：// 输入一个角度值（如 30）↙

此时回到选择对象状态，先选水平线，后选铅垂线，其结果如图 3-21c 所示。

5)“修剪（T）”：控制是否修剪选定对象以便与倒角线的端点相交。

6)“方式（E）”：控制如何根据选定对象或线段的交点计算出倒角线的方式。其有两个选项，即“距离（D）”和“角度（A）”方式。

7)“多个（M）”：允许为多组对象创建倒角。

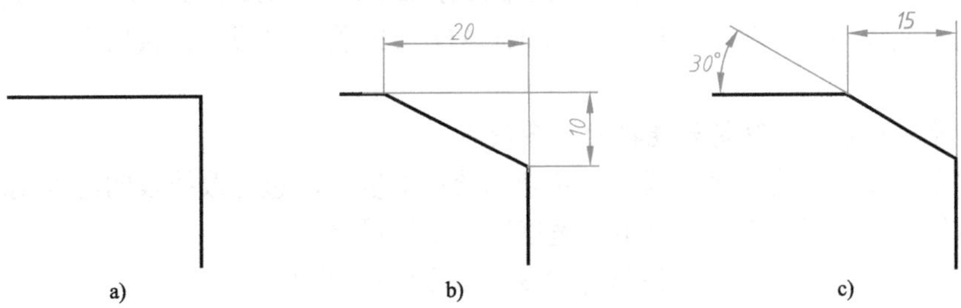

图 3-21 倒角结果

a）原图 b）设置倒角距离方式 c）设置倒角角度方式

3.18 编辑多段线命令

1. 功能

用于对由“多段线”命令绘制的多段线进行各种编辑操作。

2. 命令格式

- 菜单栏："修改"→"对象"→"多段线"。
- 功能区："默认"→"绘图"→"多段线"。
- 命令行窗口命令：PE↙。

选择上述任何一种方式调用命令，AutoCAD 2020 都有如下提示：

PEDIT 选择多段线或［多条（M）］：

（1）选择多段线　指定要使用的单个多段线。为默认选项，按〈Enter〉键后，在选定的对象不是多段线时，AutoCAD 提示：

选定的对象不是多段线。是否将其转换为多段线？：// 输入"Y"以将对象转换为多段线，出现以下提示，或输入"N"以清除选择

PEDIT 输入选项［打开（O）/ 合并（J）/ 宽度（W）/ 编辑顶点（E）/ 拟合（F）/ 样条曲线（S）/ 非曲线化（D）/ 线型生成（L）/ 反转（R）/ 放弃（U）］：

（2）多条（M）　指定要选择的多个对象。输入"M"后，AutoCAD 会出现提示：

是否将直线、圆弧和样条曲线转换为多段线？：输入"Y"以将对象转换为多段线，出现以下提示或输入"N"以清除选择。

PEDIT 输入选项［闭合（C）/ 打开（O）/ 合并（J）/ 宽度（W）/ 拟合（F）/ 样条曲线（S）/ 非曲线化（D）/ 线型生成（L）/ 反转（R）/ 放弃（U）］：

各选项功能如下。

1）"闭合（C）"：创建多段线的闭合线，选择一些线段后将它们首尾连接。

2）"打开（O）"：删除多段线的闭合线段。

3）"合并（J）"：在开放的多段线的尾端点添加直线、圆弧或多段线，以及从曲线拟合多段线中删除曲线拟合。输入"J"后，AutoCAD 2020 将非多段线连接成多段线，此时有如下提示：

选择对象：// 分别点取想要连接的非多段线

4）"宽度（W）"：为整个多段线指定新的统一宽度。若想更改线段的起点宽度和端点宽度，则可以使用"编辑顶点"选项的"宽度"选项后设置。

5）"编辑顶点（E）"：在绘图区用"×"标记多段线的第一个顶点。如果已指定此顶点的切线方向，则在此方向上绘制箭头。输入"E"按〈Enter〉键后，AutoCAD 有如下提示：

PEDIT［下一个（N）/ 上一个（P）/ 打断（B）/ 插入（I）/ 移动（M）/ 重生成（R）/ 拉直（S）/ 切向（T）/ 宽度（W）/ 退出（X）］〈N〉：

各选项功能如下：

①"下一个（N）"：当进行编辑顶点操作时，该多段线的第一个顶点处出现标记"×"，表示该顶点为当前编辑的顶点。当执行"下一个"选项时，此标记移到下一个顶点。

②"上一个（P）"：当执行该选项时，"×"标记移到前一个顶点。

③"打断（B）"：该选项设定当前点为断点，用来将多段线分成两段或删除中间一段。输入"B"按〈Enter〉键后 AutoCAD 有如下提示：

PEDIT 输入选项［下一个（N）/ 上一个（P）/ 执行（G）/ 退出（X）］〈N〉:

各选项功能如下：

- “退出（X）”：表示退出打断操作。
- “执行（G）”：在已选择断点处将多段线断开。
- “下一个（N）”：选择下一个断点，而后用“执行（G）”选项执行从第一断点到第二断点的删除操作。例如，对于图 3-22a 所示多段线，可先输入“N”选择点②为第一断点，再依次输入两次“N”选择点④为第二断点，然后输入“G”删除点②到点④之间的线段，如图 3-22b 所示。

④“插入（I）”：该选项用来在编辑顶点的后面插入一个新顶点。对于图 3-22a 所示多段线，可根据提示选择点②，然后生成顶点⑧，如图 3-22c 所示，其提示为：

为新顶点指定位置：

⑤“移动（M）”：该选项用来移动当前编辑顶点的位置。对于图 3-22a 所示多段线，可根据提示选择点②并移动其位置，如图 3-22d 所示，其提示为：

为标记顶点指定新位置：

⑥“重生成（R）”：该选项用来重新生成多段线，常与“宽度”选项连用。

⑦“拉直（S）”：该选项用来拉直多段线中的部分线段，并把当前顶点作为第一个拉直点。对于图 3-22a 所示多段线，可根据提示选择点②和点④，将其间的线段拉直，如图 3-22d 所示，其提示如下：

输入选项［下一个（N）/ 上一个（P）/ 执行（G）/ 退出（X）］〈N〉:

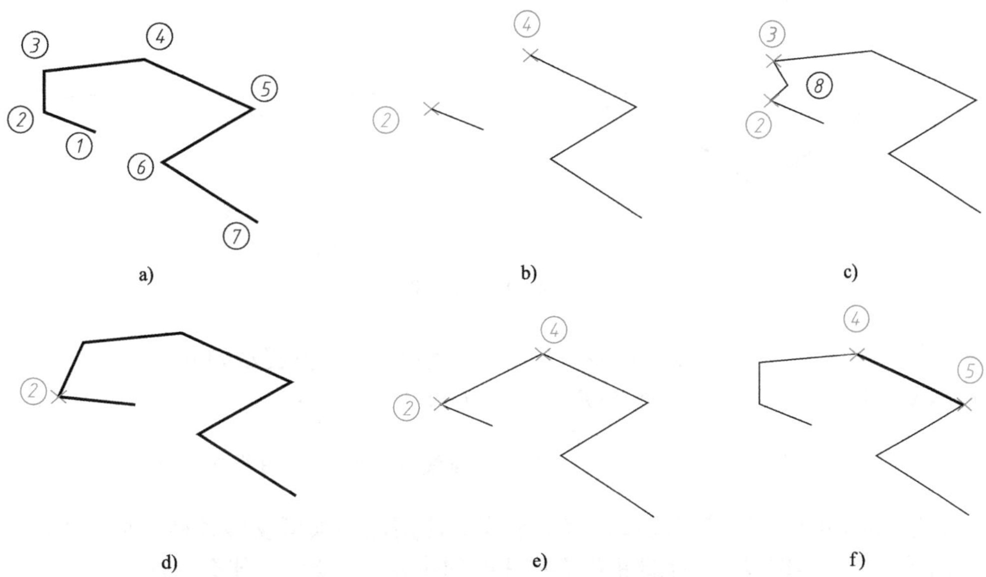

图 3-22 编辑顶点

⑧“切向（T）”：该选项用来指定当前所编辑顶点的切线方向，其提示如下：

指定顶点切向：

⑨“宽度（W）”：用来改变当前顶点到下一顶点间线段的宽度。对于图 3-22a 所示多

段线，可根据提示选择点④和点⑤并设置其间线段的宽度，如图 3-22f 所示。输入“W”按〈Enter〉键后，AutoCAD 有如下提示：

指定下一条线段的起点宽度〈默认值〉：// 给定起始线宽度↙

指定下一条线段的端点宽度〈默认值〉：// 给定终止线宽度↙

⑩“退出（X）”：退出“编辑顶点”命令，返回到编辑多段线命令提示。

6）“拟合（F）”：AutoCAD 允许采用一条圆弧曲线对多段线进行拟合，曲线通过各顶点，图 3-23b 为图 3-23a 所示图形的拟合结果。

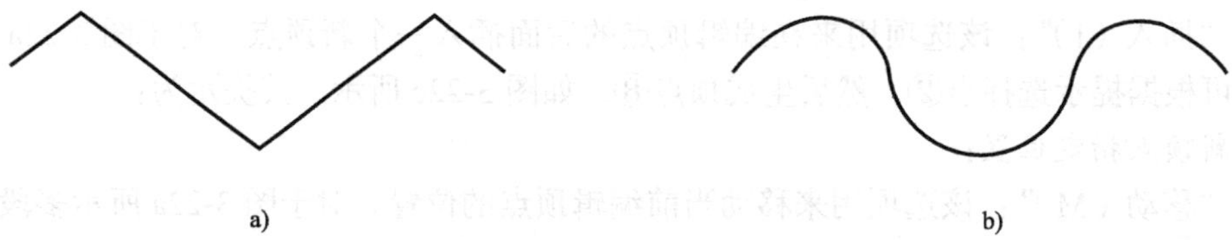

图 3-23　用圆弧曲线拟合多段线

a）多段线　b）拟合后的曲线

7）“样条曲线（S）”：使用选定多段线的顶点作为近似 B 样条曲线的曲线控制点或控制框架。多段线的各顶点作为样条曲线的控制点，其中图 3-24b 为图 3-24a 所示图形的拟合结果。

8）“非曲线化（D）”：删除由拟合曲线或样条曲线插入的多余顶点，拉直多段线的所有线段。该选项用来撤消上述“拟合（F）”或“样条曲线（S）”选项的操作，恢复原样。

图 3-24　用 B 样条曲线拟合多段线

a）多段线　b）拟合后的曲线

9）“线型生成（L）”：生成经过多段线顶点的连续图线，其提示如下：

输入多段线线型生成选项［开（ON）/ 关（OFF）］〈关〉：

说明： 关闭此选项，将在每个顶点处以点画线开始和结束图线的生成。

10）“反转（R）”：反转多段线顶点的顺序。使用此选项可反转各种线型对象的方向，如连续图线、文字型图线等，也即根据多段线的创建方向，文字可能会倒置显示。

11）“放弃（U）”：还原操作，可一直返回到“多段线”命令开始时的状态，可重复使用。

说明： 只有所画图形首尾相连时，才能对其进行转换为多段线的编辑。

[例 3-4] 将图 3-25a 所示的四段圆弧编辑成多段线后，绘制如图 3-25b 所示的图形。

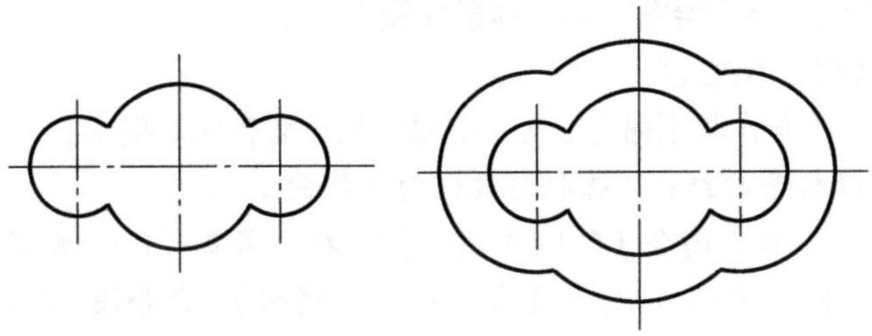

图 3-25 多段线应用

单击按钮，根据 AutoCAD 2020 提示信息，进行如下操作：

选择多段线或［多条（M）］：// 选取要编辑的线段（单击图中任一圆弧）

选定的对象不是多段线。是否将其转换为多段线？：Y↙

PEDIT 输入选项［闭合（C）/ 合并（J）/ 宽度（W）/ 编辑顶点（E）/ 拟合（F）/ 样条曲线（S）/ 非曲线化（D）/ 线型生成（L）/ 反转（R）/ 放弃（U）］：J↙

选择对象：// 依次单击各段圆弧↙

PEDIT 输入选项［闭合（C）/ 合并（J）/ 宽度（W）/ 编辑顶点（E）/ 拟合（F）/ 样条曲线（S）/ 非曲线化（D）/ 线型生成（L）/ 反转（R）/ 放弃（U）］：↙

此时已将图 3-25a 所示的图形编辑成多段线。

单击按钮，则 AutoCAD 提示如下：

当前设置：删除源 = 否　图层 = 源　OFFSETGAPTYPE=0

OFFSET 指定偏移距离或［通过（T）/ 删除（E）/ 图层（L）］〈通过〉：// 输入偏移距离数值↙

选择要偏移的对象，或［退出（E）/ 放弃（U）］〈退出〉：// 选择上述已编辑好的多段线

指定要偏移的那一侧上的点，或［退出（E）/ 多个（M）/ 放弃（U）］〈退出〉：// 在多段线外侧拾取一点

结果如图 3-25b 所示。

3.19 编辑样条曲线命令

1. 功能

用于修改样条曲线的参数或将样条拟合多段线转换为样条曲线。

2. 命令格式

- 菜单栏："修改" → "对象" → "样条曲线"。
- 功能区："默认" → "绘图" → "样条曲线"。
- 命令行窗口命令：SPL↙。

选择上述任何一种方式调用命令，AutoCAD 2020 都有如下提示：

SPLINEDIT 选择样条曲线：// 选取要编辑的样条曲线

SPLINEDIT 输入选项［闭合（C）/ 合并（J）/ 拟合数据（F）/ 编辑顶点（E）/ 转换为多段线（P）/ 反转（R）/ 放弃（U）/ 退出（X）］〈退出〉：// 如图 3-26 所示的小方框为样条曲线控制点

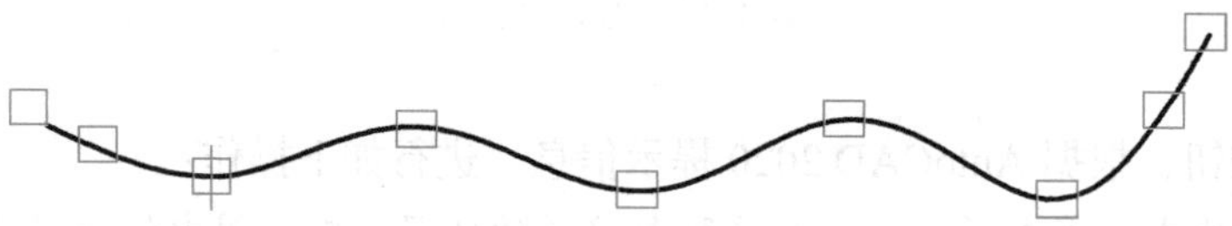

图 3-26 样条曲线

各选项功能如下。

1）"闭合（C）"：通过定义与第一个点重合的最后一个点，闭合开放的样条曲线。

2）"合并（J）"：将选定的样条曲线与其他样条曲线、直线、多段线和圆弧在重合端点处合并，以形成一个较大的样条曲线。

3）"拟合数据（F）"：编辑拟合点数据。

4）"编辑顶点（E）"：对顶点进行添加折点、提高阶数、权值等编辑。

5）"转换为多段线（P）"：将样条曲线转换为多段线。

6）"反转（R）"：用于改变样条曲线的方向。

7）"放弃（U）"：取消上一次编辑操作。

8）"退出（X）"：返回到前一个提示。

3.20 "分解"命令

1. 功能

用于分解图形中的各种实体对象，如多段线、剖面线、图块等。

2. 命令格式

- 菜单栏："修改" → "分解"。
- 功能区："默认" → "修改" → "分解"。
- 命令行窗口命令：X↙。

选择上述任何一种方式调用命令，AutoCAD 2020 都有如下提示：

EXPLODE 选择对象：// 选取要分解的对象

EXPLODE 选择对象：↙ // 完成分解操作

说明： 在希望单独修改复合对象的图元时，可分解复合对象，如多段线、剖面线、图块、尺寸标注等。

3.21 常规特性

1. 功能

用于修改对象的特性设置。

2. 命令格式

- 菜单栏：“修改”→“特性” 。
- 命令行窗口命令：PR↙。

选择上述任何一种方式调用命令，AutoCAD 都会弹出如图 3-27 所示“特性”窗口，展开各个选项组，可以对各种属性进行修改。

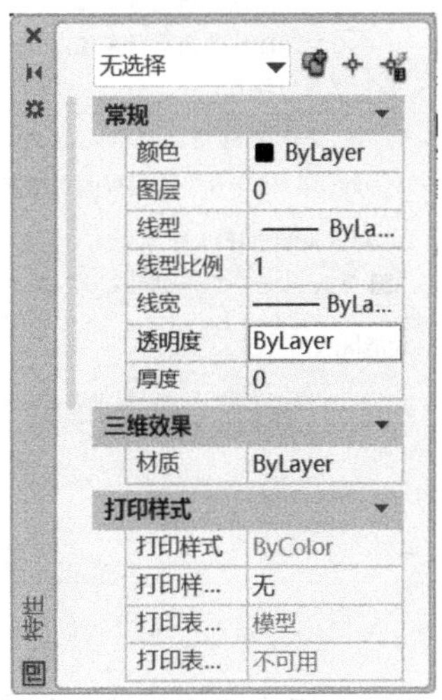

图 3-27 “特性”窗口

选项列表中各项功能如下。

1）“颜色”：指定对象的颜色。

2）“图层”：指定对象的当前图层。

3）“线型”：指定对象的当前线型。

4）“线型比例”：指定对象的线型比例因子。

5）“线宽”：指定对象的线宽。

6）“透明度”：指定对象的透明度。

7）“厚度”：设置当前的三维厚度。此特性并不适用于所有对象。

8）“打印样式”：列出“打印样式：Bycolor”“打印样式表：无”“打印附表着到：模型”“打印表类型：不可用”各项属性。

3.22 “夹点编辑”命令

1. 功能

可以对对象方便地进行复制、拉伸、移动、旋转、缩放和镜像等操作。

2. 命令格式

- 菜单栏：“工具”→“选项”。

调用命令后，AutoCAD 会弹出如图 3-28 所示的“选项”对话框。切换至“选择集”选项卡，可以通过其中各选项来设置夹点功能。

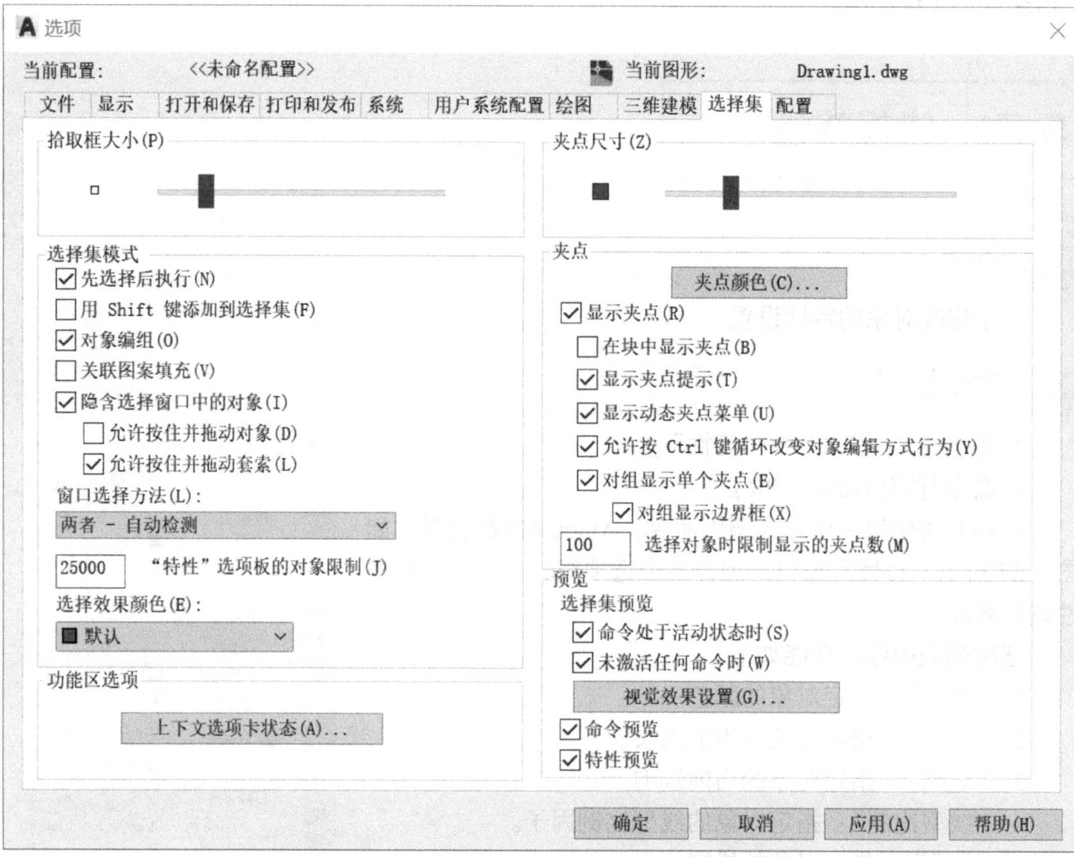

图 3-28 “选项”对话框

其中部分项功能简述如下。

1）“夹点尺寸（Z）”：用来设置夹点框的大小。

2）“夹点”选项组：用来设置夹点的颜色、显示方式等。

3. 操作过程

若直接点取对象，则该对象显示夹点（夹点为一矩形框）。

若点取对象上的某一夹点，则该夹点（热点）呈高亮显示，可以对该点进行拉伸、移动、旋转、缩放和镜像五种编辑操作。

说明： 当点取夹点后，命令提示行显示上述五种编辑命令中的一种及其选项，用户根据提示进行操作即可。通过按〈Ctrl〉键来实现上述五种编辑命令的滚动切换。

4. 常见实体的夹持点

直线、多段线、圆弧、椭圆弧、样条曲线和图案填充对象具有多功能夹点，AutoCAD 可提供特定于对象（在某些情况下，特定于夹点）的选项。图 3-29 所示为几种常见实体的夹点位置。

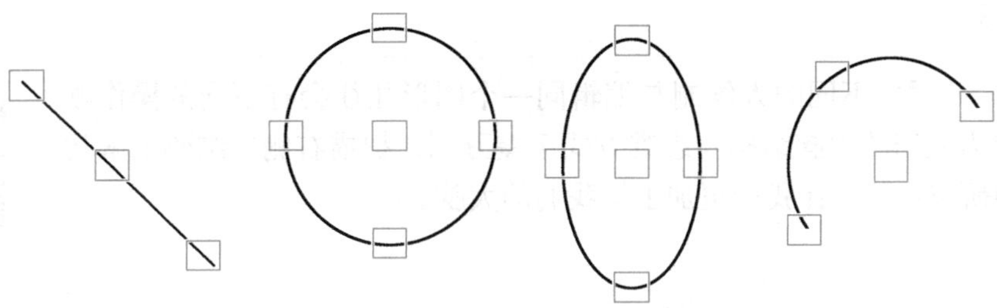

图 3-29　常见实体的夹点位置

说明：

1）当选择对象上的多个夹点来拉伸对象时，选定夹点间的对象的形状将保持原样。要选择多个夹点，可按住〈Shift〉键，然后选择适当的夹点。

2）选择文字、块参照、直线中点、圆心和点对象上的夹点将移动对象而不是拉伸它。

3）如果选择象限夹点来拉伸圆或椭圆，然后在输入新半径命令提示下指定距离（而不是移动夹点），此距离是指从圆心而不是从选定的夹点测量的距离。

3.23 “带基点复制”命令

剪贴板是 Windows 系统提供的一个实用工具。利用该工具，可方便地实现应用程序间图形数据和文本数据的传递。

1. 功能

AutoCAD 2020 提供的“带基点复制”命令可将用户所选择的图形复制到 Windows 系统的剪贴板上或另一个图形文件上。

2. 命令格式

- 菜单栏：“编辑”→“带基点复制”。

用上述任何一种方式调用命令，AutoCAD 都有如下提示：

COPYBASE 指定基点：// 在图上选择一点作为基点

COPYBASE 选择对象：// 选择要复制的实体

COPYBASE 选择对象：↙

退出 AutoCAD 2020，进入 Microsoft Office Word，编辑、粘贴，即将选定对象复制到剪贴板上。

> **说明：** 调用粘贴命令可将复制的对象从剪贴板移至同一文档的某位置或移至另一文档中，也可以移至非 2020 版本的 AutoCAD 文档中。复制对象时，将相对于指定的基点放置该对象。

思政拓展： 不同的人绘制与编辑同一个图形往往会有不同的操作顺序，这是因为人们的大脑结构与思维方式千差万别，扫描右侧二维码了解我国脑图谱的研究水平，让我们更加了解我们的大脑。

思政拓展
中国创造：脑图谱

习 题

［习题 3-1］ 合理调用相关命令，绘制图 3-30 所示图形，无需标注尺寸。

讲解视频：
习题 3-1
图形绘制

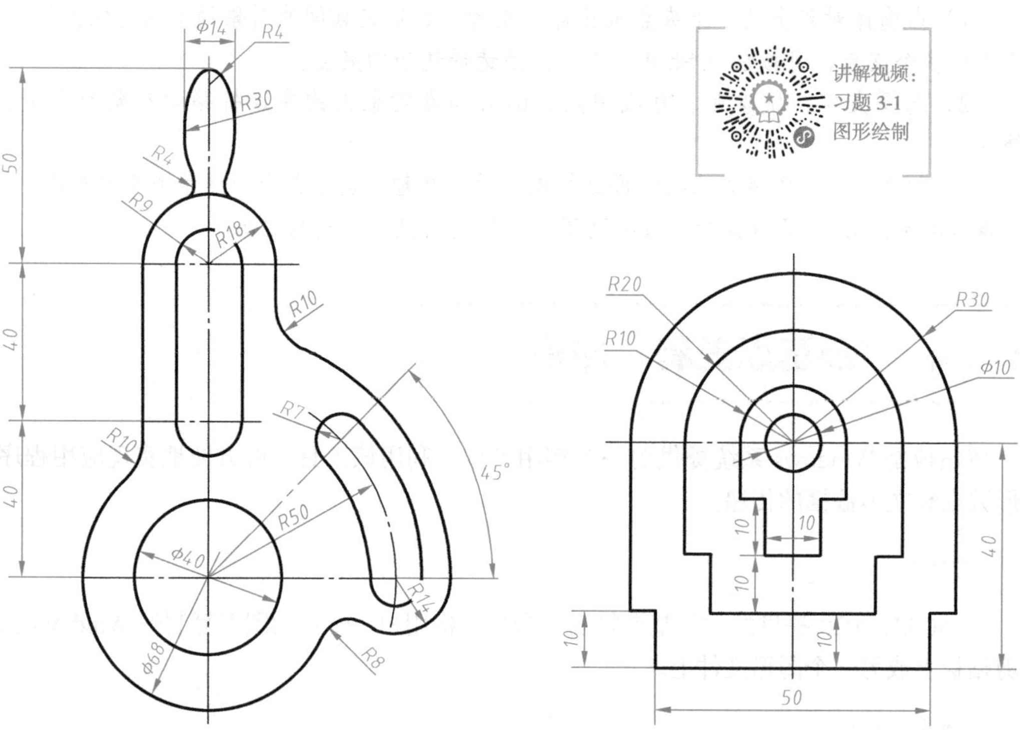

a) b)

图 3-30 习题 3-1 图

[习题 3-2] 合理调用相关命令，绘制图 3-31 所示图形，无需标注尺寸。

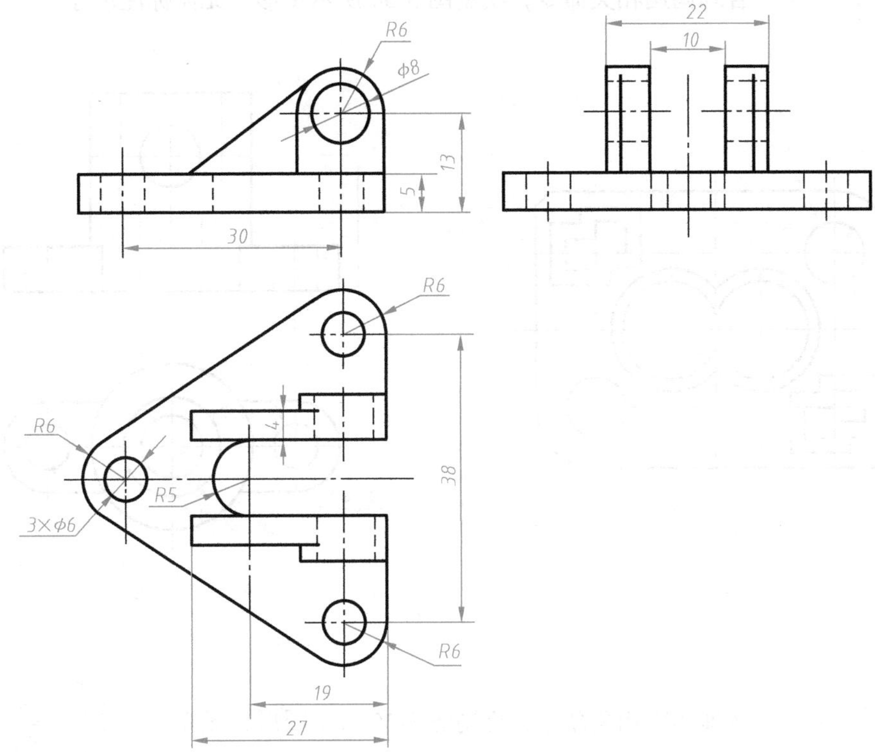

图 3-31 习题 3-2 图

[习题 3-3] 合理调用相关命令，绘制图 3-32 所示图形，无需标注尺寸。

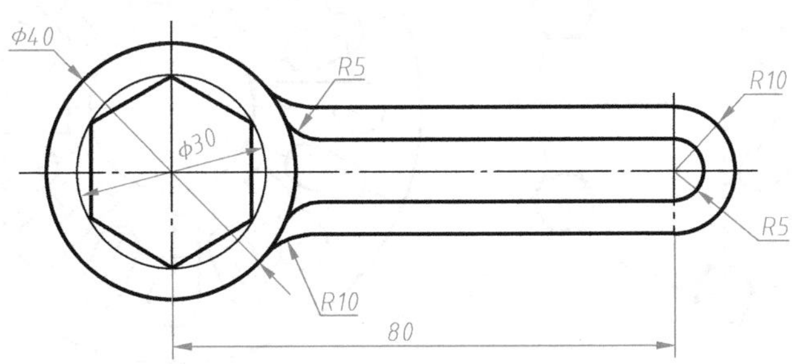

图 3-32 习题 3-3 图

［习题 3-4］ 合理调用相关命令，绘制图 3-33 所示图形，无需标注尺寸。

［习题 3-5］ 合理调用相关命令，绘制图 3-34 所示图形，无需标注尺寸。

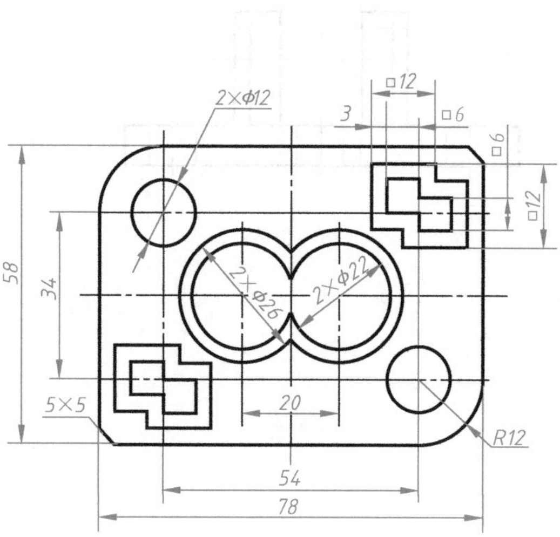

图 3-33 习题 3-4 图

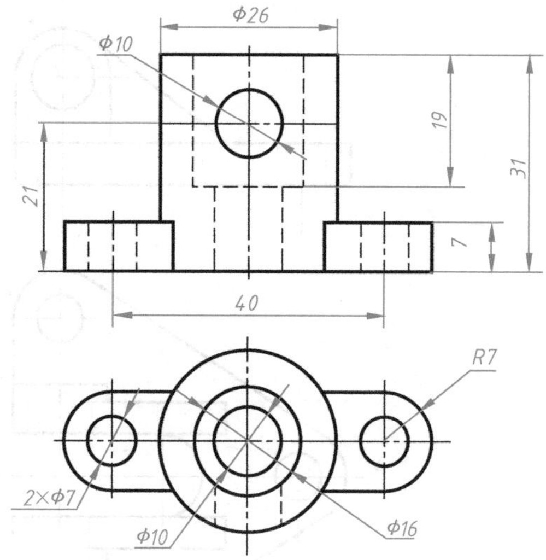

图 3-34 习题 3-5 图

［习题 3-6］ 合理调用相关命令，绘制图 3-35 所示图形，无需标注尺寸。

讲解视频：习题 3-6 图形绘制

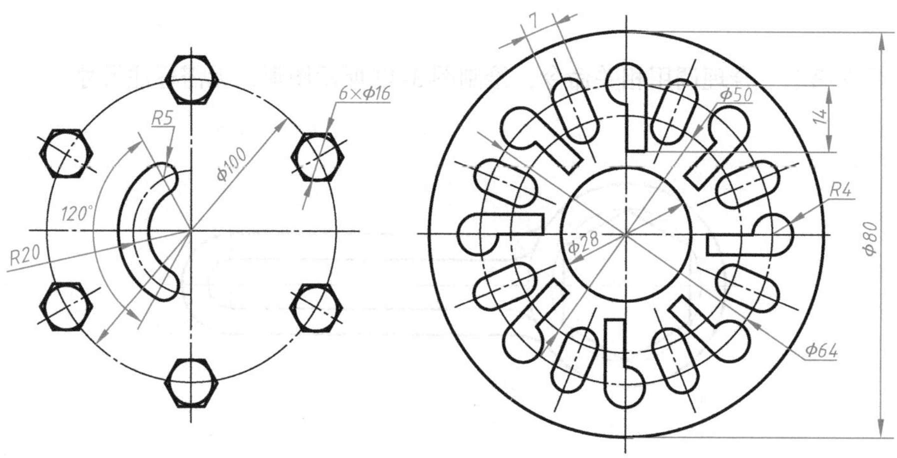

图 3-35 习题 3-6 图

［习题 3-7］　合理调用相关命令，绘制图 3-36 所示图形，无需标注尺寸。

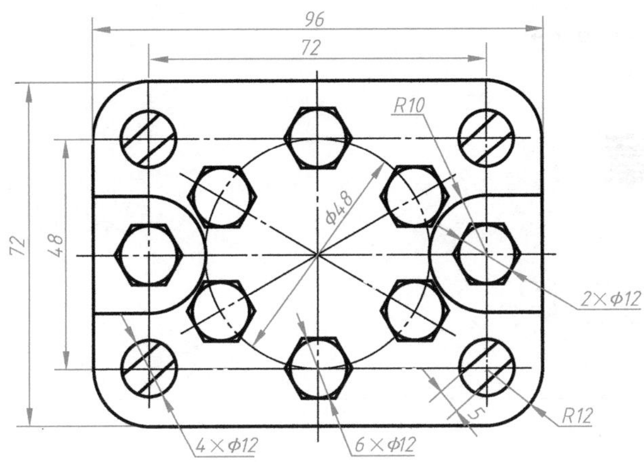

图 3-36　习题 3-7 图

讲解视频：
习题 3-8
图形绘制

［习题 3-8］　合理调用相关命令，绘制图 3-37 所示图形，无需标注尺寸。

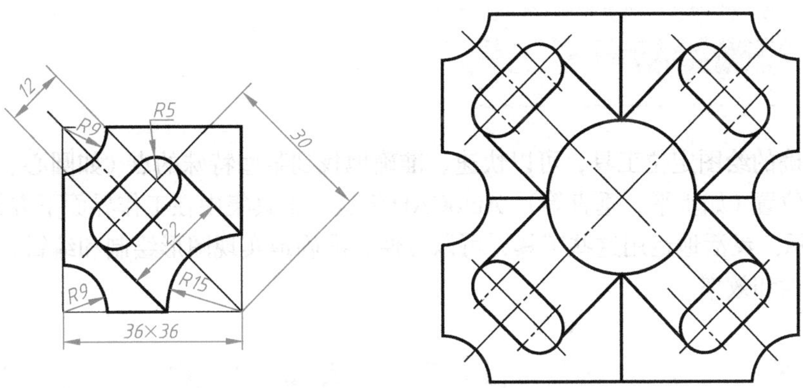

a)　　　　b)

图 3-37　习题 3-8 图

AutoCAD

第 4 章

辅助绘图工具

利用前面几章介绍的绘图与图形编辑功能，虽然能绘出各种基本图形，但仍会有不便之处。本章介绍几种可使绘图更加精确、快速的 AutoCAD 辅助绘图工具。

4.1 精确绘制图形工具

使用精确的绘图定位工具，可以快速、准确地找到某些特殊的点（如圆心、中点等）和某些特殊的位置（如水平、垂直等）。AutoCAD 将这些工具集中在工作界面下方的状态栏中，如图 4-1 所示。灵活地运用这些工具，可以方便、准确地实现图形绘制和编辑，有效地提高绘图的精确性和效率。

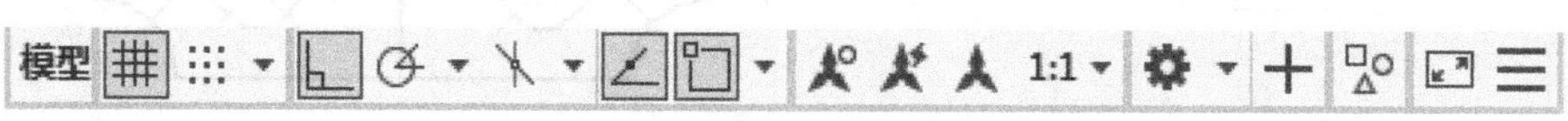

图 4-1　状态栏

1. 激活操作

将十字光标移至状态栏内的任一按钮上，AutoCAD 即会显示其作用与状态的提示信息，如图 4-2a 所示。单击按钮可切换使用状态，变亮的按钮表明相应的工具功能处于激活状态。

2. 工具功能设置

可以通过如下两种方式设置状态栏内所显示的各个按钮对应的工具功能。

1）将十字光标移至所要设置的按钮上并右键单击该按钮，AutoCAD 会弹出如图 4-2b 所示的快捷菜单，选择“捕捉设置”选项，将打开如图 4-3 所示的“草图设置”对话框，可以在各选项卡中对其属性进行定义或设置。

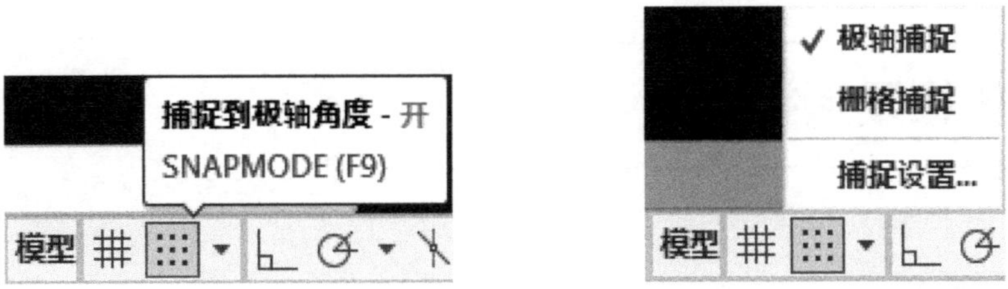

a) b)

图 4-2 提示信息和快捷菜单

2）单击所要设置按钮右侧的 ▼ 按钮，AutoCAD 也会弹出如图 4-2b 所示的快捷菜单，设置方式同上。

3. 添加工具按钮

单击状态栏右侧的“自定义”按钮☰将打开状态栏的快捷菜单，如图 4-4 所示，可以在其中选择需要在状态栏内显示的功能按钮。

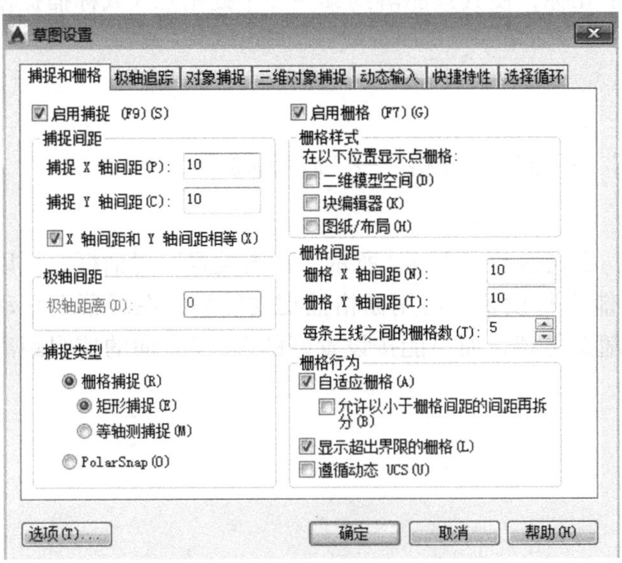

图 4-3 “草图设置”对话框

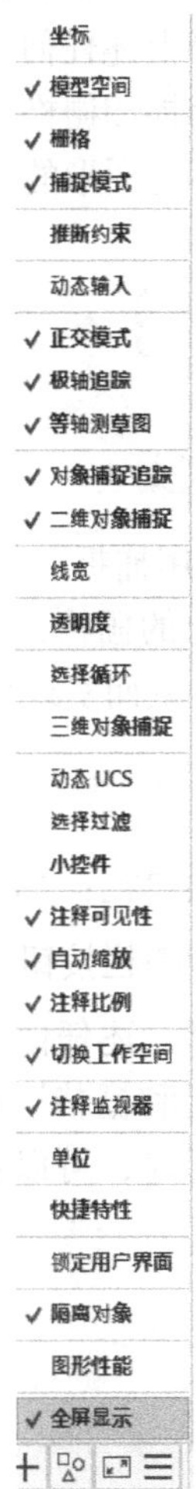

图 4-4 状态栏的快捷菜单

4.2 栅格及捕捉

4.2.1 栅格

1. 功能

“启用栅格”命令用于控制是否在屏幕上分布一些按指定行间距和列间距排列的栅格线或栅格点，栅格的作用等同于手工绘图时使用的坐标纸。

2. 命令格式

- 菜单栏：“工具”→“绘图设置”→“捕捉和栅格”→“启用栅格”。
- 状态栏按钮：#。

选择上述任何一种方式调用命令，都可以打开“草图设置”对话框，如图 4-3 所示。可以在“捕捉和栅格”选项卡中对栅格属性进行设置。这些栅格点或线仅仅是一种视觉辅助工具，并不是图形的一部分，也不会被打印输出。

4.2.2 捕捉

1. 功能

“启用捕捉”命令用于控制是否启用栅格捕捉功能。栅格捕捉功能可生成一个隐含分布于屏幕上的栅格，这种栅格能捕捉十字光标，使其只能落到其中一个栅格点（或称捕捉栅格）上，从而实现精确定位。

2. 命令格式

- 菜单栏：“工具”→“绘图设置”→“捕捉和栅格”→“启用捕捉”。
- 状态栏按钮：⠿。

选择上述任何一种方式调用命令，都可以打开图 4-3 所示“草图设置”对话框。可以在“捕捉和栅格”选项卡中对捕捉功能进行设置。启用栅格捕捉功能后，在屏幕上移动十字光标时，可以看到十字光标不能随意停留，而只能按设置好的 *X*、*Y* 方向的捕捉距离跳动。

4.3 正交方式绘图

1. 功能

用于控制是否以正交方式绘图。在正交方式下，用户只能绘出与当前 *X* 轴和 *Y* 轴平行的线段。

2. 命令格式

状态栏按钮：⊾。

单击状态栏中的“正交”按钮⊾，可实现开 / 关状态的切换。

4.4 对象捕捉

使用 AutoCAD 绘图时，当希望通过肉眼用点取的方法准确找到某些特殊点时，常常会感到力不从心，甚至不可能实现。为了解决这一问题，AutoCAD 提供了对象捕捉功能，使用这些捕捉功能可以非常方便、精确地将十字光标定位到图形的特征点上，如直线、圆弧的端点和中点，圆的圆心和象限点等，从而达到快速、准确绘图的目的。可以通过以下方式之一启用对象捕捉功能。

1）在菜单栏中依次选择“工具”→“工具栏”→“AutoCAD”→“对象捕捉”命令，就会出现“对象捕捉”工具栏，如图 4-5 所示。

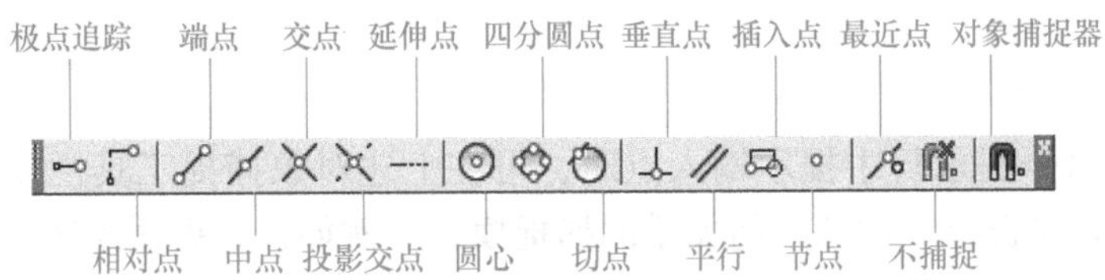

图 4-5 “对象捕捉”工具栏

2）按下〈Shift〉键后再在图形区空白处单击鼠标右键，就会弹出图 4-6 所示快捷菜单，也可右键单击状态栏中的“对象捕捉”按钮 ⊡，就会弹出如图 4-7 所示的快捷菜单，进而可以选择某种对象的捕捉。

4.4.1 对象捕捉命令使用

1. 对象捕捉模式功能

图 4-5~ 图 4-7 显示了 AutoCAD 2020 所具有的对象捕捉模式，并给出了工具栏中的按

钮与快捷菜单中相关命令的对应关系。各命令可完成一次性捕捉。

讲解视频：
对象捕捉和极轴追踪设置

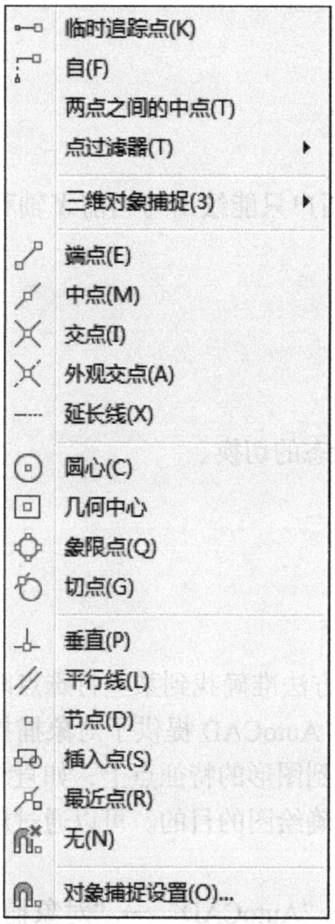

图 4-6 快捷菜单（一）

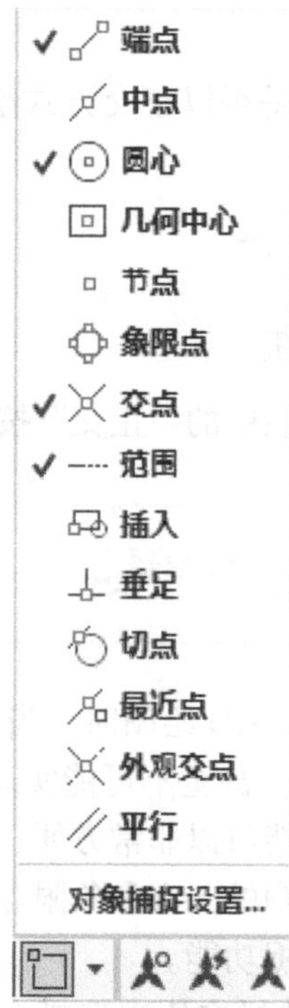

图 4-7 快捷菜单（二）

2. 按几何关系捕捉

绘图时，当命令提示行中提示输入点时，可在上述对象捕捉工具栏或快捷菜单中，通过鼠标单击的方式来选择一种按几何关系的捕捉模式。例如，可根据绘图区存在的圆、多边形、直线等，启用“圆心”“几何中心”“切点”“中点”“交点”等对象捕捉命令来捕捉特征点。

3. 用坐标值确定点

除了按几何关系捕捉特征点外，也可捕捉点后给定数值精确生成一点。“自”命令就是借助捕捉模式和相对坐标，定义绘图区中相对于某个捕捉点的另外一点。使用时需要先捕捉对象特征点作为目标点的偏移基点，然后输入目标点的坐标值。

[例 4-1] 绘制如图 4-8 所示的线段。

单击╱按钮，AutoCAD 提示如下，根据提示信息进行如下操作。

指定第一点：40，20↙ // 捕捉（40，20）点

指定下一点或：[放弃（U）] // 单击 按钮，捕捉（40，20）点

〈偏移〉：@30，40↙

指定下一点或 [退出（X）/ 放弃（U）]：↙

执行结果是线段的终点坐标为（70，60）。

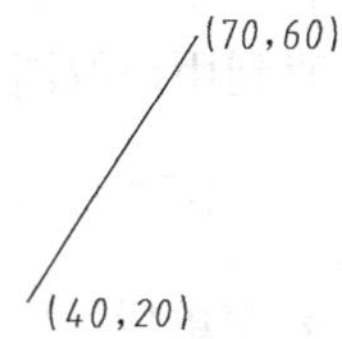

图 4-8 例 4-1 题图

4.4.2 对象捕捉设置

1. 功能

从状态栏找不到想要的对象捕捉模式，或者想减少其显示项目时，都可通过“草图设置”对话框进行设置。设定后，启用的捕捉模式将一直起作用，直到下次修改为止。绘图区对象捕捉命令相关显示的设置可通过“选项”对话框来完成。

2. 设置对象捕捉模式

- 菜单栏：“工具”→“绘图设置”→“对象捕捉”。
- 状态栏按钮：。

选用上述任意一种方式调用命令，系统都将弹出“草图设置”对话框，切换至“对象捕捉”选项卡，勾选相应的选项即可开启所需的对象捕捉模式，如图 4-9 所示。

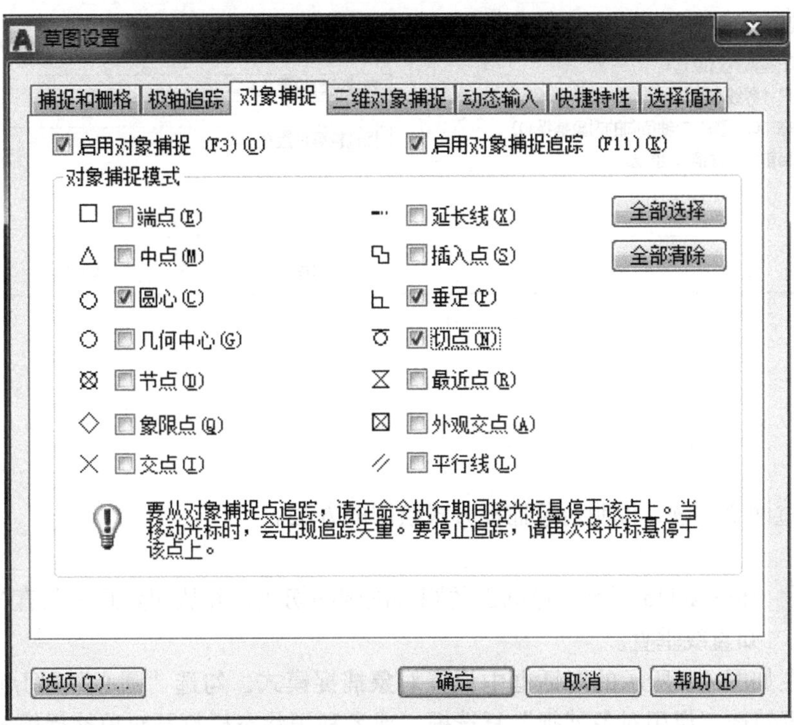

图 4-9 设置对象捕捉模式

在“草图设置”对话框内，一旦设置了某种对象捕捉模式，系统将一直保持着这种模式，直到用户取消为止。

3. 设置对象捕捉模式显示

- 菜单栏：“工具”→“选项”。

调用命令会打开如图 4-10 所示的“选项”对话框，通过“绘图”选项卡，可设置是否按标记、磁吸方式自动捕捉，是否显示自动捕捉工具提示、靶框，对象捕捉是否忽略图案填充对象、尺寸界线等；也可设置自动捕捉标记和靶框的大小等。

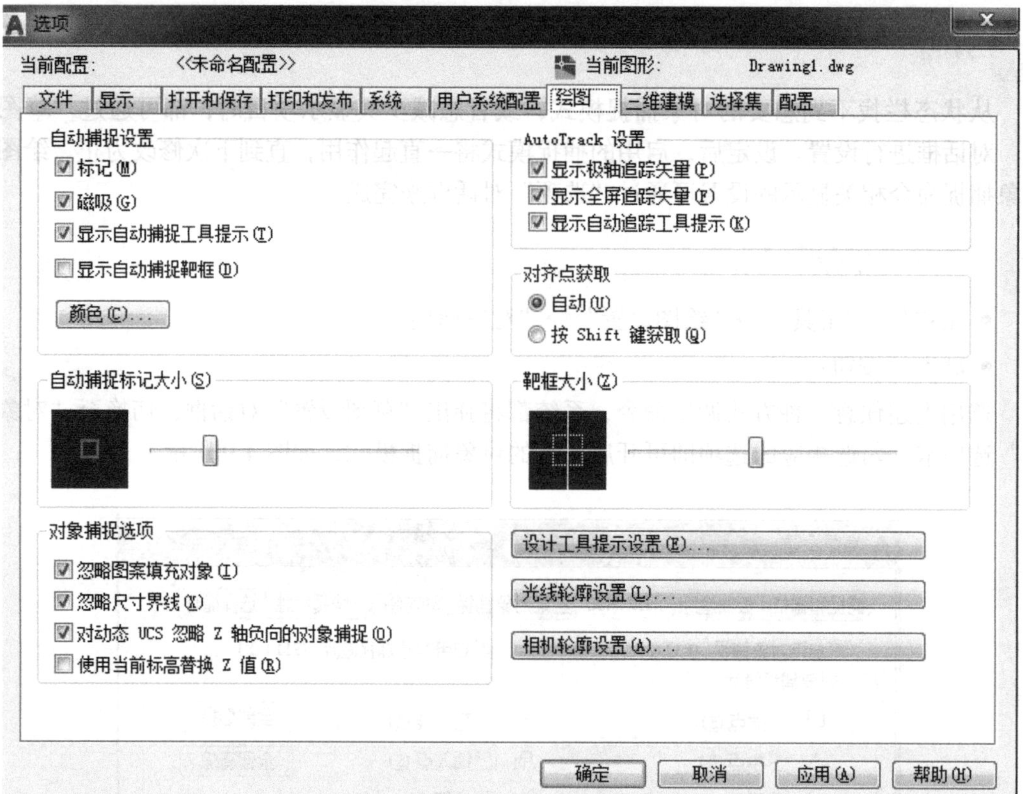

图 4-10 “绘图”选项卡

4.4.3 对象捕捉方式绘图

下面通过两个例题，说明对象捕捉方式绘图的方法。

[例 4-2] 如图 4-11a 所示，过圆弧的圆心画圆的切线，并从切点画一条直线使其与已知直线垂直。

首先在如图 4-9 所示的对话框中设置对象捕捉模式，勾选“圆心”“切点”“垂足”复选框；再勾选“启用对象捕捉”复选框，或者利用状态栏打开对象捕捉模式，然后画图。具体步骤如下。

1）单击按钮。命令行提示如下：

指定第一点：

2）将十字光标移近圆弧，当圆弧的圆心处出现圆心标记时，单击鼠标左键，捕捉圆弧圆心。命令行提示如下：

指定下一点或：

3）将十字光标移近圆，当出现切点标记时，单击鼠标左键，捕捉圆上的切点（与上一个捕捉点的连线为切线）。命令行提示如下：

指定下一点或［退出（E）/放弃（U）］：

4）将十字光标移近直线，当出现垂足标记时，单击鼠标左键，捕捉垂足（与上一个捕捉点的连线为该直线的垂线）。命令行提示如下：

指定下一点或［闭合（C）/退出（X）/放弃（U）］：↙

进行如上操作后，绘制结果如图 4-11b 所示。

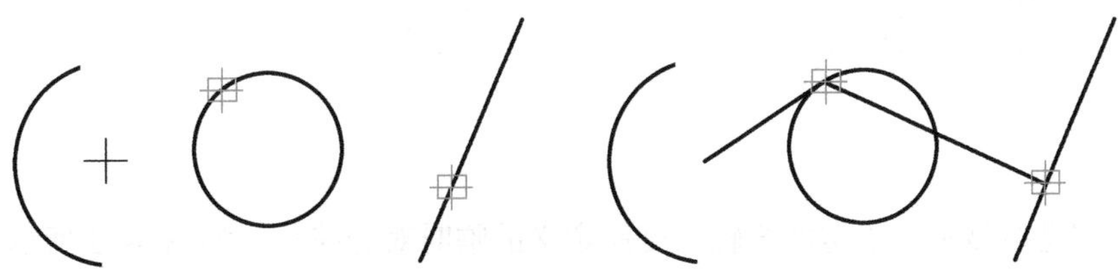

图 4-11 例 4-2 题图

a）原图 b）绘制效果图

［例 4-3］ 如图 4-12a 所示，绘制一个圆，使其通过两条直线的交点，并通过圆弧的右端点和已知圆的圆心。

1）单击按钮。命令行提示如下：

CIRCLE 指定圆的圆心或［三点（3P）/两点（2P）/切点、切点、半径（T）］：3P↙

指定圆上的第一个点：

2）右键单击状态栏按钮，在弹出的快捷菜单中勾选“交点”复选框，将十字光标移至两直线相交处，出现交点标记时，单击鼠标左键。命令行提示如下：

指定圆上的第二个点：

3）右键单击状态栏按钮，在弹出的快捷菜单中勾选“端点”复选框，拾取圆弧右端点。命令行提示如下：

指定圆上的第三个点：

4）右键单击状态栏按钮，在弹出的快捷菜单中勾选“圆心”复选框，将十字光标移近已知圆，当已知圆的圆心处出现圆心标记时，单击鼠标左键。

进行如上操作后，绘制结果如图 4-12b 所示。

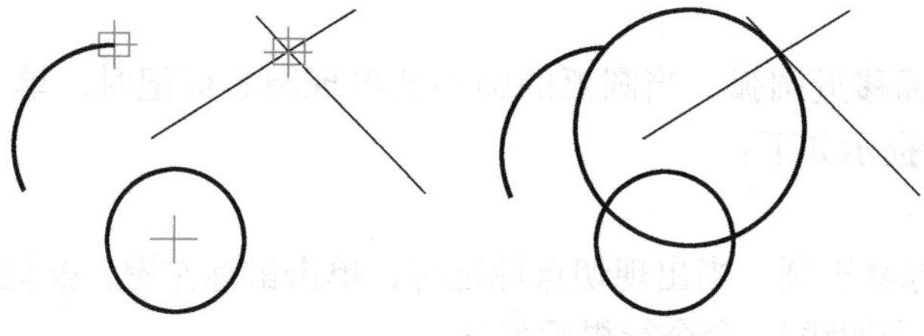

a)　　　　b)

图 4-12　例 4-3 题图

a）原图　b）绘制效果图

4.5　极轴追踪

1. 功能

极轴追踪是指显示由指定的极轴角度所定义的临时对齐路径，如图 4-13 所示。

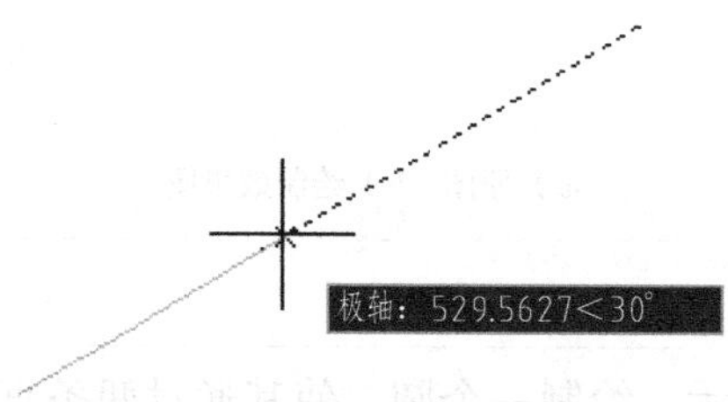

图 4-13　极轴追踪功能

2. 命令格式

- 菜单栏：“工具”→“绘图设置”→“极轴追踪”→“启用极轴追踪”。
- 状态栏按钮：⦾ ▾。

选择上述任意一种方式调用命令，均会打开“草图设置”对话框，切换至“极轴追踪”选项卡，即可进行设置，如图 4-14 所示。在“极轴角设置”选项组中可以设置极轴追踪的对齐角度。

此外，可以设置其他角度来进行追踪：勾选“附加角”复选框，下方的列表框将列出可用的附加角度，若要添加新的角度，则可单击“新建”按钮，创建一个附加角，若要删除现有的角度，则可单击“删除”按钮，如图 4-15 所示。

右键单击状态栏中 ⦾ ▾ 按钮，弹出的快捷菜单如图 4-16 所示，可以直接选中所设角度进行极轴追踪。

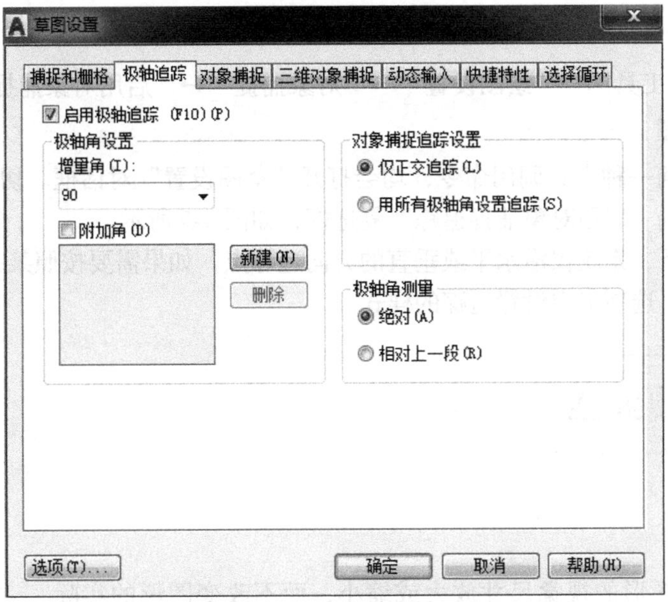

图 4-14 “极轴追踪”选项卡

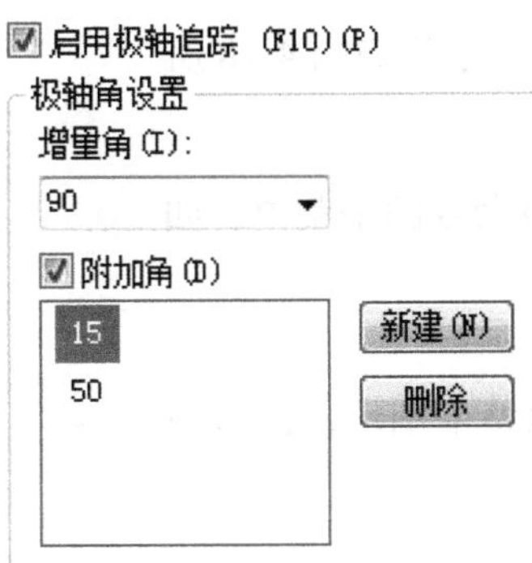

图 4-15 “附加角”的设置

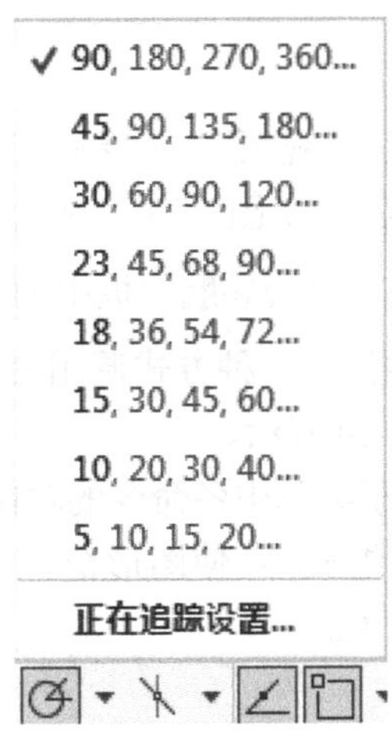

图 4-16 快捷菜单

4.6 对象追踪

1. 功能

对象追踪是指以对象上的某些特征点作为追踪点，引出向两端无限延伸的对象追踪虚线，如图 4-17 所示。在此追踪虚线上拾取点或输入距离值，即可精确定位到目标点。

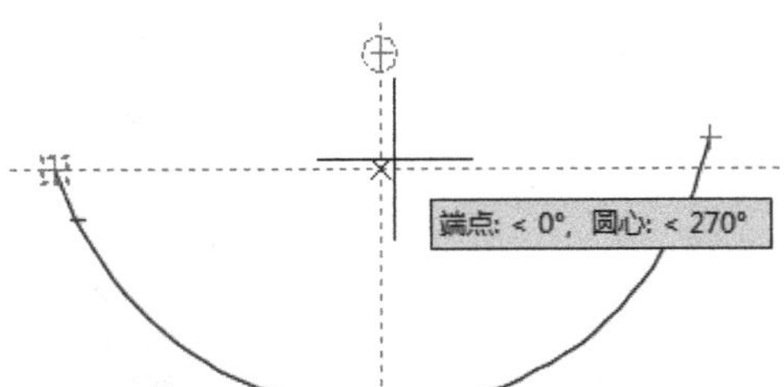

图 4-17 对象追踪

2. 命令格式

- 菜单栏：“工具”→“绘图设置”→“对象捕捉”→“启用对象捕捉追踪”。
- 状态栏按钮：∠。

选择上述任何一种方式调用命令，均会打开“草图设置”对话框。切换到“对象捕捉”选项卡，然后勾选“启用对象捕捉追踪”复选框，如图 4-9 所示。

在默认设置下，系统仅沿水平或垂直的方向追踪点，如果需要按照某一角度追踪点，可以在“极轴追踪”选项卡中设置追踪的样式。

4.7 视图缩放

1. 功能

用于将屏幕图形的视觉尺寸放大或缩小，而不改变图形的实际尺寸。

2. 命令格式

- 菜单栏：“视图”→“缩放”。
- 功能区：“视图”→“显示”→“导航栏”，打开如图 4-18 所示的导航面板，单击导航面板中的按钮。

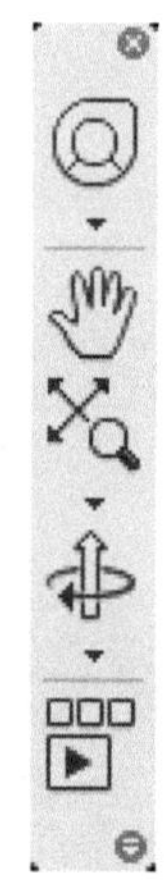

图 4-18 导航面板

选择上述任何一种方式调用命令，均能展开该命令的子菜单，如图 4-19 和图 4-20 所示。

“缩放”子菜单中各命令的功能如下。

1）“范围缩放”：使图形窗口尽可能大地显示整个图形，此时与图形的边界无关。

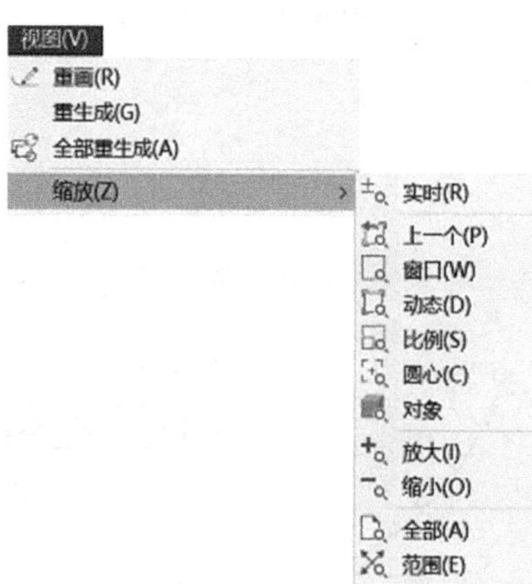

图 4-19 菜单栏的子菜单

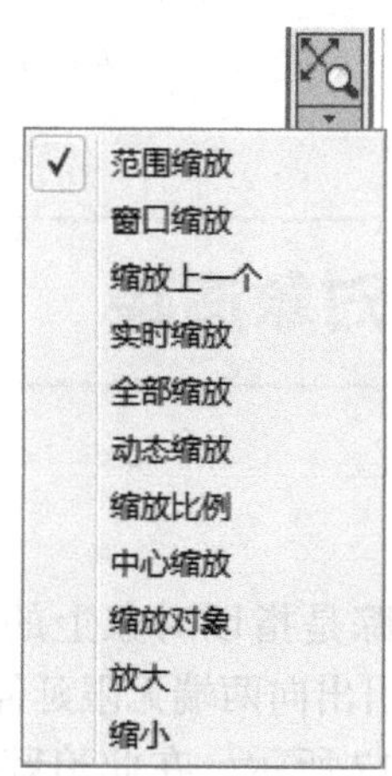

图 4-20 导航面板的子菜单

2）“窗口缩放”：在图形上设定一个窗口，以该窗口作为边界，把该窗口内的图形放大到全屏，以便观察。

3）“缩放上一个”：恢复到上一次显示的图形。

4）“实时缩放”：调用该命令会出现一个类似于放大镜的实时缩放图标，下移鼠标，图形缩小；上移鼠标，图形放大。

5）“全部缩放”：在当前视窗中显示全图，超出屏幕的图形也会全部显示在屏幕范围内。

6）“动态缩放”：单击鼠标左键，拖动鼠标调整方框的大小和位置，再单击鼠标左键，确定放大方框的位置，然后按〈Enter〉键。

7）“缩放比例”：用于以指定数值的方式缩放图形。选取“S”为绝对缩放，即按设置的绘图范围缩放。当数值后面有字符“X”时为相对缩放，即按当前可见图形缩放；当数值后面有字符“XP”时，为相对纸空间单元缩放，即按当前视窗中的图形相对于当前的图纸空间缩放。

8）“中心缩放”：用于重新设置图形的显示中心和放大倍数。

9）“缩放对象”：用于最大限度地显示当前视窗内选择的图形。使用此功能可以缩放单个对象，也可以缩放多个对象。

10）“放大”：将图形放大一倍显示。

11）“缩小”：将图形缩小二分之一显示。

> **说明：** 连续单击“放大”或“缩小”按钮，可以成倍地放大或缩小图形。

按〈Enter〉键结束命令，如果单击鼠标右键，则会弹出如图 4-21 所示的快捷菜单，用户选择其中的选项即可进行相关操作。

图 4-21　快捷菜单

4.8　“平移”命令

1. 功能

用于移动全图，且不改变图形大小和坐标。此命令并非真正移动图形，而是移动图形的视觉窗口。

2. 命令格式

- 菜单栏：“视图”→“平移”。
- 状态栏按钮：✋。

选择上述任何一种方式调用命令，十字光标变成手状，按住鼠标左键并拖动鼠标，当前视窗的全部图形就随之移动。

4.9 “重画”命令

1. 功能

在使用 AutoCAD 进行设计绘图和编辑图样过程中，屏幕上常常留下对象的拾取标记，这些临时标记并不是图形中的对象，有时会使当前图形画面显得混乱，可以使用重画与重生成图形功能清除这些临时标记，即刷新屏幕或当前视窗，重新生成图线，从而擦除残留的标记。

2. 命令格式

- 菜单栏：“视图” → “重画”。
- 状态栏按钮：。

4.10 绘图环境的配置

1. 功能

在使用 AutoCAD 绘制和编辑图形时，可通过“选项”对话框来对绘图环境进行有关配置。

2. 命令格式

菜单栏：“工具” → “选项”。

调用命令将打开如图 4-22 所示的“选项”对话框。主要选项卡的功能如下。

(1)“文件”选项卡　该选项卡用来设置 AutoCAD 支持文件的搜索路径，以及各路径所包含的文件。

(2)“显示”选项卡　该选项卡用来确定 AutoCAD 的显示特性，如图 4-23 所示。

1)“窗口元素”选项组。

①“在图形窗口中显示滚动条”复选框：控制绘图区底部和右侧的滚动条是否显示。

②“颜色”按钮：单击该按钮会打开如图 4-24 所示的“图形窗口颜色”对话框。如果要改变绘图区绘图背景的颜色，可在“上下文”列表框中选择“二维模型空间”选项，在“界面元素”列表框中选择“统一背景”选项，在“颜色”下拉列表中选择需要设置的颜色，此时“预览”框中将显示所设置的颜色，然后单击“应用并关闭”按钮即可。

③“字体”按钮：单击该按钮会打开如图 4-25 所示的“命令行窗口字体”对话框。可以在该对话框中对命令行的字体、字形和字号等特性进行设置。

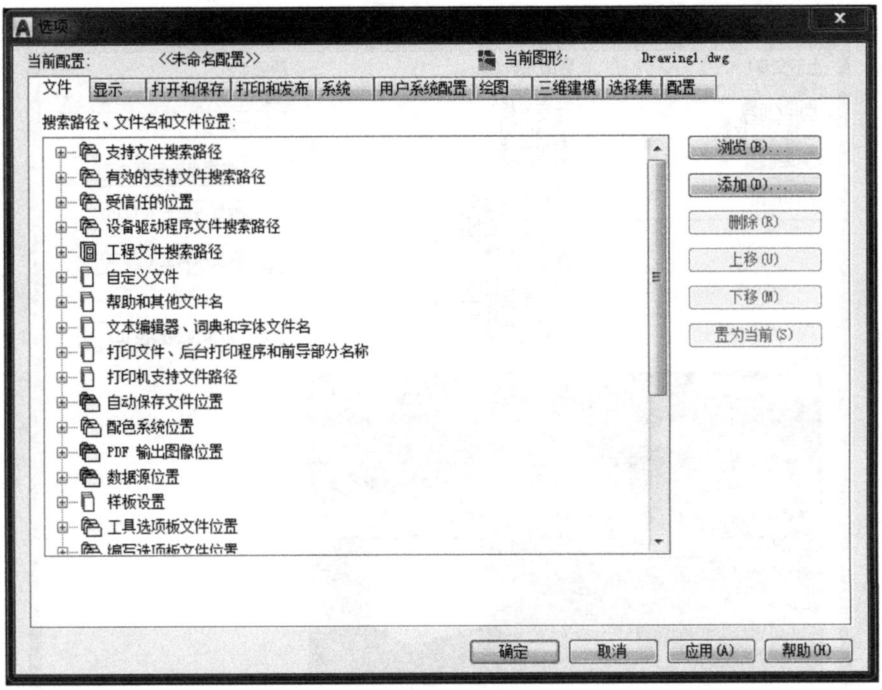

图 4-22 “选项”对话框

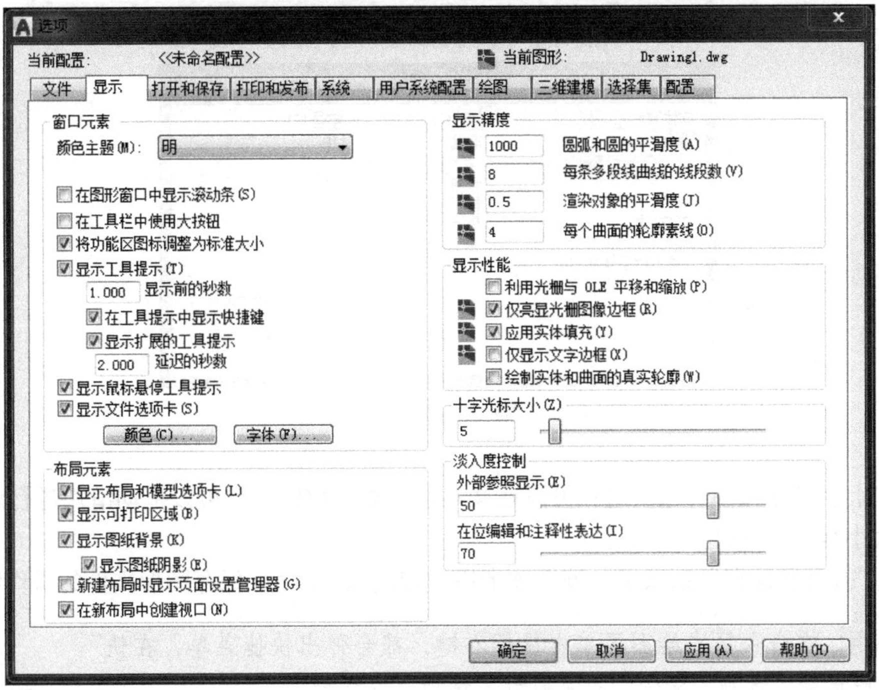

图 4-23 “显示”选项卡

2)“显示精度”选项组：可以在该选项组中对圆和圆弧的平滑程度、曲线的线段数、渲染对象的平滑度及曲面的轮廓素线进行设置。注意：如果使用了较高的显示精度，那么 AutoCAD 的处理时间将会延长。

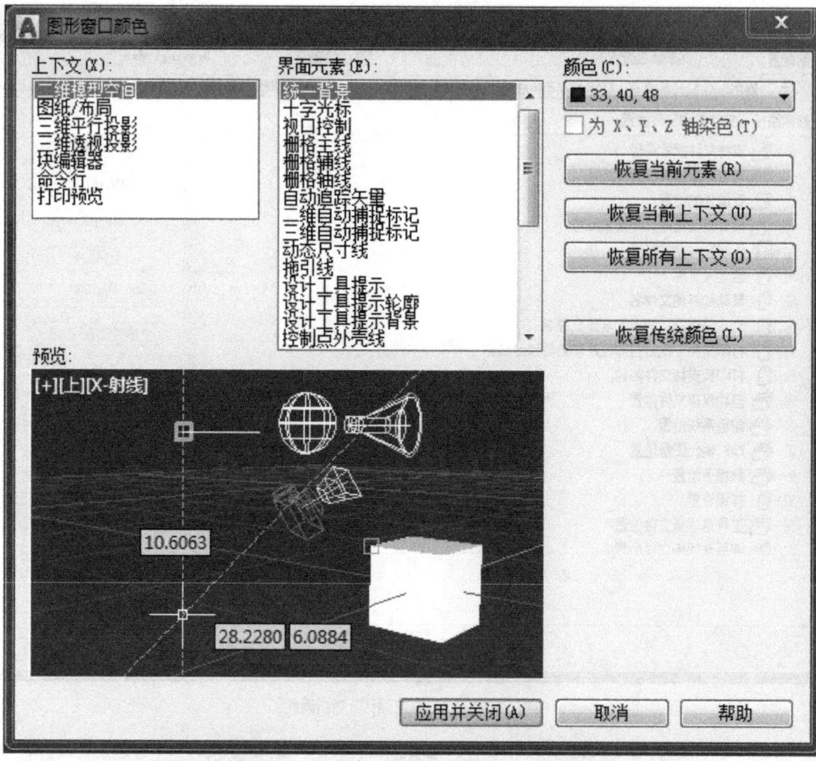

图 4-24 “图形窗口颜色”对话框

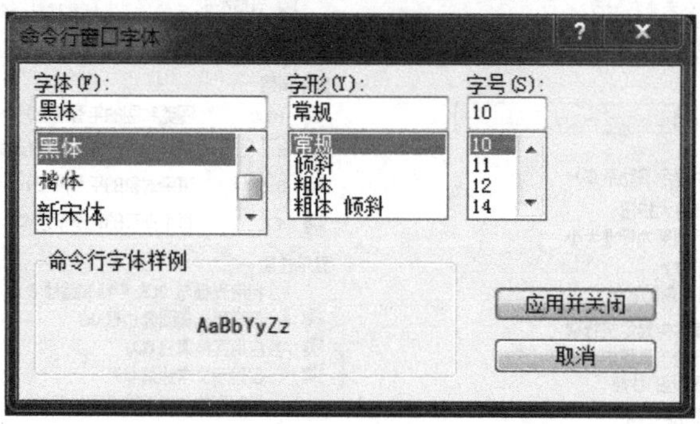

图 4-25 “命令行窗口字体”对话框

3）“十字光标大小”选项组：可以在文本框中输入数值，也可以拖动滑块进行调整。十字光标大小是相对屏幕大小而定的。

（3）“打开和保存”选项卡　该选项卡用于控制 AutoCAD 保存图形文件的操作特性等。

说明： 在命令区或绘图区单击鼠标右键，都会弹出快捷菜单，在快捷菜单中选择“选项”命令，也可打开“选项”对话框。

思政拓展：“工程未动，图纸先行”，一项改造工程的成功可能需要成百上千，甚至上万张设计图纸，扫描右侧二维码了解推动煤电清洁化利用过程中技术图纸的重要作用，并在实践中体会如何利用辅助绘图工具提高绘图效率。

思政拓展
推动煤电清洁化利用的技术图纸

AutoCAD

第5章 尺寸标注、图案填充与文本标注

图形只反映物体的形状，尺寸标注则用来准确地反映物体的真实大小和相互位置关系。用AutoCAD尺寸标注命令，可方便、快速地标注各种方向、形式的尺寸。本章将介绍尺寸标注的组成、类型，以及标注、快速标注和快速修改尺寸等功能，并将介绍对图形进行图案填充的方法。

在工程设计时，需要对图样添加技术要求等文本说明，AutoCAD 提供了多种创建文本的方法，简短的文本输入可使用单行文本，对格式复杂或较长的文本可使用多行文本。此外，本章还将介绍表格创建方法，以完成工程图的标题栏和明细栏绘制。

5.1 尺寸标注的组成和类型

在菜单栏单击展开“标注”菜单，如图 5-1a 所示，各标注功能将在后面详述。或者在功能区单击打开“注释”选项卡，单击“标注”下方的 ▼ 按钮，展开的下拉列表如图 5-1b 所示。“标注”下拉菜单、“标注”工具栏和“标注”面板都可实现尺寸样式的设置及标注。

5.1.1 尺寸标注的组成

一个完整的尺寸标注由尺寸线、尺寸线终端形式、尺寸界线和尺寸文本四部分组成，如图 5-2 所示。AutoCAD 为尺寸线终端提供了若干种形式，常用的形式为：箭头和斜线。AutoCAD 将尺寸作为一个图块存放在图形文件内，因此可以将一个尺寸视作一个对象。

尺寸线一般是一条两端带箭头或一端带箭头的线段，也可以是两端带箭头或一端带箭头的圆弧。尺寸界线通常将尺寸引到被标注对象之外，有时也用物体的轮廓线或中心线代替尺寸界线，如图 5-3 所示。尺寸线终端常用来表示尺寸线起始和终止位置，常用箭头表示，有时也用短斜线、点或其他标记，如图 5-4 所示。尺寸文本是一个文本实体，表明两尺寸界线之间的距离或角度，是尺寸标注的核心内容。

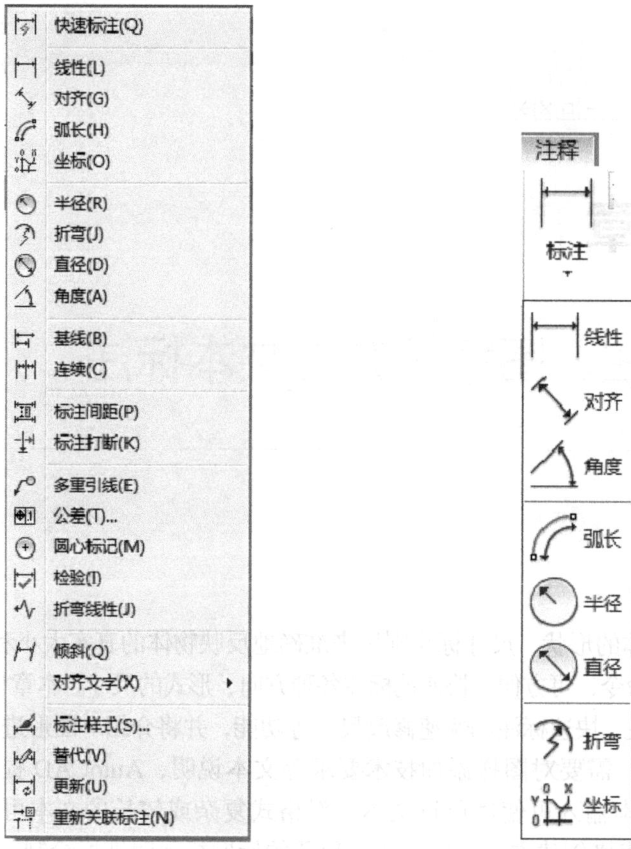

图 5-1 “标注”菜单与“标注”下拉列表

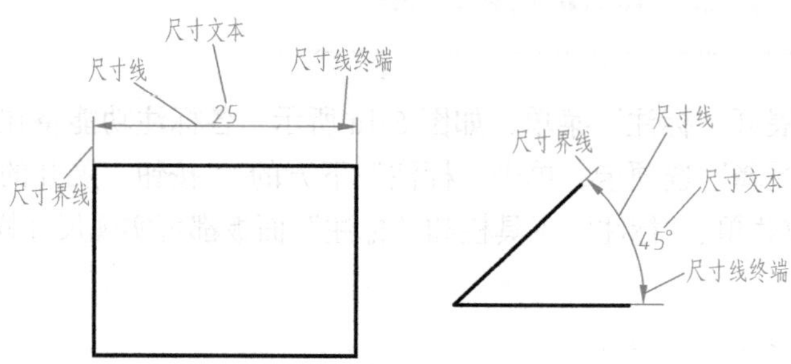

图 5-2 尺寸标注的组成

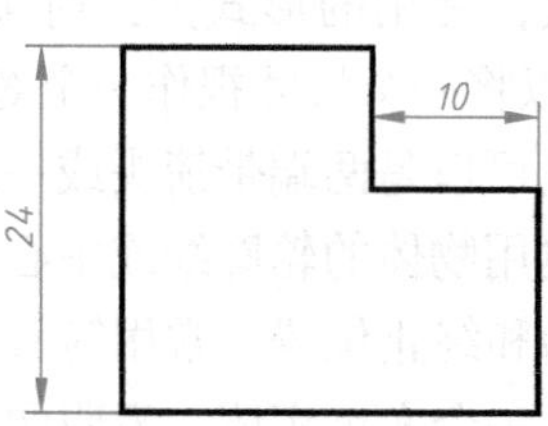

图 5-3 尺寸界线

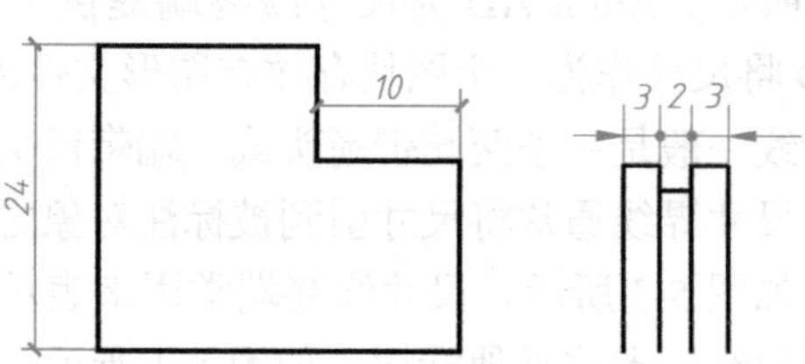

图 5-4 尺寸线终端形式

5.1.2 尺寸标注的类型

在 AutoCAD 中，尺寸标注分为线性尺寸标注、对齐尺寸标注、角度尺寸标注、半径尺寸标注、直径尺寸标注、折弯标注、坐标尺寸标注等。

1. 线性尺寸标注

线性尺寸标注用于标注图元的长度尺寸，又可分为水平标注、垂直标注、基线标注、连续标注、倾斜标注、对齐标注等类型。

2. 对齐尺寸标注

对齐尺寸标注的尺寸线与两尺寸界线起始点的连线相平行。

3. 角度尺寸标注

角度尺寸标注用于标注角度尺寸。在角度尺寸标注中，也允许采用基线标注和连续标注两种标注类型。

4. 半径尺寸标注

半径尺寸标注用于标注圆或圆弧的半径。

5. 直径尺寸标注

直径尺寸标注用于标注圆或圆弧的直径。

6. 折弯标注

当圆弧或圆的圆心位于图样布局之外而无法标注到实际位置时，可创建折弯标注。

7. 坐标尺寸标注

坐标尺寸标注用于标注相对于坐标原点的坐标。

5.2 设置尺寸标注样式

讲解视频：设置尺寸标注样式

5.2.1 尺寸标注样式的管理

1. 功能

尺寸标注样式的管理是指管理已存在的尺寸标注样式、新建尺寸标注样式及设置尺寸变量。

2. 命令格式

- 菜单栏："格式"→"标注样式"。
- 功能区："默认"→"注释"→"标注样式"。

说明：在本章介绍的尺寸标注与图案填充命令均为"草图与注释"工作空间中功能区会展示的命令，在"三维基础""三维建模"工作空间中或AutoCAD经典界面中，如需调用相关命令，仅需寻找其按钮。例如，在界面中找到按钮并单击，便可调用"标注样式"命令。后续命令均与此类似，不再赘述。

选择上述任何一种方式调用命令，AutoCAD都会弹出如图5-5所示的"标注样式管理器"对话框。各选项功能如下。

1）"样式"：该列表框显示当前图形文件中已定义的所有尺寸标注样式。

2）"预览"：该框显示当前尺寸标注样式设置的各种特征尺寸标注的效果预览图。

3）"列出"：该下拉列表框控制在当前图形文件中是否显示所有的尺寸标注样式。

4）"置为当前""新建""修改""替代""比较"：当建立一种新的标注样式或对原样式进行修改后，都要单击"置为当前"按钮，才能使其设置有效。

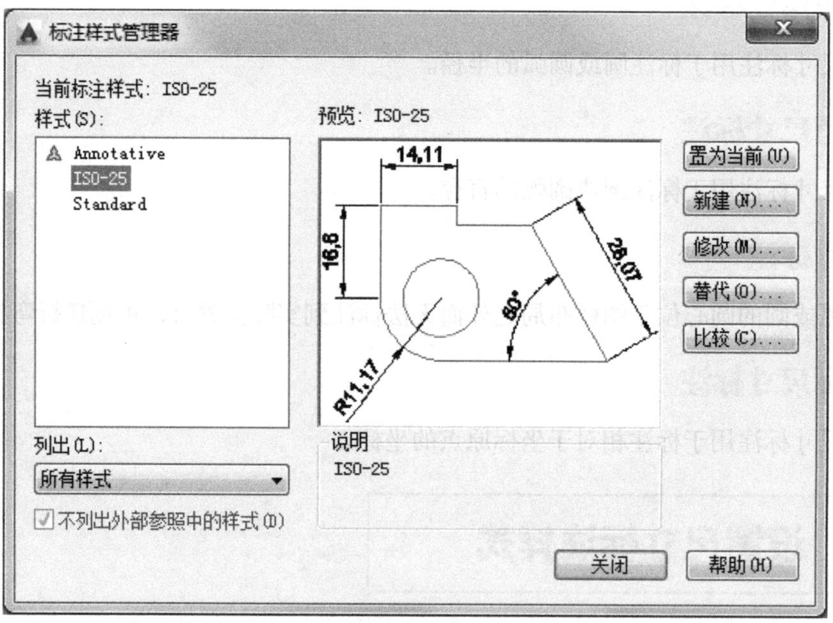

图5-5 "标注样式管理器"对话框

5.2.2 新建尺寸标注样式

新建尺寸标注样式并将它置为当前样式的具体操作步骤如下。

在如图5-5所示"标注样式管理器"对话框中，单击"新建"按钮，弹出的"创建新标注样式”对话框如图 5-6 所示，各选项功能如下。

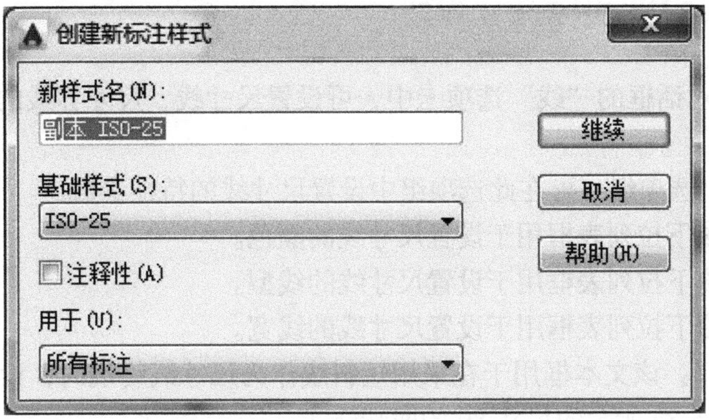

图 5-6 “创建新标注样式”对话框

1）“新样式名”：该文本框用于输入新样式名称，或者使用给定的默认名称。

2）“基础样式”：该下拉列表框用于在下拉列表中选择某一种已定义的标注样式。

3）“用于”：该下拉列表框用于选择所创建标注样式为全局尺寸标注样式，还是特定尺寸标注样式。

4）“继续”：单击该按钮可打开“新建标注样式”对话框，如图 5-7 所示。

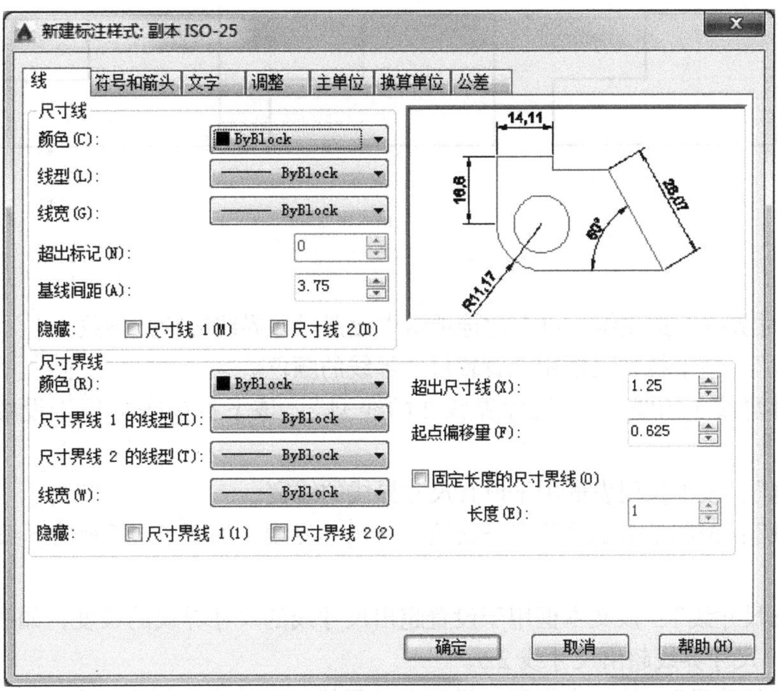

图 5-7 “新建标注样式”对话框

“新建标注样式”对话框中有“线”“符号和箭头”“文字”“调整”“主单位”“换算单位”“公差”七个选项卡。在不同的选项卡中，用户可为新建的尺寸标注样式设置各种相关的特征参数，右侧的显示框会显示所设置的样式形式。

5.2.3 设置尺寸线和尺寸界线

在图 5-7 所示对话框的“线”选项卡中，可设置尺寸线、尺寸界线的特征参数等。各选项功能如下。

（1）“尺寸线”选项组　可在此选项组中设置尺寸线的特征参数。

1）“颜色”：该下拉列表框用于设置尺寸线的颜色。

2）“线型”：该下拉列表框用于设置尺寸线的线型。

3）“线宽”：该下拉列表框用于设置尺寸线的线宽。

4）“超出标记”：该文本框用于在采用短斜线作为尺寸线终端时，设置尺寸线超出尺寸界线的长度，如图 5-8a 所示的尺寸 89 的两端样式。

5）“基线间距”：该文本框用于在采用基线方式标注尺寸时，控制两尺寸线之间的距离，如图 5-8b 所示的距离 *L*。

6）“隐藏”：控制是否隐藏第一条、第二条尺寸线及相应的终端，如图 5-8a、c 所示的尺寸 158 的标注样式。

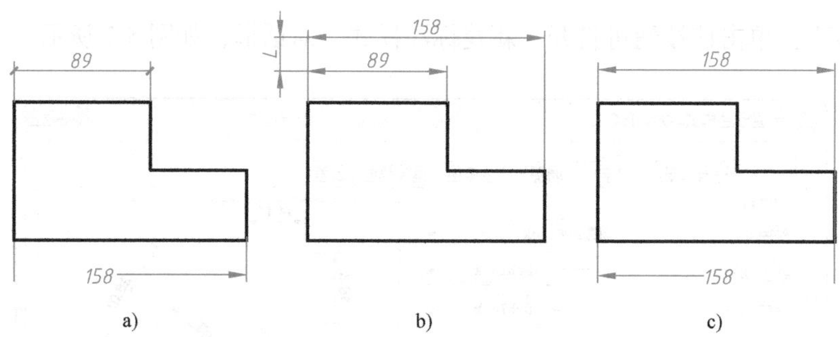

图 5-8　尺寸线设置

（2）“尺寸界线”选项组　可在此选项组中设置尺寸界线的特征参数。

1）“颜色”：该下拉列表框用于设置尺寸界线的颜色。

2）“尺寸界线 1 的线型”“尺寸界线 2 的线型”：该下拉列表框用于设置尺寸界线的线型。

3）“线宽”：该下拉列表框用于设置尺寸界线的线宽。

4）“隐藏”：控制是否隐藏第一条或第二条尺寸界线，如图 5-9 所示的下部尺寸 91 的标注样式。

5）“超出尺寸线”：该文本框用于设置超出尺寸线的尺寸界线的长度，如图 5-9a 所示的上部尺寸 91，尺寸界线超出尺寸线 2.5。

6）“起点偏移量”：该文本框用于设置尺寸界线的起始点和用户指定对象的起始点之间的偏移量，如图 5-9b 所示的尺寸 50，其起点偏移量为 0.625。

7）“固定长度的尺寸界线”：该复选框用于控制是否使用固定长度的尺寸界线，并给固定长度赋值。

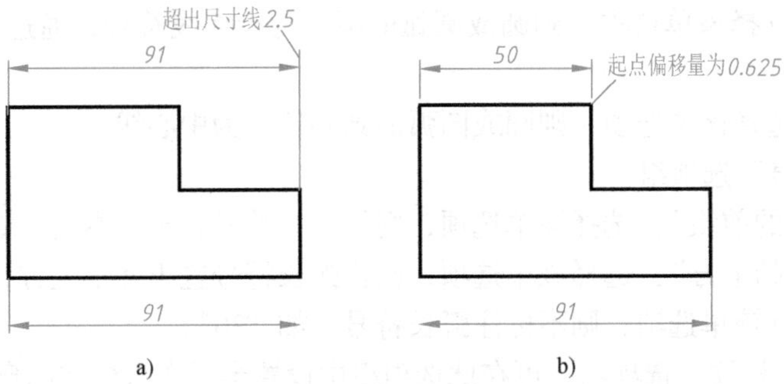

图 5-9 尺寸界线设置

5.2.4 设置尺寸符号和尺寸终端

在如图 5-7 所示的“新建标注样式”对话框中，切换至“符号和箭头”选项卡，可利用该选项卡设置尺寸终端、中心标记及弧长符号，如图 5-10 所示。其中各选项功能如下。

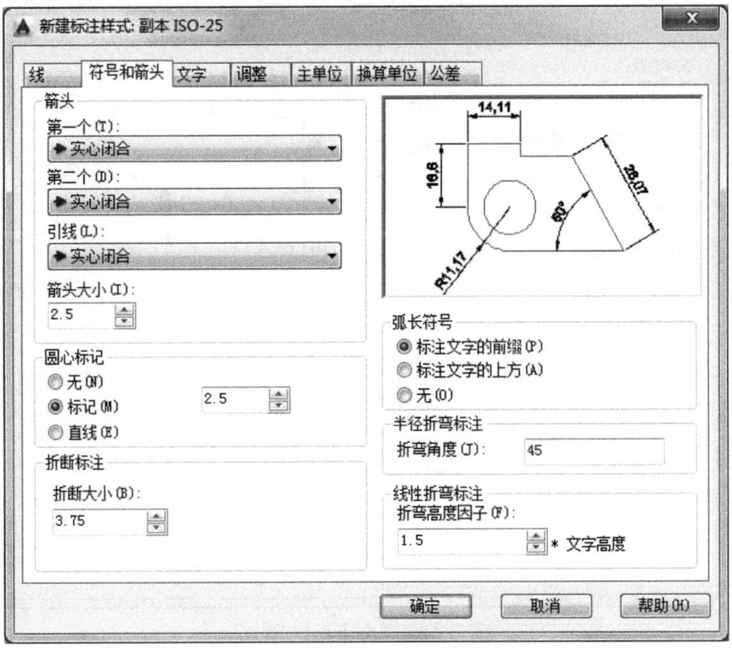

图 5-10 “符号和箭头”选项卡

（1）“箭头”选项组　可在此选项组中设置尺寸线终端的形状及尺寸。

1）“第一个”“第二个”：为下拉列表框，用于设置第一和第二尺寸线终端的形状。

2）“引线”：该下拉列表框用于设置指引线终端的形状。

3）“箭头大小”：该文本框用于设置尺寸线终端的大小。

（2）“圆心标记”选项组　可在此选项组中，通过以下三个单选项来设置圆或圆弧的圆心符号。

1）“无”：选择该单选项，则圆或圆弧的圆心无符号。

2）“标记”：选择该单选项，则圆或圆弧的圆心为十字线符号，通过其文本框来设置符号大小。

3）“直线”：选择该单选项，则圆或圆弧的圆心符号为中心线。

（3）“弧长符号”选项组

1）“标注文字的前缀”：选择该单选项，则将弧长符号置于文本前，如“⌒30”。

2）“标注文字的上方”：选择该单选项，则将弧长符号置于文本上方，如“$\overset{\frown}{30}$”。

3）“无”：选择该单选项，则不标注弧长符号，如“30”。

（4）“半径折弯标注”选项组　可在此选项组中设置半径弯折标注的弯折角度。

5.2.5 设置尺寸文本格式

在如图5-7所示的“新建标注样式”对话框中，切换至“文字”选项卡，可在此选项卡中设置尺寸文本的样式、颜色、高度，以及尺寸文本和尺寸线之间的相对位置，如图5-11所示。

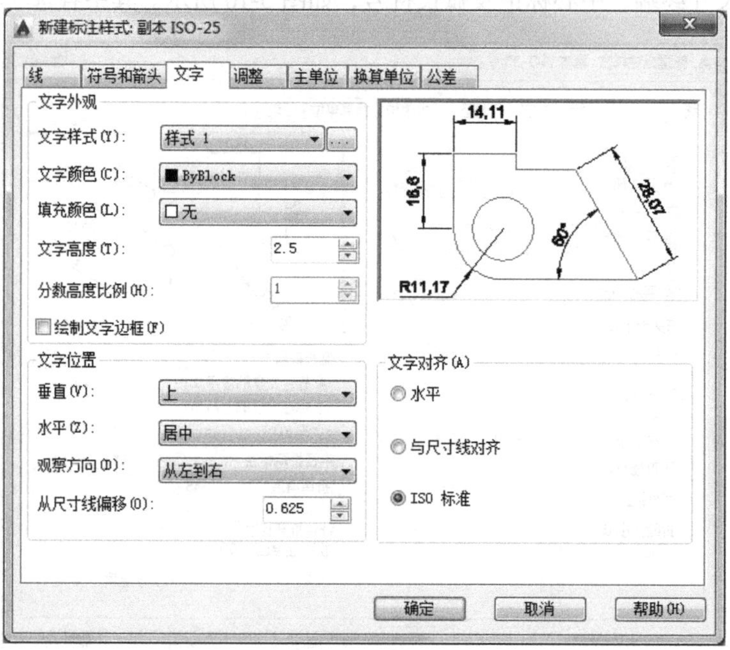

图5-11 “文字”选项卡

其中各选项的功能如下：

（1）“文字外观”选项组　可在此选项组中设置尺寸文本的字体、颜色、字高等。

1）“文字样式”：该下拉列表框用于设置尺寸文本的字体样式。

2）“文字颜色”：该下拉列表框用于设置尺寸文本的颜色。

3）“填充颜色”：该下拉列表框用于设置尺寸文本区域的填充颜色。

4）“文字高度”：该文本框用于设置尺寸文本的字体高度。

5）“分数高度比例”：该文本框用于设置分数尺寸文本的相对字高。

6）“绘制文字边框”：该复选框用于设置标注基本参考尺寸。

(2)“文字位置”选项组　可在此选项组中设置尺寸文本相对于尺寸线和尺寸界线的位置。

1)“垂直”下拉列表框：设置尺寸文本与尺寸线在垂直方向上的相对位置。

①“居中”：将尺寸文本放置在尺寸线的中间，如图 5-12a 所示。

②“上”：将尺寸文本放置在尺寸线的上方，如图 5-12b 所示。

③“外部”：将尺寸文本放置在尺寸界线的一侧。

④“JIS”：日本国工业标准。

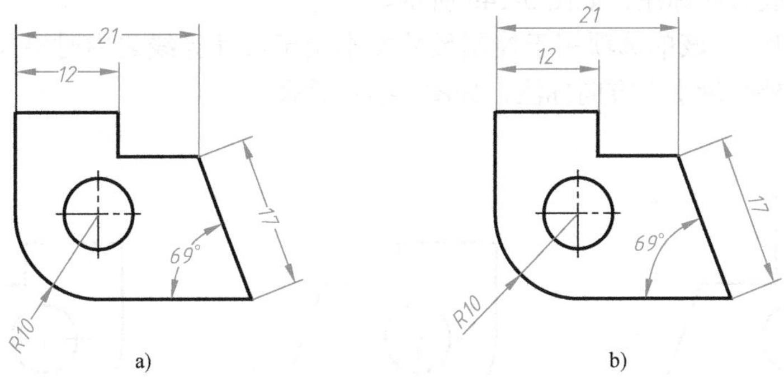

图 5-12　尺寸文本垂直方向上的设置

2)“水平”下拉列表框：设置尺寸文本在平行于尺寸线方向上的位置。

①“居中”：将尺寸文本居中放置。

②“第一条延伸线”：沿尺寸线和第一条尺寸界线左对齐放置，如图 5-13a 所示。

③“第二条延伸线”：沿尺寸线和第二条尺寸界线右对齐放置，如图 5-13b 所示。

④“第一条延伸线上方”：沿第一条尺寸界线放置，如图 5-13c 所示。

⑤“第二条延伸线上方”：沿第二条尺寸界线放置，如图 5-13d 所示。

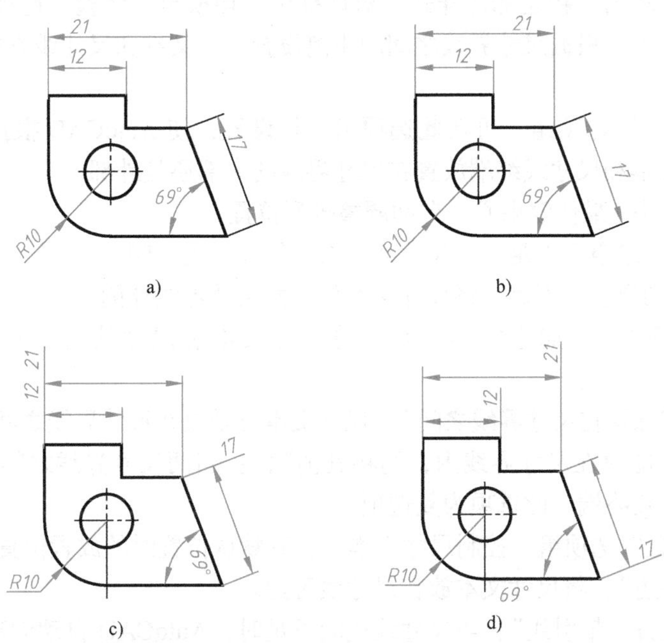

图 5-13　尺寸文本水平方向上的设置

3）“观察方向”下拉列表框：设置尺寸文本“从左到右”“从上到下”等排列。

4）“从尺寸线偏移”：设置尺寸文本和尺寸线之间的偏移量。

（3）“文字对齐”选项组　可在此选项组中设置尺寸文本的对齐方式。

1）“水平”：该单选项用于控制尺寸文本无论位于尺寸界线之内还是尺寸界线之外，都沿水平方向放置，如图 5-14a 所示。

2）“与尺寸线对齐”：该单选项用于控制尺寸文本无论位于尺寸界线之内还是尺寸界线之外，都沿尺寸线方向标注，如图 5-14b 所示。

3）“ISO 标准”：该单选项用于控制尺寸文本位于尺寸界线之内时沿尺寸线方向标注，位于尺寸界线之外时沿水平方向标注，如图 5-14c 所示。

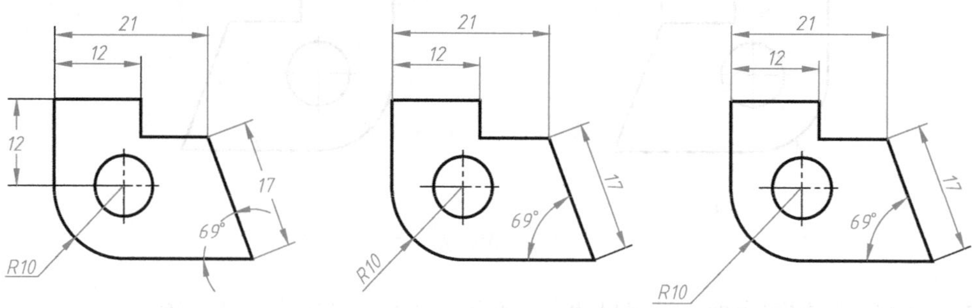

a)　　b)　　c)

图 5-14　尺寸文本的对齐方式设置

5.2.6　设置尺寸标注适配特征

在如图 5-7 所示的“新建标注样式”对话框中，切换至“调整”选项卡，如图 5-15 所示。可利用该选项卡，根据尺寸界线之间的距离设置尺寸文本和尺寸线终端的放置形式。各选项功能如下。

（1）“调整选项”选项组　可在此选项组进行设置，使 AutoCAD 根据尺寸界线之间的距离来控制尺寸文本和尺寸线终端放置在尺寸界线的内部还是外部。

1）“文字或箭头（最佳效果）”：自动调整排列位置。

2）“箭头”：如果空间不足，将尺寸终端放在尺寸界线外侧。

3）“文字”：如果空间不足，将尺寸文本放在两尺寸界线外侧。

4）“文字和箭头”：如果空间不足，将尺寸文本和尺寸线终端都放置在尺寸界线外侧。

5）“文字始终保持在尺寸界线之间”：尺寸文本总是放在尺寸界线之间。

6）“若箭头不能放在尺寸界线内，则将其消除”：当两尺寸界线之间没有足够空间时，控制是否隐藏尺寸线终端。此选项为复选项。

（2）“文字位置”选项组　控制尺寸文本不在其默认位置时的放置位置。

1）“尺寸线旁边”：将尺寸文本放在尺寸线旁边。

2）“尺寸线上方，带引线”：当尺寸线空间不足时，AutoCAD 自动创建引线方式标注。

3）“尺寸线上方，不带引线”：当尺寸线空间不足时，AutoCAD 不创建引线方式标注。

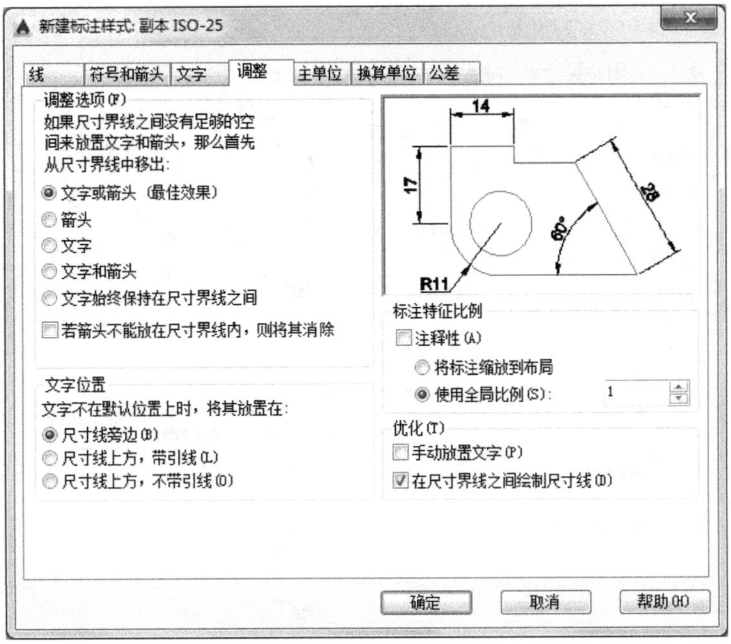

图 5-15 “调整”选项卡

(3)“标注特征比例”选项组 设置尺寸的比例因子。

1)“将标注缩放到布局”：设置所有尺寸标注样式的总体尺寸比例因子。

2)“使用全局比例”：确定图纸空间内的尺寸比例因子。

(4)“优化”选项组 设置尺寸文本的精细微调选项。

5.2.7 设置基本尺寸单位格式及精度等级

将“新建标注样式”对话框切换至“主单位”选项卡，如图 5-16 所示。用户可利用该选项卡，为基本尺寸文本设置各种参数。各主要选项功能如下。

(1)“线性标注”选项组 设定线性标注的标注样式。

1)“单位格式”：设置基本尺寸的单位格式。

2)“精度”：控制除角度尺寸标注之外的尺寸精度。

3)“小数分隔符”：设置小数点的样式。

4)“舍入”：设置尺寸数字的舍入值。

5)“前缀”：输入尺寸文本的前缀。

6)“后缀”：输入尺寸文本的后缀。

7)“测量单位比例”：控制线性尺寸的比例因子。

(2)“角度标注”选项组 设置角度尺寸的单位格式和精度。

1)“单位格式”：设置标注角度尺寸时所采用的单位。

2)“精度”：设置角度尺寸的标注精度。

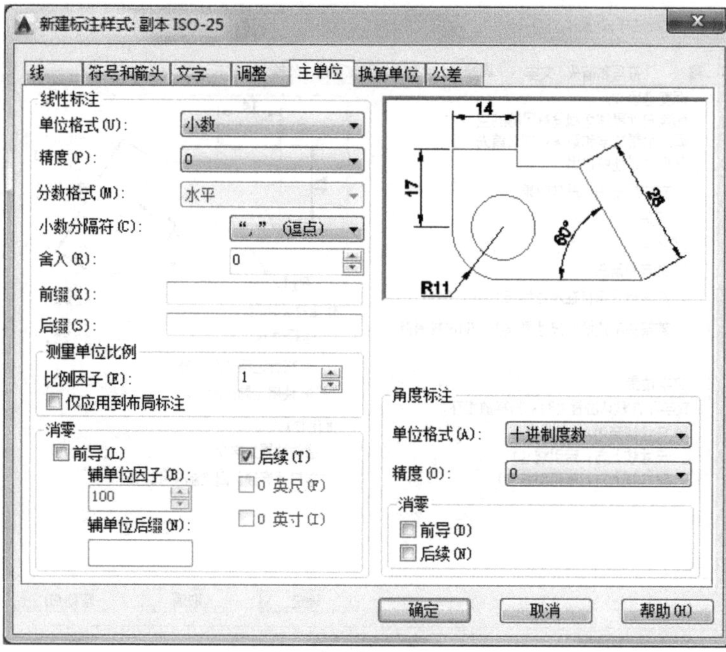

图 5-16 “主单位”选项卡

5.2.8 设置公制、英制单位标注尺寸

将“新建标注样式”对话框切换至“换算单位”选项卡，如图 5-17 所示。可利用该选项卡，控制尺寸单位精度等级、公差精度等级等，具体的选项功能不再赘述，读者可自行研读。

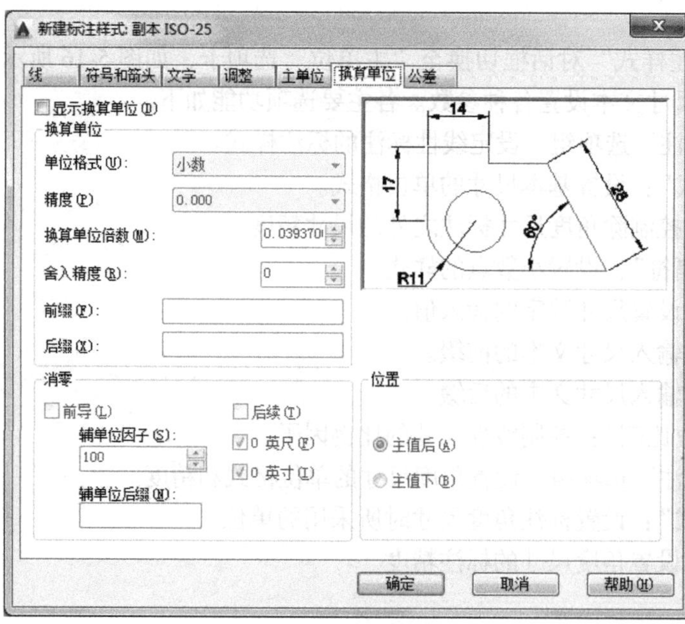

图 5-17 “换算单位”选项卡

5.2.9 设置尺寸公差标注样式

将“新建标注样式”对话框切换至“公差”选项卡，如图 5-18 所示。可利用该选项卡，设置尺寸公差的有关特征参数，大部分选项功能与前面介绍的基本相同，下面只介绍“公差格式”选项组中各选项的功能。

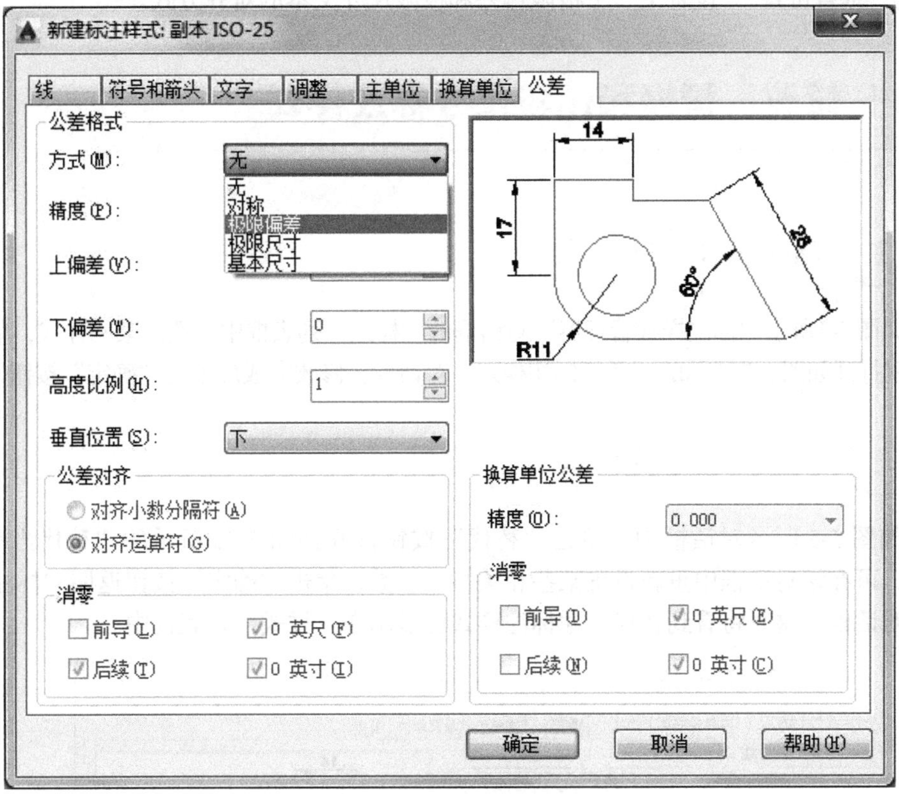

图 5-18 “公差”选项卡

(1)“方式” 设置尺寸公差标注格式。可从列表框中选取，有以下几种形式。

1)“无”：不标注公差，如图 5-19a 所示。

2)“对称”：用“±”号标注数字相同的上、下极限偏差，如图 5-19b 所示。

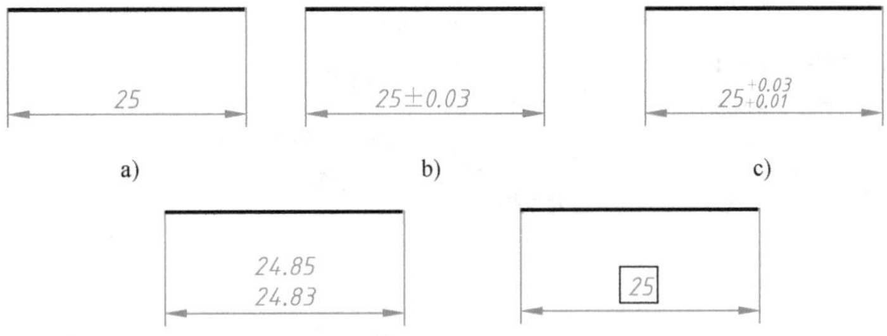

a) b) c) d) e)

图 5-19 尺寸公差标注格式示例

3）“极限偏差”：标注数字不同的上、下极限偏差，如图 5-19c 所示。
4）“极限尺寸”：标注上、下极限尺寸，如图 5-19d 所示。
5）“基本尺寸”：标注公称尺寸，如图 5-19e 所示。
（2）“上偏差” 确定尺寸的上极限偏差数值，系统默认上极限偏差为正值。
（3）“下偏差” 确定尺寸的下极限偏差数值，系统默认下极限偏差为负值。
（4）“高度比例” 确定公差文本相对公称尺寸文本的字体高度。
（5）“垂直位置” 设置上、下极限偏差和极限尺寸文本的对齐方式。

5.3 修改、替换和比较尺寸标注样式

5.3.1 修改尺寸标注样式

在如图5-5所示“标注样式管理器”对话框的“样式”列表框中，选择某一样式，单击“修改”按钮打开如图 5-7 所示的“新建标注样式”对话框，修改完成后单击“确定”按钮即可。

5.3.2 替换尺寸标注样式

在如图 5-5 所示对话框中，单击“替代”按钮打开如图 5-20 所示的“替代当前样式”对话框，可在该对话框中重新设置某些相关特征参数，单击“确定”按钮返回“标注样式管理器”对话框。这时将看到替代尺寸标注样式已显示在“样式”列表框中。

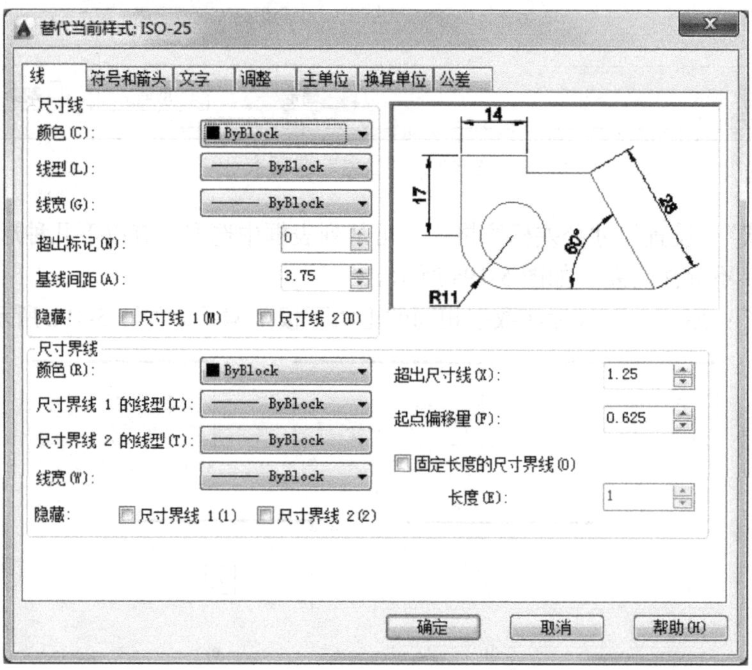

图 5-20 “替代当前样式”对话框

5.3.3 比较尺寸标注样式

在如图 5-5 所示对话框中，单击“比较”按钮打开如图 5-21 所示“比较标注样式”对话框。在“比较”下拉列表框中选择要比较的第一个尺寸标注样式；在“与”下拉列表框中选择要比较的第二个尺寸标注样式，AutoCAD 会将用户所确定的两个尺寸标注样式进行比较，并在该对话框内显示系统尺寸变量的设置区别。

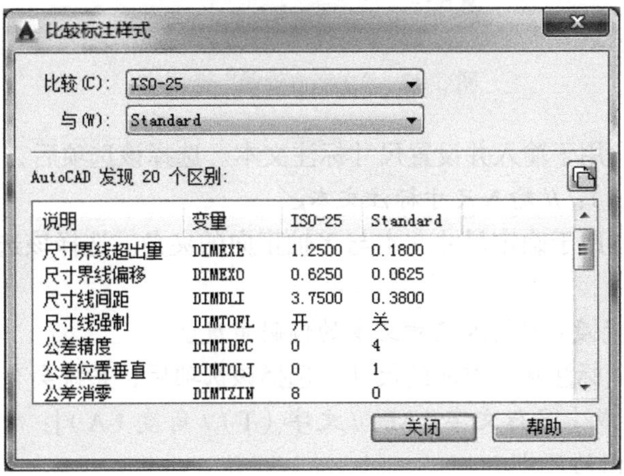

图 5-21 “比较标注样式”对话框

5.4 尺寸标注

5.4.1 标注线性尺寸

1. 功能

标注水平、竖直和倾斜的线性尺寸。

2. 命令格式

- 菜单栏：“标注” → “线性”。
- 功能区：“注释” → “标注” → “线性” ⊢⊣。

选择上述任何一种方式调用命令，AutoCAD 都有如下提示：

指定第一个尺寸界线原点或〈选择对象〉:

在此提示下有如下两种选择。

（1）直接按〈Enter〉键方式 如此操作后 AutoCAD 会有如下提示：

选择标注对象：// 选择要标注尺寸的某条边

指定尺寸线位置或［多行文字（M）/ 文字（T）/ 角度（A）/ 水平（H）/ 垂直（V）/ 旋转（R）］：

各选项功能如下。

1）“多行文字（M）”：用于输入并设置多行的尺寸标注文本。选择该选项后，系统功能区弹出如图5-22所示的“文字编辑器”选项卡，可利用该选项卡输入文本并设置文本的格式。

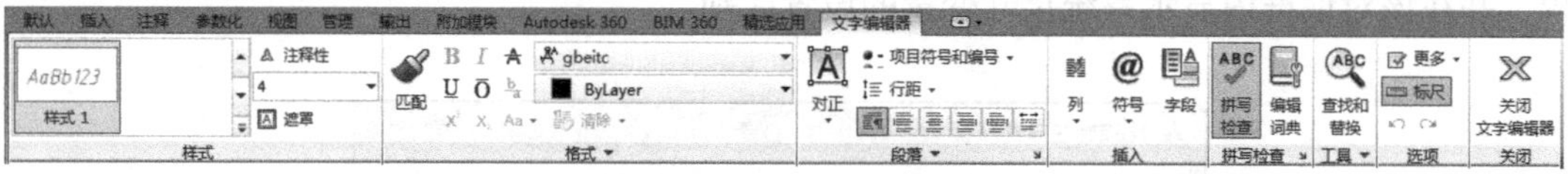

图5-22 “文字编辑器”选项卡

2）“文字（T）”：用于输入并设置尺寸标注文本。选择该选项后，系统会有如下提示：

输入标注文字〈0〉：// 输入尺寸标注文本↙

3）“角度（A）”：用于确定尺寸文本与*X*轴正向的夹角。选择该选项后，系统会有如下提示：

指定标注文字的角度：// 输入尺寸文本的倾斜角度↙

4）“水平（H）”：标注水平方向的尺寸。选择该选项后，系统会有如下提示：

指定尺寸线位置或［多行文字（M）/ 文字（T）/ 角度（A）］：// 指定尺寸线的位置即可直接标注出水平方向的尺寸

也可以用“多行文字”“文字”“角度”选项确定要标注的尺寸文本或尺寸文本的倾斜角度。水平尺寸标注示例如图5-23a所示的尺寸100。

5）“垂直（V）”：标注竖直方向的尺寸。选择该选项后，系统会有如下提示：

指定尺寸线位置或［多行文字（M）/ 文字（T）/ 角度（A）］：// 指定尺寸线的位置即可标注出竖直方向的尺寸

也可以用“多行文字”“文字”“角度”选项确定要标注的尺寸文本或尺寸文本的倾斜角度。垂直尺寸标注示例如图5-23a所示的尺寸60。

6）“旋转（R）”：标注尺寸线成一定角度的尺寸，如图5-23b所示，选择第一个尺寸界线后可设置尺寸线角度标注尺寸。执行该选项，系统提示：

指定尺寸线的角度〈0〉：// 输入尺寸线的转角↙

指定尺寸线位置或［多行文字（M）/ 文字（T）/ 角度（A）/ 水平（H）/ 垂直（V）/ 旋转（R）］：// 直接确定尺寸线的位置，也可以选择其他标注尺寸的方式

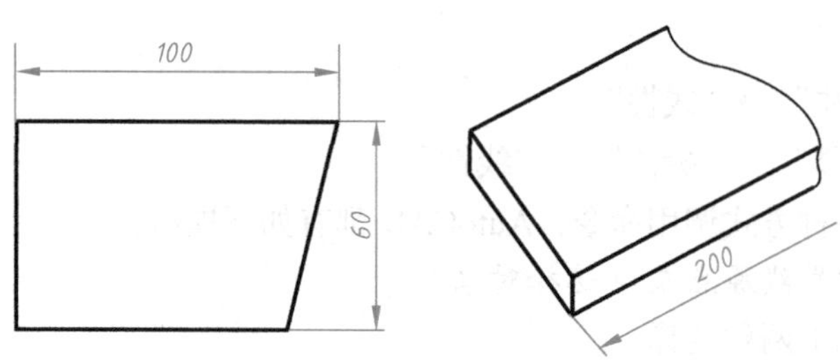

a) b)

图5-23 线性尺寸标注示例

（2）给定尺寸界线起始点方式　在“指定第一个尺寸界线原点或〈选择对象〉：”提示下，点取第一条尺寸界线的起始点，AutoCAD 会有如下提示：

指定第二个尺寸界线原点：// 选择另一条尺寸界线的起始点

指定尺寸线位置或［多行文字（M）/ 文字（T）/ 角度（A）/ 水平（H）/ 垂直（V）/ 旋转（R）］：

执行与上一种方式相同的操作即可。

5.4.2 标注对齐型尺寸

1. 功能

以对齐于标注对象的方式标注非水平或竖直的尺寸。

2. 命令格式

- 菜单栏：“标注”→“对齐”。
- 功能区：“注释”→“标注”→“对齐” 。

选择上述任何一种方式调用命令，AutoCAD 都有如下提示：

指定第一个尺寸界线原点或〈选择对象〉：

在此提示下用户有两种选择，指定第一条尺寸界线起点或选择对象。

（1）直接按〈Enter〉键方式　如此操作后，AutoCAD 会有如下提示。

选择标注对象：// 选择要标注尺寸的某条边

指定尺寸线位置或［多行文字（M）/ 文字（T）/ 角度（A）］：

各选项功能如下。

1）“多行文字（M）”：弹出如图 5-22 所示的选项卡，输入文本并设置文本的格式。

2）“文字（T）”：输入并设置尺寸文本。选择该选项，系统会有如下提示：

输入标注文字〈默认值〉：// 输入文本↙

3）“角度（A）”：确定尺寸文本放置角度。选择该选项，系统会有如下提示：

指定标注文字的角度：// 输入文本的放置角度↙

（2）给定尺寸界线起始点方式　点取某一点作为第一条尺寸界线的起始点，系统会有如下提示：

指定第二条延伸线原点：// 选择另一条尺寸界线的起始点

指定尺寸线位置或［多行文字（M）/ 文字（T）/ 角度（A）］：

执行与上相同的操作即可，标注示例如图 5-24 所示。

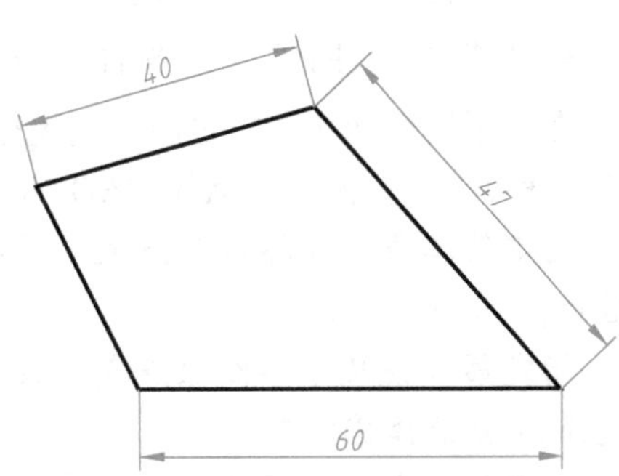

图 5-24　对齐型尺寸标注示例

5.4.3 基线标注方式

1. 功能

从同一基准出发，标注同一方向的尺寸。

2. 命令格式

- 菜单栏："标注"→"基线"。
- 功能区："注释"→"标注"→"基线" 。

在采用基线标注方式之前，应先标注出一个尺寸，如图 5-25 所示的尺寸 20。选择上述任何一种方式调用命令，AutoCAD 都会有如下提示：

指定第二条尺寸界线原点或［放弃（U）/ 选择（S）］〈选择〉：// 选择①位置

指定第二条尺寸界线原点或［放弃（U）/ 选择（S）］〈选择〉：// 选择②位置

指定第二条尺寸界线原点或［放弃（U）/ 选择（S）］〈选择〉：↙

标注结果如图 5-25 所示。

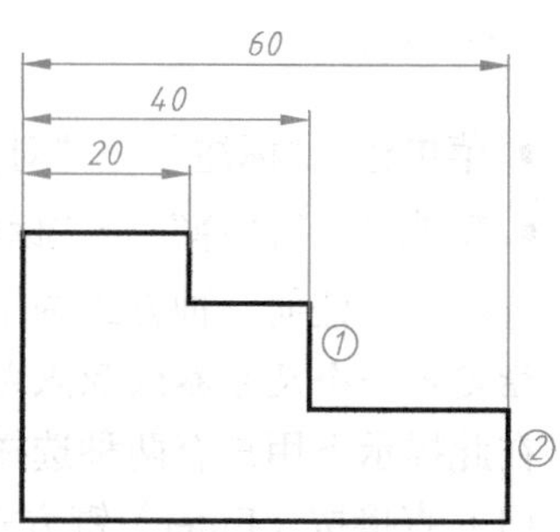

图 5-25 基线标注

5.4.4 连续标注方式

1. 功能

以某一尺寸界线为起点，连续标注多个尺寸并将尺寸线排列在一条直线上。

2. 命令格式

- 菜单栏："标注"→"连续"。
- 功能区："注释"→"标注"→"连续" 。

在采用连续标注方式之前，应先标注出一个尺寸，如图 5-26 所示的尺寸 20。选择上述任何一种方式调用命令，AutoCAD 都会有如下提示：

指定第二条尺寸界线原点或［放弃（U）/ 选择（S）］〈选择〉：// 选择①位置

指定第二条尺寸界线原点或［放弃（U）/ 选择（S）］〈选择〉：// 选择②位置

指定第二条尺寸界线原点或［放弃（U）/ 选择（S）］〈选择〉：↙

标注结果如图 5-26 所示。

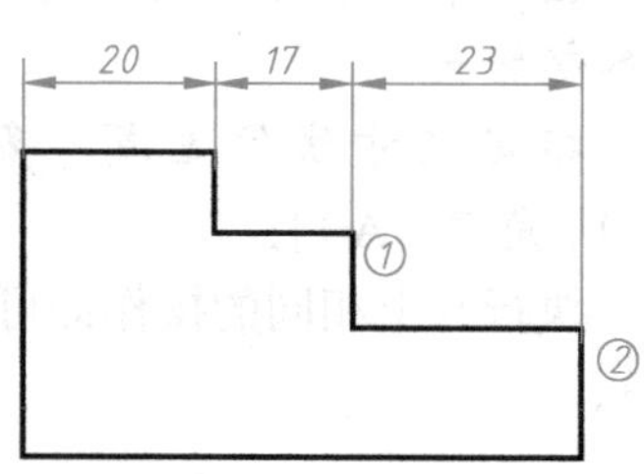

图 5-26 连续标注

5.4.5 标注角度

讲解视频：
标注角度

1. 功能

标注圆弧的中心角、两条直线之间的夹角或已知的三个点（角的顶点和确定角的另两点）。

2. 命令格式

- 菜单栏：“标注”→“角度”。
- 功能区：“注释”→“标注”→“角度”。

选择上述任何一种方式调用命令，AutoCAD 都会有如下提示：

选择圆弧、圆、直线或〈指定顶点〉：

有以下四种对象的角度标注方式。

（1）标注圆弧的中心角　如图 5-27a 所示，在“选择圆弧、圆、直线或〈指定顶点〉：”提示下选取圆弧，AutoCAD 会有如下提示：

指定标注弧线位置或［多行文字（M）/文字（T）/角度（A）/象限点（Q）］：// 移动鼠标指定尺寸线的位置

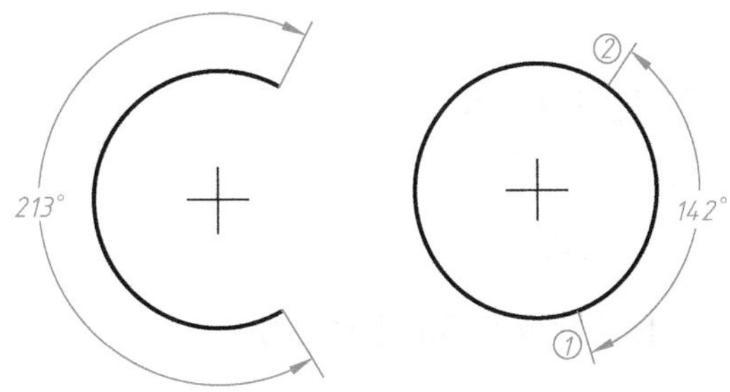

a)　　b)

图 5-27　标注角度（一）

（2）标注圆上某段圆弧的中心角　如图 5-27b 所示，在“选择圆弧、圆、直线或〈指定顶点〉：”提示下选取圆上需标注圆弧中心角的起始点①，AutoCAD 会有如下提示：

指定角的第二个端点：// 选择圆弧中心角的终止点②

指定标注弧线位置或［多行文字（M）/文字（T）/角度（A）/象限点（Q）］：// 移动鼠标指定尺寸线的位置

（3）标注两条不平行直线之间的夹角　如图 5-28a 所示，在“选择圆弧、圆、直线或〈指定顶点〉：”提示下，选取第一条直线，AutoCAD 会有如下提示：

选取第二条直线：// 选取第二条直线

指定标注弧线位置或［多行文字（M）/文字（T）/角度（A）/象限点（Q）］：// 移动鼠标指定尺寸线的位置

（4）根据三点标注角度　如图 5-28b 所示，在“选择圆弧、圆、直线或〈指定顶点〉：”提示下按〈Enter〉键，AutoCAD 会有如下提示：

指定角的顶点：// 指定角的顶点①

指定角的第一个端点：// 指定角的第一个端点②

指定角的第二个端点：// 指定角的第二个端点③

指定标注弧线位置或［多行文字（M）/文字（T）/角度（A）/象限点（Q）］：移动鼠标指定尺寸线的位置

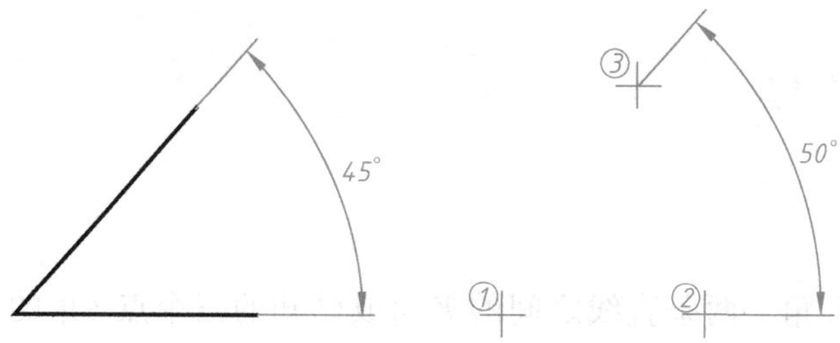

a) b)

图 5-28 标注角度（二）

说明：标注角度也可以用“多行文字（M）”“文字（T）”“角度（A）”选项确定标注的尺寸文本及尺寸文本的倾斜角度。此外，AutoCAD 允许用户以基线标注方式或连续标注方式标注角度。

5.4.6 标注半径

1. 功能

标注圆或圆弧的半径尺寸。

2. 命令格式

- 菜单栏：“标注”→“半径”。
- 功能区：“注释”→“标注”→“半径” 。

选择上述任何一种方式调用命令，AutoCAD 都会有如下提示：

选择圆弧或圆：// 选取要标注尺寸的圆弧或圆

指定尺寸线位置或 [多行文字（M）/ 文字（T）/ 角度（A）]：移动鼠标指定尺寸线的位置

AutoCAD 标注出指定圆或圆弧的半径尺寸，结果如图 5-29 所示的 *R*19。

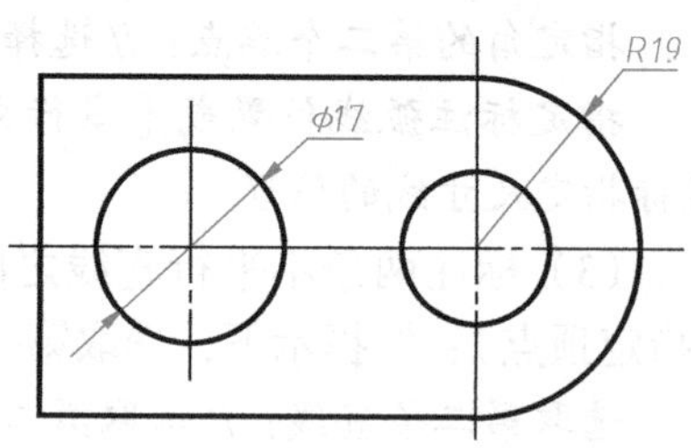

图 5-29 标注半径及直径

5.4.7 标注直径

1. 功能

标注圆或圆弧的直径尺寸。

2. 命令格式

- 菜单栏：“标注”→“直径”。
- 功能区：“注释”→“标注”→“直径” 。

选择上述任何一种方式调用命令，AutoCAD 都会有如下提示：

选择圆弧或圆：// 选取要标注尺寸的圆或圆弧

指定尺寸线位置或 [多行文字（M）/ 文字（T）/ 角度（A）]：移动鼠标指定尺寸线的位置

AutoCAD 标注出指定圆或圆弧的直径尺寸，结果如图 5-29 所示的 ϕ17。

5.4.8 折弯标注

1. 功能

当圆弧或圆的圆心位于图样布局之外无法在实际位置显示时，可创建折弯标注。

2. 命令格式

- 菜单栏：“标注” → “折弯”。
- 功能区：“注释” → “标注” → “折弯”。

选择上述任何一种方式调用命令，AutoCAD 都会有如下提示：

选择圆弧或圆：// 选取要标注尺寸的圆或圆弧

指定图示中心位置：// 指定一点作为折弯半径标注的新圆心，以替代圆弧或圆的实际圆心

指定尺寸线位置或 [多行文字（M）/ 文字（T）/ 角度（A）]：// 指定新圆心

AutoCAD 标注出指定圆或圆弧的半径，结果如图 5-30 所示。

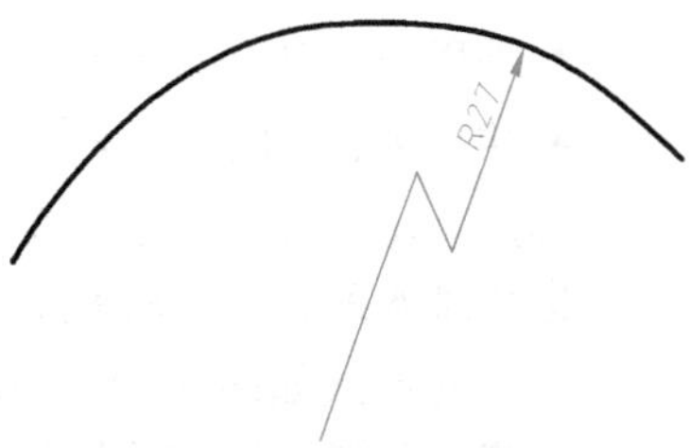

图 5-30 折弯标注

5.4.9 标注坐标尺寸

1. 功能

标注图形对象上一点相对于坐标原点的 *X*、*Y* 坐标值，如图 5-31 所示。

2. 命令格式

- 菜单栏：“标注” → “坐标”。
- 功能区：“注释” → “标注” → “坐标”。

选择上述任何一种方式调用命令，AutoCAD 都会有如下提示：

指定点坐标：// 指定一点

指定引线端点或 [X 基准（X）/Y 基准（Y）/ 多行文字（M）/ 文字（T）/ 角度（A）]：

各选项含义如下。

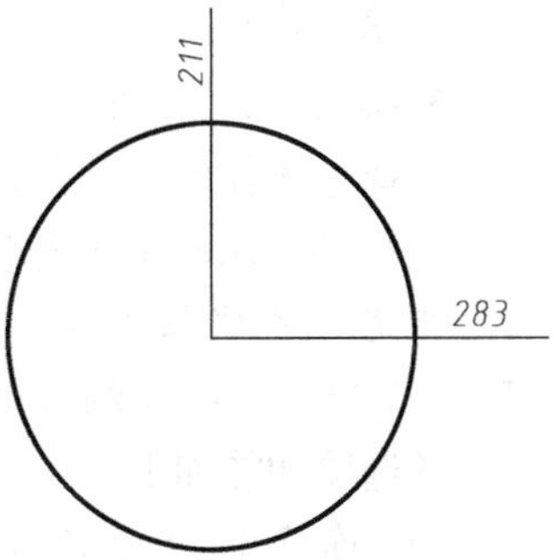

图 5-31 标注坐标尺寸

1）“指定引线端点”：指定另外一点，AutoCAD 根据指定

两点的坐标差生成坐标尺寸。如果两点的 X 坐标之差大于 Y 坐标之差，生成 Y 坐标尺寸，反之，生成 X 坐标尺寸。

2）“X 基准（X）”：生成 X 坐标尺寸。选择该选项，AutoCAD 会有如下提示：

指定引线端点或［X 基准（X）/Y 基准（Y）/ 多行文字（M）/ 文字（T）/ 角度（A）]：指定另一点

3）“Y 基准（Y）”：生成 Y 坐标尺寸。选择该选项，AutoCAD 会有如下提示：

指定引线端点或［X 基准（X）/Y 基准（Y）/ 多行文字（M）/ 文字（T）/ 角度（A）]：指定另一点

5.4.10 圆心标记

1. 功能

给圆的圆心作标记。标记有三种类型：十字线、中心线和无标记。

2. 命令格式

- 菜单栏：“标注”→“圆心”。
- 功能区：“注释”→“标注”→“圆心”。

选择上述任何一种方式调用命令，AutoCAD 都会有如下提示：

选择圆弧或圆：// 选取圆或圆弧

标记的形式如图 5-32 所示。标记的类型及尺寸可在图 5-10 所示的“符号和箭头”选项卡中设置。

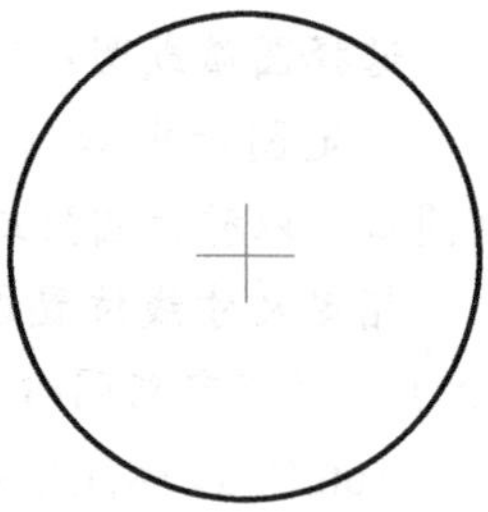

图 5-32 圆心标记

5.4.11 快速标注尺寸

1. 功能

一次快速标注一系列尺寸。

2. 命令格式

- 菜单栏：“标注”→“快速标注”。
- 功能区：“注释”→“标注”→“快速标注”。

选择上述任何一种方式调用命令，AutoCAD 都会有如下提示：

选择要标注的几何图形：// 选择要标注的一系列实体对象

指定尺寸线位置或［连续（C）/ 并列（S）/ 基线（B）/ 坐标（O）/ 半径（R）/ 直径（D）/ 基准点（P）/ 编辑（E）/ 设置（T）]〈连续〉：

各选项功能如下。

1）“连续（C）”：以连续标注方式标注一系列尺寸，为默认选项。

2）“并列（S）”：标注一系列对称性交错尺寸，尺寸文本会依次左右相互错开地标注在尺寸线左、右两侧。

3）“基线（B）”：以基线标注方式标注一系列尺寸。

4）“坐标（O）”：标注一系列坐标尺寸。

5）“半径（R）”：标注一系列半径尺寸。

6）“直径（D）”：标注一系列直径尺寸。

7）“基准点（P）”：为基线、坐标标注设置新的基准点。

8）“编辑（E）”：通过增加尺寸标注点来编辑一系列尺寸。

9）“设置（T）”：通过捕捉端点或交点为尺寸界线设置原始位置。

说明： 快速标注尺寸命令特别适合基线标注方式、连续标注方式以及一系列圆的半径、直径尺寸标注。

5.5 编辑尺寸

讲解视频：编辑尺寸

5.5.1 编辑尺寸标注特性

1. 功能

可利用“特性”选项板来更改、编辑尺寸标注的相关特性参数。

2. 命令格式

- 菜单栏：“工具”→“选项板”→“特性”。
- 功能区：“视图”→“选项板”→“特性”。

选择上述任何一种方法调用命令，AutoCAD 都会弹出“特性”选项板，如图 5-33 所示，可更改相关参数。

说明： 使用“特性”命令，须首先激活某个要修改的尺寸标注，再调出选项板；或者双击要修改的尺寸标注，直接启动选项板。

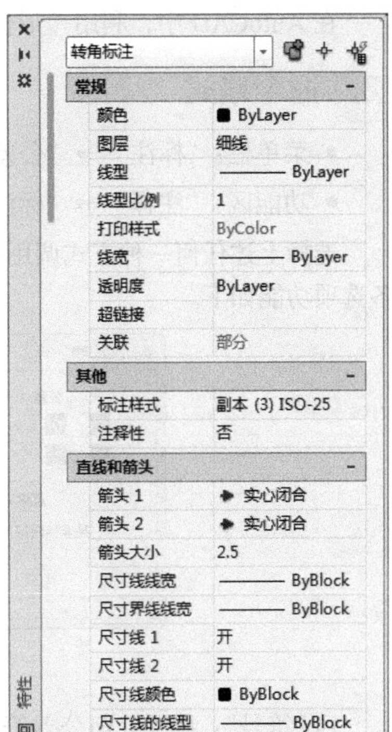

图 5-33　“特性”选项板

5.5.2 更新尺寸标注

1. 功能

可利用“更新”命令来将已标注的尺寸按当前标注的样式进行更新。

2. 命令格式

- 菜单栏："标注"→"更新"。
- 功能区："注释"→"标注"→"更新" 。

选择上述任何一种方式调用命令，AutoCAD 都会有如下提示：

选择对象：// 选择要更新的尺寸标注

选择对象：↙

5.6 标注几何公差

几何公差是指特征的形状、轮廓、方向、位置和跳动的允许公差。标注几何公差是通过控制框实现的，框中包含标注的全部公差信息，如图 5-34 所示。

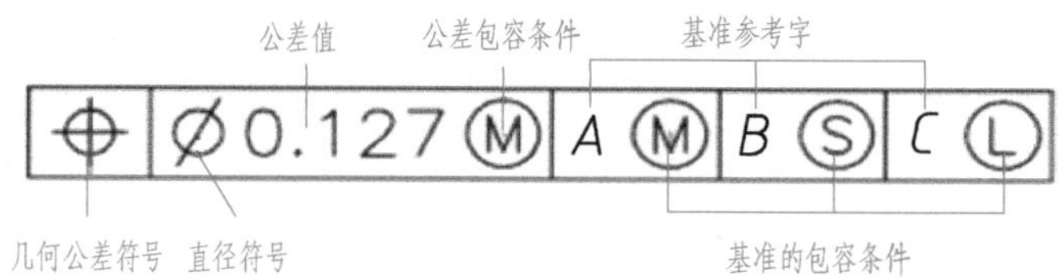

图 5-34 几何公差控制框

1. 功能

在 AutoCAD 中，利用"形位公差"命令标注几何公差。

2. 命令格式

- 菜单栏："标注"→"公差"。
- 功能区："注释"→"标注"→"公差" 。

选择上述任何一种方式调用命令，AutoCAD 均弹出如图 5-35 所示"形位公差"对话框。各选项功能如下。

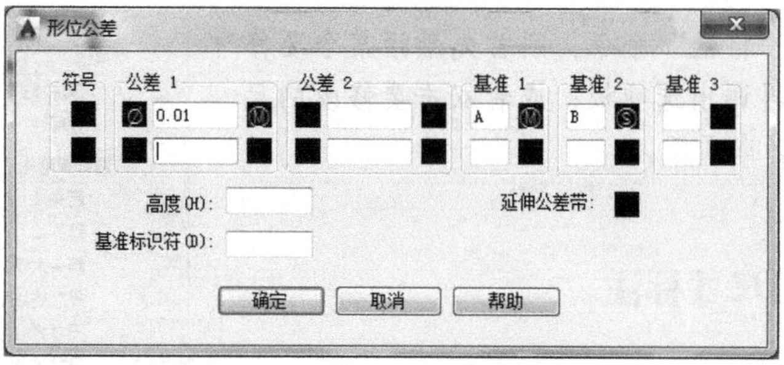

图 5-35 "形位公差"对话框

1）"符号"：设置几何公差符号。单击该选项组中的黑色方框，AutoCAD 弹出如图 5-36a 所示"特征符号"对话框，供用户选择几何公差符号。

2）“公差1”：用于输入第一个公差值，单击该选项组右下角的黑色方框，AutoCAD将弹出如图5-36b所示“附加符号”对话框，在该对话框中自左向右依次为“最大包容条件”“最小包容条件”“不考虑特征条件”的符号。

3）“公差2”：输入第二个公差值。

4）“基准1”“基准2”“基准3”：设置第一、第二和第三基准的有关参数。

设置完各参数后，单击“确定”按钮，AutoCAD则会有如下提示：

输入公差位置：// 移动鼠标指定几何公差的标注位置

标注的形式如图5-37所示。

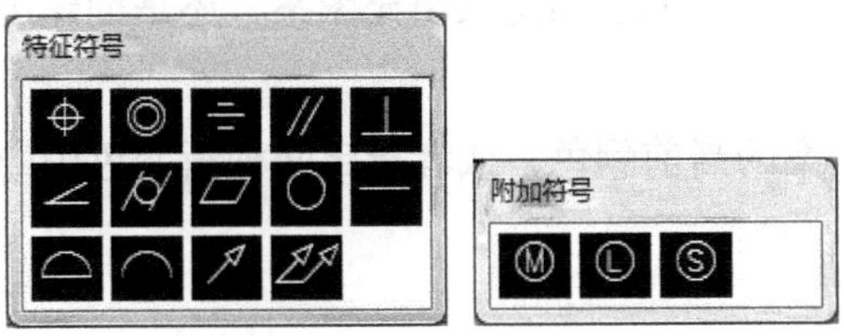

a)　　b)

图5-36　几何公差符号对话框

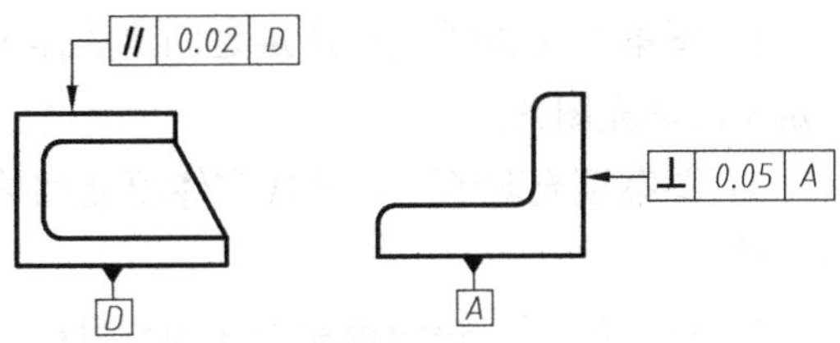

a)　　b)

图5-37　几何公差标注形式

5.7 图案填充

在实际设计中，人们常常要把某种图案，如机械设计中的剖面符号，填入某一指定的区域，AutoCAD提供了“图案填充”命令来实现这种功能，它既允许用户使用软件提供的各种图案，也允许用户使用事先定义好的图案进行图案填充。

1. 功能

讲解视频：图案填充

在封闭的区域中进行图案填充。

2. 命令格式

- 菜单栏：“绘图”→“图案填充”。
- 功能区：“默认”→“绘图”→“图案填充”。

选择上述任何一种方式输入命令，AutoCAD的功能区均会弹出如图5-38所示的“图案填充创建”选项卡。

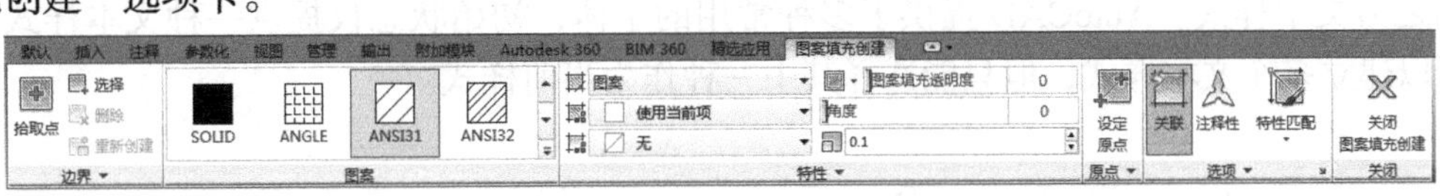

图5-38　“图案填充创建”选项卡

（1）“边界”面板

1）“拾取点”：根据指定点构成的封闭区域来确定边界。

2）“选择”：用鼠标选择封闭区域对象并以此确定边界。使用此方式时，图案填充命令不自动检测鼠标选择框内的对象，而是必须选择确定的封闭区域对象作为边界和填充区域。每次单击“选择”按钮时，图案填充将清除上一选择集。

3）“删除”：从当前定义的边界中删除之前添加的对象。

4）“重新创建”：围绕选定的图案填充区域或填充对象创建多段线或面域，并使其与图案填充对象相关。

（2）“图案”面板　显示所有预定义和自定义图案的预览图像。

（3）“特性”面板

1）图案填充类型：指定是创建实体填充、渐变填充、预定义填充图案，还是创建用户定义的填充图案。

2）图案填充颜色：替代实体填充和填充图案的当前颜色，或者指定两种渐变色中的第一种。

3）背景色：设定填充图案的背景颜色。

4）图案填充透明度：设定新图案填充的透明度，替代当前对象的透明度。选择“使用当前值”选项则可使用当前对象的透明度设置。

5）角度：指定图案填充的角度。

6）填充图案比例：放大或缩小预定义或自定义的填充图案。只有将“图案填充类型”设定为“图案”，此选项才可用。

（4）“原点”面板　控制填充图案生成的起始位置。

（5）“选项”面板　控制几个常用的图案填充选项。

（6）“关闭”面板　关闭“图案填充创建”选项卡，也可以按〈Enter〉键或〈Esc〉键退出“HATCH”命令操作。

5.8 建立文字样式

讲解视频：建立文字样式

5.8.1 文字样式

在图中输入文本时，首先要确定采用的字体、字符的高宽比及放置方式，这些参数的组合称之为文字样式。AutoCAD 提供了多种常用的字体，初始状态仅提供一种文本样式，用户可以建立多个文本样式，但只能选择其中一种作为当前样式。

5.8.2 “文字样式”命令

1. 功能

用于建立和修改文字样式，“注释”选项卡中的“文字”面板如图 5-39 所示，“文字”

工具条如图 5-40 所示。

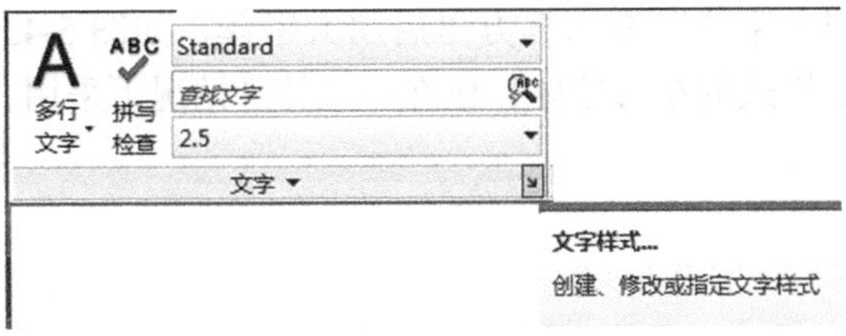

图 5-39 “注释”选项卡

图 5-40 “文字”工具栏

2. 命令格式

- 菜单栏：“格式”→“文字样式”。
- 功能区：“注释”→“文字”右侧按钮。

“文字”工具栏：。

选择上述任何一种方式输入命令，AutoCAD 都会弹出如图 5-41 所示的“文字样式”对话框。具体设置如下。

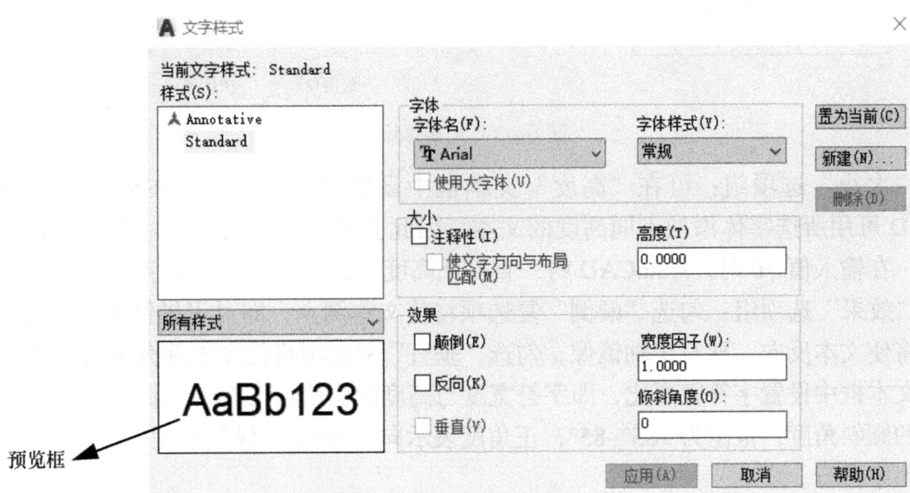

图 5-41 “文字样式”对话框

1）单击“文字样式”对话框中的“新建”按钮创建新的样式，弹出的“新建文字样式”对话框如图 5-42 所示。可在对话框的“样式名”文本框中输入新的样式名，AutoCAD 默认给定的样式名为“样式 1”。为了便于操作，建议以某一特征为样式名。

2）“字体”选项组：可在“字体名”下拉列表框中根据所要添加文字的语言和类型选择相应的字体。可在“字体样式”下拉列表中框中设置字体样式，如“斜体”“粗体”“常规”。AutoCAD 2020 提供了中国用户专用的符合国家标准的中、西文工程字体：“gbeitc.shx”用于

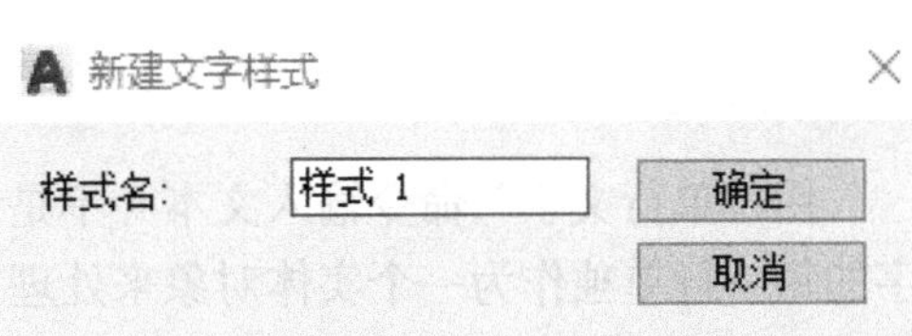

图 5-42 “新建文字样式”对话框

控制生成工程英文斜体，“gbenor. shx”用于控制生成英文直体；“gbcbig. shx”用于控制生成中文长仿宋体。

勾选“字体名”下拉列表框下方的“使用大字体”复选框方可启用大字体，如图5-43所示。大字体指的是中文、日文、韩文等SHX格式的东方字体，仅在一些特殊情况下采用，不展开叙述。

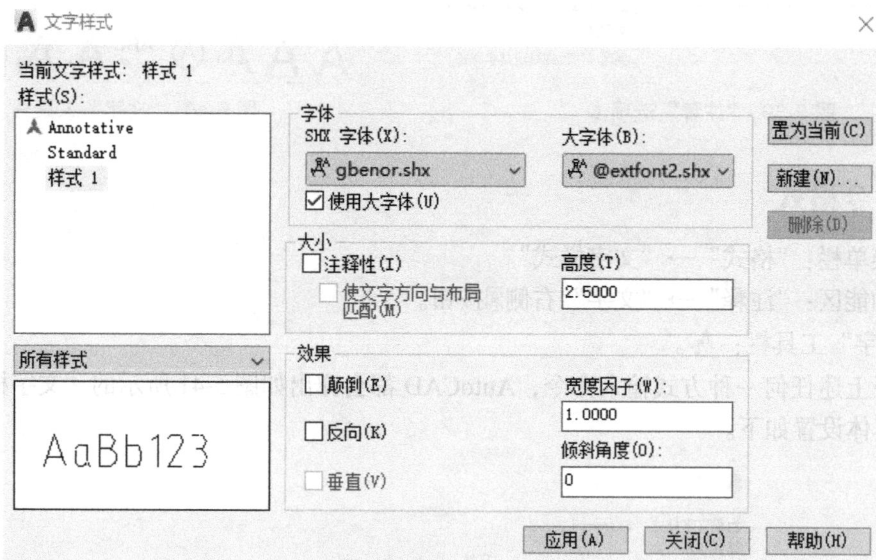

图5-43 大字体设置

3）“大小”选项组：可在“高度”文本框中设置字体的高度。在输入值为“0”时，AutoCAD可用所选字体添加不同高度的文本，因此会在用户输入文本时再次提示输入字体的高度；在输入值>0时，AutoCAD将一直以此高度生成所选字体的文字。

4）“效果”选项组：勾选“颠倒”复选项将使文本倒立，即对*X*轴镜像；勾选“反向”复选项将使文本反向，即对*Y*轴镜像；勾选“垂直”复选项将使文本垂直排列。可在“宽度因子”文本框中设置字符宽高比，即字符宽度与高度的比值；可在“倾斜角度”文本框中设置字体的倾斜角度，范围为−85°~85°，正角度表示向右倾斜。“倾斜角度”选项只倾斜字符，并不倾斜字符行。

5）预览框：位于左下角，显示预览。可通过预览框观察文本的字型及效果。

对新样式设置完毕后，单击“应用”按钮即可完成新样式的创建。

5.8.3 使用“单行文字”命令插入文本

1. 功能

用“单行文字”命令输入文本并不是说用该命令每次只能输入一行文字，而是将输入文字的每一行单独作为一个实体对象来处理。应用该命令能连续添加多行文本，文本行长度通过按〈Enter〉键确定。

2. 命令格式

- 菜单栏：“绘图”→“文字”→“单行文字”。
- 功能区：“注释”→“文字”→“单行文字”。
- “文本”工具条按钮 A。

选择上述任何一种方式调用命令，AutoCAD 均出现如下提示：

当前文字样式：“Standard”　文字高度：2.5000　注释性：否　对正：左

TEXT 指定文字的起点或 [对正（J）/ 样式（S）]：// 输入文本的起始位置↙

各选项功能如下。

1）“指定文字的起点”：若选择该选项，系统提示如下：

文字高度〈2.5000〉：// 输入文本的字高↙

指定文字旋转角度〈0〉：// 输入文本的旋转角度（与 X 轴正向的夹角）↙

// 屏幕出现单行文字输入框提示符，输入文本内容并按〈Enter〉键

当输入一段文本后，按〈Enter〉键则可另起一行；若用鼠标在屏幕另一处单击，则文本在此处对齐，可继续输入文本，用于实现动态文本输入。

2）“对正（J）”：用于设置文本的对齐方式。

如图 5-44 所示，文本的对齐方式共有 15 种。典型的文本对齐方式如图 5-45 所示。

图 5-44　文本的对齐方式

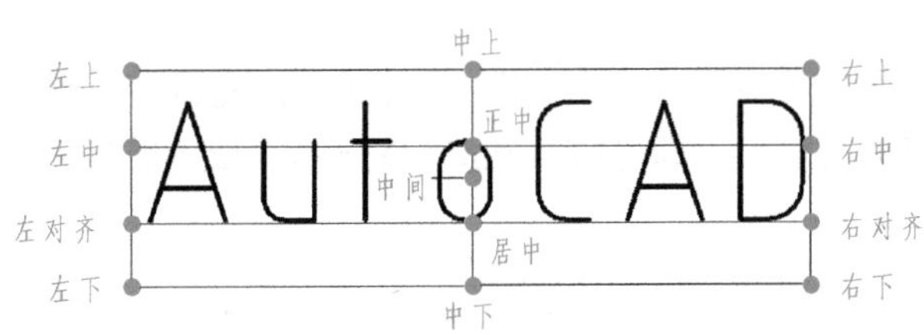

图 5-45　典型的文本对齐方式

3）“样式（S）”：设定当前文本的样式。选择该选项，AutoCAD 提示如下：

TEXT 输入样式名或 [?]〈Standard〉：// 输入文本样式名，AutoCAD 将以该样式标注文本；输入“?”将打开文本显示方式并显示文本样式的有关参数

3. 常用符号与特殊符号

实际绘图时，有时需要标注一些常用符号或特殊符号，例如，希望在一段文本的上方或

下方加画线、标注“°”“±”“ϕ”等，以满足需要。由于这些符号不能从键盘上直接输入，为此，AutoCAD 提供了对应的控制码和对应字符，用来实现这些符号的输入与显示。可按如下方式调用“单行文字”命令并输入常用符号的控制码。

单击 A 按钮，AutoCAD 将提示如下：

当前文字样式：“Standard”

文字高度：2.5000

指定文字起点或［对正（J）/ 样式（S）］：// 用鼠标指定起始点

文字高度〈2.5000〉：// 给出字高↙

旋转角度〈0〉：↙

// 输入文本↙

AutoCAD 常用符号控制码见表 5-1。

表 5-1 AutoCAD 常用符号控制码

控制码	功能	示例
%%o	加上画线	在单行文字文本框中输入“%%oABC”并按〈Enter〉键，屏幕显示 ABC
%%u	加下画线	在单行文字文本框中输入“%%u123”并按〈Enter〉键，屏幕显示 123
%%d	角度符号	在单行文字文本框中输入“45%%d”并按〈Enter〉键，屏幕显示 45°
%%p	正负号	在单行文字文本框中输入“%%p80”并按〈Enter〉键，屏幕显示 ±80
%%c	直径符号	在单行文字文本框中输入“%%c80”并按〈Enter〉键，屏幕显示 ϕ80
%%%	百分号	在单行文字文本框中输入“80%%%”并按〈Enter〉键，屏幕显示 80%

注：“%%”后字母的大小写不影响输出的结果；如果输入特殊字符后屏幕显示“?”号，说明字体不匹配。例如，当前文本的字体是宋体时，输入“%%C”后屏幕并不显示“ϕ”而是显示“?”，说明无法用宋体正确显示“ϕ”，应修改字体为“gbetic.shx”。

特殊符号需要在“文字样式”对话框中首先设置字体为“gdt.shx”，然后按表 5-2 给出的输入字符进行输入，即可使 AutoCAD 显示需要的特殊符号。

表 5-2 AutoCAD 特殊符号的输入字符

输入字符	功能	示例
a	斜度	输入“a”并按〈Enter〉键，屏幕显示⌳
y	锥度	输入“y”并按〈Enter〉键，屏幕显示▷
v	沉孔或锪平	输入“v”并按〈Enter〉键，屏幕显示⌴
w	埋头孔	输入“w”并按〈Enter〉键，屏幕显示⌵
x	深度符号	输入“x”并按〈Enter〉键，屏幕显示↧

5.8.4 使用“多行文字”命令插入多行文本

1. 功能

按指定的文本行宽度标注多行文本，可以实现直接在绘图区指定两个对角点形成的矩形区域插入单行或多行文本的功能。

2. 命令格式

- 菜单栏：“绘图”→“文字”→“多行文字”
- 功能区：“注释”→“文字”→“多行文字”
- “绘图” “文本”工具栏按钮：A。

选择上述任何一种方式调用命令，AutoCAD 均出现如下提示：

当前文字样式：“standard” 文字高度：2.5 注释性：否

指定第一角点：// 确定一角点↙

指定对角点或［高度（H）/ 对正（J）/ 行距（L）/ 旋转（R）/ 样式（S）/ 宽度（W）/ 栏（C）］：

如果按〈Enter〉键选择默认项，即指定另一角点，AutoCAD 则会以这两个点为对角点形成一个矩形区域，该矩形的宽度即为所标注的文本宽度，且以第一个点作为文本行顶线的起始点。随后，AutoCAD 会弹出图 5-46 所示的“文字编辑器”选项卡。

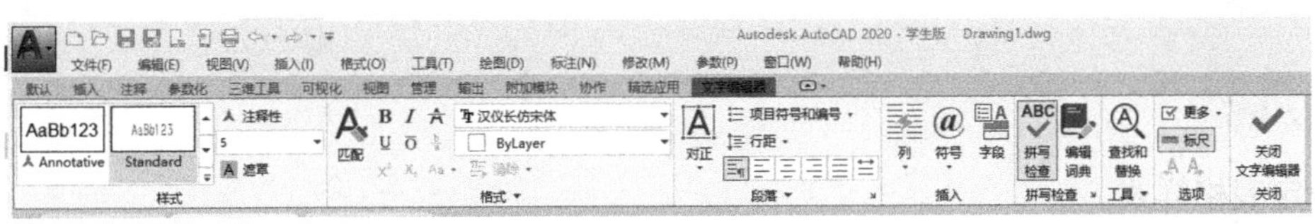

图 5-46 “文字编辑器”选项卡

3. 文字编辑器主要选项的功能

多行文字编辑器中各主要选项的功能如下。

1）“样式”面板：用于选择文字样式、设置文字字高等。

2）“格式”面板：用于显示及设置当前文字所使用的格式形式，可以实现是否加粗、是否斜体是否为文字加删除线等切换。

3）“段落”面板：单击右下角展开按钮 ↘，AutoCAD 弹出如图 5-47 所示的“段落”对话框。用户可以从中设置段落缩进、制表位、段落对齐、段落间距及段落行距等。

4）“插入”面板：向文字中插入各种符号、字段。

其他“拼写检查”“工具”“选项”等面板中的功能与常用的办公软件功能相近，这里不再赘述。

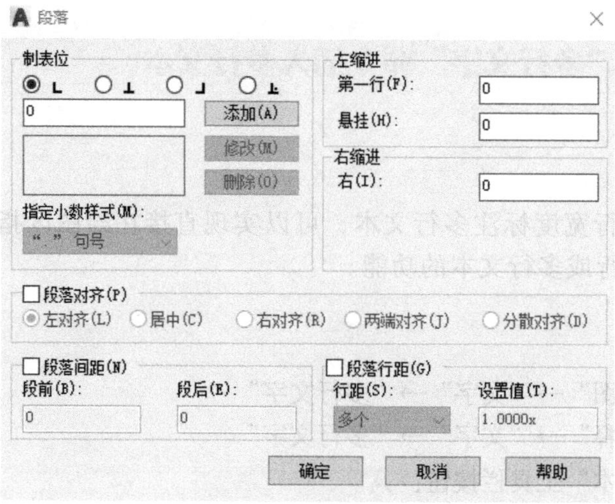

图 5-47 “段落”对话框

5.9 表格

5.9.1 建立表格样式

1. 功能

设定表格样式。

2. 命令格式

- 菜单栏：“格式”→“表格样式”。
- 功能区：“注释”→“表格”→“表格样式”。

选择上述任何一种方式调用命令，AutoCAD 都将弹出“表格样式”对话框，如图 5-48 所示，可以在该对话框中对原有格式进行修改，或者新建表格样式。

单击“新建”按钮，弹出的“创建新的表格样式”对话框如图 5-49 所示。默认的“新样式名”是“Standard 副本”，可以在此文本框输入新的样式名。

设置好新的样式名后，单击“继续”按钮，AutoCAD 会弹出如图 5-50 所示的“新建表格样式”对话框。对话框的“单元样式”下拉列表中包括“标题”“表头”“数据”等选项，可选择一个项目后进行相应设置。例如，在“单元样式”下拉列表中选择“数据”选项，然后对下方的“常规”“文字”“边框”选项卡中的项目依次进行设置。为符合装配图中明细栏的要求，应将“表格方向”由默认值“向下”更改为“向上”。均设置完成后单击“确定”按钮创建表格。

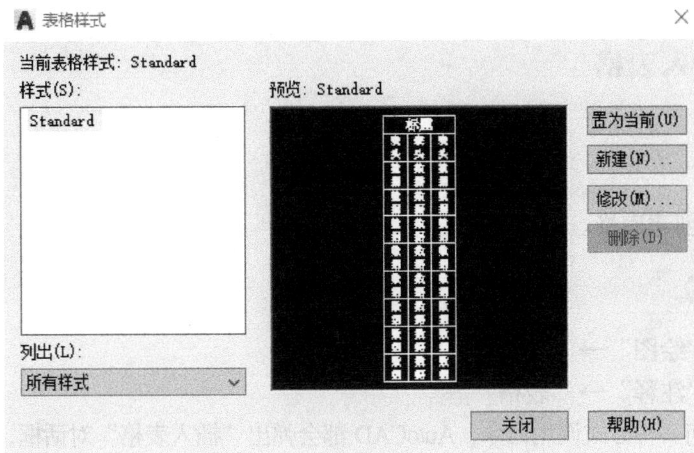

图 5-48 “表格样式”对话框

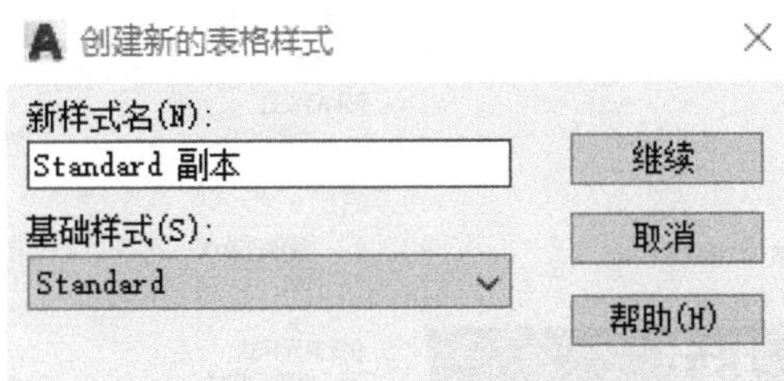

图 5-49 “创建新的表格样式”对话框

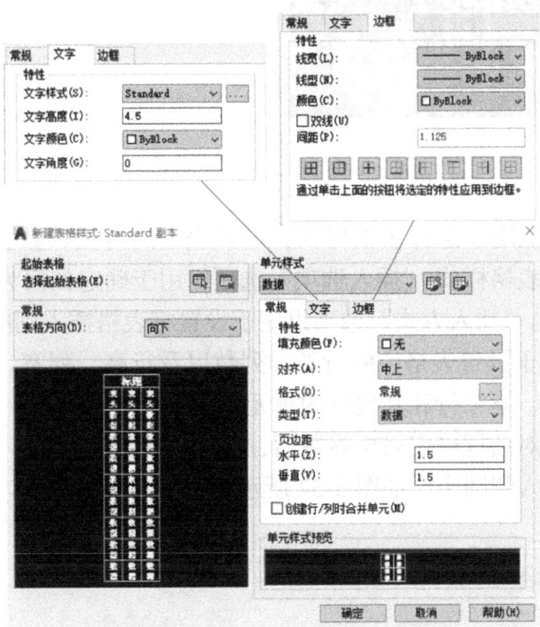

图 5-50 “新建表格样式”对话框

5.9.2 插入表格

1. 功能

按指定格式创建表格。

2. 命令格式

- 菜单栏："绘图"→"表格"。
- 功能区："注释"→"表格"。

选择上述任何一种方式调用命令，AutoCAD都会弹出"插入表格"对话框，如图5-51所示。

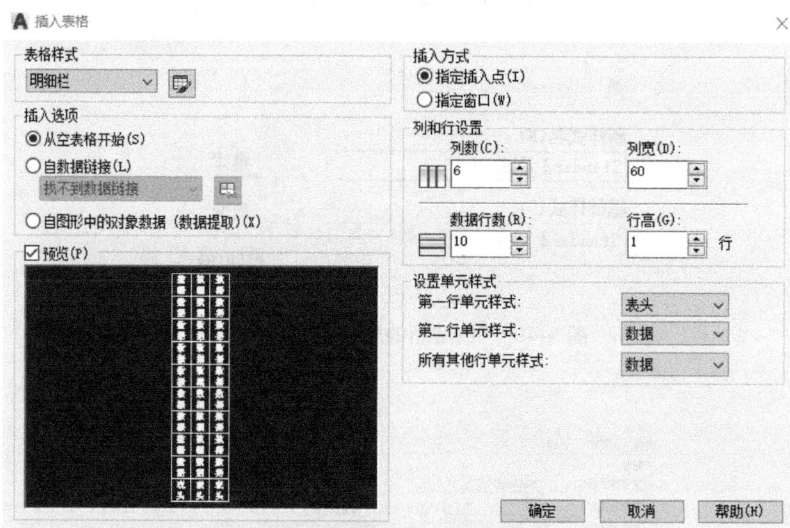

图5-51 "插入表格"对话框

"插入表格"对话框用于选择表格样式，设置表格的有关参数。其中，"表格样式"选项组用于选择所需要的表格样式。"插入选项"选项组用于确定如何为表格填写数据。"预览"框用于预览表格的样式。"插入方式"选项组用于设置将表格插入到图形时的插入方式。"列和行设置"选项组则用于设置表格中的行数、列数以及行高、列宽。"设置单元样式"选项组用于分别设置第一行、第二行和其他行的单元样式。

通过"插入表格"对话框确定表格参数后，单击"确定"按钮，而后根据提示确定表格的位置，即可将表格插入到图中，如图5-52所示。

5.9.3 修改表格

将鼠标移至表格线处，单击鼠标左键，使表格激活处于可修改状态，然后将鼠标放在需要修改的表格的夹点上拖动调节，即可实现对表格列宽的调整，如图5-53所示。

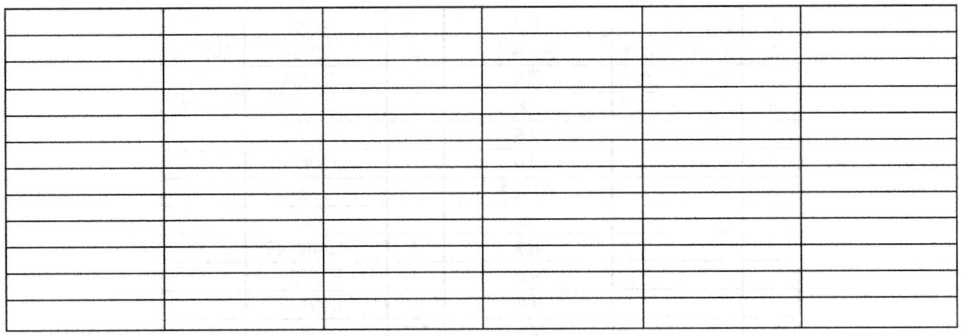

图 5-52 基本表格

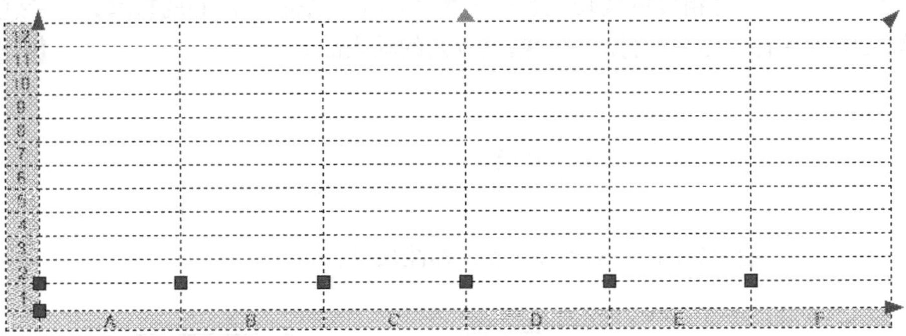

图 5-53 激活状态的表格

5.9.4 录入表格

表格按照上述方式绘制好后，即可在每个表格中输入文字。双击要输入文字的单元格将其激活，然后输入文字，如输入“序号”，如图 5-54 所示。然后，使用键盘上的〈↑〉、〈↓〉、〈←〉及〈→〉键，激活其他单元格，依次填入数据，再调整表格列宽，即可得到如图 5-55 所示的明细栏。

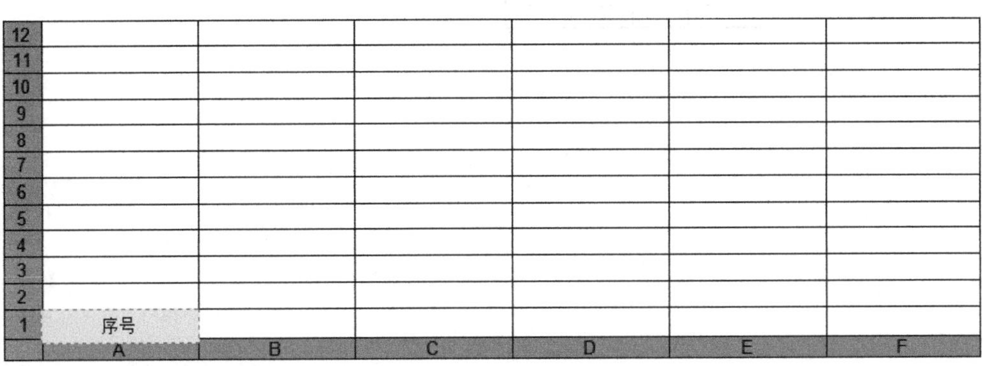

图 5-54 文本录入

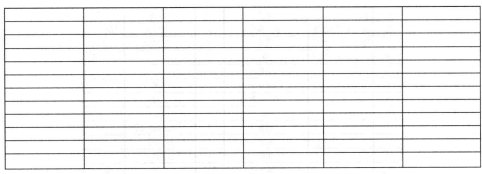

11	GB/T 6170—2015	螺母	2	Q235A	M12
10	GB/T 898—1988	双头螺柱	2	Q235A	M12×40
9	GB/T 6170—2015	螺母	2	Q235A	M20
8	GB/T 1096—2003	键	2	45	8×25
7		齿轮	1	45	
6		填料	1	石棉	
5		填料压盖	1	Q235	
4		轴	1	45	
3		衬套	1	ZCuAl10Fe3	
2		托架	1	HT200	
1		带轮	1	Q235A	
序号	代号	名称	数量	材料	备注

图 5-55 明细栏

思政拓展： 尺寸精度的实现往往需要熟练的工匠细心、耐心的打磨，扫描右侧二维码观看大国工匠打磨自己精湛技艺的动人故事。

思政拓展
大国工匠：大技贵精

习 题

【习题 5-1】 绘制如图 5-56 所示图形并标注尺寸。

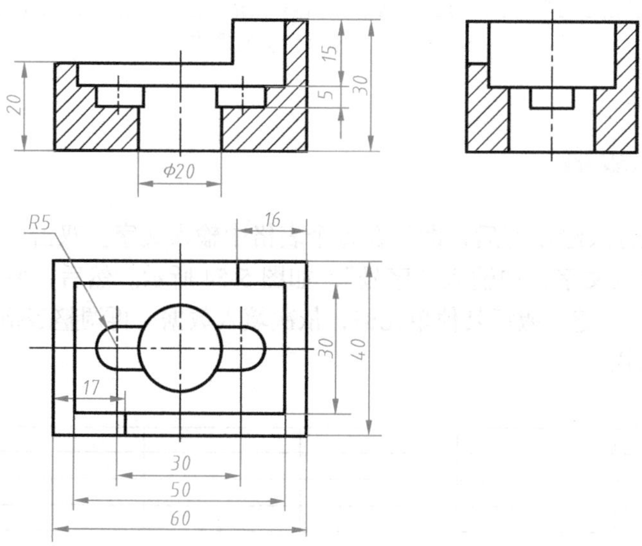

图 5-56 习题 5-1 图

【习题 5-2】　绘制如图 5-57 所示图形并标注尺寸。

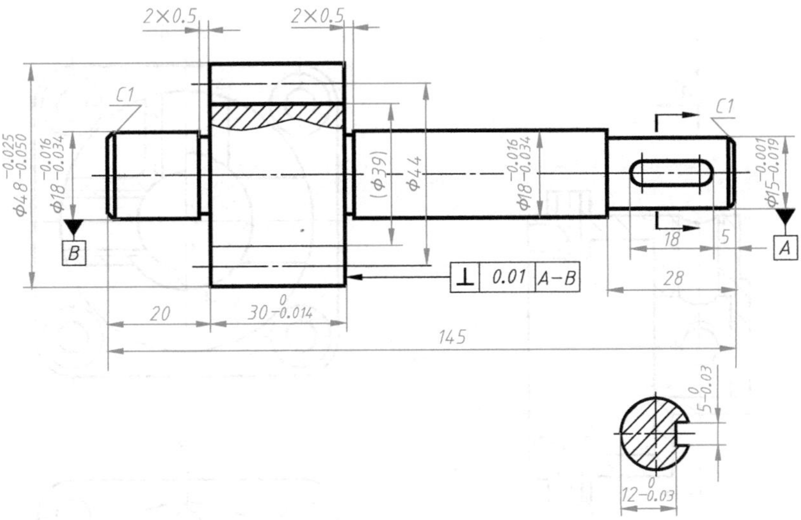

图 5-57　习题 5-2 图

【习题 5-3】　绘制如图 5-58 所示图形并标注尺寸。

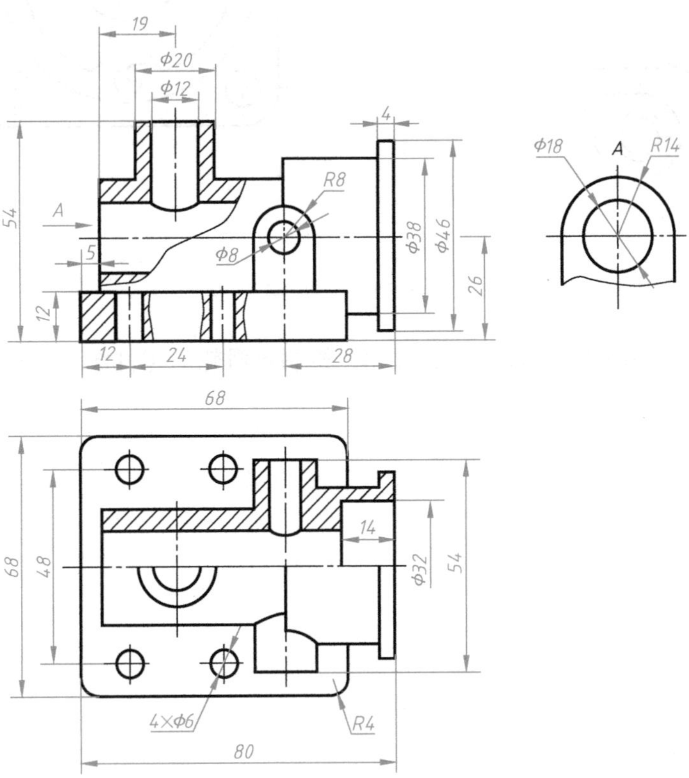

图 5-58　习题 5-3 图

【习题 5-4】 绘制如图 5-59 所示图形并标注尺寸。

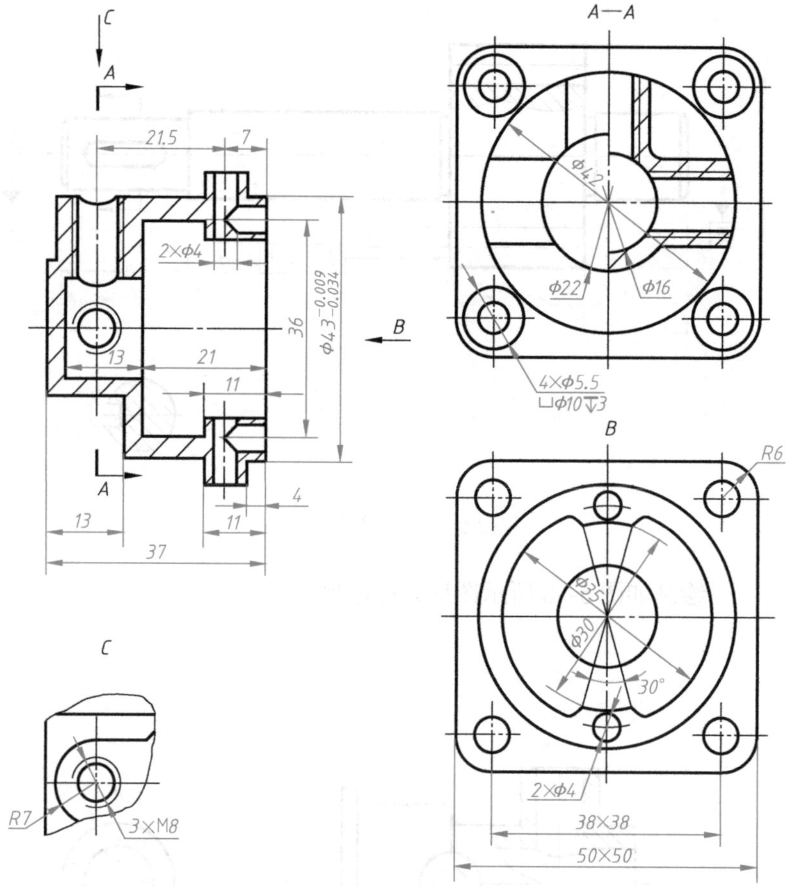

图 5-59 习题 5-4 图

【习题 5-5】 参照图 5-60 所示零件图，绘制定滑轮的零件图，并拼画成如图 5-61 所示装配图。

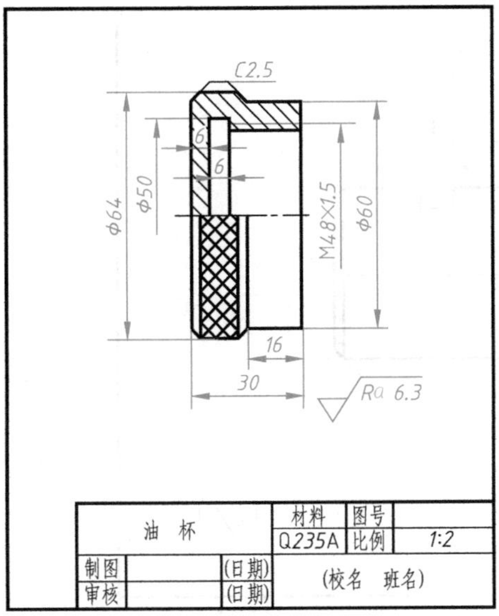

a)

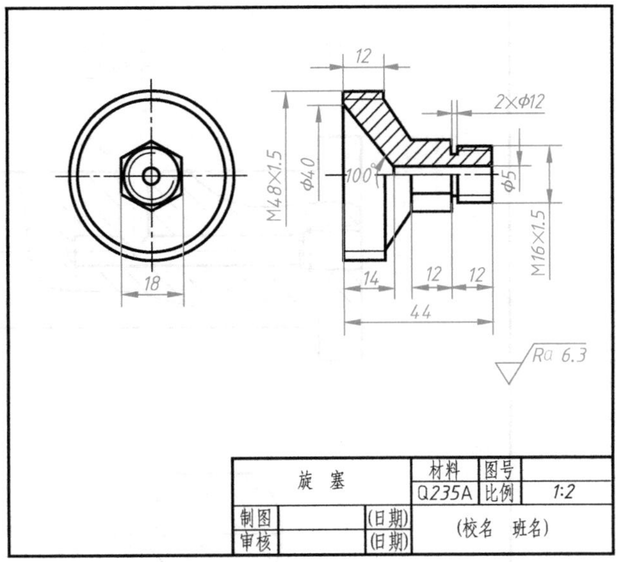

b)

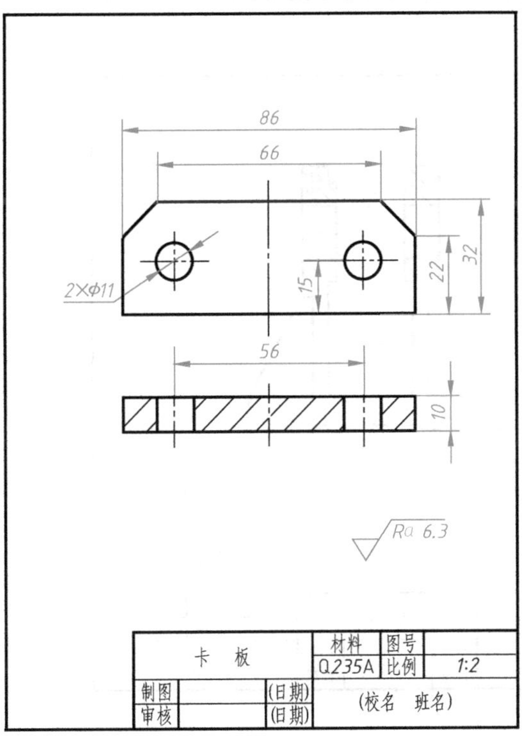

c)

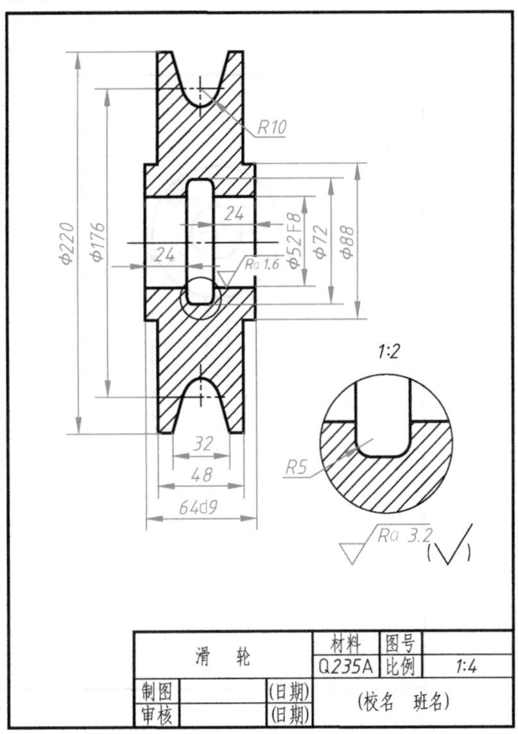

d)

图 5-60 习题 5-5 图

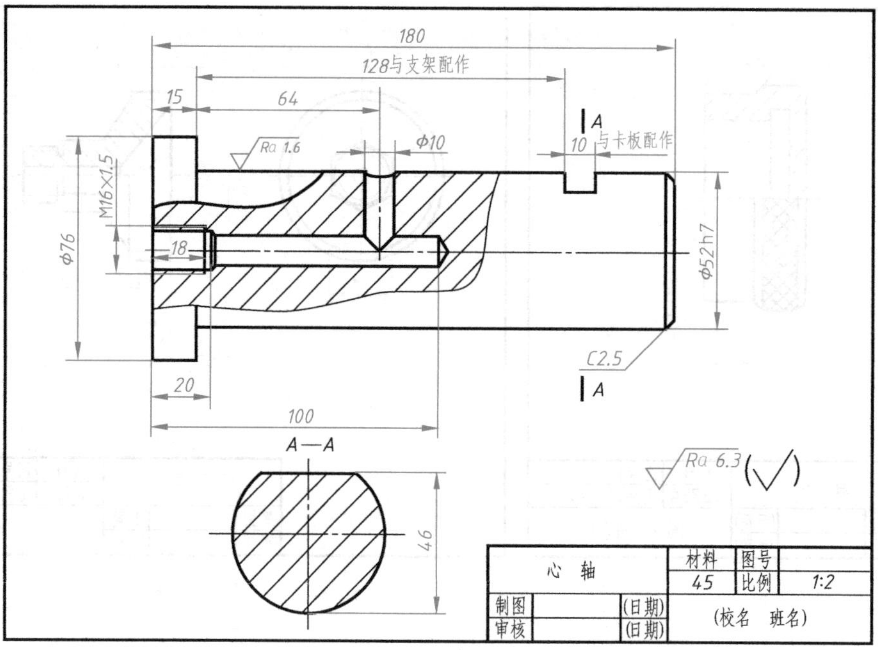

e)

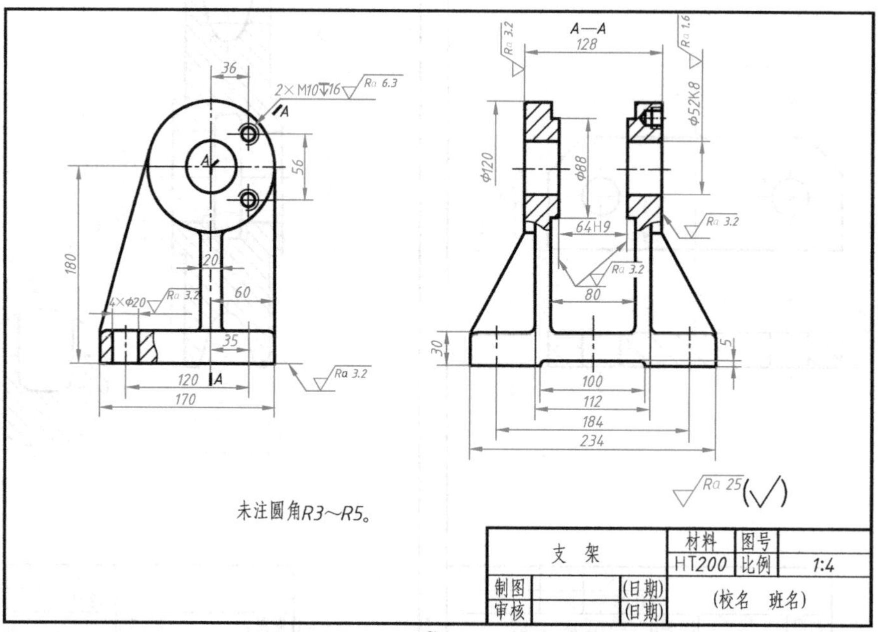

f)

图 5-60 习题 5-5 图（续）

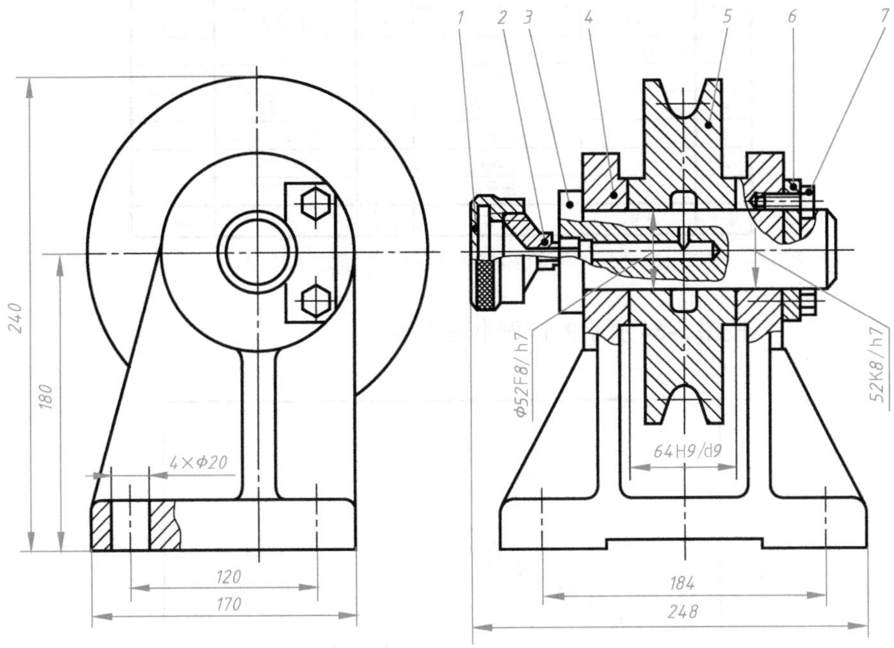

工作原理

定滑轮是一种简单起吊装置，绳索套在滑轮槽内，滑轮装配在心轴上可以转动，心轴由支架及卡板固定。心轴内部有油孔，将油杯中的油输送到滑轮孔槽进行润滑。

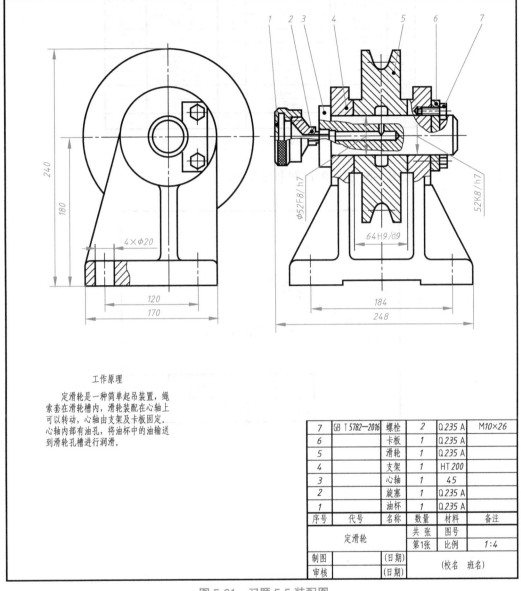

7	GB T 5782—2016	螺栓	2	Q235 A	M10×26
6		卡板	1	Q235 A	
5		滑轮	1	Q235 A	
4		支架	1	HT200	
3		心轴	1	45	
2		旋塞	1	Q235 A	
1		油杯	1	Q235 A	
序号	代号	名称	数量	材料	备注
定滑轮			共 张	图号	
			第1张	比例	1:4
制图		(日期)	(校名 班名)		
审核		(日期)			

图 5-61 习题 5-5 装配图

【习题 5-6】 书写如图 5-62 所示文字，要求：字体为长仿宋体，字号为 5 号。

技术要求

1. 铸件不得有裂纹、砂眼等缺陷。
2. 铸造后应去除毛刺和锐角。
3. 未注圆角 *R*2。

图 5-62 习题 5-6 图

【习题 5-7】 建立如图 5-63 所示明细栏。

8	GB/T 898—1988	螺柱	1	Q235A	M10×55
7	GB/T 6170—2015	螺母	1	Q235A	M10
6	GB/T 97.1—2002	垫圈	1	Q235A	10
5		销套	1	45	
4		轴承盖	1	HT200	
3		上轴衬	1	ZCuAl10Fe3	
2		下轴衬	1	ZCuAl10Fe3	
1		轴承座	1	HT200	
序号	代号	名称	数量	材料	备注

图 5-63 习题 5-7 图

【习题 5-8】 按图 5-64 所示的样例书写文本。

图 5-64 习题 5-8 图

下　篇

SOLIDWORKS

SOLIDWORKS

第 6 章

SOLIDWORKS 2020 基础知识

SOLIDWORKS 是在 Windows 平台下编写的三维设计软件，总结和继承了大量二维 CAD 软件的特点，是在 Windows 环境下实现的三维 CAD 软件，完全融入了 Windows 软件使用方便和操作简单的特点，其强大的设计功能可以满足各种工业产品的设计需要。

二维设计与三维设计的最大区别就在于设计路线上的不同。二维设计的设计路线为：三维概念→三维模型的二维表达→从二维表达还原成三维模型；三维设计的设计路线为：三维概念→三维模型的建立→必要时完成三维模型的二维表达。

三维设计本身就是从三维概念到三维模型，在思路上符合人的思维习惯，便于创新；二维设计在从三维概念到三维模型的过程中，需要一个二维表达形式的转换，这个转换步骤增加了设计上的难度。

6.1 SOLIDWORKS 2020 的启动及绘图环境设置

6.1.1 启动

双击 Windows 桌面上“SOLIDWORKS 2020”的快捷方式图标，即可启动 SOLIDWORKS 2020。

6.1.2 设置绘图环境

SOLIDWORKS 2020 启动后，会弹出如图 6-1 所示的任务窗口。可以在此窗口中很方便地设置绘图环境。单击左上角的“新建”按钮，即会打开如图 6-2 所示的“新建

SOLIDWORKS 文件”对话框。

图 6-1 任务窗口

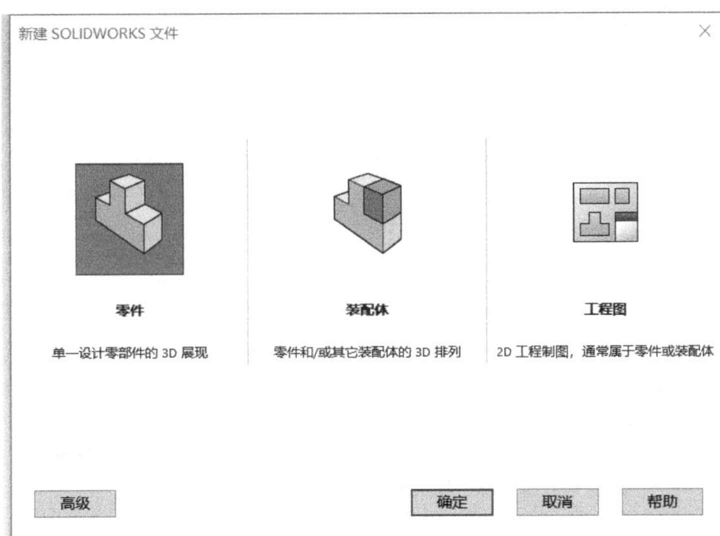

图 6-2 “新建 SOLIDWORKS 文件”对话框

1. “零件”按钮

双击该按钮，或者单击该按钮再单击“确定”按钮，进入零件三维建模界面。

2. “装配体”按钮

双击该按钮，或者单击该按钮再单击“确定”按钮，进入实体装配界面。

3. “工程图”按钮

双击该按钮，或者单击该按钮再单击“确定”按钮，进入生成工程图界面。

6.2 SOLIDWORKS 2020 的工作界面

启动 SOLIDWORKS 2020 并完成设置后可进入工作界面。图 6-3 所示为零件三维建模工作界面。

讲解视频：SOLIDWORKS 工作界面

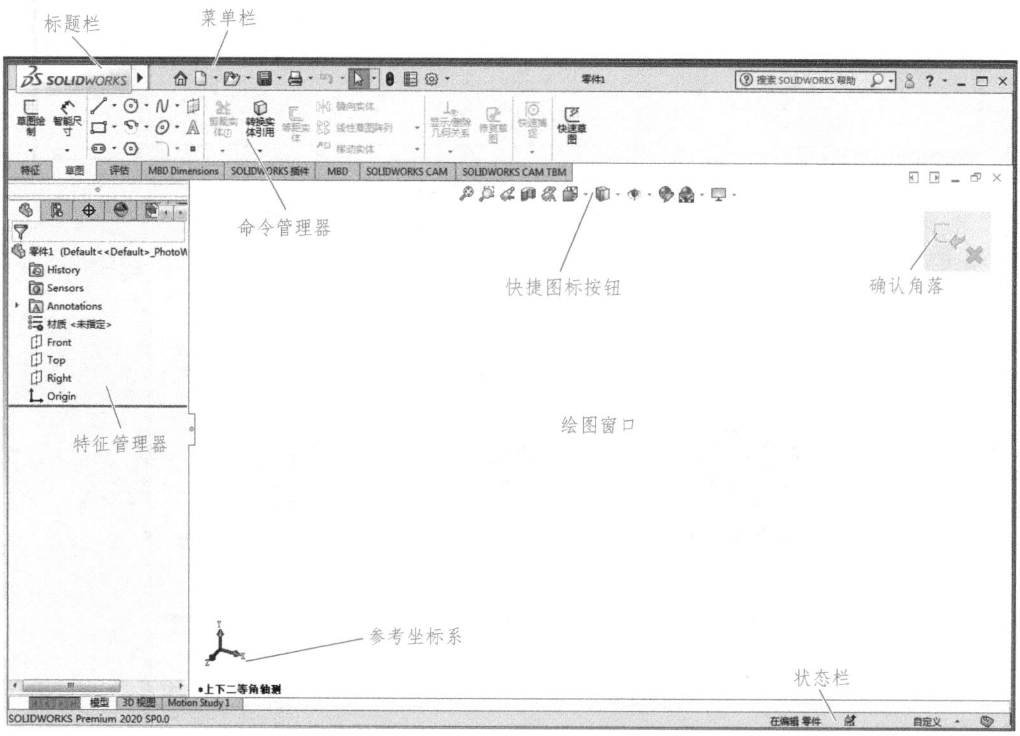

图 6-3　SOLIDWORKS 工作界面

1. 标题栏和菜单栏

在 SOLIDWORKS 工作界面的顶部，标题栏显示软件的名称（SOLIDWORKS）。

在菜单栏中，只需单击某一菜单便可打开其下拉菜单。如果在下拉菜单命令后有三角符号（▶），则表示该菜单命令还有子菜单；如果菜单命令后有省略号“…”，则表示将弹出一个对话框；如果菜单命令呈灰显状态，则表示该命令不能使用。

2. 绘图窗口

SOLIDWORKS 工作界面中的图形区域是操作模型的主要区域，称为“绘图窗口”。用户对图形的控制和操作大部分都在这里完成。

默认情况下，在绘图窗口的左下角显示参考坐标系，这便于用户了解当前模型的摆放位置。

在绘图窗口的右上角有一个确认角落，该角落为用户提供了一些快速操作的按钮，如“确定”“取消”等。确认角落只在特定的操作任务打开时才显示。

3. 工具栏

SOLIDWORKS 有很多可以按需要显示或隐藏的工具栏，提供了常用的操作命令，用户可以自定义其组合方式和放置位置。

（1）添加工具栏　选择菜单栏中的“视图”→“工具栏”命令，将展开如图 6-4 所示的“工具栏”子菜单，选择相应的选项即可添加其对应的工具栏。

（2）自定义工具栏　在图 6-4 所示的“工具栏”子菜单中，选择“自定义”命令将打开“自定义”对话框，如图 6-5 所示。在“工具栏”选项卡中勾选某工具栏的复选框，可使 SOLIDWORKS 工作界面上显示其工具栏。此外，还可对工具栏中的按钮图标大小、工具提示等进行调整，以使工作界面整体结构更加合理化，达到个性化定制工具栏的效果，提高工作效率。

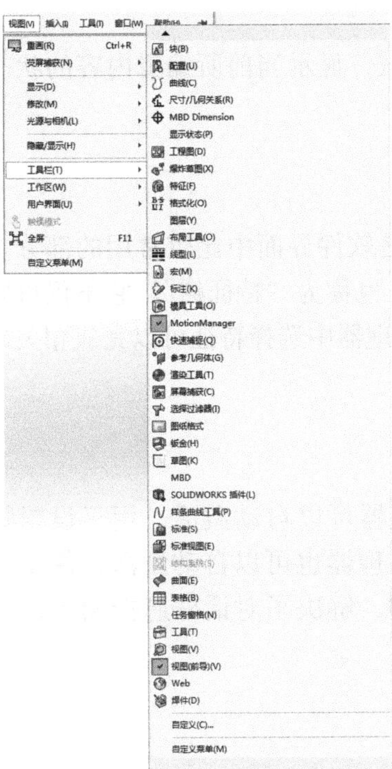

图 6-4 “工具栏”子菜单

图 6-5 “自定义”对话框中的“工具栏”选项卡

（3）工具栏位置　添加的工具栏可能默认排布在工作界面的边缘位置，如图 6-6a 所示，可将其拖动至任意位置成为浮动工具栏，如图 6-6b 所示。

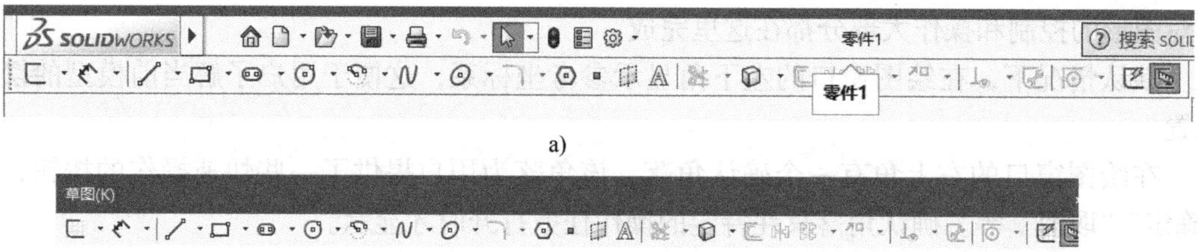

a)

b)

图 6-6 “草图”工具栏

4. 命令管理器

命令管理器一般位于 SOLIDWORKS 工作界面的顶部，可以将工具栏的命令集中起来，从而增大绘图窗口的面积，使图形操作更加方便。命令管理器可以根据要使用的工具栏命令进行动态更新，例如单击“草图”标签可展开其选项卡，并显示相应的工具栏命令。若命令按钮不能完全显示，则可单击 ▾ 按钮使被隐藏的工具按钮显示出来并调用。

命令管理器与工具栏类似，也可以放置在 SOLIDWORKS 工作界面的四周或浮动于绘图窗口中，因此可以将命令管理器视作一种特殊的工具栏。

5. 状态栏

状态栏位于 SOLIDWORKS 工作界面底端的水平区域，显示当前所编辑内容的状态及鼠标位置坐标、草图状态等信息内容，并提示操作步骤。

6. 特征管理器

特征管理器位于 SOLIDWORKS 绘图窗口的左侧，是软件界面中比较常用的部分。特征管理器是用来显示图形区域模型结构的一种树状结构，也称为“特征树”。它不仅可以显示特征创建的顺序，还可用于选择、查找特征，在特征管理器中选择特征可以完成相关的操作，如改变特征顺序、编辑或修改特征等。

7. 属性管理器

属性管理器类似对话框，在建立特征时，属性管理器可以自动激活，用于设置特征的各种属性。在图形区域中选择了某些项目时，属性管理器也可以自动激活，便于快速修改这些项目的属性。属性管理器一般在绘图窗口左侧，解决了对话框遮挡图形区域的矛盾。

8. 配置管理器

SOLIDWORKS 绘图窗口左侧的 按钮用于打开配置管理器。配置管理器用于管理文件配置，提供了生成、查看、修改零件或装配体模型的多种配置方法。

6.3 SOLIDWORKS 模型空间

正如在二维设计软件中有图纸空间的概念一样，在三维设计软件中有一个设计空间的概念，即模型空间。

二维设计软件的图纸空间是一个平面空间，只需要原点、*X* 和 *Y* 方向的坐标即可；而三维软件的模型空间是一个三维空间，因此，要有 *X*、*Y*、*Z* 共三个方向的坐标。

6.3.1 原点和基准面

每个 SOLIDWORKS 模型文件（零件和装配体）都有一个原点和三个默认的基准面，用来定义用户建模所在空间的位置，如图 6-7 所示。在特征管理器中，三个基准面和原点以及图形区域一一对应。

1）前视基准面（Front）对应于三维坐标中的 *XY* 平面。

2）上视基准面（Top）对应于三维坐标中的 *XZ* 平面。

3）右视基准面（Right）对应于三维坐标中的 *YZ* 平面。

4）原点（Origin）对应于三个基准面的交点。

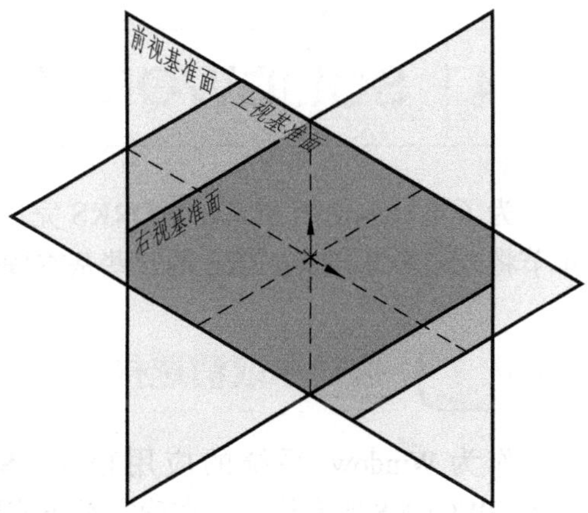

图 6-7　三个基准面

基准面是一个无穷大的参考平面，只有正面和背面之分，而没有厚度，可以在基准面上绘制草图或将其用作建立其他特征的参考。

一般来说，在建立第一个特征时，要考虑选择三个基准面之一作为草图平面。此外，草图应该与原点建立某种定位关系。

6.3.2 标准视图

标准视图是指采用标准的投影方式显示三维模型的视图，与工程制图中的视图类似。例如，从前视基准面的正面观察模型，这个视图称为“前视图”，如图 6-8a 所示；也可以从前视基准面的背面观察模型，这个视图称为“后视图”，如图 6-8b 所示。

除了标准的正投影视图外，还可以使用等轴测视图来表达模型，如图 6-8c 所示。

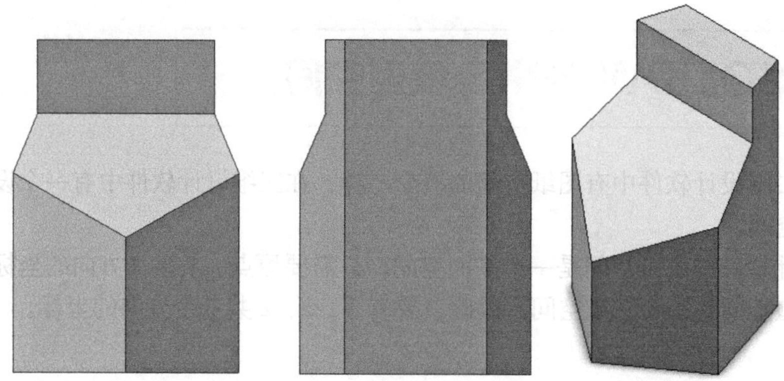

a) b) c)

图 6-8 标准视图

a）前视图 b）后视图 c）等轴测视图

6.4 SOLIDWORKS 基本操作

为了更好地使用 SOLIDWORKS 完成设计工作，在介绍使用 SOLIDWORKS 建模之前，本节将介绍 SOLIDWORKS 的一些基本操作和技巧。

6.4.1 选择和取消选择

作为 Windows 系统的应用程序，SOLIDWORKS 也是一种面向对象的应用程序。SOLIDWORKS 既允许用户在确定操作前预选对象，也允许用户先选择操作方式，再确定操作的对象。

1. 选择对象

SOLIDWORKS 支持多种选择对象的方式：在对象上单击，即可选择一个对象；按住〈Ctrl〉键依次单击对象，可以同时选择多个对象；可以在特征管理器中先选择第一个对象，然后按住〈Shift〉键选择另一个对象，则可以选择两个对象之间的所有对象；可以使用窗口选择和交叉选择方式选择对象。

2. 取消选择

取消选择是选择的逆操作。在 SOLIDWORKS 中，该操作与一般的 Windows 应用程序相同，即再次选择已经被选择的对象即可以取消选择该对象。

一般来说，SOLIDWORKS 图形区域总是处于选择对象的状态，因此，使用时可以随时单击某些对象来选中它。

除了再次选择对象以取消选择外，还可以使用如下方法取消已经选中的对象：未打开对话框时，按〈Esc〉键取消所有选中的对象；在已经选中的属性管理器列表框中右键单击已经选择的对象，从快捷菜单中确定取消选择的对象。

3. 逆转选择

如果需要选择的元素比较多，可以利用“逆转选择”的方式进行选择，即选中被排除选择的项目，然后使用“逆转选择”命令。

6.4.2 操控模型

除了使用标准的视图方式观察模型外，还可以对模型进行缩放、旋转和平移操作，来更好地观察模型和选择对象。

操控模型的命令以快捷图标按钮来启用，如图 6-9 所示。在菜单栏中选择“视图”→“修改”命令，也可找到操控模型的命令，如图 6-10 所示。

图 6-9 快捷图标按钮

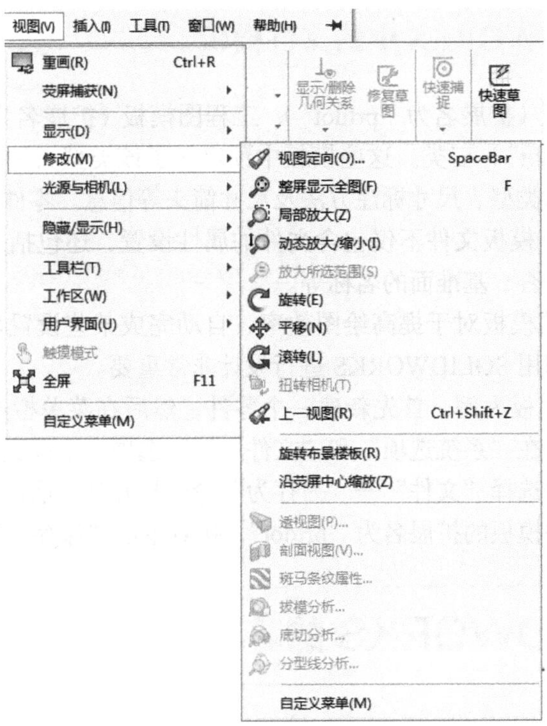

图 6-10 “视图”菜单

6.5 SOLIDWORKS 中的文件类型和文件模板

与大多数三维设计软件一样，SOLIDWORKS 的设计文件也分为零件文件、装配体文件和工程图文件。针对每一类设计文件，SOLIDWORKS 可以为它们定制不同类型的文件模板。

6.5.1 SOLIDWORKS 中的文件类型

SOLIDWORKS 把三维参数化图形文件分为以下三种类型。

1）零件文件：机械设计中单独零件的文件，其扩展名为“sldprt”。

2）装配体文件：机械设计中用于虚拟装配的文件，其扩展名为“sldasm”。

3）工程图文件：用标准图样形式描述零件或装配的文件，其扩展名为“slddrw”。

这三种不同的文件类型，在特征管理器中显示的内容是不同的。零件文件包含实体或曲面，在特征管理器中显示的是该零件的特征和相关设计信息；装配体文件包含多个零件或子装配，在特征管理器中显示的是零件或子装配，进一步可以显示零件的设计信息；工程图文件显示的是工程图中的视图的名称和相关设计信息。每个视图包含了该视图描述的模型信息。

6.5.2 SOLIDWORKS 中的文件模板

模板包括零件模板（扩展名为“prtdot”）、工程图模板（扩展名为“drwdot”）和装配体模板（扩展名为“asmdot”）三类。这些模板中预定义了该类型文件的设置，如文件所使用的绘图单位、边线显示类型、尺寸标注方法及尺寸箭头等信息。零件文件和装配体文件的文件属性设置基本相同。模板文件不仅包含文件的属性设置，还包括一些文件的显示内容设置，如基准面的显示与否、基准面的名称等。

合理地建立文件的模板对于提高绘图效率、自动完成某些设置都会起到关键作用。因此，建立文件模板对利用 SOLIDWORKS 进行设计非常重要。

以创建一个零件模板为例。首先新建一个零件，然后在菜单栏选择“工具”→“选项”命令打开其对话框，可在“系统选项”和“文件属性”选项卡中设置相关参数，达到自己满意的效果后，在菜单栏选择“文件”→“另存为”命令打开其对话框，可在“保存类型”的下拉列表框中选择零件模板的扩展名为“prtdot”，接着单击“保存”按钮即可。

6.6 SOLIDWORKS 的基本工作流程及草图绘制

6.6.1 基本工作流程

大部分三维软件都有零件、装配和工程图三个基本功能模块。三维 CAD 的基本工作流程是从零件建模入手，然后进行装配，最后生成工程图。SOLIDWORKS 也是如此，其基本工作流程如图 6-11 所示。

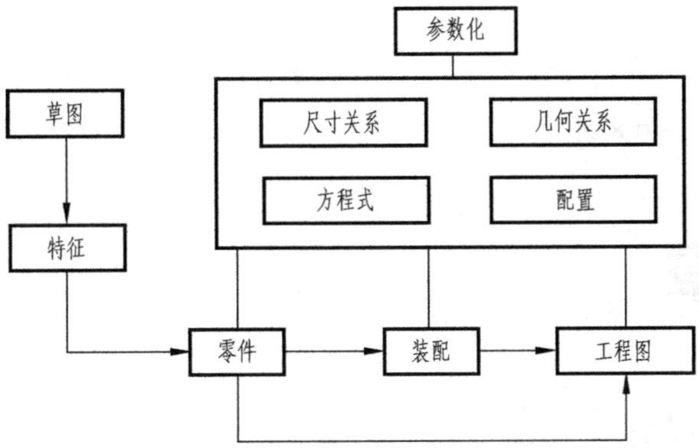

图 6-11 SOLIDWORKS 的基本工作流程

6.6.2 草图绘制

草图一般是由基本几何图元构成的封闭或不封闭的几何图形。草图必须绘制在平面上。一般来说，对于新建的草图，可以利用三个基准平面中的任意一个平面作为草图的参考平面，然后在建模过程中根据实际需要将草图绘制在其他基准平面上。

一个完整的草图应包括几何形状、几何关系和尺寸标注三方面的信息。

草图完全定义后，退出草绘环境，进行实体建模。具体的草图绘制过程见 7.2 节。

6.6.3 基于特征的实体造型及生成零件

以草图的形状和尺寸为依据，采用拉伸、旋转、扫描、放样等特征工具完成实体造型。完成一个实体的造型后，可以重新选择或创建一个新的基准面，绘制新的草图以用于下一个实体的造型，直至完成整个实体的造型为止。用特征工具生成的是各种形状的单独实体，而将一系列实体组合起来就形成了各种零件。

6.6.4 零部件装配

完成零件设计之后，还需要根据机器或部件的具体要求，将各个零件组装起来。装配时，首先将生成的零件插入到装配体中，再根据设计要求，添加各个零件之间的约束和配合关系，直至完成装配。

6.6.5 工程图

在工程实际中，工程图是零部件加工的依据。SOLIDWORKS 可以将零件或装配体的实体模型转化成各种工程图，如标准三视图、局部视图、辅助视图及各种剖视图等。

思政拓展： 在三维设计的基础上可以进行装配模拟、工作过程模拟等，扫描右侧二维码了解亚洲最大的重型自航绞吸船——天鲲号的研制过程，注意观看其中的钢桩台车系统运动三维模拟动画，理解其运动原理，体会三维设计的作用与意义。

思政拓展
中国创造：天鲲号

SOLIDWORKS

第 7 章

草图绘制与编辑

使用 SOLIDWORKS 2020 进行三维建模、实体装配和工程图生成等工作，其最基础和关键的环节是草图的绘制与编辑。草图绘制与编辑的熟练程度将直接影响上述工作的效果和效率。本章就草图绘制与编辑等内容进行简明扼要的介绍。

7.1 进入 SOLIDWORKS 草图绘制界面

在菜单栏中选择“文件”→“新建”命令，在弹出的“新建 SOLIDWORKS 文件”对话框中单击“零件”按钮再单击“确定”按钮，即可进入 SOLIDWORKS 草图绘制界面，如图 7-1 所示。

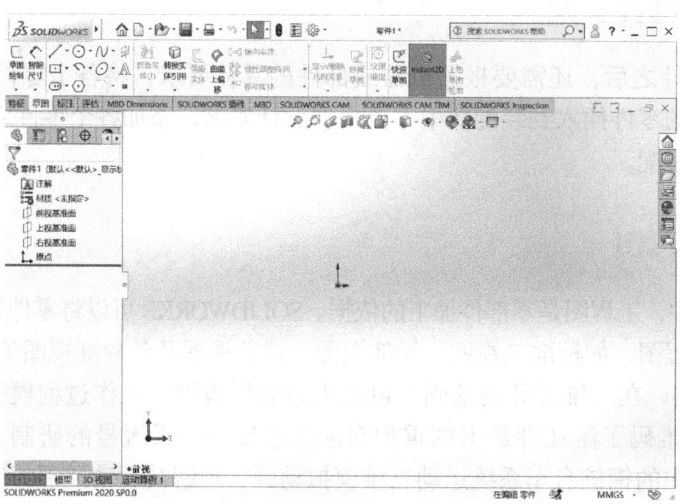

图 7-1 SOLIDWORKS 草图绘制界面

7.2 草图绘制过程

草图绘制的基本步骤如下。

（1）草图绘制的开始　在“草图”工具栏（图 7-2）中单击按钮，系统提示选择草图基准平面。

（2）选定草图绘制平面　选择草图基准平面后，在“标准视图”工具栏（图 7-3）中单击按钮，然后就可以绘图了。

SOLIDWORKS 提供了一个初始的绘图参考体系，包括一个坐标原点和三个基准平面。对于新建的零件，可以利用三个基准平面中的任意一个作为草图的参考平面。此外，在建模过程中还可以使用其他方法确定草图绘制的基准平面（如已有模型的某个平面或通过空间的点、线、面创建新的基准平面等）。

（3）绘制草图　进入草图绘制环境后，既可在原有的视角下进行草图绘制，也可在空间视角下进行草图绘制。在图形绘制过程中，可以利用“快速捕捉”工具栏（图 7-4）或“草图”工具栏中的“快速捕捉”按钮来进行辅助作图。初始环境中的坐标原点在草图环境下显示为红色，可作为草图绘制的参照点。

（4）编辑草图　绘制好草图的基本轮廓后，可利用“草图”工具栏中的各种编辑工具按钮（命令）对草图的几何形状做进一步的编辑修改，如“倒角”“倒圆”“镜像”“阵列”“移动”和“复制”等（其中，“镜像”命令在属性管理器中显示为“镜向”）。

（5）添加尺寸和几何约束关系　利用“尺寸 / 几何关系”工具栏（图 7-5）为草图实体标注必要的几何形状尺寸和位置尺寸，来进行尺寸约束，以及对草图实体进行必要的几何约束。草图实体间可添加平行、垂直、共线、相切、同心、相等、对称等几何约束。

（6）退出草图绘制　草图绘制、编辑完成后，单击绘图窗口右上角的按钮，退出草图绘制环境。

图 7-2 “草图”工具栏

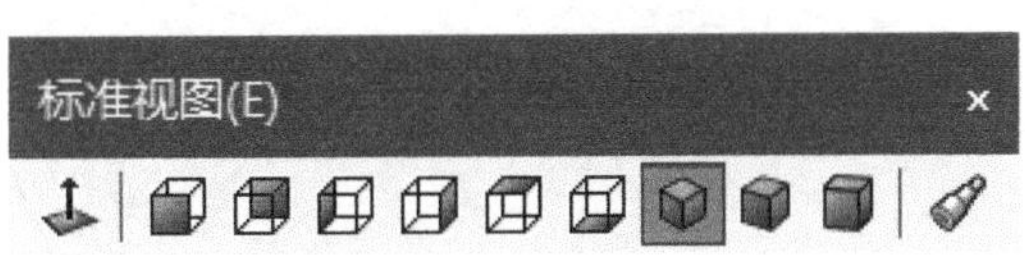

图 7-3 “标准视图”工具栏

图 7-4 “快速捕捉”工具栏

图 7-5 “尺寸 / 几何关系”工具栏

说明： 以上工具栏的添加方法见 6.2 节，后续工具栏命令均同。

7.3 草绘基准面的创建

1. 功能

建立新的草图绘制平面，用来绘制新的草图。

2. 命令格式

- 菜单栏：“插入”→“参考几何体”→“基准面”。
- 命令管理器或工具栏按钮：（此按钮在“几何参考体”工具栏中）。

选择上述任何一种方式输入命令，SOLIDWORKS 都会弹出如图 7-6 所示的“基准面”属性管理器。

可以单击三个参考选项组的选择框选择参考对象，并根据提示输入相应的参数，来定义所需要的基准平面。图 7-7 所示为选择不同的参考对象并设置参数的结果。

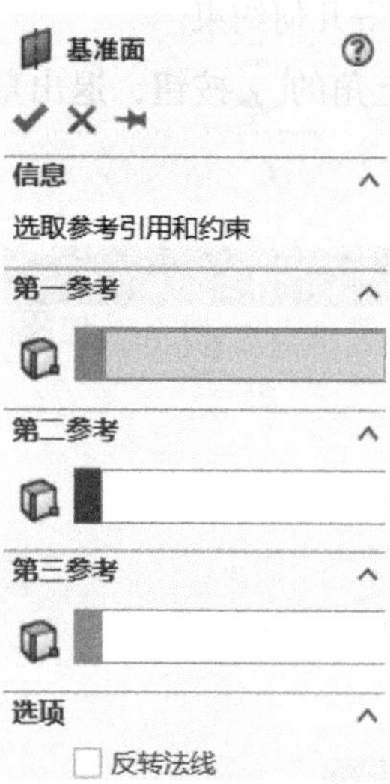

图 7-6 “基准面”属性管理器

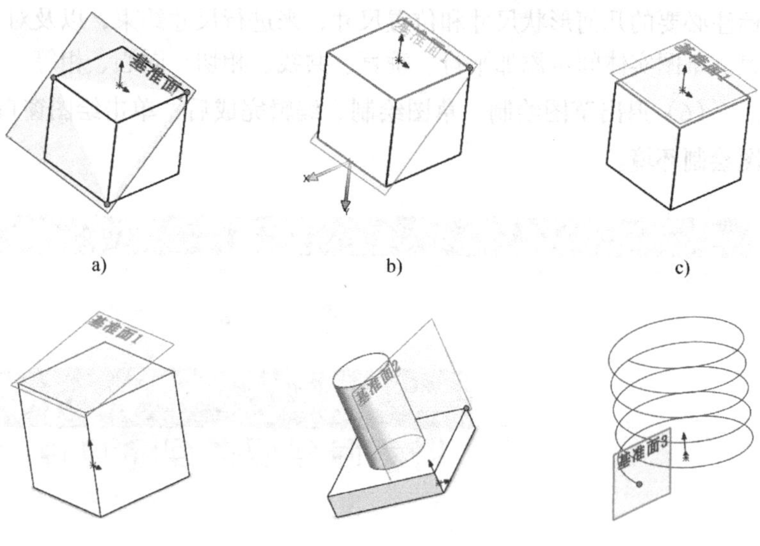

图 7-7 基准面的创建方式

a）选取三点　b）选取一条直线和线外一点　c）选取一个已知平面并设置平行约束　d）选取一条直线、一个已知平面并设置一定角度　e）选择一点并设置与一个曲面的相切约束　f）选取曲线端点并设置与该点的切矢量垂直

7.4 草图绘制命令

讲解视频：
草图绘制命令

7.4.1 “点”命令

1. 功能

绘制点。

2. 命令格式

- 菜单栏：“工具”→“草图绘制实体”→“点”。
- 命令管理器或工具栏按钮：。

选择上述任何一种方式调用命令，鼠标指针都会变成形状。移动到要绘制点的地方，单击，即可绘制一点。当绘制点时，系统会弹出如图 7-8 所示的“点”属性管理器，其中，“控制顶点参数”选项组中点状图标显示该点的 *X*、*Y* 坐标，修改坐标值即可改变该点的位置。

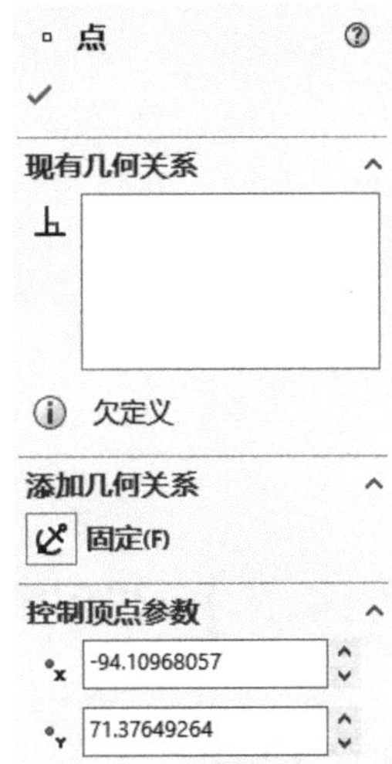

图 7-8 “点”属性管理器

7.4.2 “直线”命令

1. 功能

绘制直线。

2. 命令格式

- 菜单栏：“工具”→“草图绘制实体”→“直线”。
- 命令管理器或工具栏按钮：。

选择上述任何一种方式调用命令，SOLIDWORKS 都会弹出如图 7-9a 所示的“直线”属性管理器。此时鼠标指针变成形状。移动到绘图窗口中要绘制线段的起始位置，单击，给定起点，拖动鼠标，同时在的右侧出现一个数字，即时显示线段的长度，在合适位置释放鼠标左键即可绘制一条线段。同时，系统弹出如图 7-9b 所示的该段“直线”属性管理器，选择或修改其中各项属性的数值，就可以改变直线长度和斜率等。如果在“选项”选项组中勾选“作为构造线”复制框，系统将绘制点画线样式的直线。

此外，也可将鼠标指针贴近一条直线的端点，当其变成形状时，即选择了此点，按住鼠标左键，可以随意拖动此端点的位置，从而改变直线的长度和斜率。

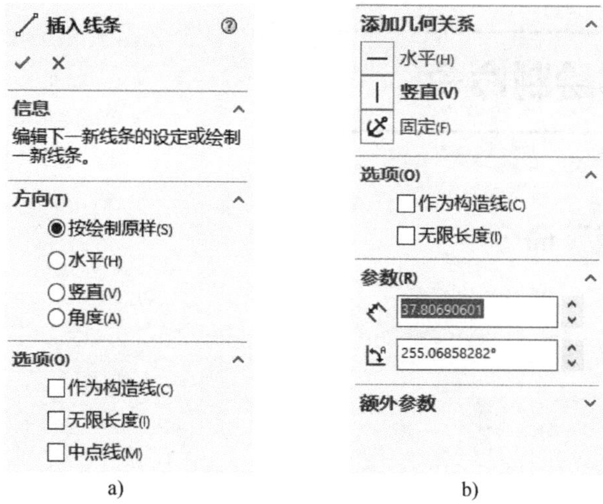

图 7-9 “直线”属性管理器

7.4.3 “矩形”命令

1. 功能

绘制矩形和平行四边形。

2. 命令格式

- 菜单栏：“工具”→“草图绘制实体”→“矩形”。
- 命令管理器或工具栏按钮：。

选择上述任何一种方式调用命令，SOLIDWORKS 都会弹出如图 7-10 所示的“矩形”属性管理器，其中有五种绘制方法和形式。选择其中之一，同时鼠标指针变成 形状，移动其到绘图窗口要绘制矩形的位置，单击确定矩形的一个角点，拖动鼠标，此时 的右上角即时显示的一组数值随鼠标移动而变化，如图 7-11 所示，该值为矩形的长与宽。在合适位置释放左键确认矩形的对角点位置，即可绘制出一个矩形。如果选择绘制“平行四边形”方式，也可绘制如图 7-12 所示的平行四边形。

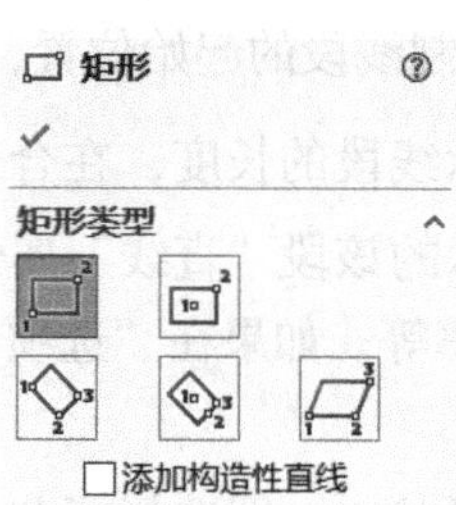

图 7-10 “矩形”属性管理器

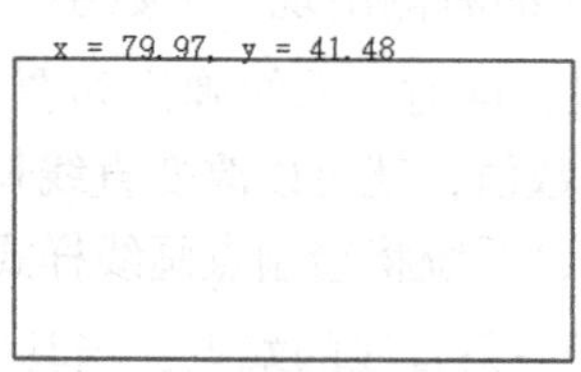

图 7-11 绘制矩形

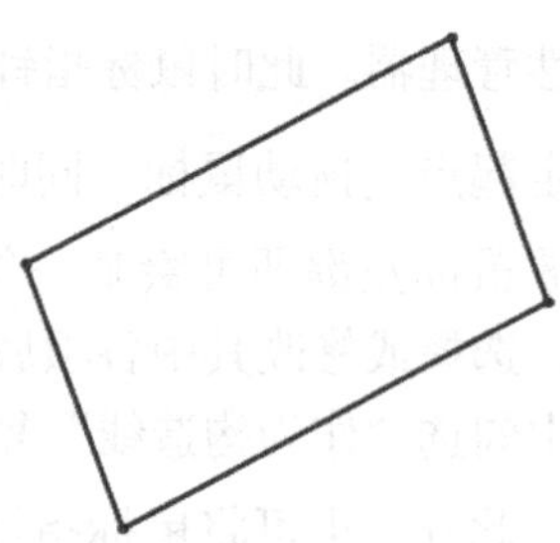

图 7-12 绘制平行四边形

7.4.4 “多边形”命令

1. 功能

绘制正多边形。

2. 命令格式

- 菜单栏：“工具”→“草图绘制实体”→“多边形”。
- 命令管理器或工具栏按钮：。

选择上述任何一种方式调用命令，鼠标指针都会变成形状，同时 SOLIDWORKS 弹出如图 7-13 所示的“多边形”属性管理器。在其中设置边数（如“6”）、中心位置、绘制方式等参数，即可得到所需要的正多边形。如图 7-14 所示，在绘图窗口单击一点确定正多边形的中心位置，拖动鼠标至合适位置释放左键即可绘制出一个正多边形（如正六边形）。

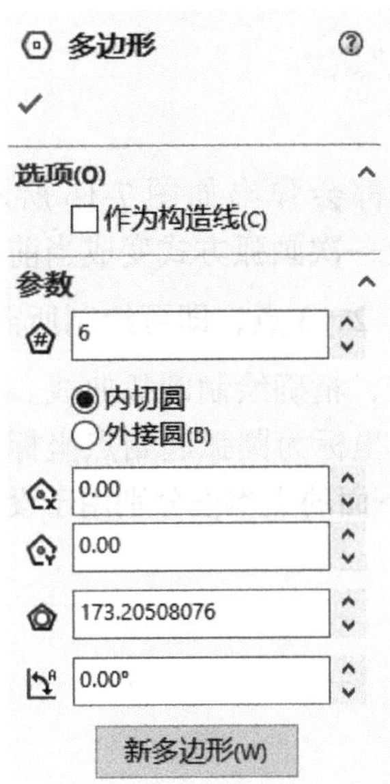

图 7-13 “多边形”属性管理器

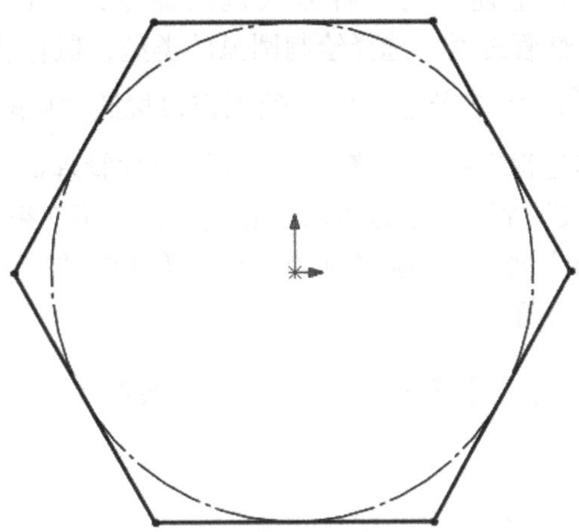

图 7-14 正多边形

7.4.5 “圆”命令

1. 功能

绘制圆。

2. 命令格式

- 菜单栏：“工具”→“草图绘制实体”→“圆”。
- 命令管理器或工具栏按钮：⊙。

选择上述任何一种方式调用命令，鼠标指针都会变成 形状，同时 SOLIDWORKS 弹出“圆”属性管理器，如图 7-15 所示，在其中可以直接改变圆的半径。绘制圆有两种方式，一种是给定圆心、半径画圆；另一种是给定圆周上的三点画圆。但要注意的是二者的属性管理器的内容是相同的，即“X”“Y”文本框中显示的都是圆的中心点坐标。

7.4.6 “圆弧”命令

1. 功能

绘制指定圆心位置、起始点和终止点的圆弧。

2. 命令格式

- 菜单栏：“工具”→“草图绘制实体”→“三点画弧”。
- 命令管理器或工具栏按钮： 。

选择上述任何一种方式调用命令，SOLIDWORKS 都会弹出如图 7-16 所示的“圆弧”属性管理器，选择绘制圆弧的类型，鼠标指针将从上一次画弧方式变成当前画弧方式（ 三者之一），在绘图窗口按照先后顺序给出 1、2、3 点，即可绘制所需的圆弧。在操作过程中还可以修改“圆弧”属性管理器中的各参数，精确绘制圆弧曲线。其中：第 1 组“X”“Y”坐标为圆弧中心点坐标，第 2 组“X”“Y”坐标为圆弧起始点坐标，第 3 组“X”“Y”坐标为圆弧终止点坐标。第 3 组“X”“Y”坐标下面的文本框分别用于设置圆弧半径和圆心角。

说明： 圆弧具有方向性，应在绘制时注意。

7.4.7 “椭圆”命令

1. 功能

绘制椭圆。

2. 命令格式

- 菜单栏：“工具”→“草图绘制实体”→“椭圆（长短轴）”。
- 命令管理器或工具栏按钮： 。

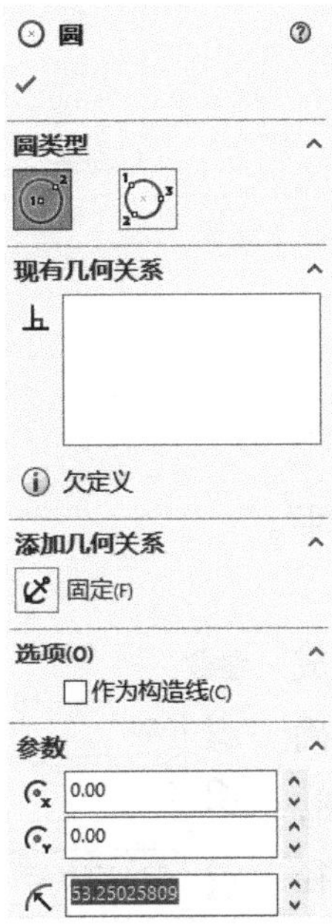

图 7-15 “圆”属性管理器

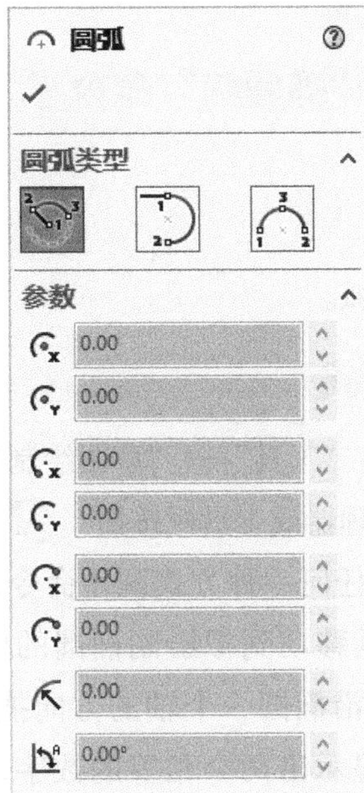

图 7-16 “圆弧”属性管理器

选择上述任何一种方式调用命令，鼠标指针都会变成形状，在给出椭圆中心的同时，SOLIDWORKS 弹出如图 7-17 所示的“椭圆”属性管理器。将移到拟绘制椭圆的中心位置并单击，确定椭圆中心，沿椭圆一个轴的方向拖动鼠标，得到一个虚圆。此时右侧显示出两个相等的数字，即为椭圆一个轴径的长度，在大小合适时单击。在绘图窗口拖动鼠标，此时右侧显示出两个不等的数字，分别为长、短轴的长度，再次单击即可绘制出椭圆。也可通过编辑“椭圆”属性管理器中相应的参数来改变椭圆的位置和大小。其中，“X”“Y”坐标为椭圆中心点坐标，其下面的文本框内的数值分别为椭圆的长轴半径和短轴半径。如图 7-17 所示的属性参数值就是图 7-18 所示椭圆的参数。

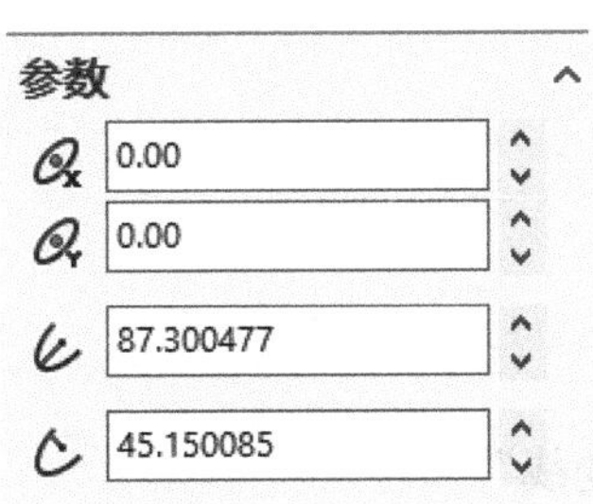

图 7-17 “椭圆”属性管理器

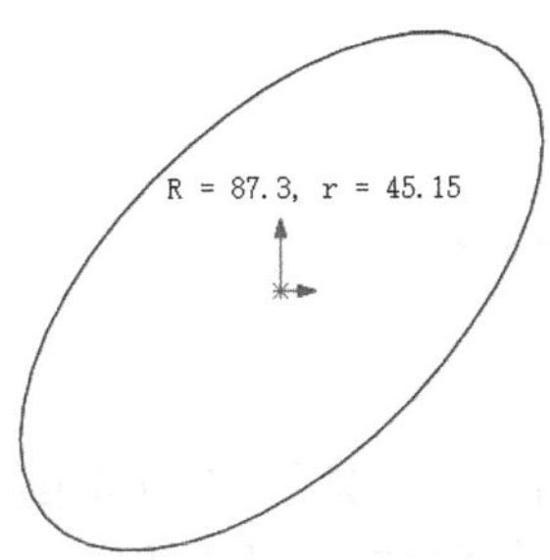

图 7-18 椭圆绘制

7.4.8 “椭圆弧”命令

1. 功能

绘制椭圆弧。

2. 命令格式

- 菜单栏：“工具”→“草图绘制实体”→“部分椭圆”。
- 命令管理器或工具栏按钮：。

选择上述任何一种方式调用命令，鼠标指针都会变成形状。将其移动到拟绘制椭圆的中心位置并单击，确定椭圆中心。沿椭圆一个轴的方向拖动鼠标，得一虚圆，此时右侧显示出两个相等的数字，即为椭圆一个轴径的长度，在大小合适时单击。在绘图窗口拖动鼠标，此时右侧显示出两个不等的数字，分别为长、短轴的长度，单击即可确定椭圆弧的大小且系统将该点视为椭圆弧的起点，最后再给定终止点即可绘制一段椭圆弧。同时 SOLIDWORKS 弹出如图 7-19 所示的“椭圆”属性管理器，可修改其中相应的参数来改变椭圆弧的位置和大小。其中：第 1 组“X”“Y”坐标为椭圆弧中心点坐标，第 2 组“X”“Y”坐标为椭圆弧的起始点坐标，第 3 组“X”“Y”坐标为椭圆弧的终止点坐标，余下的三个文本框中的数值依次为椭圆的长半径、短半径和椭圆弧的中心角。

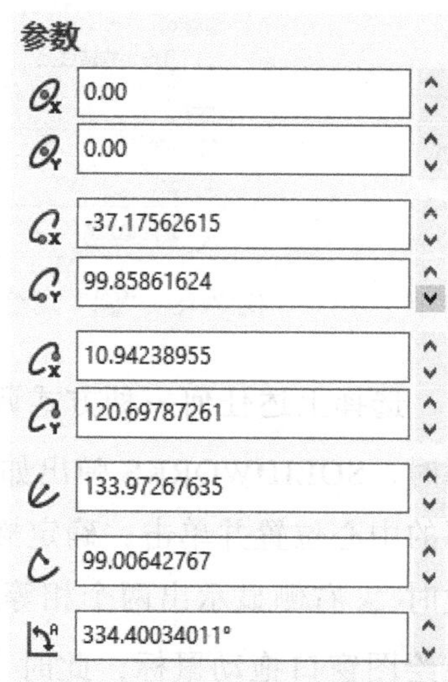

图 7-19　“椭圆”属性管理器

7.4.9 “抛物线”命令

1. 功能

绘制抛物线。

2. 命令格式

- 菜单栏：“工具”→“草图绘制实体”→“抛物线”。
- 命令管理器或工具栏按钮：。

选择上述任何一种方式调用命令，鼠标指针都会变成形状，在给出抛物线的焦点后 SOLIDWORKS 弹出“抛物线”属性管理器，如图 7-20 所示。将的笔尖移动到拟绘制抛物线焦点的位置并单击，向外拖动鼠标，则会显示一条动态抛物线，且可见到 的右侧显示出一个数字，即抛物线顶点到焦点的距离，在大小合适时释放左键。而后在合适位置单击确定抛物线的起点，再拖动鼠标，在合适位置单击确定终点，即可得到一段抛物线。

“抛物线”属性管理器中的第 1 组“X”“Y”坐标为抛物线的起始点坐标，第 2 组“X”“Y”坐标为抛物线的终止点坐标，第 3 组“X”“Y”坐标为抛物线的焦点坐标，第 4 组“X”“Y”坐标为抛物线的极值点坐标。图 7-21 所示是与图 7-20 所示参数相对应的抛物线。

如果将鼠标指针指向此抛物线的顶点或焦点，待其变成 形状时，按住鼠标左键并进行拖动，可改变抛物线的位置、形状、大小和方向。

如果将鼠标指针指向此抛物线的起点或终点，待其变成 形状时，按住鼠标左键并进行拖动，可改变抛物线的长度。

图 7-20　“抛物线”属性管理器

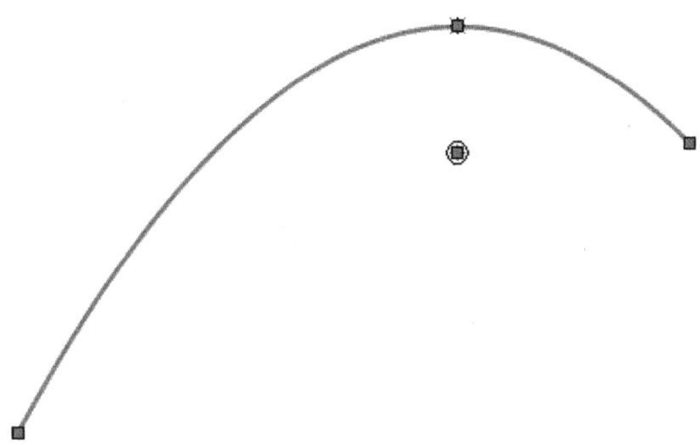

图 7-21　抛物线的绘制

7.4.10 “样条曲线”命令

1. 功能

绘制样条曲线。

2. 命令格式

- 菜单栏：“工具”→“草图绘制实体”→“样条曲线”。
- 命令管理器或工具栏按钮：。

选择上述任何一种方式调用命令，当鼠标指针变成 形状时，在绘图窗口指定样条曲线上的一系列插入点，在绘制结束时双击即可完成整条样条曲线，如图 7-22 所示。在给定曲线第一点时 SOLIDWORKS 弹出“样条曲线”属性管理器，如图 7-23 所示。可通过修改节点坐标以及插入点的切线方向来改变样条曲线的位置和形状。其中第一个文本框中显示的是样条曲线插入点的序号，第二、三文本框中显示的分别是该点的“X”“Y”坐标值，第四、五文本框中显示的是该点的“相切分量 1”和“相切分量 2”，第六文本框中所显示的数值为该点的切矢量与 *X* 轴之间的夹角。

图 7-22 样条曲线的绘制

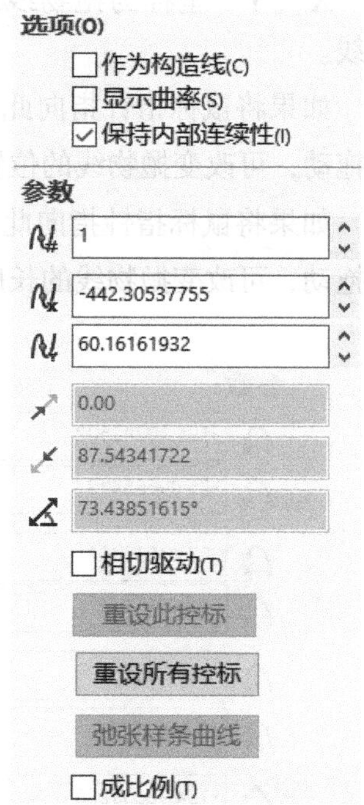

图 7-23 “样条曲线”属性管理器

将鼠标指针指向曲线中的某一插入点时，鼠标指针变成形状。按住鼠标左键拖动插入点时可改变样条曲线的形状，拖动某一端点可改变曲线一端的形状。也可勾选“相切驱动”复选框来改变插入的切线方向，进而改变样条曲线的形状。

> **说明：** 样条曲线还可以通过方程式来进行绘制，可在使用中根据需要自行探索。

7.4.11 “文本”命令

1. 功能

在面、边线及草图实体上书写文本。

2. 命令格式

- 菜单栏：“工具”→“草图绘制实体”→“文本”。
- 命令管理器或工具栏按钮：。

选择上述任何一种方式调用命令，SOLIDWORKS 都会弹出如图 7-24 所示的“草图文字”属性管理器，可根据需要来设置文本的对齐方式、字体、正反写等格式。单击“字体”按钮会打开如图 7-25 所示的“选择字体”对话框，可在此进一步设置文字的字高、间距等参数。设置完成后单击“确定”按钮返回“草图文字”属性管理器，在草图平面上单击选中样条曲线，“曲线”列表框中会出现“样条曲线 1”字样和相应的图形，这说明所标注的文本是依附在“样条曲线 1”上的，最后在“文字”文本框内输入“Solid Works 三维实体建模”文本，结果如图 7-26 所示。

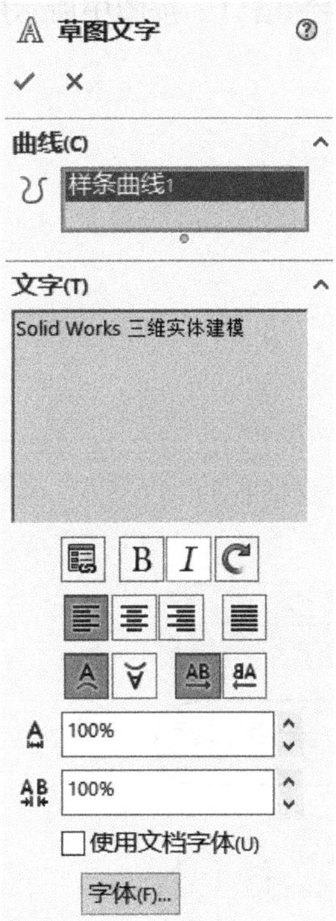

图 7-24 “草图文字”属性管理器

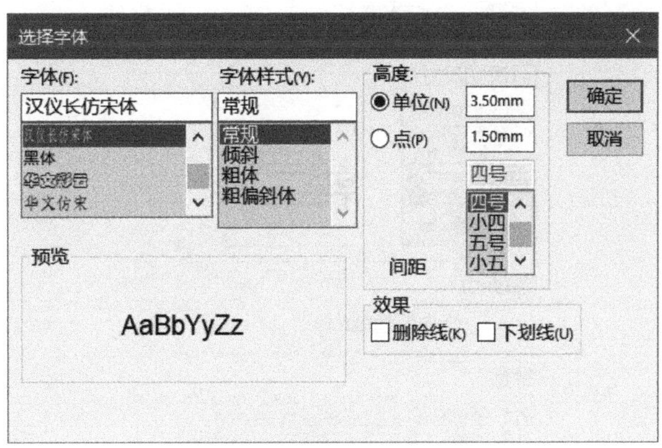

图 7-25 “选择字体”对话框

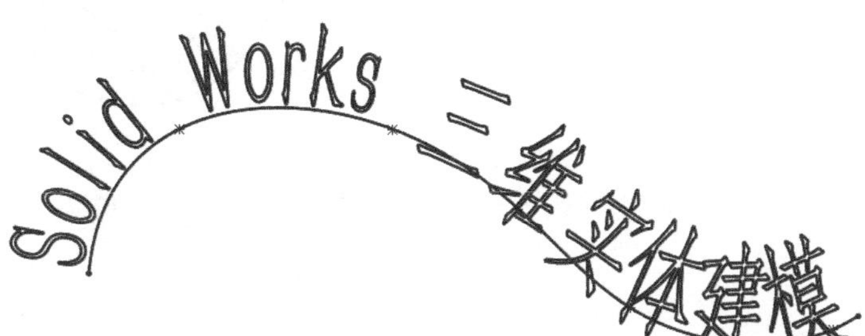

图 7-26 草图文本的创建

7.4.12 “槽口”命令

1. 功能

绘制各种槽口。

2. 命令格式

- 菜单栏：“工具”→“草图绘制实体”→“直槽口”。
- 命令管理器或工具栏按钮：[按钮图标]。

选择上述任何一种方式调用命令，SOLIDWORKS 都会弹出如图 7-27 所示的“槽口”属性管理器，其中显示了四种槽口类型，可根据需要来选择并绘制槽口，按图中所示序号顺序取点即可。图 7-28 所示就是这四种槽口类型的绘制结果。

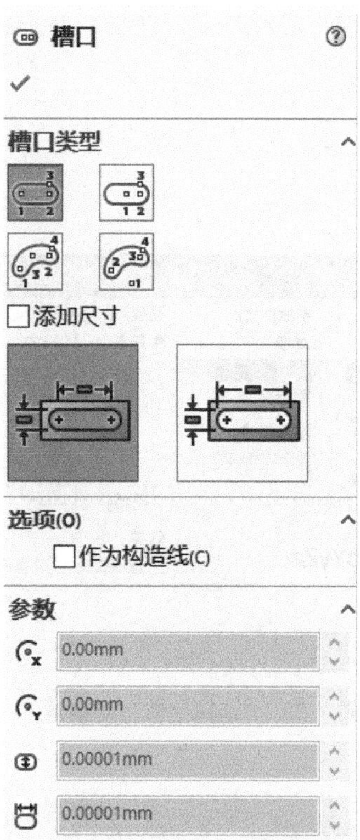

图 7-27 “槽口”属性管理器

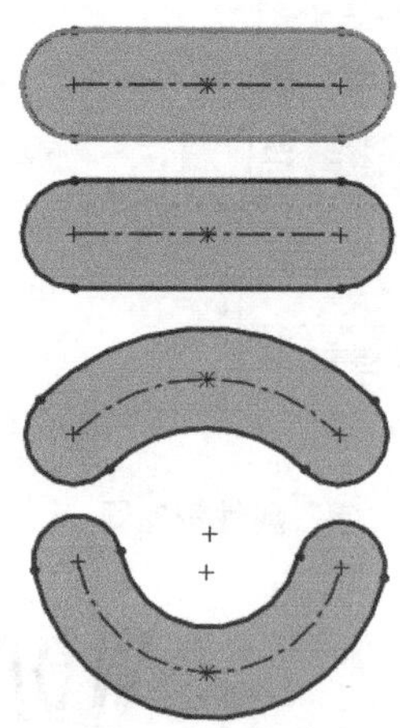

图 7-28 四种槽口类型的绘制结果

7.5 草图编辑命令

7.5.1 “圆角”命令

1. 功能

构造圆角。

2. 命令格式

- 菜单栏：“工具”→“草图工具”→“圆角”。
- 命令管理器或工具栏按钮：。

选择上述任何一种方式调用命令，SOLIDWORKS 都会弹出如图 7-29 所示的“绘制圆角”属性管理器。可在“圆角参数”选项组中指定圆角半径的数值，然后分别单击欲构造圆角的两个草图实体，即可绘出一个与两条直线相切的圆角，系统会自动将切点以外的部分剪切去除，如图 7-30 所示。

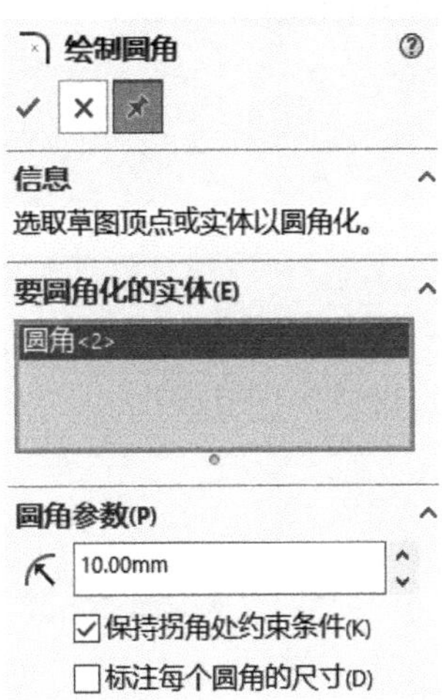

图 7-29 “绘制圆角”属性管理器

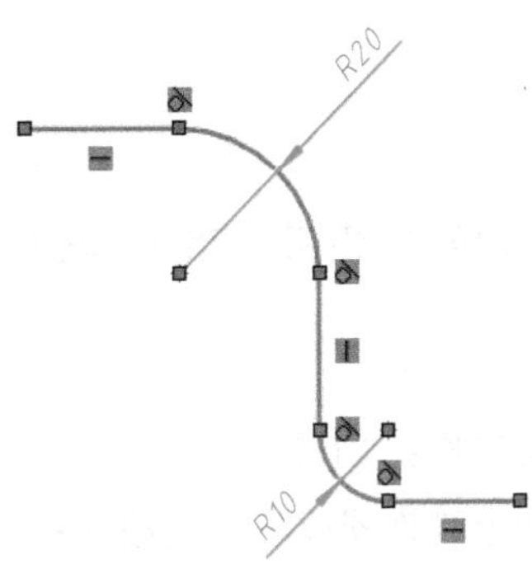

图 7-30 构造圆角的结果

7.5.2 “倒角”命令

1. 功能

构造倒角。

2. 命令格式

- 菜单栏："工具"→"草图工具"→"倒角"。
- 命令管理器或工具栏按钮：⌝。

选择上述任何一种方式调用命令，SOLIDWORKS都会弹出如图7-31a或图7-31b所示的"绘制倒角"属性管理器。先在"倒角参数"选项组中设置倒角参数，然后分别单击欲构造倒角的两个草图实体，即可完成倒角操作。图7-31c所示就是在如图7-31a、b所示设置下构造的倒角。

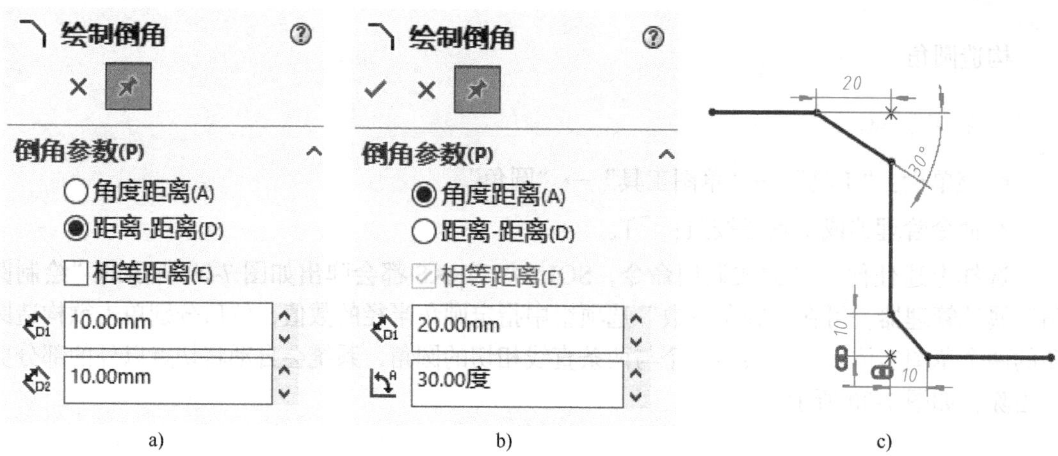

图7-31 "绘制倒角"属性管理器及倒角绘制结果

7.5.3 "镜像"命令

1. 功能

将选取的草图图形相对于镜像线进行对称复制。

2. 命令格式

- 菜单栏："工具"→"草图工具"→"镜像"⊖。
- 命令管理器或工具栏按钮：▯▯。

选择上述任何一种方式调用命令，SOLIDWORKS都会弹出如图7-32所示的"镜像"属性管理器。在"要镜像的实体"列表框中选择镜像实体；在"镜像轴"列表框中选择镜像线（镜像线可以是边线或直线）。

例如，如图7-33所示，用鼠标左键框选直线左侧的图形并将其添加到"要镜像的实体"列表框中，将竖线添加到"镜像轴"列表框中，然后单击✓按钮，即可实现对原实体的镜像复制操作。

⊖ SOLIDWORKS中"镜向"为错字，应为"镜像"，故本书中相关命令名称、属性管理器名称等相关表达中均写为"镜像"。

说明：镜像复制时应先绘制一条镜像线。

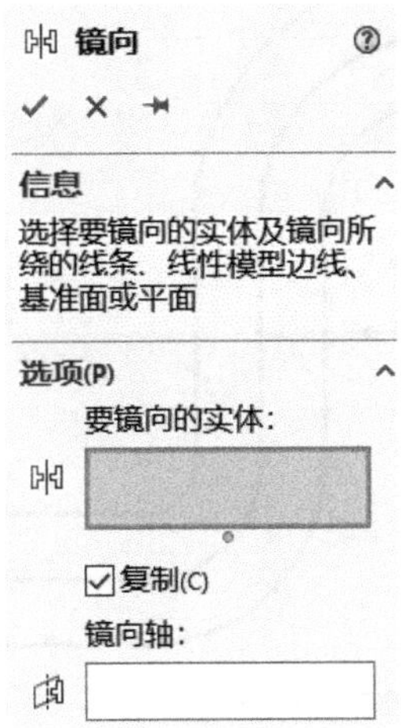

图 7-32　“镜像”属性管理器

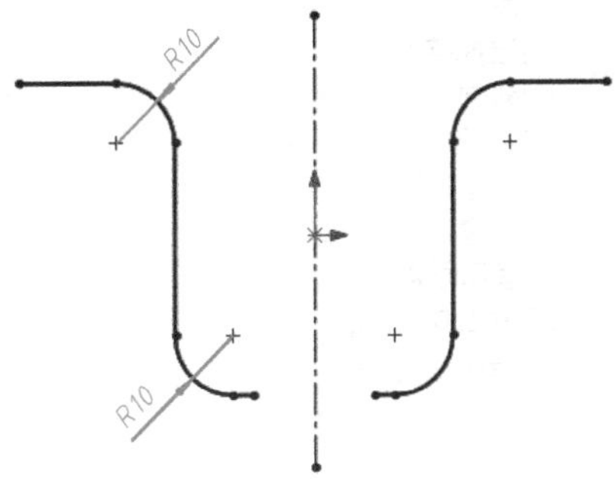

图 7-33　镜像实体

7.5.4　“等距实体”命令

1. 功能

按给定的距离复制一个或多个图形实体。

2. 命令格式

- 菜单栏：“工具”→“草图工具”→“等距实体”。
- 命令管理器或工具栏按钮：。

选择上述任何一种方式调用命令，SOLIDWORKS 都会弹出如图 7-34 所示的“等距实体”属性管理器。在“参数”选项组中输入等距数值，根据需要勾选相应的复选框，进入图形区域单击选择要进行等距复制的实体，然后单击按钮，即可实现等距实体的创建。对应图 7-34 所示设置的等距实体创建结果如图 7-35 所示。

7.5.5　“剪裁”命令

1. 功能

对所绘图形进行剪裁编辑。

2. 命令格式

- 菜单栏：“工具”→“草图工具”→“剪裁”。
- 命令管理器或工具栏按钮：。

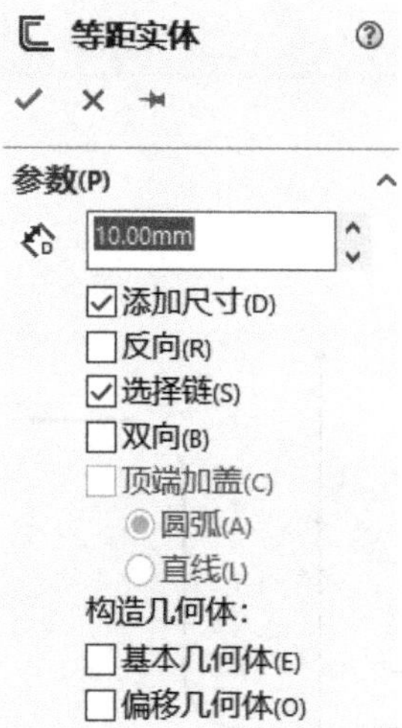

图 7-34　“等距实体”属性管理器

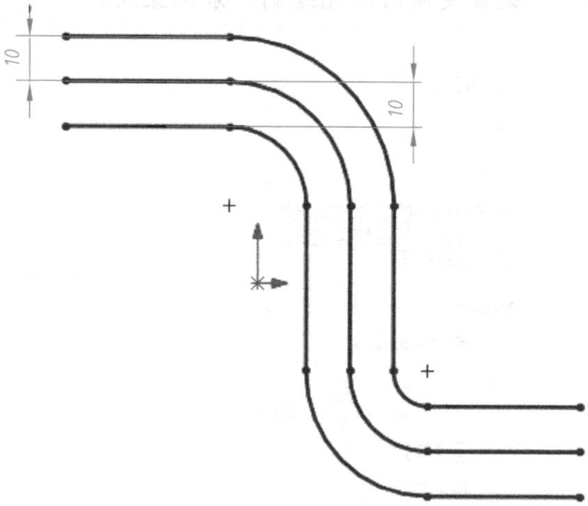

图 7-35　等距实体创建结果

选择上述任何一种方式调用命令，SOLIDWORKS 均弹出如图 7-36 所示的“剪裁”属性管理器，其中有五种实体剪裁方式，可根据具体需求选择其中一种方式使用。这里只介绍“强劲剪裁”方式，其他剪裁方式可在使用时自行研习。

强劲剪裁方式是通过拖动鼠标穿越每个草图实体来剪裁多个相邻草图实体的方法。

在如图 7-36 所示的“剪裁”属性管理器中，单击按钮后，按住鼠标左键并拖动鼠标穿越要剪裁的草图实体，则鼠标穿越的实体被剪裁掉。鼠标指针在穿过并剪裁草图实体时，在屏幕上会留下一条灰色的剪裁路径轨迹。图 7-37a 所示为剪裁前的图形，图 7-37b 所示是实施强劲剪裁后的图形。

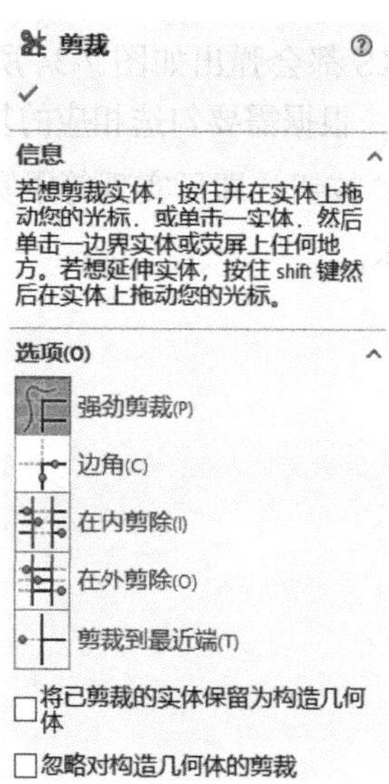

图 7-36　“剪裁”属性管理器

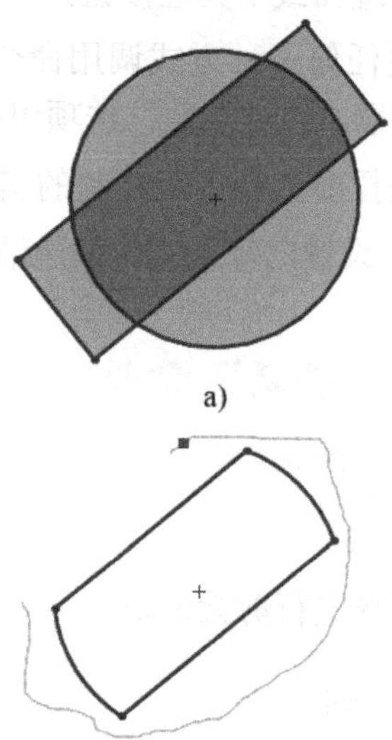

a)

b)

图 7-37　强劲剪裁操作

7.5.6 “延伸”命令

1. 功能

将指定对象延伸至指定边界。

2. 命令格式

- 菜单栏：“工具”→“草图工具”→“延伸”。
- 命令管理器或工具栏按钮：。

选择上述任何一种方式调用命令，鼠标指针均变为形状。将其移动到实体需要延伸端附近，此时所选实体呈高亮显示状态，延伸到实体的线段以金黄色显示，单击即可完成延伸操作。

> **说明：** 实体延伸只能延伸到距其最近的实体。

7.5.7 “分割实体”命令

1. 功能

将草图实体图形在分割点处一分为二。

2. 命令格式

- 菜单栏：“工具”→“草图工具”→“分割实体”。
- 命令管理器或工具栏按钮：。

选择上述任何一种方式调用命令，鼠标指针都会变成形状，单击草图实体上的分割位置，即可将草图实体一分为二。

如果在打开的草图中选择分割点，则可按〈Delete〉键将其删除，使草图实体重新合成为一个实体。

> **说明：** 如果“草图”工具栏中没有此按钮，则可以打开图6-5所示“自定义”对话框的“命令”选项卡，在“草图”菜单下按住按钮并拖到“草图”工具栏中。其他类似情况可同样处理。

7.5.8 “线性阵列”命令

1. 功能

将某一草图实体以成行、成列方式进行多重复制。

2. 命令格式

- 菜单栏：“工具”→“草图工具”→“线性阵列”。
- 命令管理器或工具栏按钮：。

选择上述任何一种方式调用命令，SOLIDWORKS 都会弹出如图 7-38 所示的“线性阵列”属性管理器。在该属性管理器中设定“方向 1”（行）和“方向 2”（列）的相应参数，再选择需要阵列的草图实体即可完成线性阵列操作。

例如，如图 7-39 所示，在左下角绘制一个圆。选中该圆，单击按钮调用“线性阵列”命令，在其属性管理器中，分别指定阵列的各项参数：在第一方向和第二方向要复制的实体数量均为 3，实体与实体之间的列间距为 50mm，行间距为 40mm，排列方向与 X 轴正向夹角分别为 0° 和 90°，在“要阵列的实体”列表框中指定要阵列的圆形对象，这时，在绘图窗口就可预览线性阵列的效果，如图 7-39 所示。单击按钮，即可实现“线性阵列”方式的实体复制。

图 7-38 “线性阵列”属性管理器

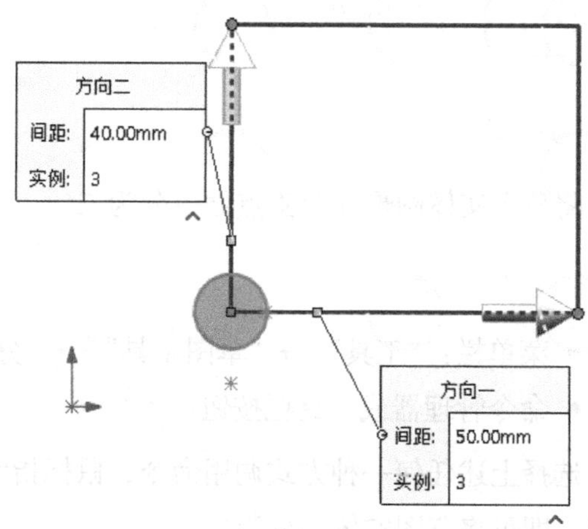

图 7-39 线性阵列实体复制操作

7.5.9 “圆周阵列”命令

1. 功能

以指定点为中心点，将实体以环形方式进行多重复制。

2. 命令格式

- 菜单栏：“工具”→“草图工具”→“圆周阵列”。
- 命令管理器或工具栏按钮：。

选择上述任何一种方式调用命令，SOLIDWORKS 都会弹出如图 7-40 所示的“圆周阵列”属性管理器，在该属性管理器中设定相应参数，即可完成草图实体的圆周阵列操作。其中，“A1” 表示阵列的图形拥有的角度空间，“A2” 表示阵列图形的中心与回转中心的连线与 *X* 轴正向之间的夹角。

如图 7-41 所示，先绘制一个圆。选中该圆，单击按钮调用“圆周阵列”命令，在弹出的属性管理器中，分别指定阵列的各参数：阵列半径为 80mm，A2 为 270°，回转中心位置坐标为（0，–24.46），实体数量为 6，A1 为 360°，指定圆周阵列实体后，在绘图窗口就会显示阵列的预览图，单击 ✔ 按钮实现“圆周阵列”方式的实体复制。

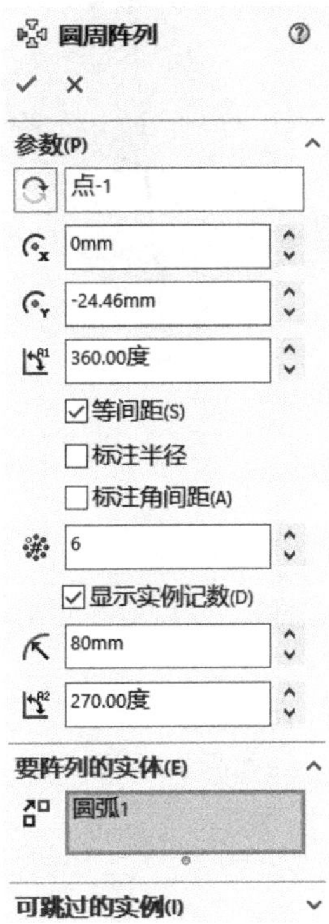

图 7-40 “圆周阵列”属性管理器

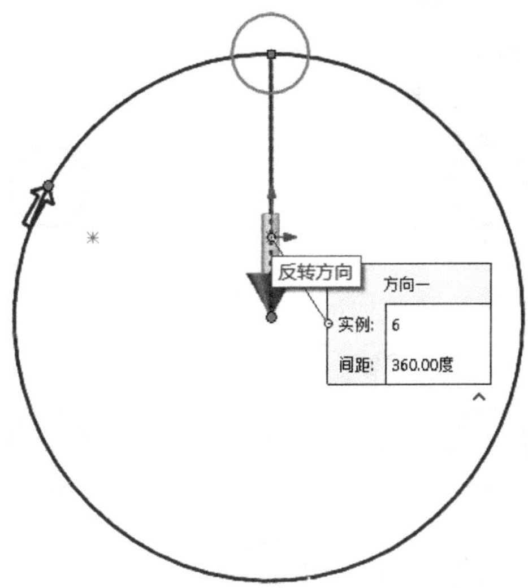

图 7-41 圆周阵列实体复制操作

7.5.10 “移动”命令

1. 功能

以指定点或给定 *X*、*Y* 增量的方式来实现实体的移动。

2. 命令格式

- 菜单栏：“工具”→“草图工具”→“移动”。
- 命令管理器或工具栏按钮：。

选择上述任何一种方式调用命令，SOLIDWORKS 都会弹出如图 7-42 所示的“移动”属性管理器，在该属性管理器中设定相应参数，即可完成草图实体的移动操作。属性管理器中的“重复”按钮可用来进行多次等距移动。

图 7-43 所示就是按图 7-42 所示设置移动实体的例子。

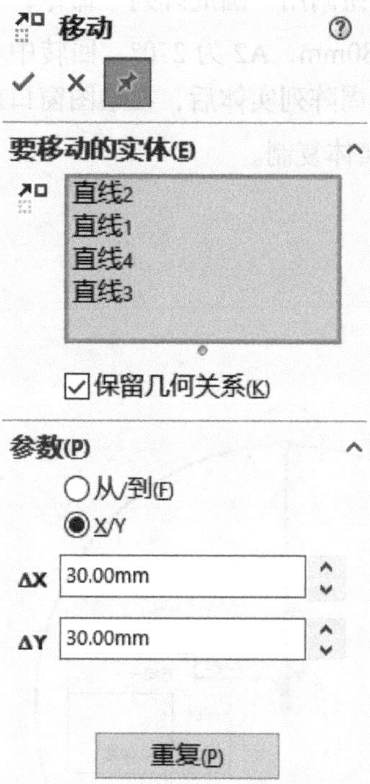

图 7-42 “移动”属性管理器

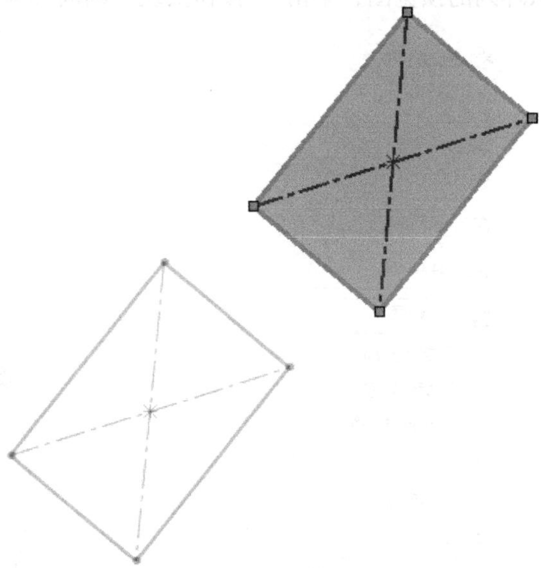

图 7-43 移动实体

7.5.11 “复制”命令

1. 功能

以指定点或给定 *X*、*Y* 增量的方式来实现实体的复制。

2. 命令格式

- 菜单栏：“工具” → “草图工具” → “复制”。
- 命令管理器或工具栏按钮：。

选择上述任何一种方式调用命令，SOLIDWORKS 都会弹出如图 7-44 所示的“复制”属性管理器，在该属性管理器中设定相应参数，即可完成草图实体的复制操作。属性管理器中的“重复”按钮可用来进行多次等距复制。

图 7-45 所示就是按图 7-44 所示设置复制实体的例子。

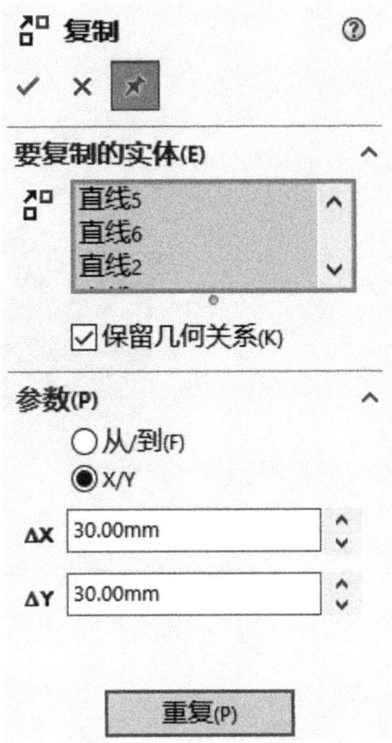

图 7-44　“复制”属性管理器

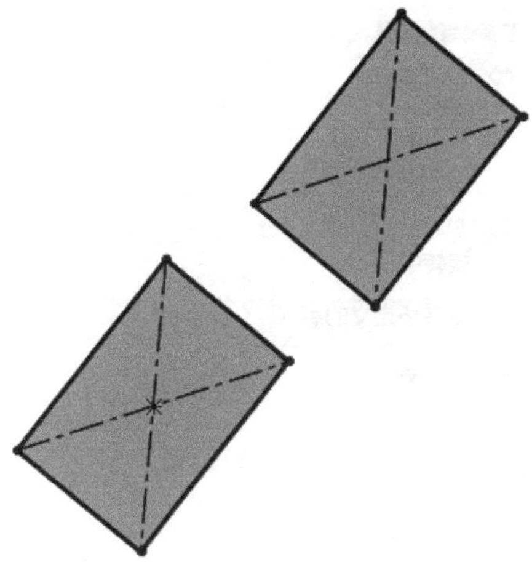

图 7-45　复制实体

7.5.12　“旋转”命令

1. 功能

以指定点作为旋转中心来实现实体的旋转。

2. 命令格式

- 菜单栏：“工具” → “草图工具” → “旋转”。
- 命令管理器或工具栏按钮：。

选择上述任何一种方式调用命令，SOLIDWORKS 都会弹出如图 7-46 所示的“旋转”属性管理器，在该属性管理器中设定相应参数，即可完成草图实体的旋转操作。

图 7-47 所示就是按图 7-46 所示设置旋转实体的例子。

7.5.13　“比例缩放”命令

1. 功能

以指定点作为比例基点来实现实体的比例缩放和比例复制。

2. 命令格式

- 菜单栏：“工具” → “草图工具” → “比例缩放”。

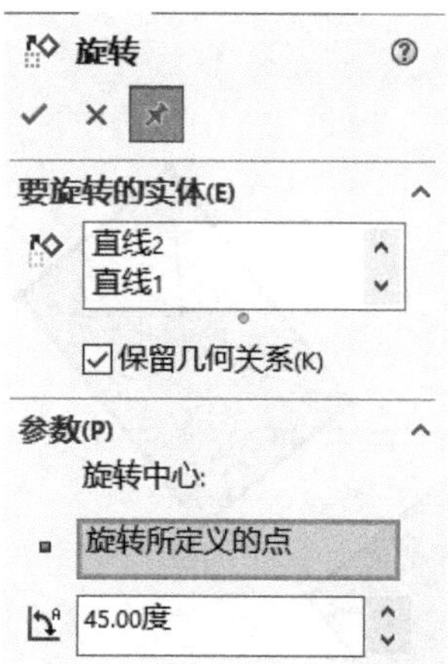

图 7-46　“旋转”属性管理器

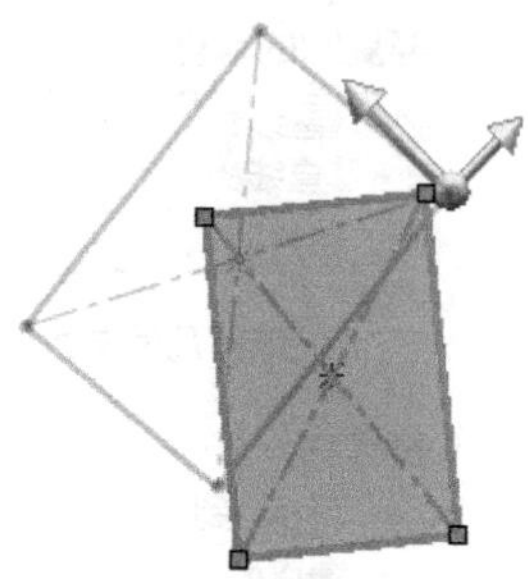

图 7-47　旋转实体

- 命令管理器或工具栏按钮：。

选择上述任何一种方式调用命令，SOLIDWORKS 都会弹出如图 7-48 所示的“比例”属性管理器，在该属性管理器中设定相应参数，即可完成草图实体的比例缩放和比例复制操作。属性管理器中的“复制”复选框用来进行比例缩放和复制，不勾选则只进行比例缩放。

图 7-49 所示就是按图 7-48 所示设置比例缩放实体的例子。

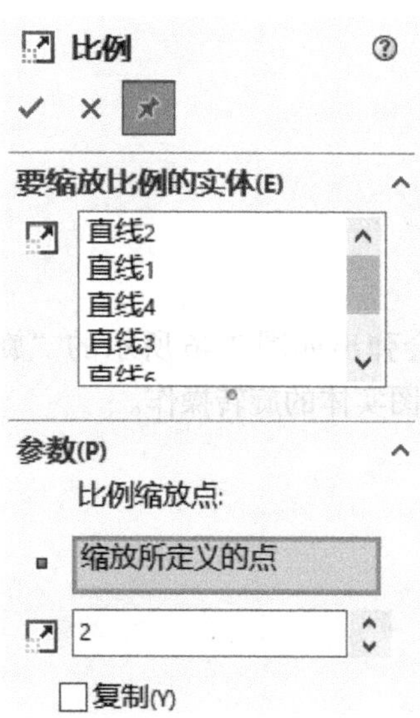

图 7-48　“比例”属性管理器

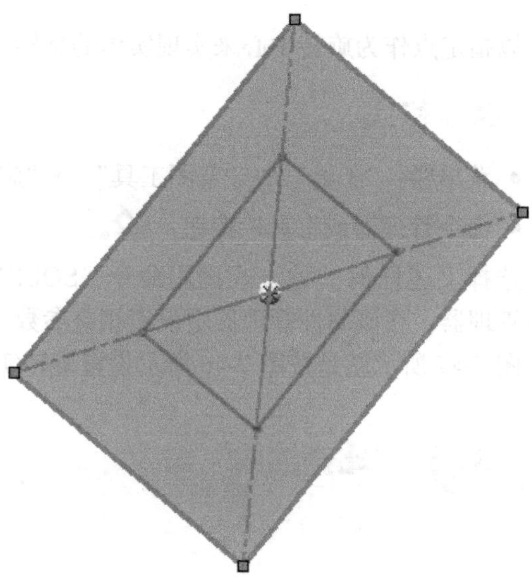

图 7-49　比例缩放实体

7.5.14 “伸展实体”命令

1. 功能

以指定点或给定 *X*、*Y* 增量的方式来实现实体的伸展。

2. 命令格式

- 菜单栏：“工具”→“草图工具”→“伸展实体”。
- 命令管理器或工具栏按钮：。

选择上述任何一种方式调用命令，SOLIDWORKS 都会弹出如图 7-50 所示的“伸展”属性管理器，点取或框选需要伸展的实体，并在该属性管理器中设定相应参数，即可完成草图实体的伸展操作。属性管理器的“重复”按钮可用来进行多次等长伸展。

图 7-51 所示就是按图 7-50 所示设置进行实体伸展的例子。

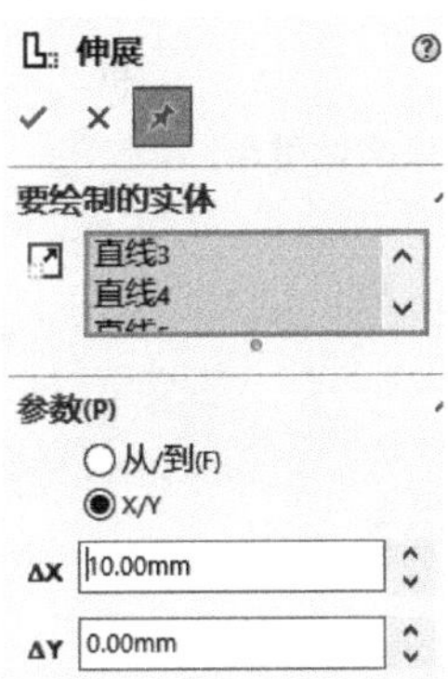

图 7-50 “伸展”属性管理器

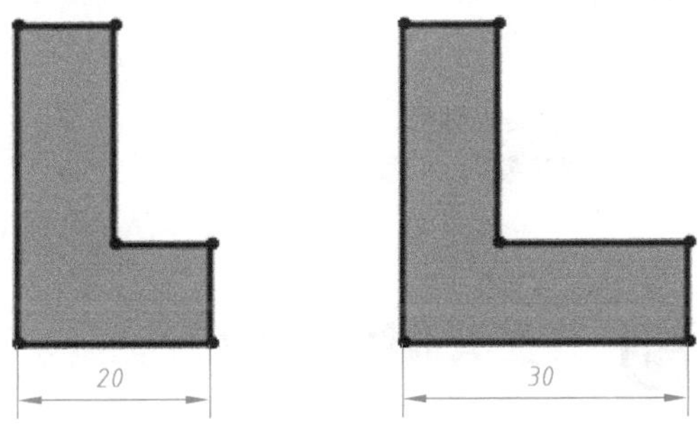

a)　　b)

图 7-51 实体伸展

a）原图形　b）伸展后图形

7.5.15 “转换实体引用”命令

1. 功能

将模型上的边线或已构成实体造型的草图实体转换为新基准面上的草图实体。

2. 命令格式

- 菜单栏：“工具”→“草图工具”→“转换实体引用”。
- 命令管理器或工具栏按钮：。

选择上述任何一种方式调用命令，SOLIDWORKS 都会弹出如图 7-52 所示的“转换实体引用”属性管理器。

下面通过一个例子来说明该命令的操作方法和步骤。如图 7-53a 所示，已经建立了一个由长方体底板、圆柱体、椭圆柱构成的三维实体，且已创建了一个距长方体上表面 10mm 的平行面——基准面 1，现欲在基准面 1 上生成圆形凸台和椭圆形凸台的轮廓，操作步骤如下。

1）在特征管理器中单击选中“基准面 1”，单击按钮后再单击按钮。

2）在弹出的“转换实体引用”属性管理器中勾选“选择链”复选框。

3）选择圆和椭圆曲线，再单击 ✔ 按钮即可完成转换实体引用操作，如图 7-53b 所示。

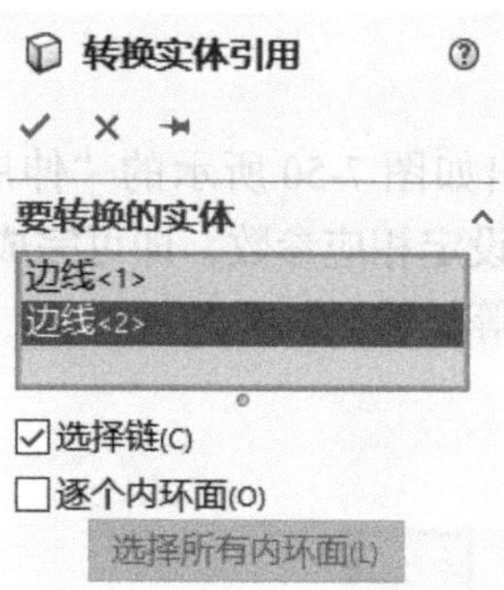

图 7-52　“转换实体引用”属性管理器

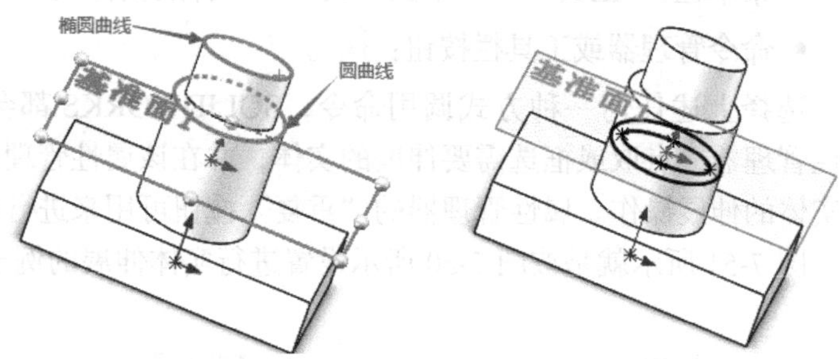

a)　　b)

图 7-53　转换实体引用

7.5.16 “交叉曲线”命令

1. 功能

生成截交线草图。

2. 命令格式

- 菜单栏：“工具”→“草图工具”→“交叉曲线”。
- 命令管理器或工具栏按钮：。

选择上述任何一种方式调用命令，SOLIDWORKS 都会弹出如图 7-54 所示的“交叉曲线”属性管理器。

下面通过一个例子来说明该命令的操作方法和步骤。如图 7-55a 所示，已经建立了一个三维实体，且已创建一个距实体上表面 15mm 的平行面——基准面 2。现欲在“基准面 2”上生成截交线，操作步骤如下。

1）在特征管理器中单击选中“基准面 2”，单击按钮后再单击按钮。

2）在实体上选择与基准面 2 相交的曲面。

3）在确认无误后，单击属性管理器中的 ✔ 按钮即可完成操作，如图 7-55b 所示。

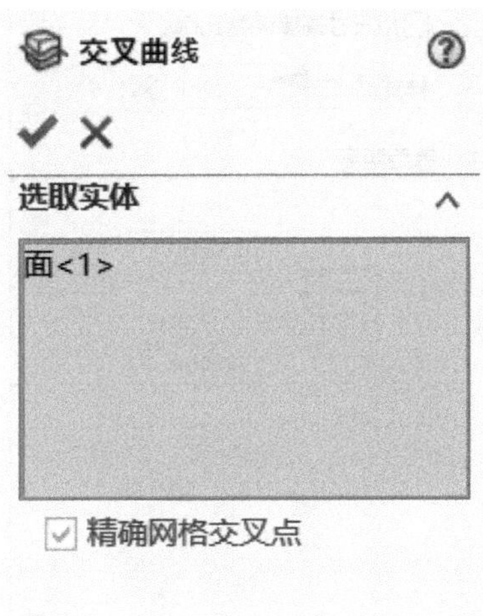

图 7-54 “交叉曲线”属性管理器

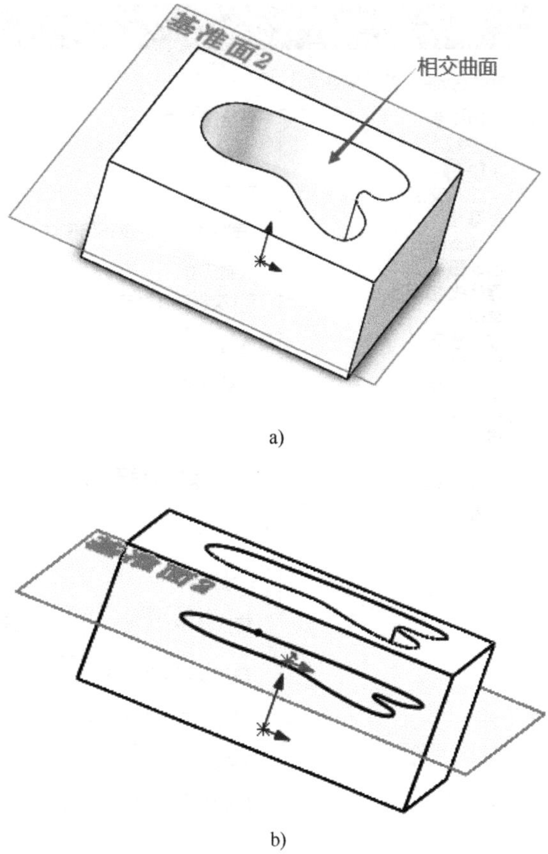

图 7-55 交叉曲线操作

7.6 草图的尺寸标注

尺寸标注是设计中必不可少的一项工作，正确的尺寸能够准确描述物体的形状大小和形体之间的相对位置关系。

7.6.1 尺寸标注样式的设定

选择菜单栏“工具”→“选项”→“文档属性”→“尺寸”命令，SOLIDWORKS 会弹出如图 7-56 所示的对话框。在此对话框中可以对尺寸线、尺寸界线、字高、字型、尺寸线终端形式及大小、尺寸精度、显示方式等进行设置，其中字高和字型可利用单击“字体”按钮后所弹出的对话框来加以设定。尺寸标注样式也可以通过“尺寸”属性管理器来进行设定。

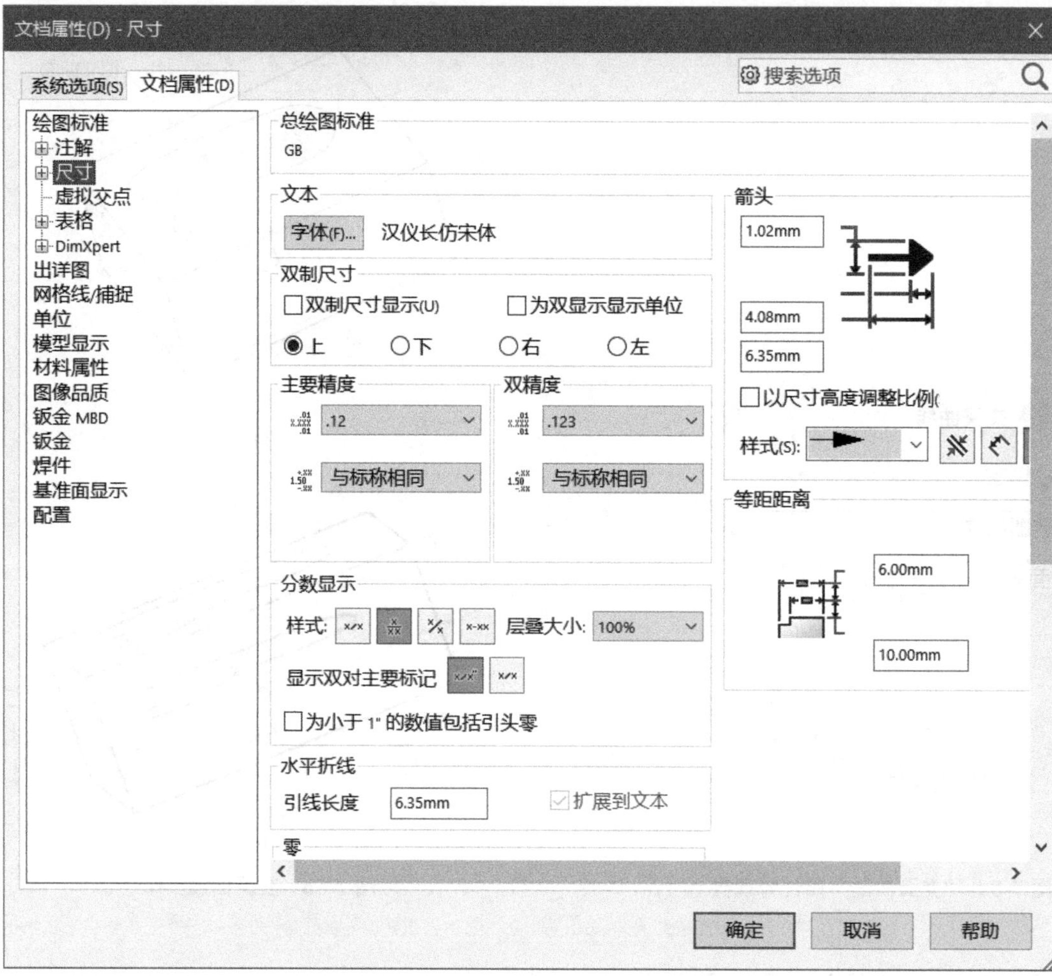

图 7-56 “文档属性 - 尺寸”对话框

7.6.2 尺寸标注

“尺寸 / 几何关系”工具栏如图 7-5 所示。也可通过单击 处的展开按钮 来选择尺寸标注的形式，如图 7-57 所示。本小节主要介绍智能尺寸的标注形式，因为它基本涵盖了所有标注形式的内容，其他标注形式可在使用中自行研习。

1. 功能

标注各种尺寸，如线性尺寸、圆及圆弧尺寸、角度尺寸等。

2. 命令格式

- 菜单栏：“工具” → “标注尺寸” → “智能尺寸”。
- 命令管理器或工具栏按钮： 。

选择上述任何一种方式调用命令，并单击要标注尺寸的图元，SOLIDWORKS 都会弹出如图 7-58 所示的“修改”对话框及图 7-59 所示的“尺寸”属性管理器。

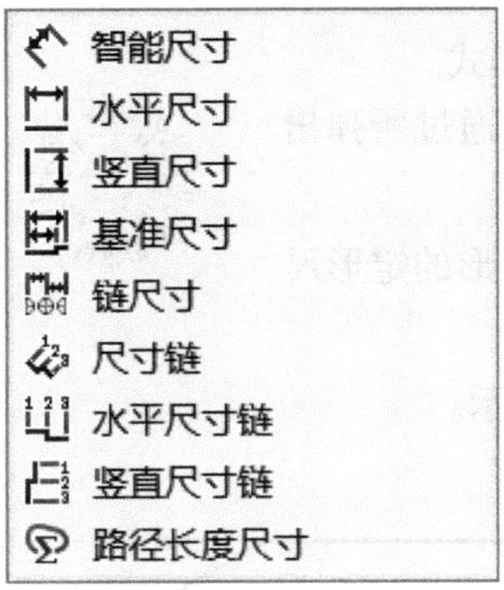

图 7-57　尺寸标注形式

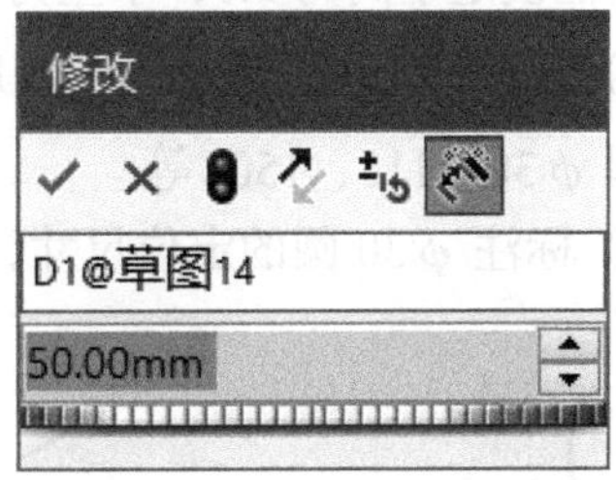

图 7-58　“修改”对话框

“尺寸”属性管理器中有“数值”“引线”“其它”三个选项卡。

1）如图 7-59 所示，“数值”选项卡主要用来更改尺寸数字文本的显示样式及对齐方式，尺寸数字的前缀和标注样式设置等。在“样式”选项组中有五个按钮，从左至右其含义为：①将默认属性应用到所选尺寸；②添加或更新样式；③删除样式；④保存样式；⑤装入样式。属性管理器中显示的数值是系统自动计算得到的，可以通过修改各项数值来达到精确绘图的目的，必要时还可以输入方程式。

2）如图 7-60 所示，“引线”选项卡主要用来更改尺寸终端形式及引线形式。

3）如图 7-61 所示，“其它”选项卡主要用来更改尺寸文本样式。

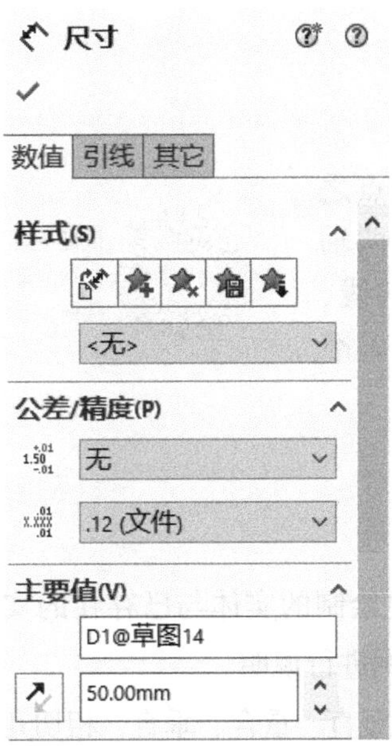

图 7-59　“尺寸”属性管理器

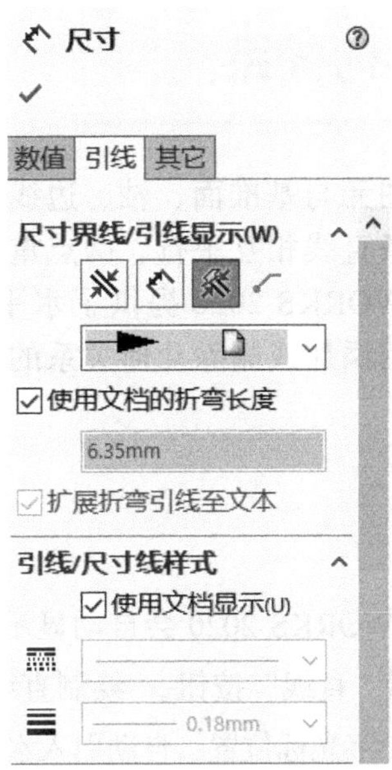

图 7-60　“引线”选项卡

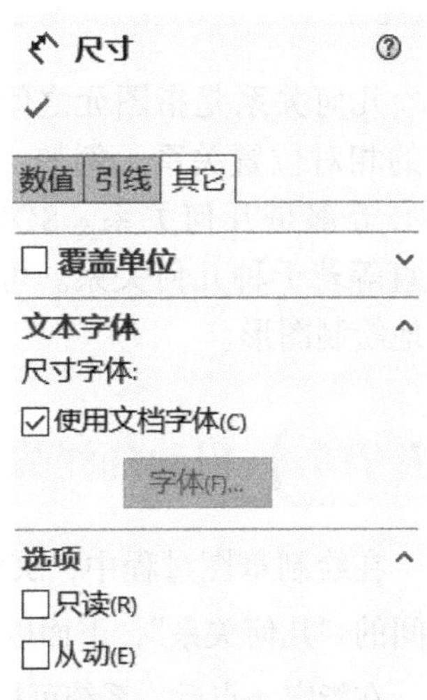

图 7-61　“其它”选项卡

下面通过一个例子来说明标注草图尺寸的操作方法和步骤。

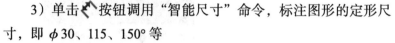

[例 7-1] 标注如图 7-62 所示图形的尺寸。

讲解视频：例 7-1

1）按图 7-56 所示对话框中的各项内容设定标注样式。

2）在图 7-56 所示对话框中单击“字体”按钮，通过所弹出的对话框设定字高为 5.0，字型为宋体。

3）单击按钮调用“智能尺寸”命令，标注图形的定形尺寸，即 φ30、115、150° 等

4）标注 φ30 圆的定位尺寸，其结果如图 7-63 所示。

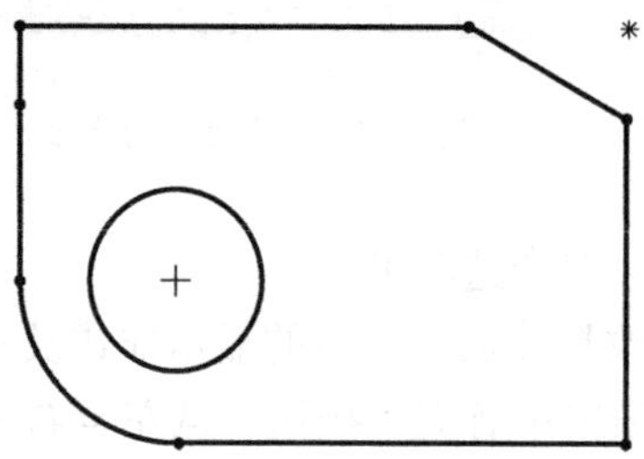

图 7-62 原图形

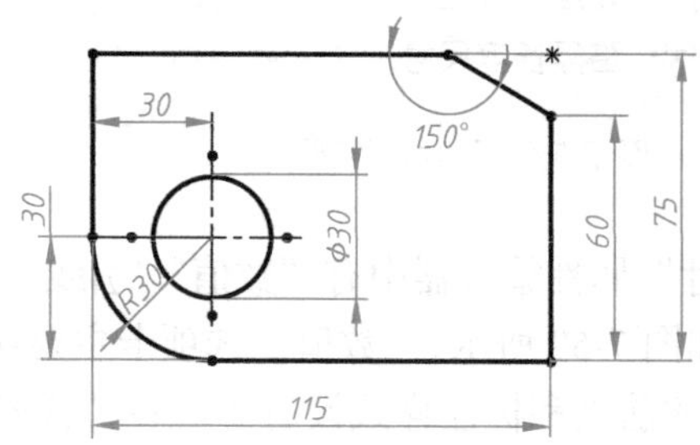

图 7-63 尺寸标注结果

说明： 在设计和尺寸标注过程中难免出错，因而往往要对尺寸进行修改。在草图状态下只需在要修改的尺寸上双击鼠标左键就可以进行修改了。

7.7 添加与删除几何关系

几何关系是指图元之间或图元与基准面、轴、边线、端点之间的相对位置关系。例如，两条直线相互平行、两点重合、两轴同心等都是几何关系。SOLIDWORKS 2020 提供了水平、共线、垂直等若干种几何关系。可利用添加或删除几何关系的方法，准确地绘制图形。

讲解视频：添加与删除几何关系

7.7.1 自动几何关系

在绘制草图过程中，SOLIDWORKS 2020 会自动显示将要绘制的实体与已存在的实体之间的“几何关系”，下面以使用“直线”按钮绘制直线为例进行说明。

在指定一点后，系统可根据十字光标位置，自动引入水平、竖直、重合、垂直、相切几何关系，以便于确定第二点而生成直线，相应地，十字光标就会变成、、、、

形状，如图 7-64 所示。也可在已知一条直线的条件下，根据十字光标位置，自动引入中点几何关系来确定直线的第一点，如图 7-64d 所示。

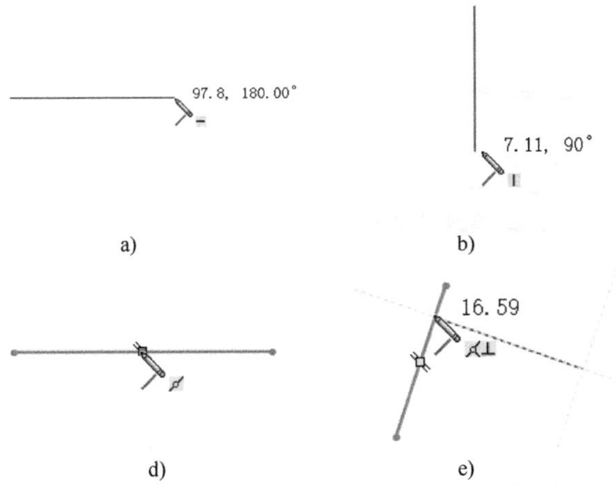

图 7-64 自动几何关系

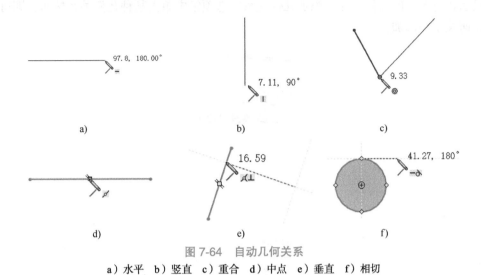

a）水平 b）竖直 c）重合 d）中点 e）垂直 f）相切

此外，绘图过程中也可用图 7-65 所示“快速捕捉”快捷菜单引入几何关系。

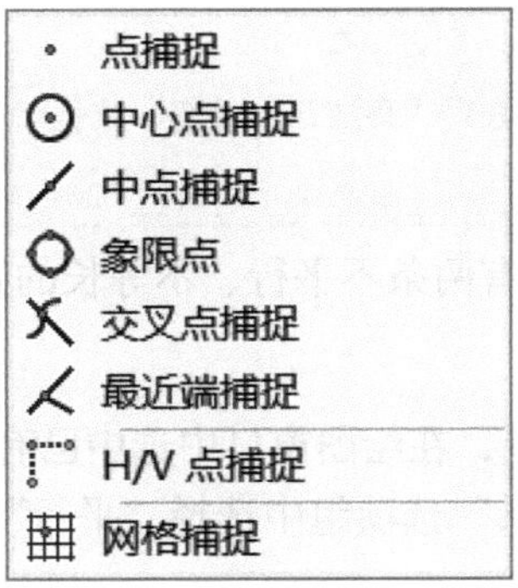

图 7-65 “快速捕捉”快捷菜单

7.7.2 手动添加几何关系

1. 功能

手动添加几何关系。

2. 命令格式

- 菜单栏：“工具”→“几何关系”→“添加”。
- 命令管理器或工具栏按钮：![icon]。

选择上述任何一种方式调用命令，SOLIDWORKS 都会弹出“添加几何关系”属性管理器，如图 7-66 所示。在绘图窗口中单击选择欲添加几何关系的图元，“所选实体”列表框中便会显示相应图元的名称，在“添加几何关系”选项组中单击某种几何关系按钮，即可实现相应几何关系的添加。

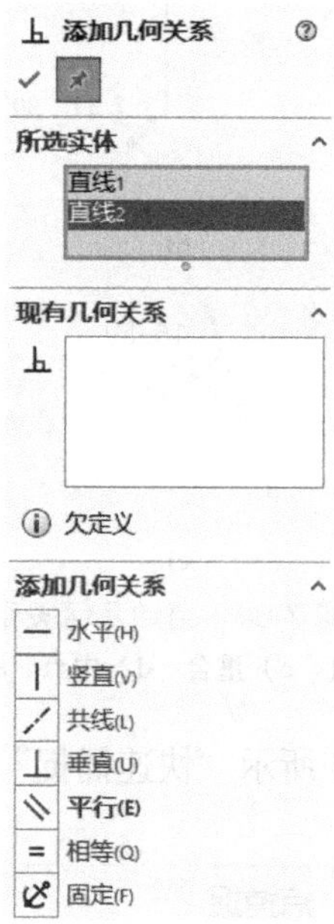

图 7-66 “添加几何关系”属性管理器

[例 7-2] 如图 7-67a 所示，有两条不平行、不等长的直线段，添加几何关系使直线 2 平行于直线 1。

调用“添加几何关系”命令，在绘图窗口中选中已有两条直线段，然后在图 7-66 所示属性管理器中“添加几何关系”选项组中选择“平行”选项，即可使两直线平行，如图 7-67b 所示。

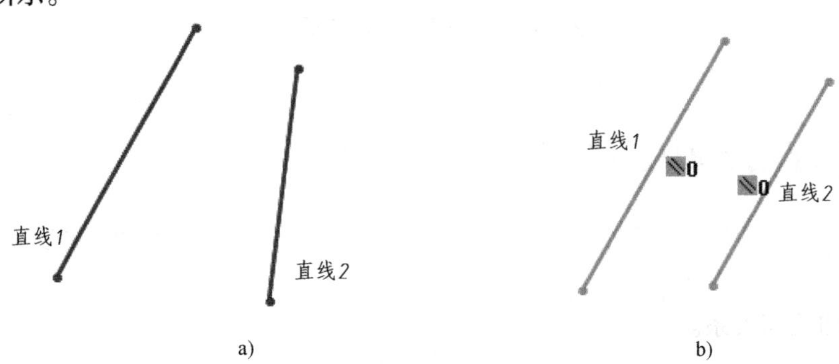

图 7-67 添加平行几何关系

说明：图元的选择顺序不能颠倒，否则达不到理想的效果。

7.7.3 显示和删除几何关系

1. 功能

显示 / 草图中存在的几何关系，并将指定的几何关系删除。

2. 命令格式

- 菜单栏：“工具” → “几何关系” → “显示 / 删除”。
- 命令管理器或工具栏按钮：。

选择上述任何一种方式调用命令，SOLIDWORKS 都会弹出“显示 / 删除几何关系”属性管理器，如图 7-68 所示。选中欲删除的几何关系后，单击属性管理器中的“删除”按钮即可完成几何关系的删除。

有时图形复杂且几何约束关系纵横交错，绘图窗口一片墨绿（SOLIDWORKS 中如的几何关系均显示为绿色），给操作带来极大不便，此时可以单击快捷图标按钮中的“观阅草图几何关系”按钮来隐藏草图中的几何关系，如图 7-69 所示，再次单击则可使其显示。

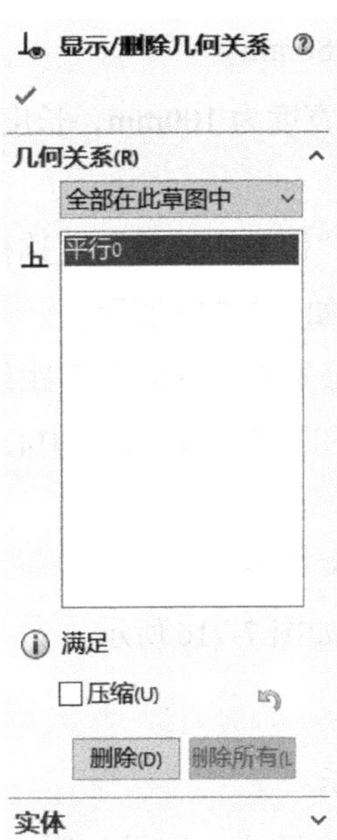

图 7-68 “显示 / 删除几何关系”属性管理器

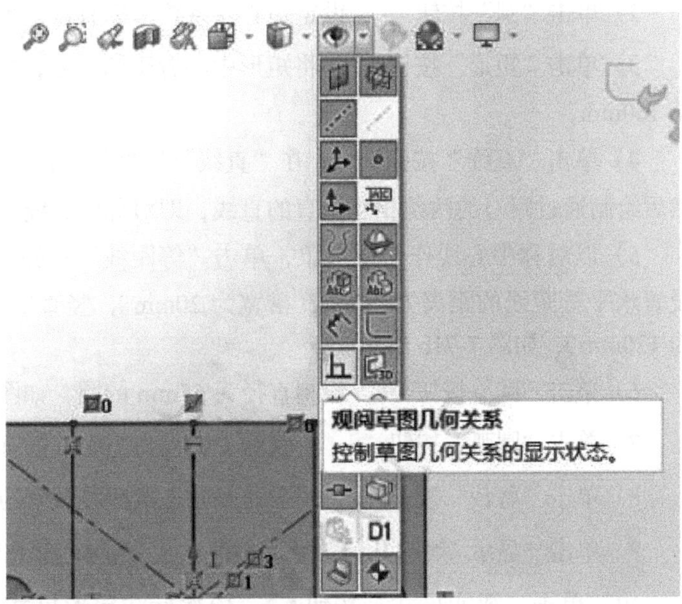

图 7-69 “观阅草图几何关系”按钮

7.7.4 应用几何关系绘图

下面用两个示例来讲解应用几何关系绘图的方法和步骤。

[例 7-3] 绘制如图 7-70 所示图形。

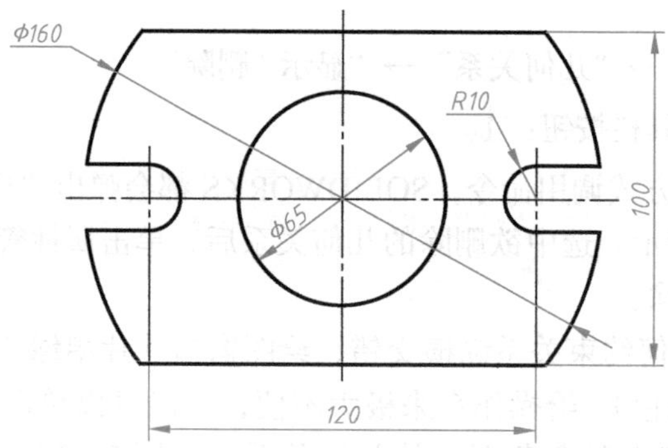

讲解视频：
例 7-3

图 7-70 例 7-3 图形

1）单击“草图绘制”按钮，选择前视基准面作为草绘平面。

2）单击“圆”按钮，设定圆心在系统坐标原点，半径为 80mm。

3）单击“矩形”按钮，将矩形中心置于圆心处，并设置宽度为 100mm，长度大于 160mm。

4）单击“直线”按钮，在“直线”属性管理器中勾选“作为构造线”复选框，然后绘制通过圆心的两条相互垂直的直线，即对称中心线，结果如图 7-71a 所示。

5）以对称中心线作为源对象，单击“等距线”按钮，分别作“双向”等距线，设置水平等距线的距离为 10mm（槽宽为 20mm），竖直等距线的距离为 60mm（中心距为 120mm），如图 7-71b 所示。

6）单击“圆”按钮，绘制直径为 65mm 的圆，如图 7-71c 所示。

7）单击“圆弧”按钮，绘制两个半径为 10mm 的圆弧，如图 7-71c 所示。

8）单击“剪裁”按钮，用强劲剪裁方式剪去多余的线段。

9）单击“显示 / 删除几何关系”按钮，删除全部几何关系。

10）单击“智能尺寸”按钮，依次标注定形尺寸和定位尺寸，结果如图 7-70 所示。

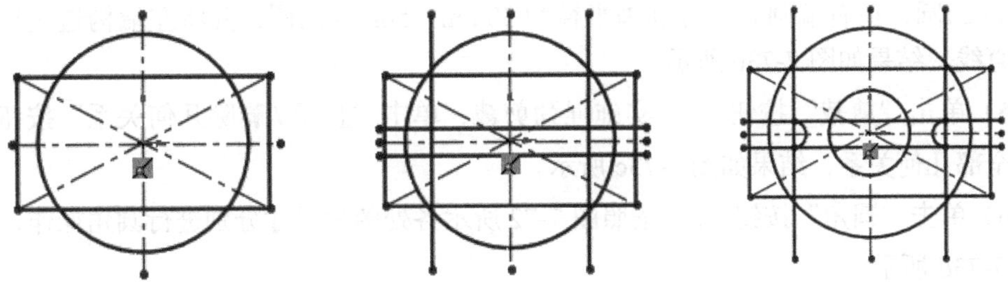

a) b) c)

图 7-71 例 7-3 作图过程

[例 7-4] 绘制如图 7-72 所示图形。

讲解视频：
例 7-4

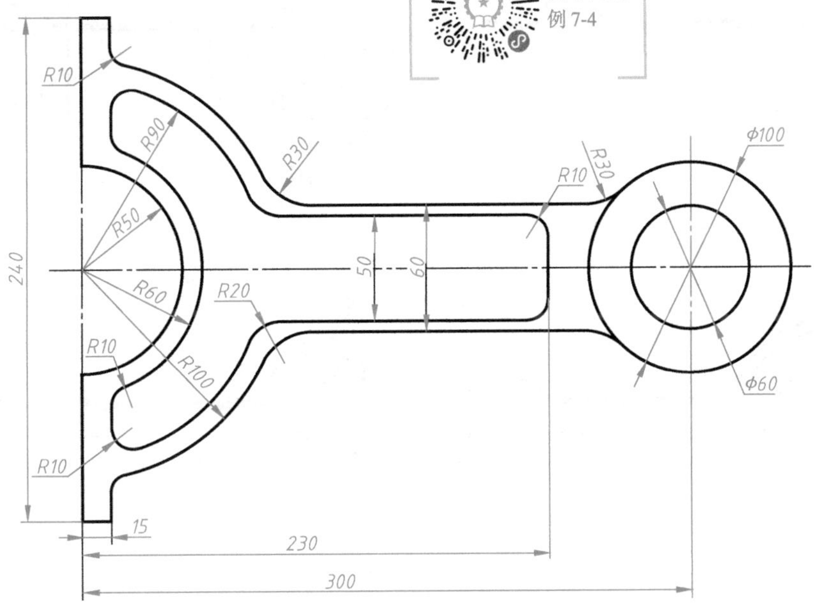

图 7-72 例 7-4 图形

1）单击“草图绘制”按钮，选择前视基准面作为草绘平面。

2）单击“直线”按钮，在“直线”属性管理器中勾选“作为构造线”复选框，然后绘制通过系统坐标原点的水平线（对称中心线）和竖直线；单击“等距线”按钮，向右作竖直线的等距线，距离为 300mm，并注意将其改成构造线。

3）反复单击“等距线”按钮 向上作对称中心线的等距线，距离分别设置为 25mm、30mm、120mm。接着对左端竖直线向右作等距线，距离设置为 15mm；再对右端竖直线向左作等距线，距离设置为 70mm。结果如图 7-73a 所示。

4）单击“圆”按钮，在左端圆心处分别画半径为 50mm、60mm、90mm、

100mm 的圆，在右端圆心处分别画半径为 30mm、50mm 的圆，并将左端构造线转换成一般直线，结果如图 7-73b 所示。

5）单击“剪裁”按钮，实施强劲剪裁，单击“显示 / 删除几何关系”按钮，删除全部几何关系，结果如图 7-73c 所示。

6）单击“圆角”按钮，按照图 7-72 所示各处圆角尺寸分别进行圆角操作，结果如图 7-73d 所示。

7）单击“镜像”按钮，并以水平对称中心线作为镜像轴线，结果如图 7-73e 所示。

8）标注尺寸。结果如图 7-72 所示。

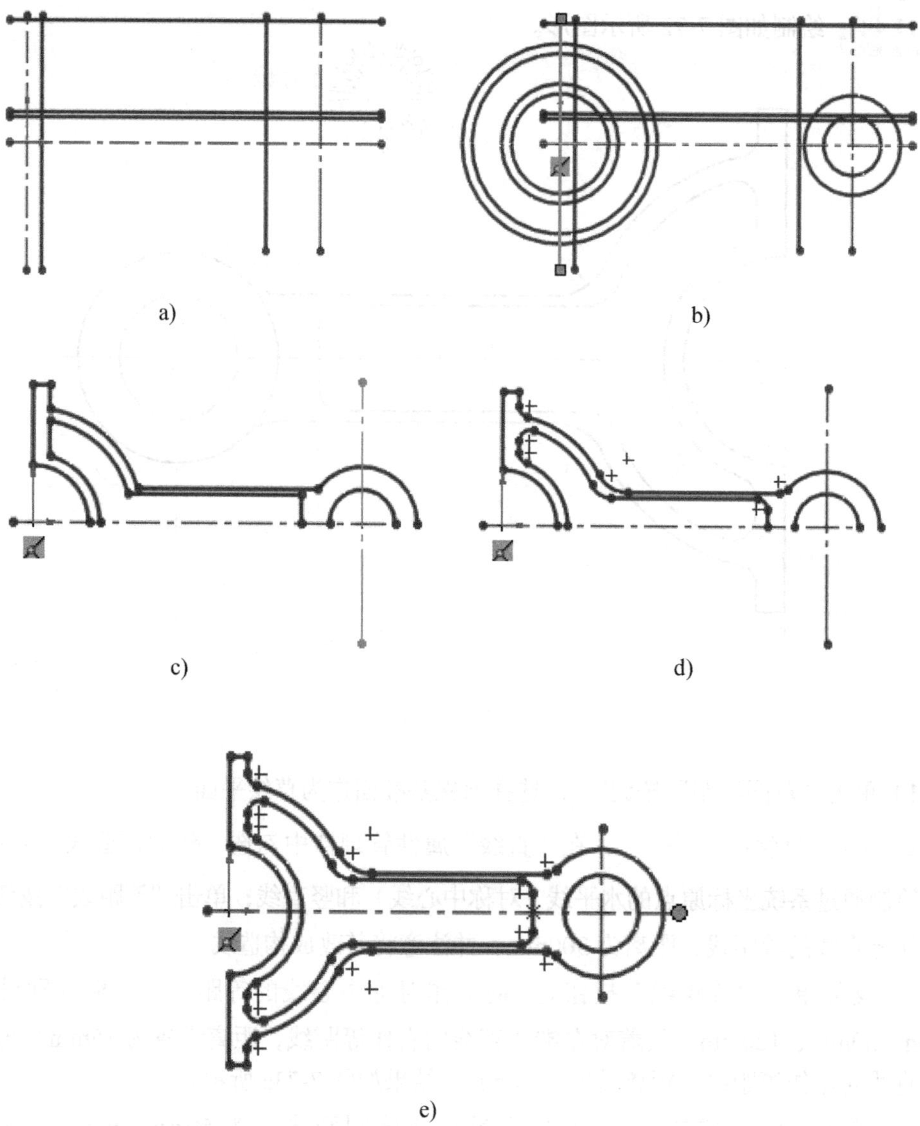

图 7-73 例 7-4 作图过程

思政拓展：再复杂的零部件、装配体的设计与制造都要从图的绘制与编辑做起，扫描右侧二维码了解从设计图开始的冯如的飞机的创造历程。

思政拓展
冯如的飞机

习　题

【习题 7-1】　绘制如图 7-74 所示的图形，无需标注尺寸。

【习题 7-2】　绘制如图 7-75 所示的图形并标注尺寸。

讲解视频：
习题 7-2
图形绘制

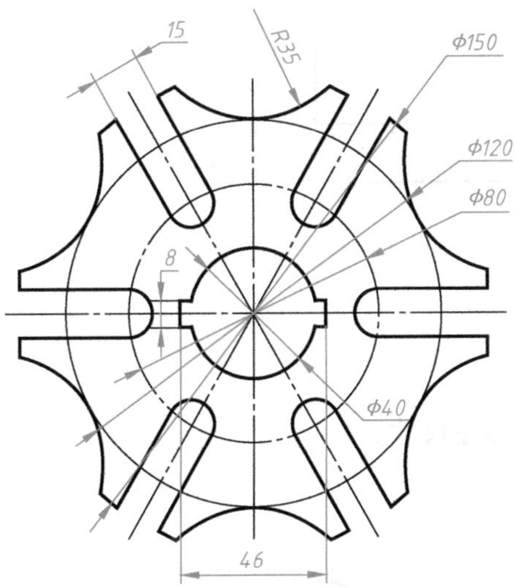

图 7-74　习题 7-1 图

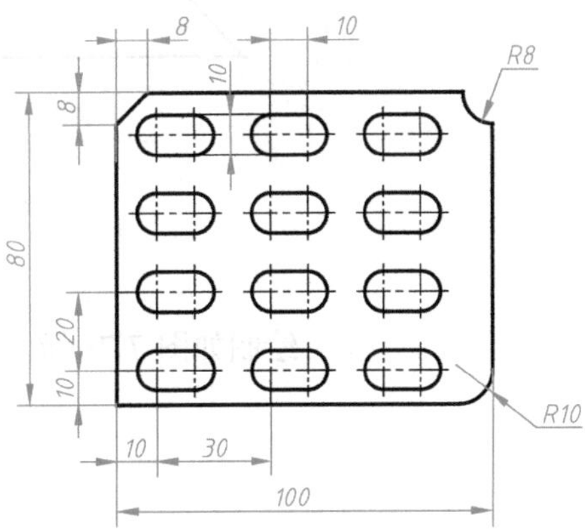

图 7-75　习题 7-2 图

【习题 7-3】　用 B 样条曲线绘制如图 7-76 所示的凸轮轮廓曲线，无需标注尺寸。

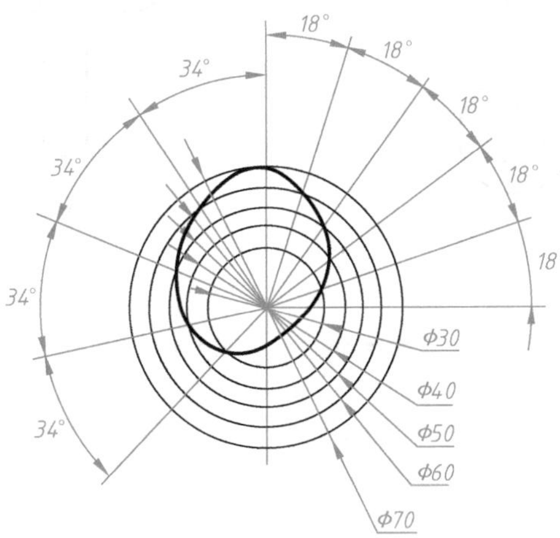

图 7-76　习题 7-3 图

【习题 7-4】　绘制如图 7-77 所示的图形并标注尺寸。

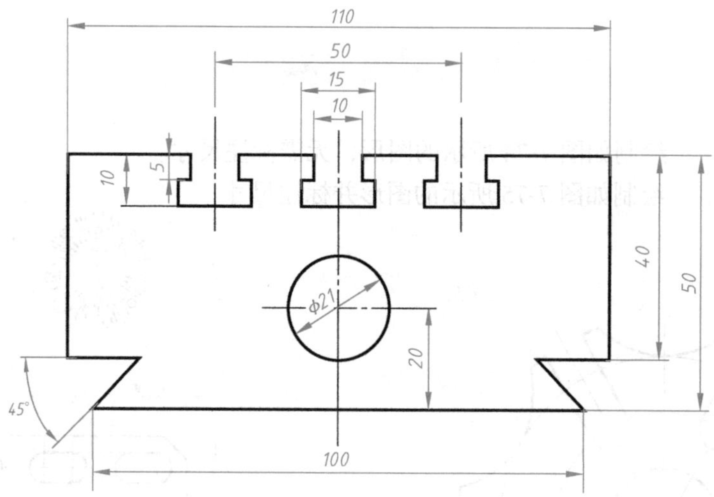

图 7-77　习题 7-4 图

【习题 7-5】　绘制如图 7-78 所示的图形，无需标注尺寸。

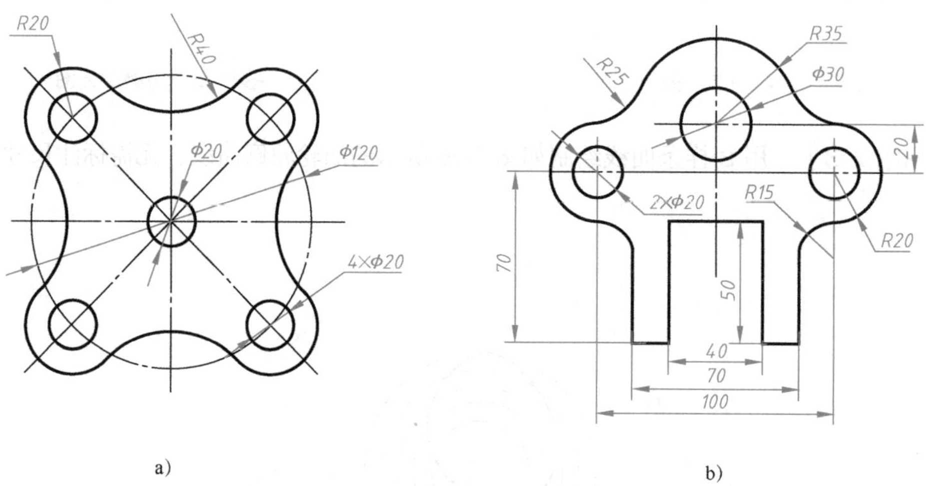

图 7-78　习题 7-5 图

【习题 7-6】 绘制如图 7-79 所示的图形，无需标注尺寸。

讲解视频:
习题 7-6
图形绘制 1

讲解视频:
习题 7-6
图形绘制 2

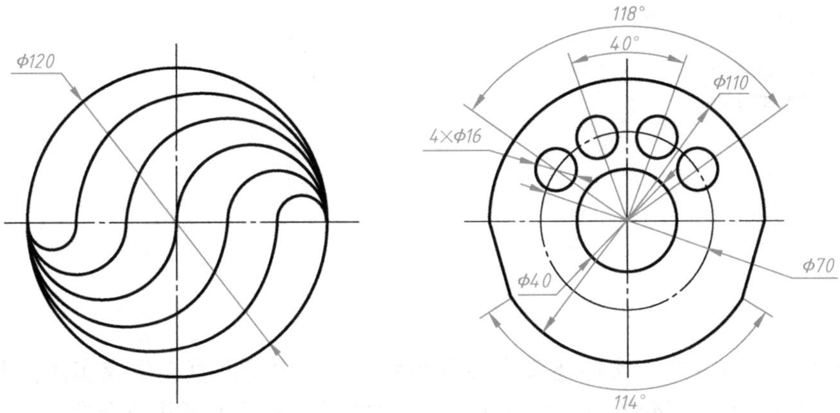

a) b)

图 7-79 习题 7-6 图

SOLIDWORKS

第 8 章

实体建模

在 SOLIDWORKS 中，实体建模主要有两种形式：由草图直接生成实体，由曲线、曲面特征生成实体，本章仅介绍第一种方法，第二种方法将在第 9 章进行介绍。

SOLIDWORKS 2020 提供了多种在草图基础上建立三维实体的工具，每种工具均可建立具有一种特定形状的实体，这种特定形状的实体在 SOLIDWORKS 中称为“特征”，其命令位于命令管理器的“特征”选项卡中，如图 8-1 所示。利用这些特征的命令进行实体造型、组合和编辑，就可以生成零件的实体模型。

图 8-1 “特征”选项卡

将常用特征命令添加到工具栏中，并从中调用可提高操作效率。可右键单击命令管理器的空白区域，启用自定义添加方式向工具栏中添加命令按钮。在弹出的如图 8-2 所示的“自定义”对话框中，切换至“命令”选项卡，在“类别”列表框中选择“特征”选项，则右侧的“按钮”选项组中将显示全部特征命令按钮，可根据需要选择按钮，并将其拖入工具栏中。

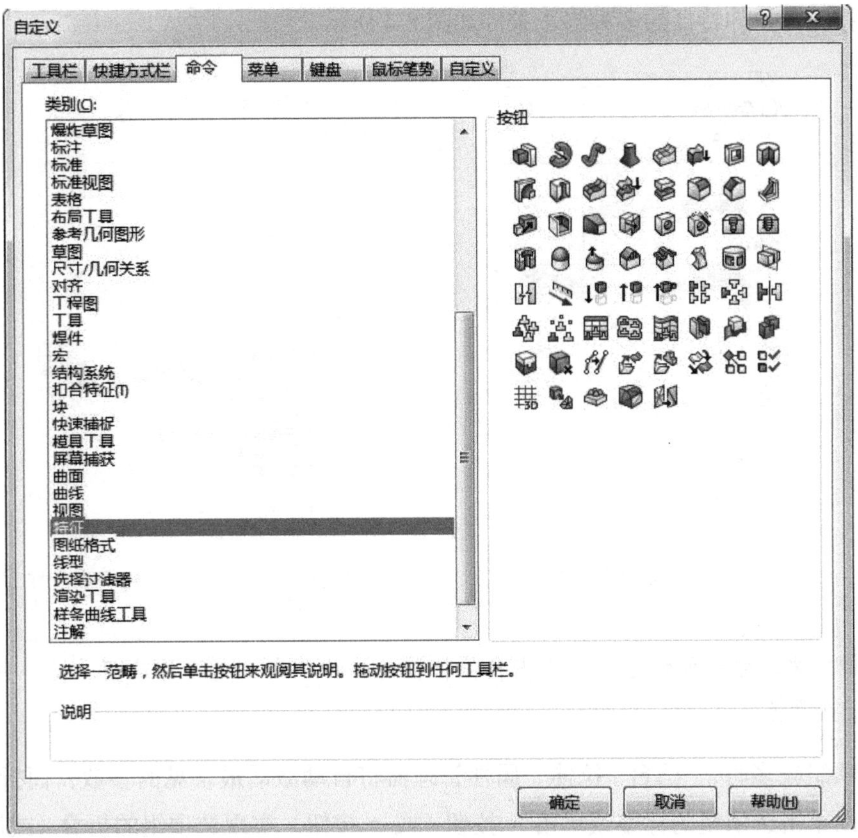

图 8-2 “自定义”对话框

8.1 拉伸实体

8.1.1 拉伸特征

1. 功能

拉伸特征是将整个草图或草图中的某个轮廓沿一定方向拉伸一段距离后形成的特征。

2. 命令格式

- 菜单栏：“插入”→“凸台 / 基体”→“拉伸”。
- 命令管理器或工具栏按钮：。

绘制完要拉伸的截面草图后，选择上述任何一种方式调用命令，SOLIDWORKS 都会弹出如图 8-3 所示的“凸台 - 拉伸”属性管理器，其中的 ✓ ✕ 👁 分别是“确定”“取消”“细节预览”按钮。拉伸特征的多种终止条件如图 8-4 所示。

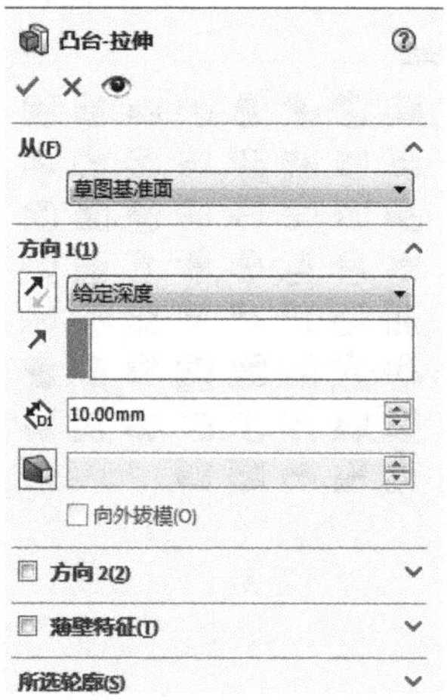

图 8-3 “凸台 - 拉伸”属性管理器

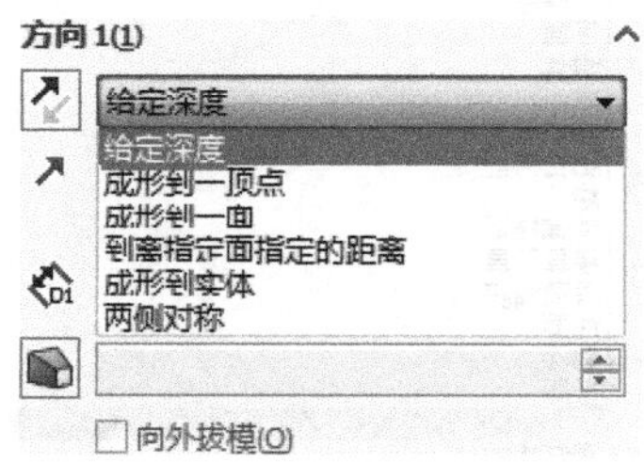

图 8-4 拉伸特征的多种终止条件

说明： 要建立拉伸特征必须给出拉伸特征的相关要素，主要是草图、拉伸方向和终止条件三个要素。

当选项组较多时，“凸台 - 拉伸”属性管理器将自动激活最常见的参数，而折叠一些选项组，可以单击选项组的标签或单击 ∨ 按钮（或 ∧ 按钮）实现选项组的折叠（或展开），后续特征属性管理器与此类似，将不再赘述。

8.1.2 简单实体的拉伸

简单实体的拉伸是指将平面草图绘制在基准面上后，对其进行拉伸特征操作，在一个方向或两个方向给出相应的拉伸长度，便可完成的实体拉伸。在图 8-3 所示“凸台 - 拉伸”属性管理器中，若单击“拔模”按钮激活其后文本框，则可在其中输入起模角度来将草图拉伸成带有起模斜度的特征。

若利用“方向一”和“方向二”选项组对两个方向分别进行设置，即可完成双向拉伸。

8.1.3 拉伸薄壁结构

在如图 8-3 所示的“凸台 - 拉伸”属性管理器中，勾选“薄壁特征”复选框并展开其选项组，如图 8-5 所示。在下拉列表框中选择壁厚的生长方向，在文本框中指定壁厚，即可拉伸固定壁厚的薄壁实体。若需加盖，则勾选“顶端加盖”复选框，并在按钮后的文本框中指定盖厚。

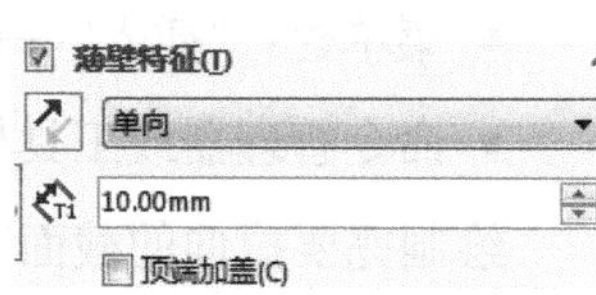

图 8-5 “薄壁特征”选项组

8.2 旋转实体

8.2.1 旋转特征

1. 功能

旋转特征是由截面绕一条轴线旋转时扫过轨迹形成的特征。旋转特征可以理解为机械加工中的车削加工，大多数轴套类和轮盘类零件可以使用旋转特征来创建。

2. 命令格式

- 菜单栏：“插入”→“凸台 / 基体”→“旋转”。
- 命令管理器或工具栏按钮：。

绘制完要旋转的截面草图后，选择上述任何一种方式通用命令，SOLIDWORKS 都会弹出如图 8-6 所示的“旋转”属性管理器，旋转特征的形成方向如图 8-7 所示。在“旋转”属性管理器中，选择旋转轴和旋转轮廓，给出旋转角度，即可生成旋转实体。

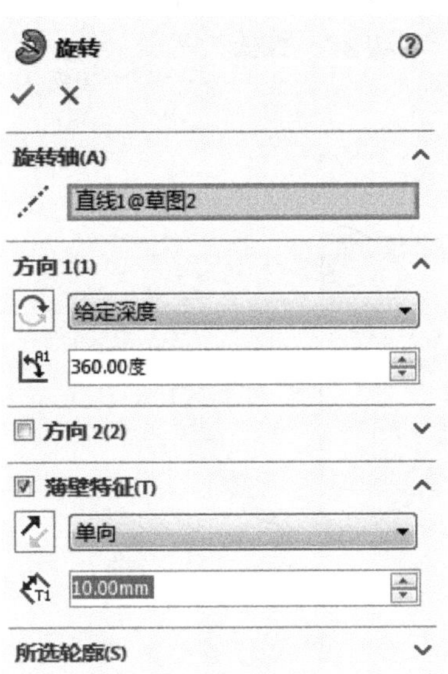

图 8-6 “旋转”属性管理器

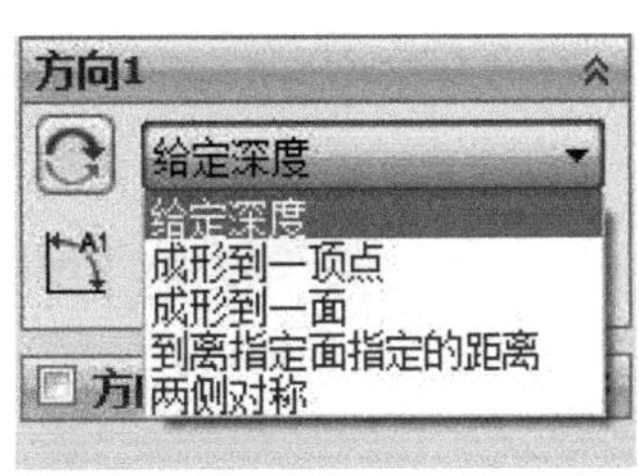

图 8-7 旋转特征的形成方向

8.2.2 单向实体旋转

单向实体旋转是指将平面草图绘制在基准面上后，对其进行旋转特征操作，给出一个方向的旋转角度，便可完成的旋转实体操作。

[例 8-1] 用旋转实体的方式构建球体和部分球体。

讲解视频：例 8-1

1）选择前视基准面为草图绘制基准面，以坐标原点为圆心，绘制一个半径为 20mm 的半圆。将半圆的两个端点用直线连接起来，再沿直径绘制一条中心线，得到如图 8-8 所示的草图。

2）单击按钮，图形窗口中的半圆变成了一个半透明的球，如图 8-9b 所示。此时，旋转角度默认为 360°。若将旋转角度改为 270°，如图 8-10a 所示，则得到的球体如图 8-10b 所示。

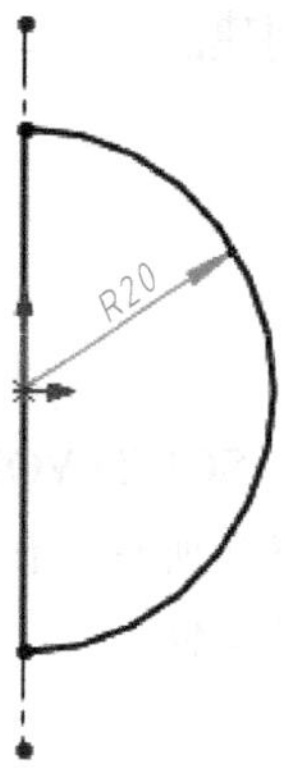

图 8-8 草图

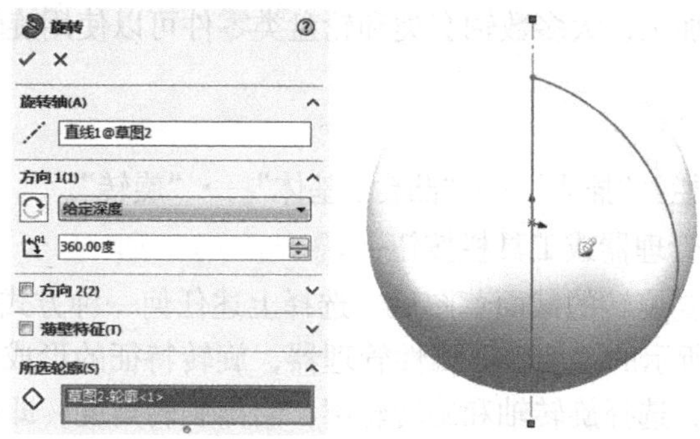

a) b)

图 8-9 球体

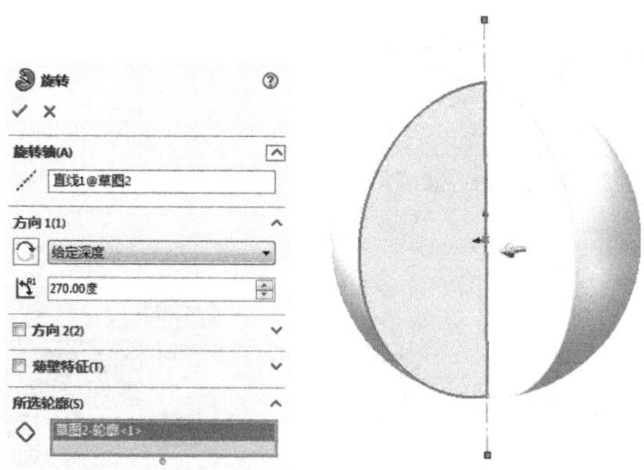

a) b)

图 8-10 270° 球体建模

8.2.3 双向实体旋转和旋转薄壁结构

对例 8-1 条件，若勾选“方向 2”复选框，则可分别定义两个方向的旋转角度，完成双向不同角度的球体建模，如图 8-11 所示。

与拉伸特征类似，旋转特征也可以形成薄壁结构。勾选“薄壁特征”复选框，给出壁厚值即可。

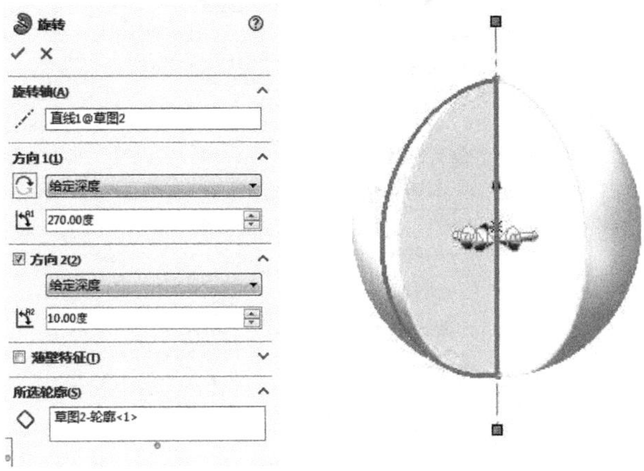

a) b)

图 8-11 双向不同角度的球体建模

8.3 切除实体

按照特征形成的方式，切除特征可以分为拉伸切除和旋转切除两种方式。

8.3.1 拉伸切除

1. 功能

在已有实体上按照草图形状，以拉伸方式切除部分材料。

2. 命令格式

- 菜单栏：“插入”→“切除”→“拉伸”。
- 命令管理器或工具栏按钮：。

绘制完要切除的截面草图后，选择上述任何一种方式调用命令，SOLIDWORKS 都会弹出如图 8-12 所示“切除 - 拉伸”属性管理器。

在“从”选项组中给出起始条件，在“方向 1”和“方向 2”选项组中给出终止条件。拉伸切除的终止条件共有九种，如图 8-13 所示。从中选择一种终止条件后，给出相应的参数，即可完成拉伸切除操作。

拉伸切除同样具有薄壁特征，勾选“薄壁特征”复选框并给出壁厚值，则可切出薄壁结构，如油沟、环形槽等。

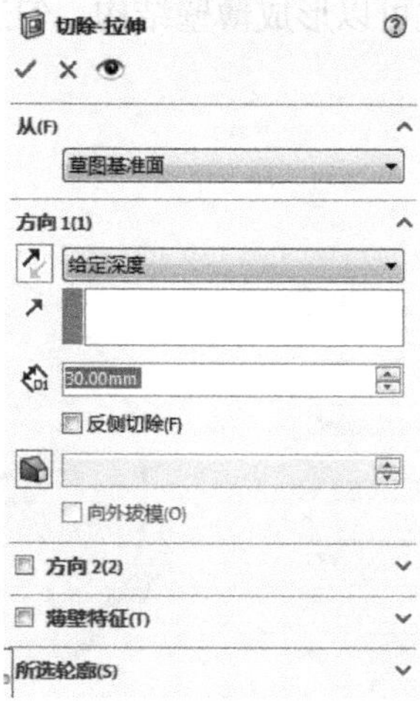

图 8-12 “切除 - 拉伸”属性管理器

8.3.2 旋转切除

1. 功能

在已有实体上按照草图形状，以旋转方式切除部分材料。

2. 命令格式

- 菜单栏：“插入”→“切除”→“旋转”。
- 命令管理器或工具栏按钮：![icon]。

绘制完要切除的截面草图后，选择上述任何一种方式调用命令，SOLIDWORKS 都会弹出如图 8-14 所示的“切除 - 旋转”属性管理器。

与旋转实体相比，旋转切除是在已有模型的基础上去除材料得到的旋转特征，其参数定义与旋转实体相同。

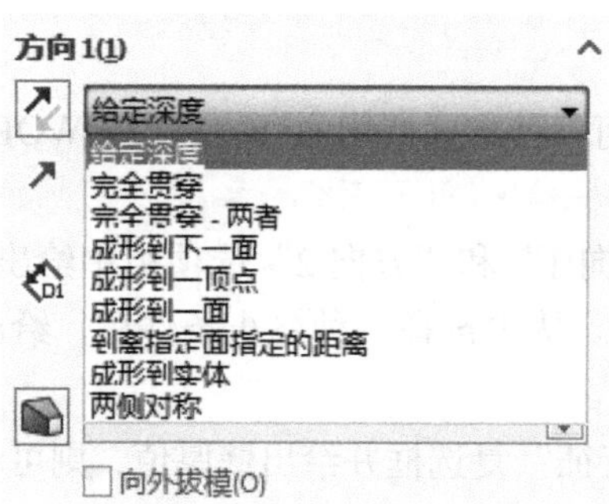

图 8-13　拉伸切除的终止条件

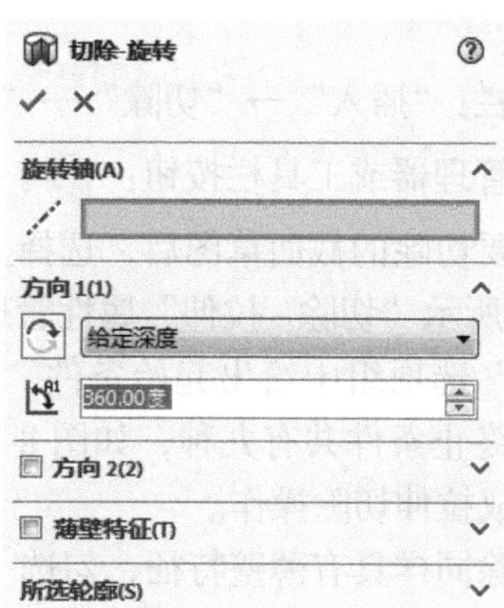

图 8-14 “切除 - 旋转”属性管理器

[例 8-2] 根据图 8-15 所示零件图完成零件实体建模。

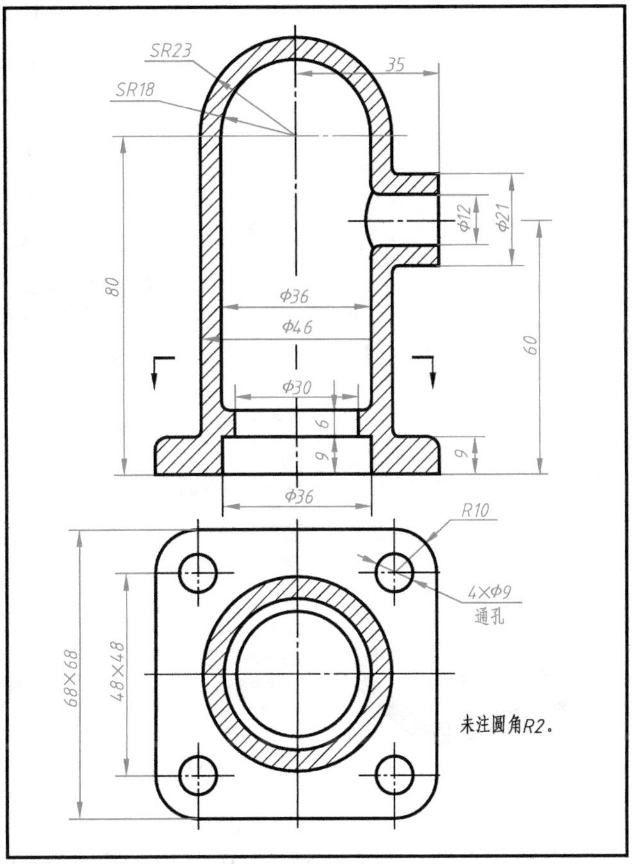

图 8-15 零件图

1）选择上视基准面绘制草图，以坐标原点为中心，绘制一个边长为 68mm 的正方形，并构造半径为 10mm 的圆角，添加尺寸约束后得到如图 8-16 所示的草图。

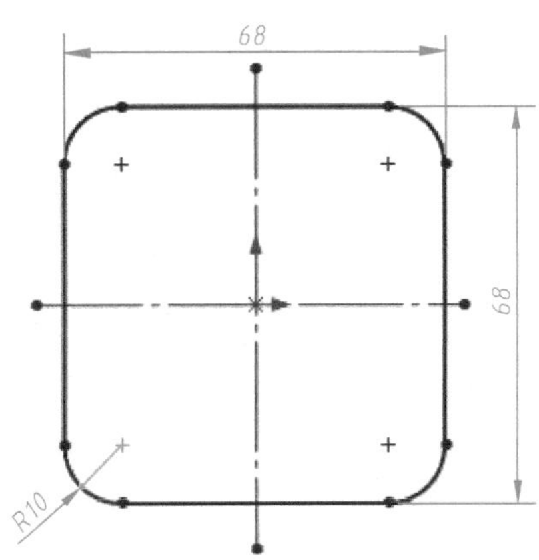

图 8-16 草图（一）

2）单击按钮，设置拉伸厚度为 9mm，如图 8-17a 所示，得到如图 8-17b 所示的拉伸实体。

3）选择前视基准面为草图绘制基准面，绘制如图 8-18 所示的草图。

4）单击按钮，令内侧直线为轴线，角度定义为 360°，如图 8-19a 所示，其旋转结果如图 8-19b 所示。

5）在菜单栏中选择“插入”→“参考几何体”→“基准面”命令，在定义基准面时，选择右视基准面为参考几何体，单击“平行”按钮，设定距离尺寸为“35mm”，如图 8-20a 所示，得到的基准面 1 如图 8-20b 所示。

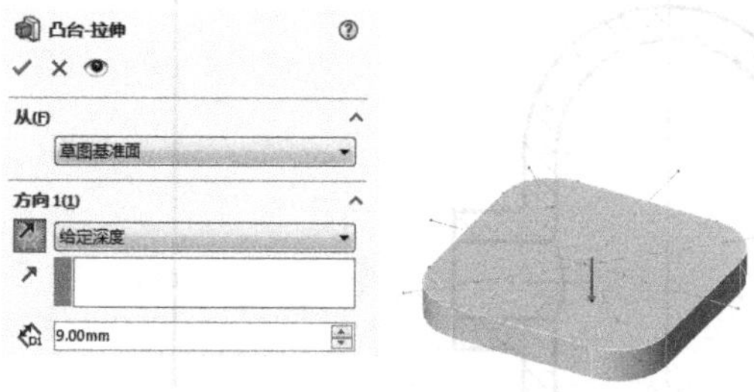

a)　　b)

图 8-17　拉伸实体（一）

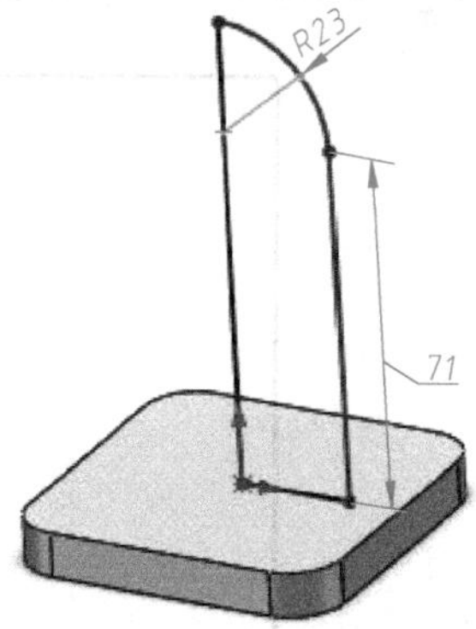

图 8-18　草图（二）

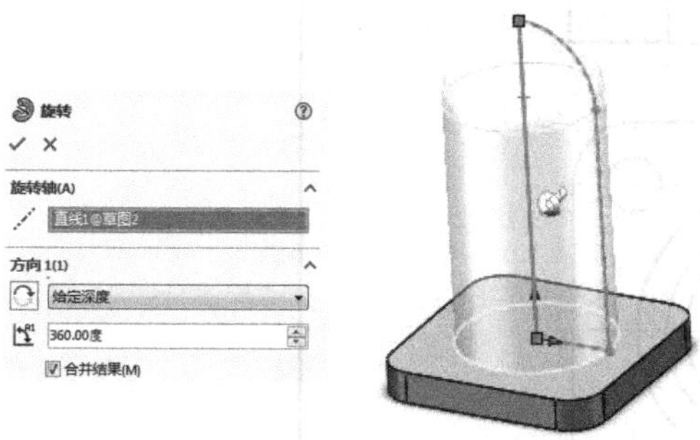

a)　　b)

图 8-19　旋转实体

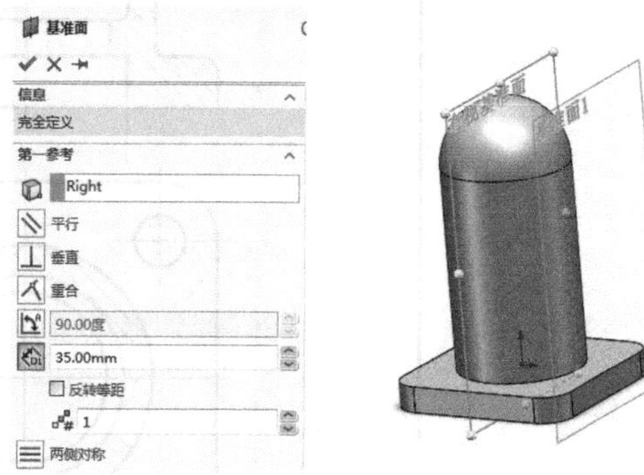

a)　　b)

图 8-20　插入基准面

6）在基准面 1 上绘制一个圆，圆心坐标为（0，51），半径为 10.5mm，如图 8-21a 所示，绘制效果如图 8-21b 所示。

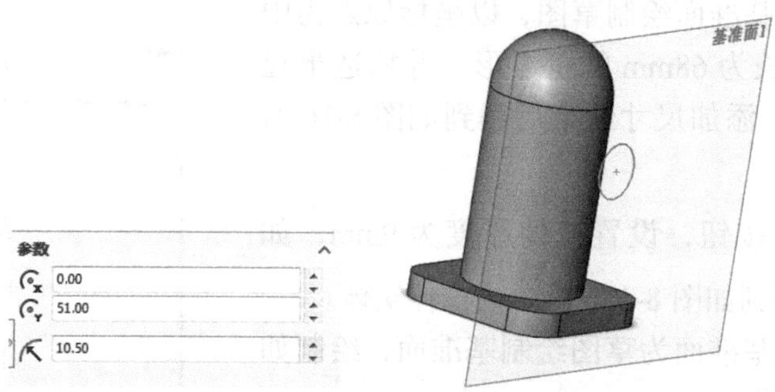

a)　　b)

图 8-21　在基准面 1 上绘制一个圆

7）单击按钮，设定拉伸终止条件为到“成形到下一面”，如图 8-22a 所示，曲面选择第 4）步中生成的圆柱曲面，拉伸效果如图 8-22b 所示。

8）在前视基准面上绘制如图 8-23 所示的草图，添加尺寸约束并注意坐标原点的位置。

9）单击按钮，以左侧直线为旋转轴线，角度定义为 360°，如图 8-24a 所示，其旋转切除效果如图 8-24b 所示。

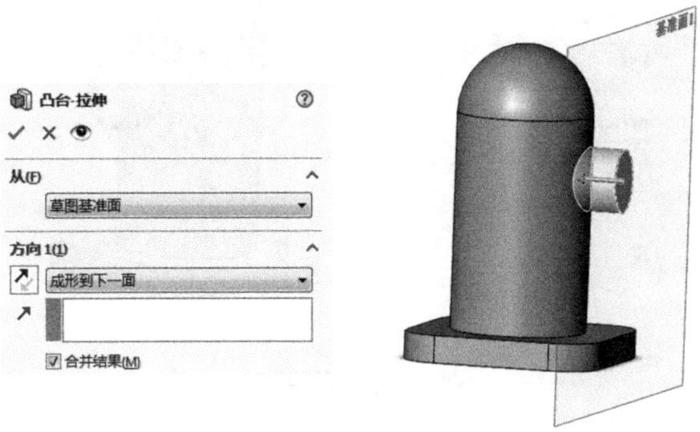

a)　　b)

图 8-22　拉伸实体（二）

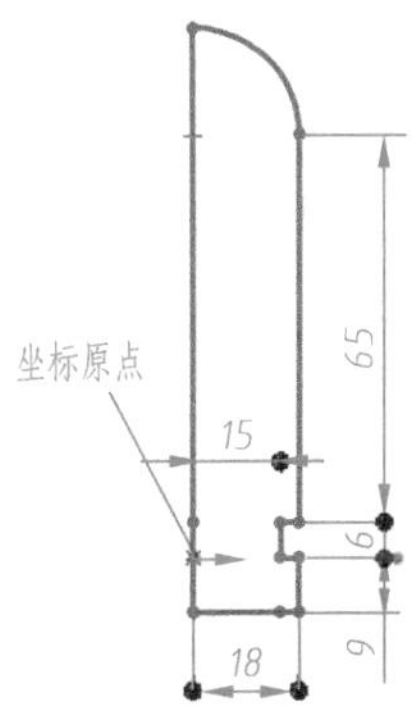

图 8-23　草图（三）

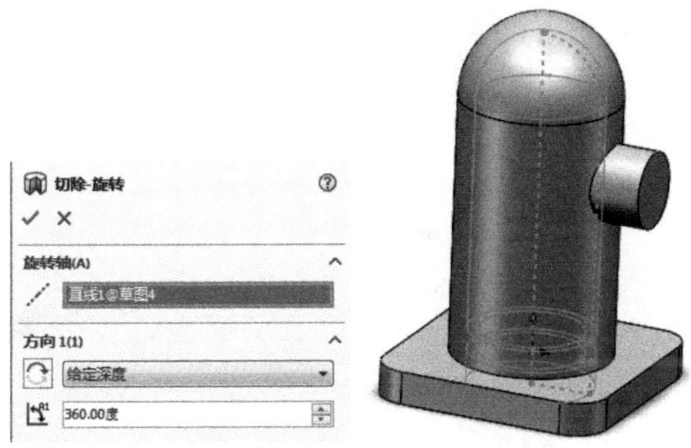

a)　　b)

图 8-24　旋转切除实体

10）选择基准面 1 为草图绘制基准面，绘制一个半径为 6mm 的圆，如图 8-25a 所示，圆心与第 7）步中生成的圆柱面的圆心重合，如图 8-25b 所示。

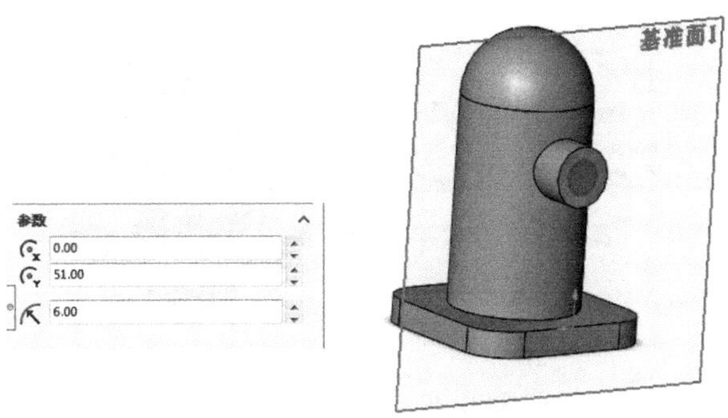

a)　　b)

图 8-25　绘制一个半径为 6mm 的圆

11）单击按钮，设定切除的终止条件为“成形到下一面”，如图 8-26a 所示，拉伸切除效果如图 8-26b 所示。

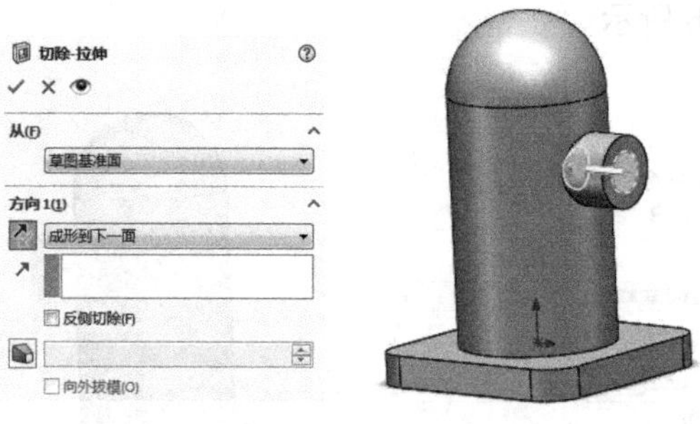

a) b)

图 8-26 切除实体

12）选择上视基准面为草图绘制基准面，绘制一个半径为 4.5mm 的圆，圆心坐标为（24，24），如图 8-27a 所示，绘制效果如图 8-27b 所示。

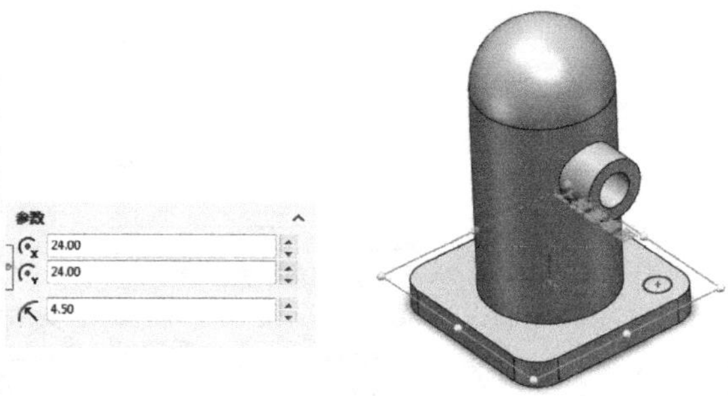

a) b)

图 8-27 绘制一个半径为 4.5mm 的圆

13）单击按钮，设定终止条件为“完全贯穿”，如图 8-28a 所示，拉伸切除效果如图 8-28b 所示。

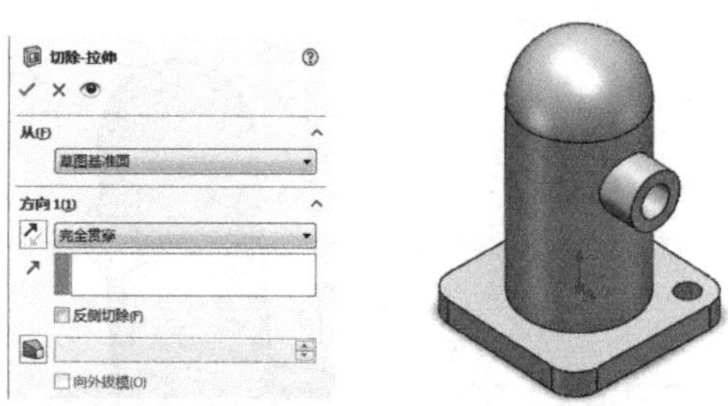

a) b)

图 8-28 拉伸切除实体

14）单击按钮，以底板的两个边为方向，间距均为 48mm，数量均为 2，对 $\phi9$ 的圆柱孔进行阵列操作，参数设置如图 8-29a 所示，其效果如图 8-29b 所示。

15）构造半径为 2mm 的圆角，具体方法将在 8.6.1 小节详细介绍，结果如图 8-67 所示。

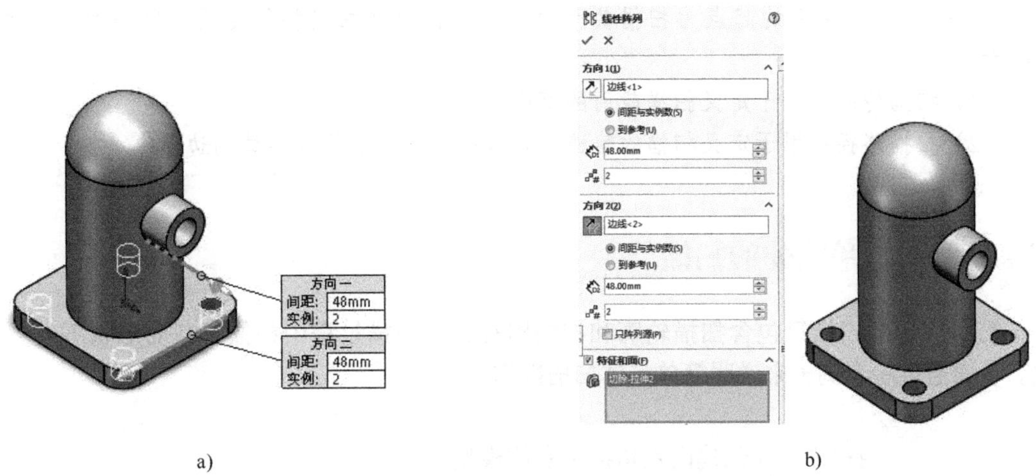

图 8-29 阵列实体

8.4 扫描实体

1. 功能

由一个截面（草图）沿着一条轨迹线移动所形成的特征。在扫描过程中，可以通过引导线来控制扫描过程中截面的变化，也可以使用其他的参数控制扫描形状。

2. 命令格式

- 菜单栏：“插入”→“凸台 / 基体”→“扫描”。
- 命令管理器或工具栏按钮：。

扫描截面草图绘制完成后，选择上述任何一种方式调用命令，SOLIDWORKS 都会弹出如图 8-30 所示的“扫描”属性管理器。根据该属性管理器的要求，选择相应的草图作为扫描轮廓和引导线，即可实现扫描特征。

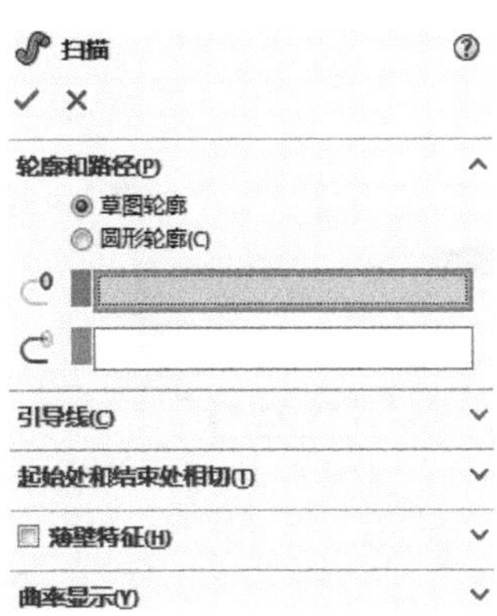

图 8-30 “扫描”属性管理器

说明： 扫描特征的起点为扫描截面的基准面，建立扫描特征要具备以下两个基本要素。

1）扫描轮廓：用于定义扫描截面的草图。

2）扫描路径：用于定义扫描的轨迹，可以是草图、曲线或实体的边界线。

8.4.1 简单实体的扫描

简单实体的扫描只包含扫描轮廓和扫描路径，在扫描过程中扫描的截面形状不发生变化。下面通过一个例子来说明简单实体扫描操作。

[例 8-3] 用扫描方式创建内六角扳手实体模型。

讲解视频：例 8-3

1）在前视基准面上绘制如图 8-31 所示的草图作为扫描路径（使起始点为坐标原点），退出草图。

2）选择上视基准面为草图绘制界面，在其上以坐标原点为中心绘制一个正六边形，如图 8-32 所示，退出草图。

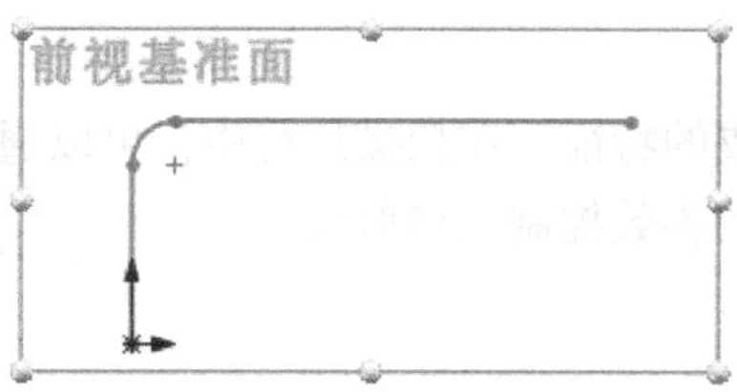

图 8-31 草图

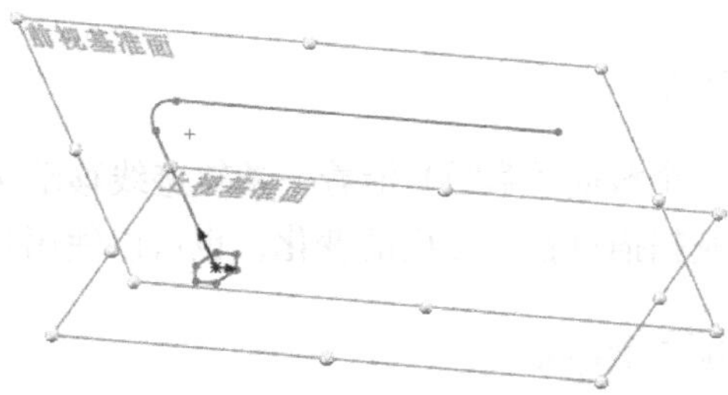

图 8-32 绘制一个正六边形草图

3）单击按钮，弹出的“扫描”属性管理器如图 8-33a 所示。选择正六边形作为扫描截面，选择曲线作为扫描路径，此时会生成一个扳手的半透明预览模型，如图 8-33b 所示。单击按钮后，即可形成如图 8-34 所示的内六角扳手实体模型。

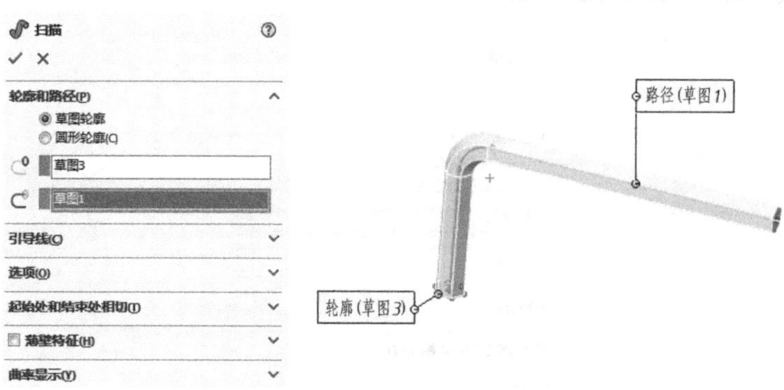

a) b)

图 8-33 扫描内六角扳手实体

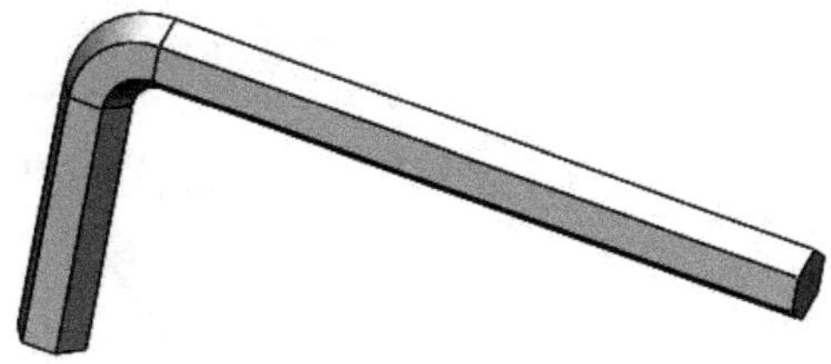

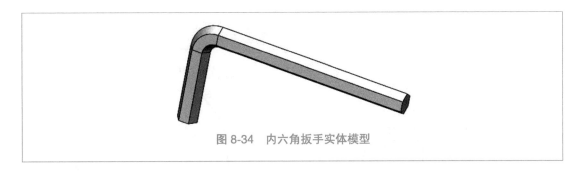

图 8-34　内六角扳手实体模型

8.4.2 带引导线的扫描

当中间轮廓有规律地变化时，可以利用引导线控制中间轮廓形状的变化。引导线是扫描特征的可选参数。在使用引导线时，需要注意如下事项。

1）引导线可以是草图或模型边线。

2）引导线必须和截面草图相交。

3）引导线应短于或等于扫描路径。

[例 8-4] 利用带引导线的扫描特征，建立如图 8-35 所示的试剂瓶毛坯实体模型。

讲解视频
例 8-4

分析：试剂瓶的水平截面是一系列长、短轴不断变化的椭圆。截面椭圆长、短轴的变化规律可以用图 8-36a、b 所示的两条引导线控制。因此，利用扫描特征建立试剂瓶毛坯的实体模型需要一个扫描轮廓、一条扫描路径和两条引导线。

图 8-35　试剂瓶毛坯

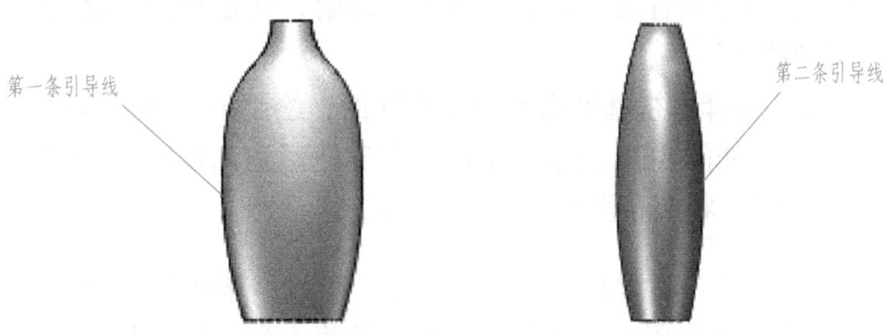

a)　　b)

图 8-36　引导线

1）选择前视基准面作为绘图基准面，以坐标原点为起点绘制扫描路径草图并标注尺寸，如图 8-37 所示。草图绘制完毕后退出草图。为便于理解，将草图命名为“路径 1”。

2）选择前视基准面绘制第一条引导线草图，如图 8-38 所示。

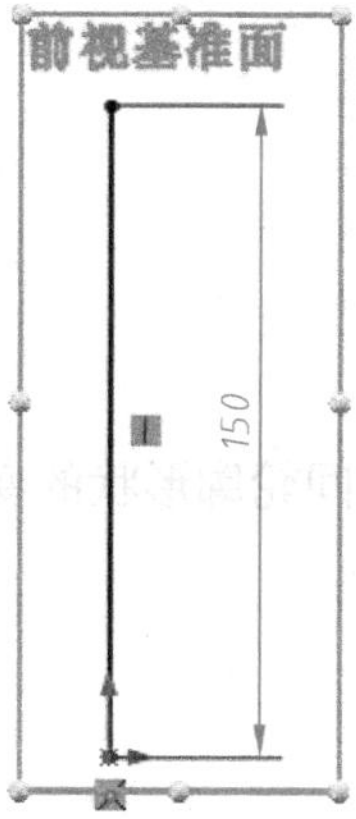

图 8-37　扫描路径草图

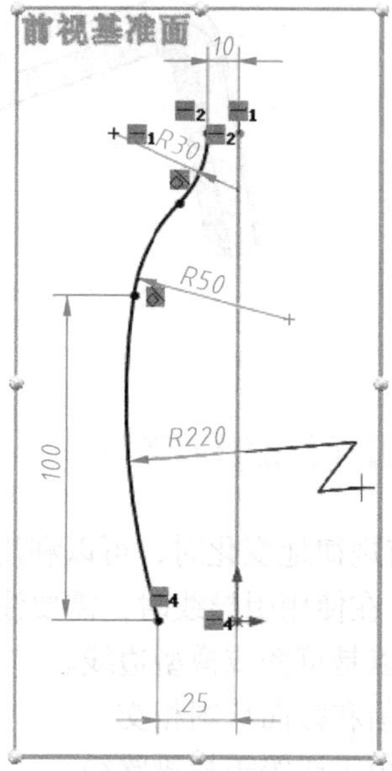

图 8-38　绘制引导线 1 草图

说明：草图的底部起点和扫描路径的起点等高。

为了便于控制试剂瓶的整体高度，可添加几何约束来使引导线和扫描路径具有相等的高度。如图 8-38 所示，选择 *R*30 圆弧的圆心和扫描路径的上端点，建立一个水平的几何关系。令 *R*220 圆弧的圆心坐标为（185，65）。草图绘制完毕后退出草图。为便于理解，将该草图命名为“引导线 1”。

3）选择右视基准面为绘制基准面，绘制第二条引导线的草图，如图 8-39 所示。草图绘制完毕后退出草图。为了便于理解，将该草图命名为“引导线 2”。

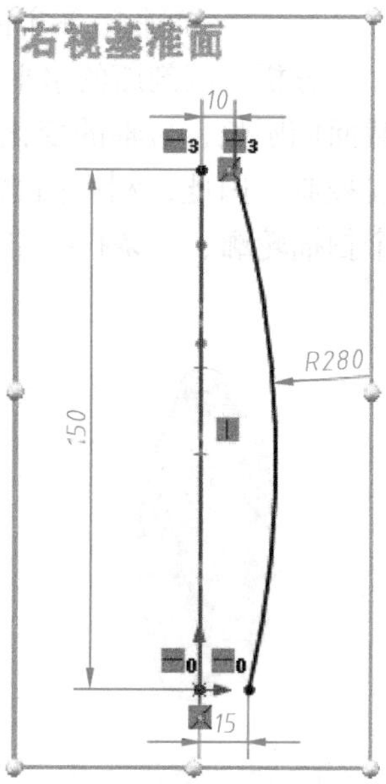

图 8-39　绘制引导线 2 草图

说明：在 *R*280 圆弧的下端点和扫描路径的下端点之间添加水平的几何关系，在圆弧的上端点和扫描路径的上端点之间也添加水平的几何关系。

4）在上视基准面上绘制扫描轮廓。调用“椭圆”命令绘制椭圆，如图 8-40 所示。扫描轮廓没有定义，不要退出草图。

5）选择椭圆长轴的端点和第一条引导线草图中 *R*220 圆弧的下端点，在两者之间添加重合几何关系。使用同样的方法，在椭圆的短轴端点与第二条引导线的 *R*280 圆弧下端点之间添加重合几何关系。此时，椭圆在平面草图上的大小由重合几何关系控制，扫描轮廓已经完全定义，无需标注尺寸。退出草图，将草图命名为“扫描轮廓”，如图 8-41 所示。

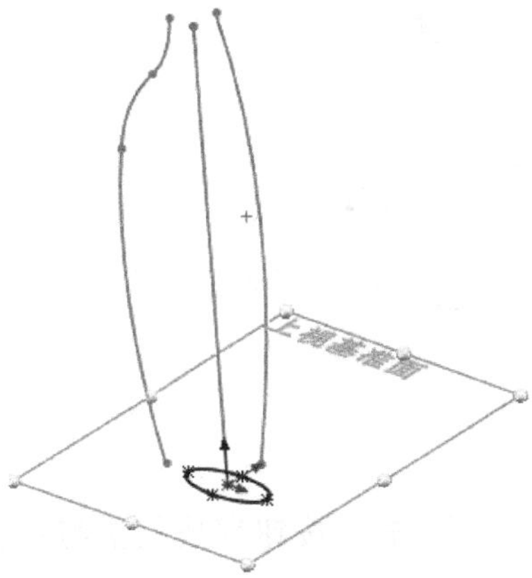

图 8-40 绘制扫描轮廓草图

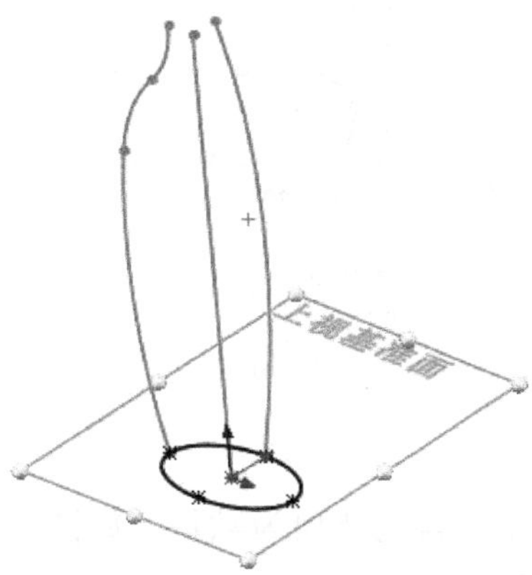

图 8-41 添加几何关系

6）单击按钮，依次选择扫描轮廓草图和扫描路径草图，如图 8-42a 所示，预览扫描特征，如图 8-42b 所示。

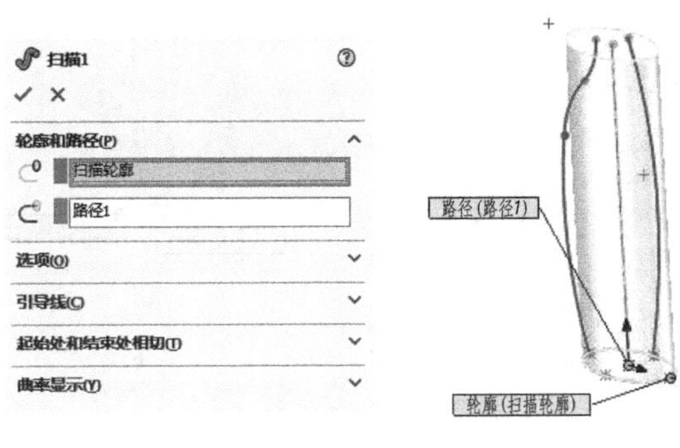

a) b)

图 8-42 扫描实体（一）

说明： 此时还是一般的扫描，引导线并没有起作用。

7）展开“扫描”属性管理器的“引导线”选项组，如图 8-43a 所示。在绘图窗口选择第一条引导线，同时观察扫描轮廓在引导线控制下的变化，如图 8-43b 所示。

8）在绘图窗口中选择第二条引导线，同时观察扫描轮廓在两条引导线共同控制下的变化，如图 8-44b 所示。图 8-44a 所示的“扫描”属性管理器中有调整按钮↑和↓，可以改变引导线的顺序。

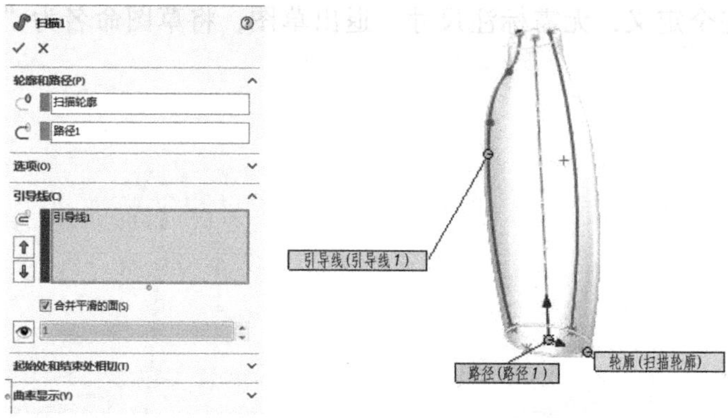

a) b)

图 8-43 扫描实体（二）

9）保持其他选项为默认，如图 8-44a 所示，单击✔按钮完成扫描特征，结果如图 8-35 所示。

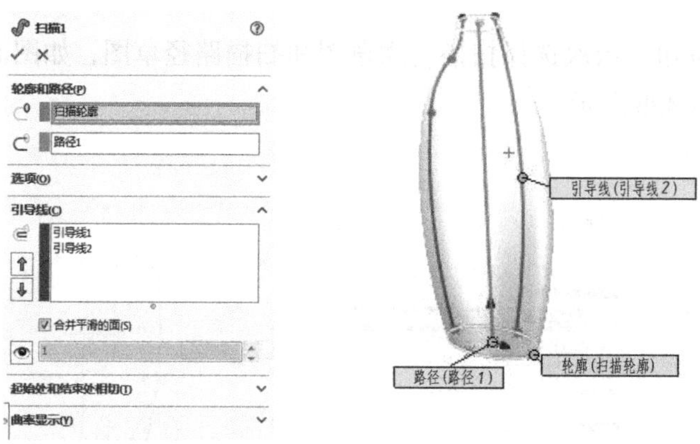

a) b)

图 8-44 扫描实体（三）

在扫描过程中，沿扫描路径的截面轮廓基本上均是椭圆，只是椭圆的长、短轴受引导线的控制而变化。

8.5 放样实体

1. 功能

放样是将两个或多个轮廓图形作为基础进行拉伸来建立三维实体的一种特征生成工具。可以使用引导线或中心线参数控制放样特征的中间轮廓，但不能同时使用中心线和引导线。

2. 命令格式

- 菜单栏："插入"→"凸台 / 基体"→"放样"。
- 命令管理器或工具栏按钮：。

绘制完要放样的截面草图后，选择上述任何一种方式调用命令，SOLIDWORKS 都会弹出如图 8-45 所示的"放样"属性管理器。放样特征可以分为以下三类。

1）简单放样：轮廓间的直接过渡放样。

2）中心线放样：使用中心线进行放样，可以控制放样特征的中心线轨迹走向。

3）引导线放样：使用一条或多条引导线控制放样轮廓，可以控制生成放样的中间轮廓，该方法与中心线放样类似，只是引导线不同，下文不做具体说明。

此外，勾选"选项"选项组中的"闭合放样"复选框可生成闭合放样，建模时较常应用。因此下面对简单放样、中心线放样、闭合放样展开介绍。

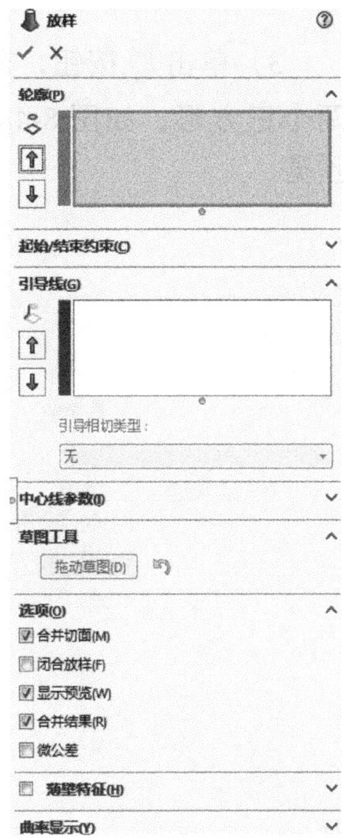

图 8-45 "放样"属性管理器

8.5.1 简单放样

[例 8-5] 建立如图 8-46 所示四棱台的简单放样模型。

讲解视频：例 8-5

1）在前视基准面上绘制一个边长为 40mm 的正方形，并利用尺寸驱动使正方形中心与坐标原点重合，如图 8-46 所示。绘制完成后，退出草图。

2）在与前视基准面平行且相距 60mm 处建立一个新的基准面——基准面 1。在新建基准面上绘制一个边长为 20mm 的正方形，同时令新建正方形中心与坐标原点重合，如图 8-47 所示。绘制完成后，退出草图。

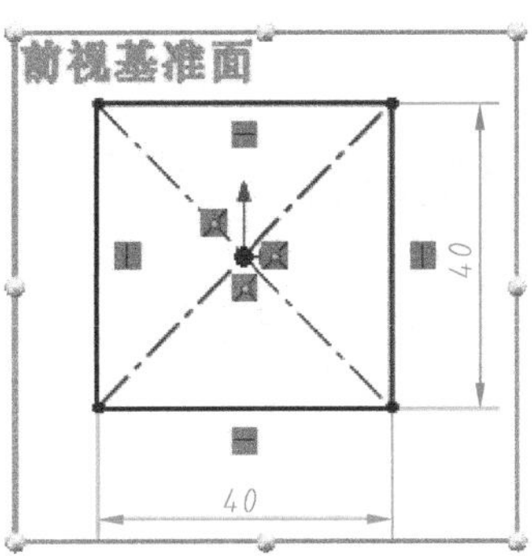

图 8-46 草图

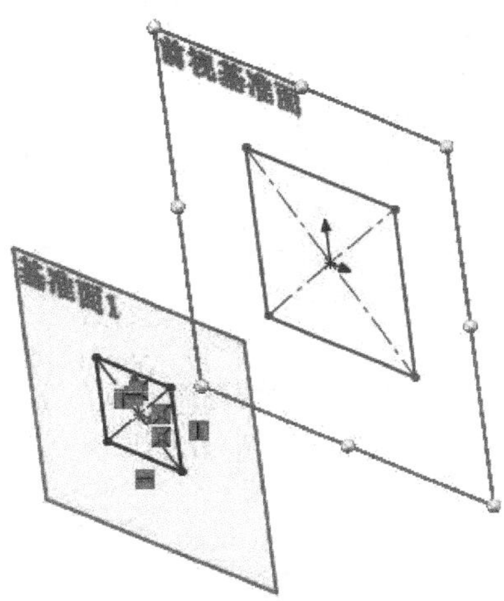

图 8-47 新基准面草图

3）单击按钮，在弹出的“放样”属性管理器中选择边长为40mm和60mm的两个正方形，如图8-48a所示，在绘图窗口即可见到如图8-48b所示的半透明放样预览。

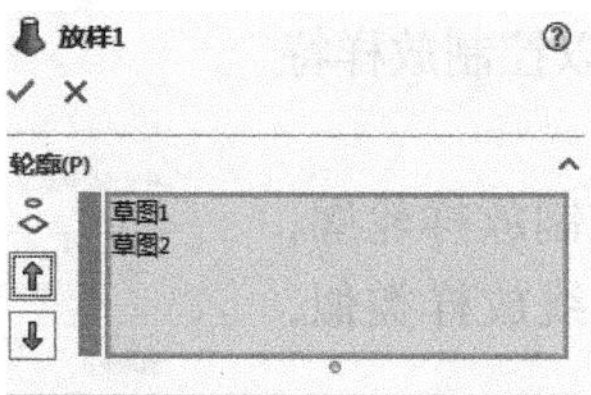

a)

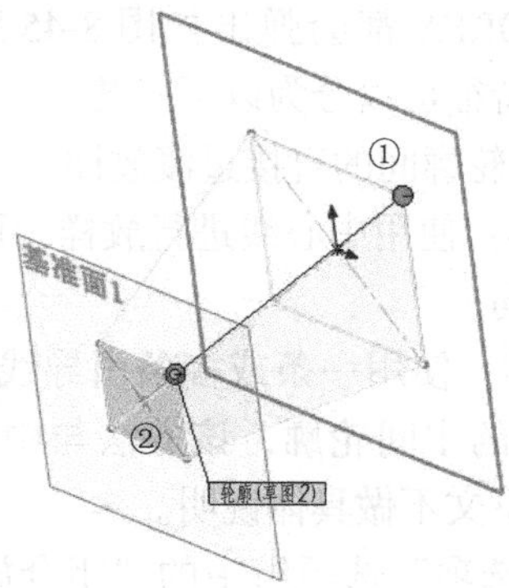

b)

图8-48 放样特征（一）

说明：在绘图窗口中选取正方形时要单击草图上相对应①、②两个点的位置点。若单击轮廓不同的位置，则会产生不同的效果，如图8-49所示。放样特征默认的对应点是用鼠标选择轮廓时与单击位置最近的点。若位置选得不合理，则在放样过程中可能出现截面自交情况，导致放样失败，如图8-50所示。当使用多个轮廓进行放样时，轮廓可以是点，但是点作为放样轮廓时必须在起点或终点。

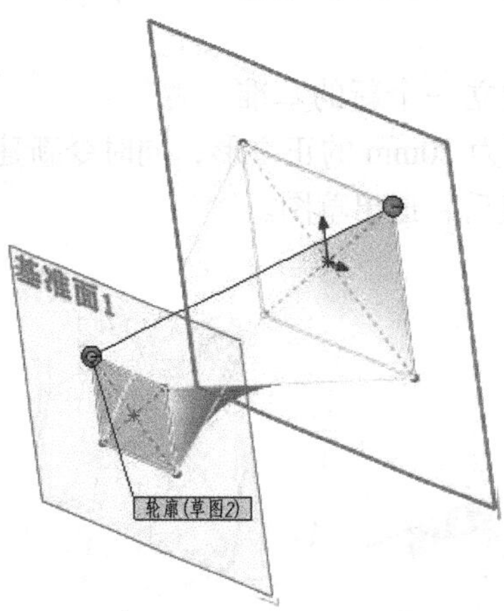

图8-49 放样特征（二）

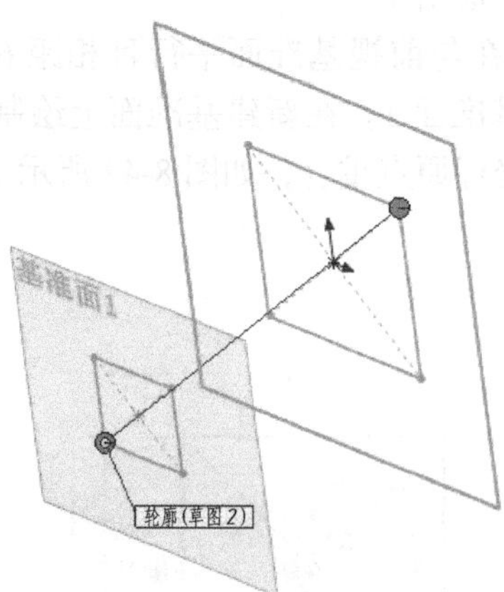

图8-50 放样特征（三）

8.5.2 中心线放样

[例 8-6] 用放样特征创建如图 8-51 所示的零件实体模型。

分析： 如图 8-51 所示的实体，轮廓在形成过程中，其宽度在变化。由于引导线是空间曲线，其形状很难确定，因此不能采用引导线控制的扫描特征来完成实体建模。这里采用中心线控制的放样特征来创建该零件实体。

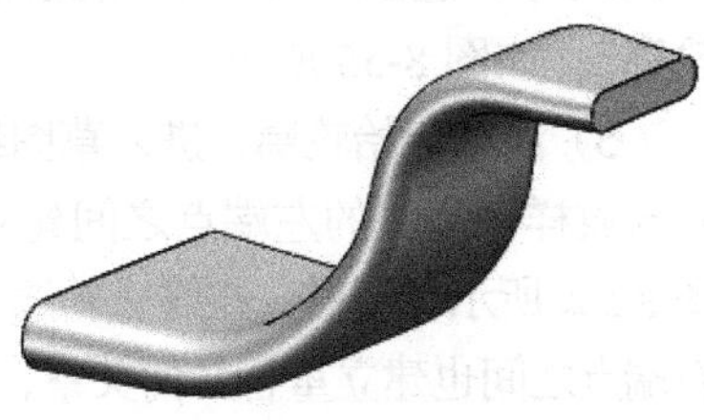

图 8-51 零件实体模型

1）在前视基准面上绘制如图 8-52 所示的曲线作为放样中心线，添加几何约束使放样中心线的起点和坐标原点重合。将草图命名为“放样中心线”，然后退出草图。

2）在右视基准面上绘制如图 8-53 所示的截面草图作为起始放样轮廓草图，并将其命名为“起始轮廓”，然后退出草图。

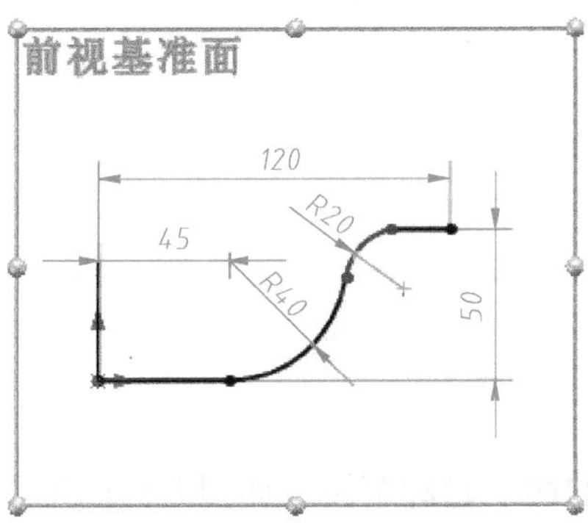

图 8-52 放样中心线草图

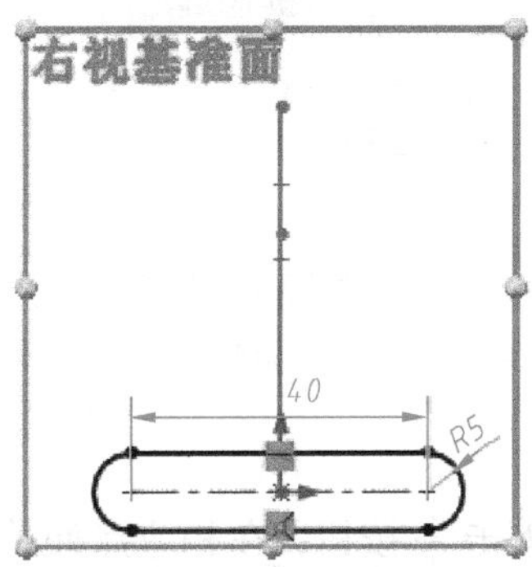

图 8-53 起始轮廓草图

3）如图 8-54a 所示，选择“右视基准面”，过中心线另一个端点建立一个与之平行的基准面 1，如图 8-54b 所示。

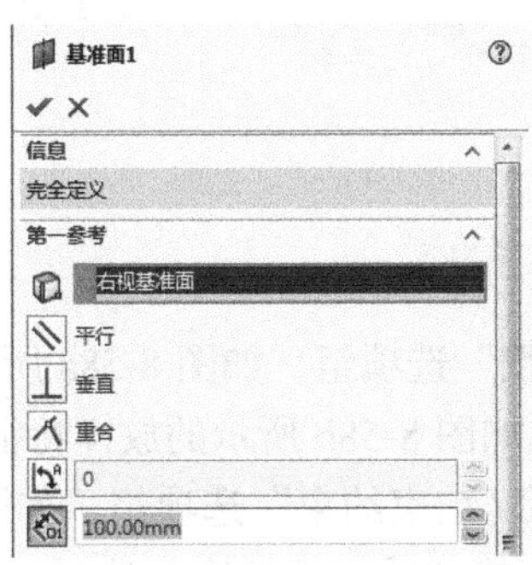

a)

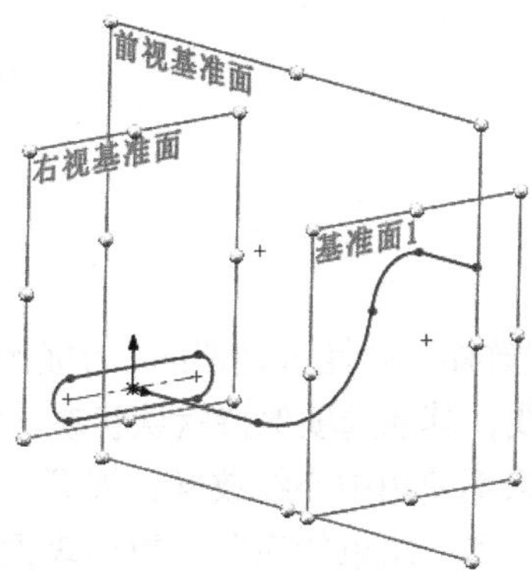

b)

图 8-54 建立基准面 1

4）在特征管理器中，选择起始轮廓草图，然后按下〈Ctrl+C〉组合键，复制草图。同样在特征管理器中选择新建立的基准面 1，然后按下〈Ctrl+V〉组合键，在基准面 1 上粘贴草图，并修改新粘贴的草图尺寸，退出草图。新建截面草图命名为“终止轮廓”，如图 8-55 所示。

5）激活起始轮廓，进入草图编辑状态。在草图中心与放样中心线的左端点之间建立重合几何关系，如图 8-56a 所示。同样，在终止轮廓中心与放样中心线的右端点之间也建立重合几何关系，如图 8-56b 所示。

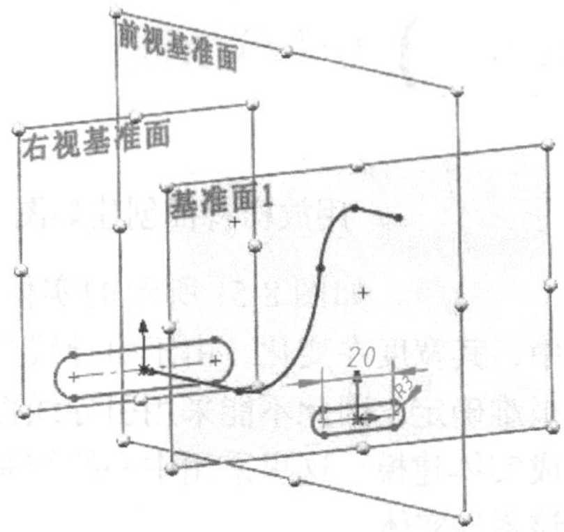

图 8-55　终止轮廓草图

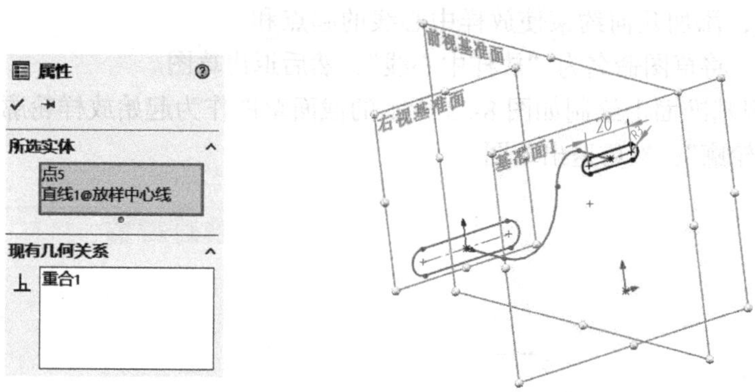

a)　　　　　　　　b)

图 8-56　建立重合几何关系

6）单击按钮，在相应点处单击放样的两个轮廓草图，如图 8-57a 所示，此时中心线还没有起作用，两个放样轮廓之间的过渡是直接进行的，如图 8-57b 所示。

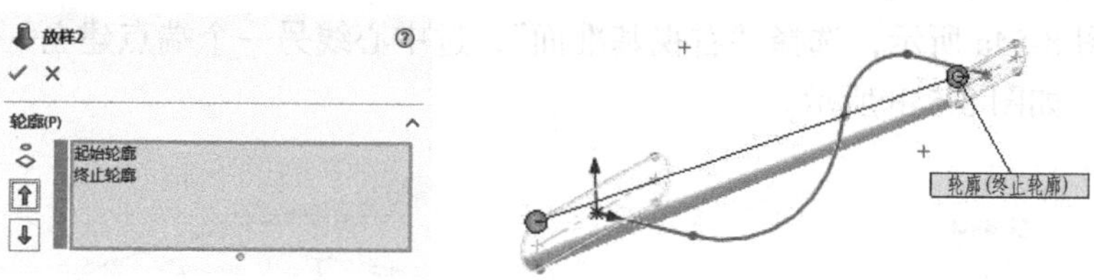

a)　　　　　　　　b)

图 8-57　无中心线放样

7）展开“放样”属性管理器的“中心线参数”选项组，如图 8-58a 所示，在绘图窗口中选择中心线，其他选项保持默认状态，完成如图 8-58b 所示的放样特征。

此外，如果不使用中心线放样，展开“起始 / 结束约束”选项组，如图 8-59a 所示，在“开始约束”和“结束约束”下拉列表框中选择“垂直于轮廓”选项，在绘图窗口即可生成如图 8-59b 所示的实体。

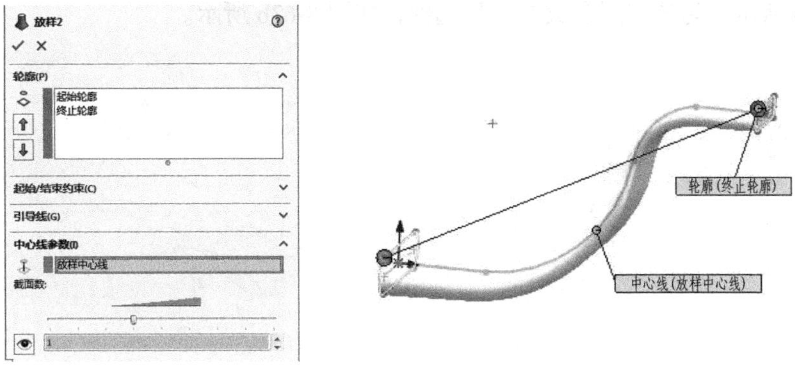

a) b)

图 8-58 中心线放样

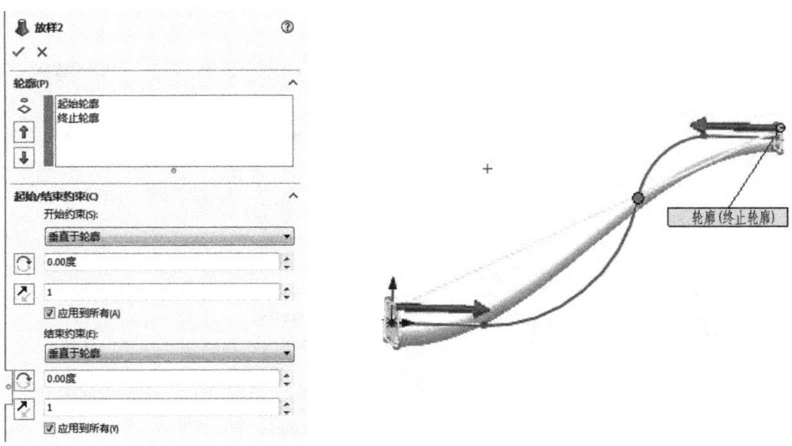

a) b)

图 8-59 起始 / 结束约束放样

8.5.3 闭合放样

[例 8-7] 创建图 8-64 所示闭合放样实体模型。

1）在前视基准面上绘制如图 8-60 所示直线，并以此作为参考线，定义直线的几何约束条件为竖直。

2）过直线建立与前视基准面之间夹角分别为 45° 和 135° 的两个新基准面——基准面 1 和基准面 2，如图 8-61 所示。

3）分别在前视基准面、基准面 1 和基准面 2 上绘制出四个不同尺寸和形状的截面草图，如图 8-62 所示。

4）单击按钮，依次单击各截面的相应位置的点，

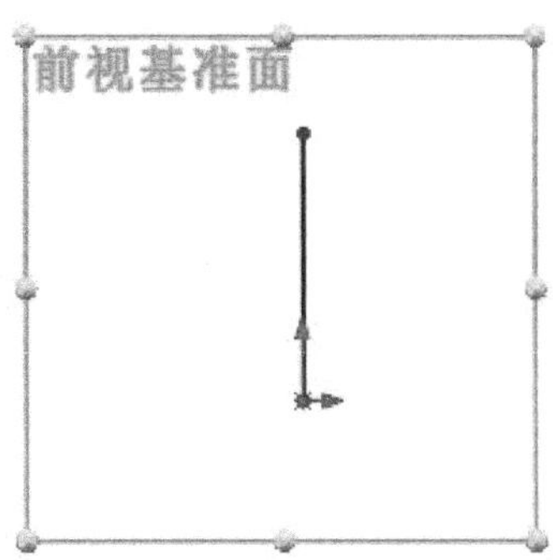

图 8-60 草图

如图 8-63a 所示；勾选“闭合放样”复选框，如图 8-63b 所示。

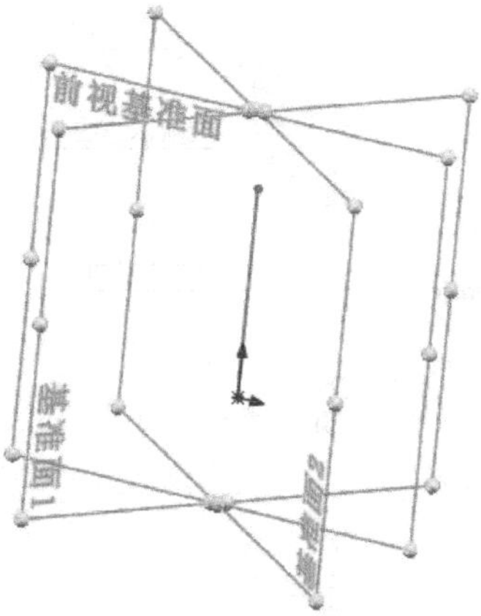

图 8-61 建立两个新基准面

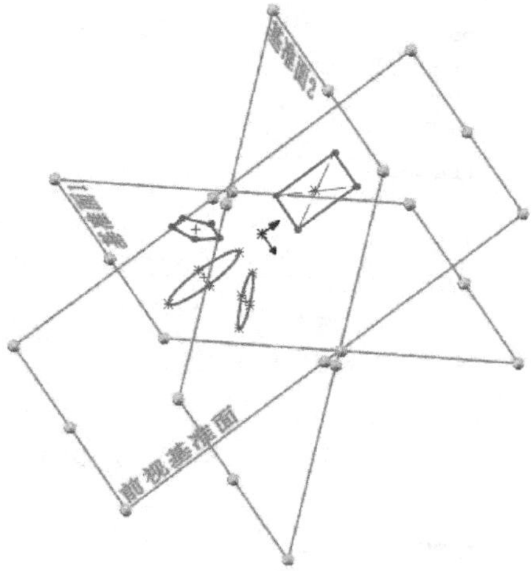

图 8-62 在基准面上绘制草图

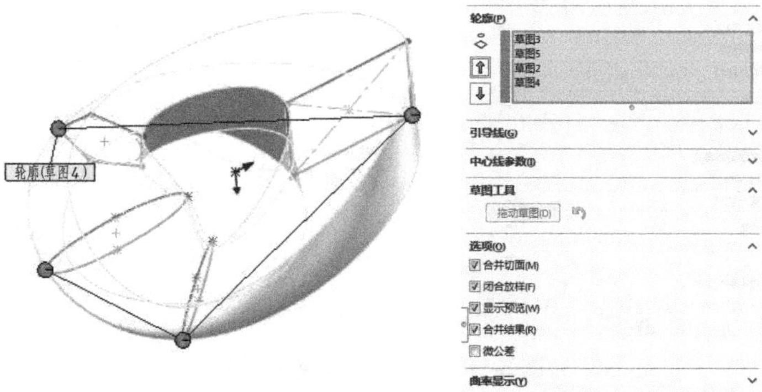

a) b)

图 8-63 封闭放样

5）单击✓按钮，生成实体，如图 8-64 所示。

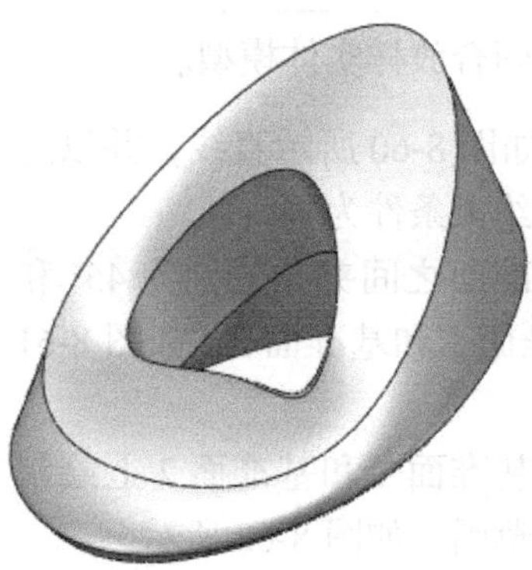

图 8-64 闭合放样实体模型

8.6 构造圆角

1. 功能

在特征的草图中绘制圆角，可生成带圆角的零件模型，但是圆角尺寸修改起来比较麻烦。而圆角特征则脱离了特征草图的限制，建立和修改起来比较灵活。

2. 命令格式

- 菜单栏：“插入”→“特征”→“圆角”。
- 命令管理器或工具栏按钮：。

选择上述任何一种方式调用命令，SOLIDWORKS 都会弹出如图 8-65 所示的“圆角”属性管理器。可以在该属性管理器中设置相应的圆角参数。

圆角特征可实现恒定大小圆角、变化大小圆角面圆角和完整圆角四种类型。

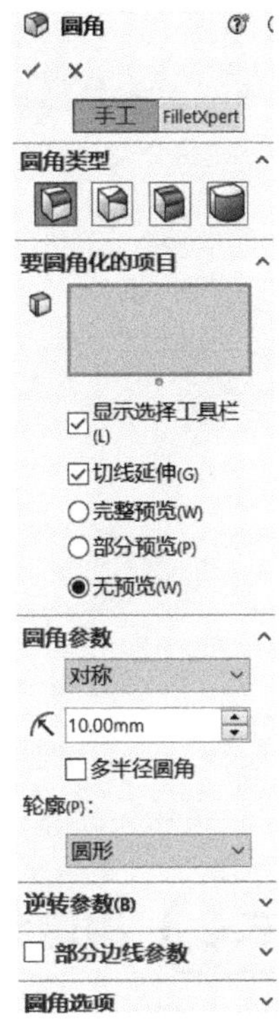

图 8-65 “圆角”属性管理器

8.6.1 构造恒定大小圆角

[例 8-8] 在图 8-29b 所示的阀罩底板上表面生成圆角过渡。

1）调用“圆角”命令，在“圆角”属性管理器中的“圆角类型”选项组中选择“恒定大小圆角”生成方式，设置圆角半径为 2mm，选择底板上表面的边线，即可得到图 8-66 所示的圆角特征。

2）不仅是平面与平面的交线可生成圆角过渡，曲面与平面、曲面与曲面的交线处也可生成圆角过渡。将图 8-66 所示的零件按照图 8-15 所示零件图要求用半径为 2mm 的圆角过渡，效果如图 8-67 所示。

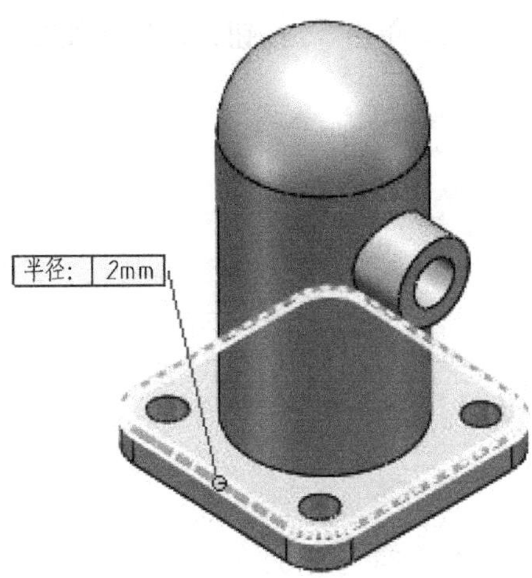

图 8-66 圆角特征

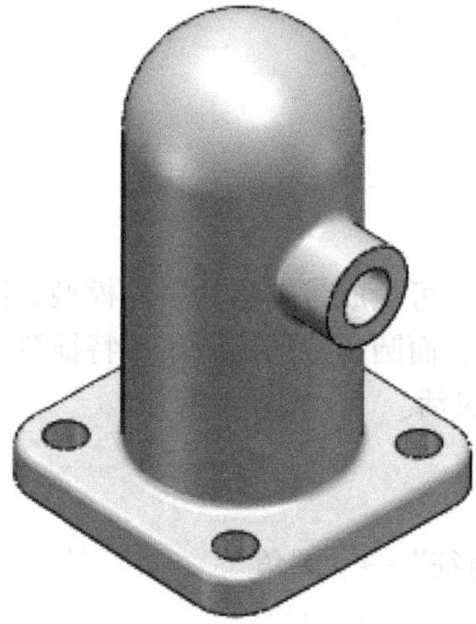

图 8-67 圆角过渡效果

8.6.2 构造变量大小圆角

[例 8-9] 如图 8-69 所示，对五棱柱顶面构造变量大小圆角。

1）建立直五棱柱。调用“圆角”命令，选择“变量大小圆角”生成方式，则有属性管理器如图 8-68a 所示。选择立体上表面的 5 条棱线，按系统提示输入各边圆角半径，圆角预览如图 8-68b 所示。

2）单击按钮，即生成如图 8-69 所示的半径渐变的圆角特征。

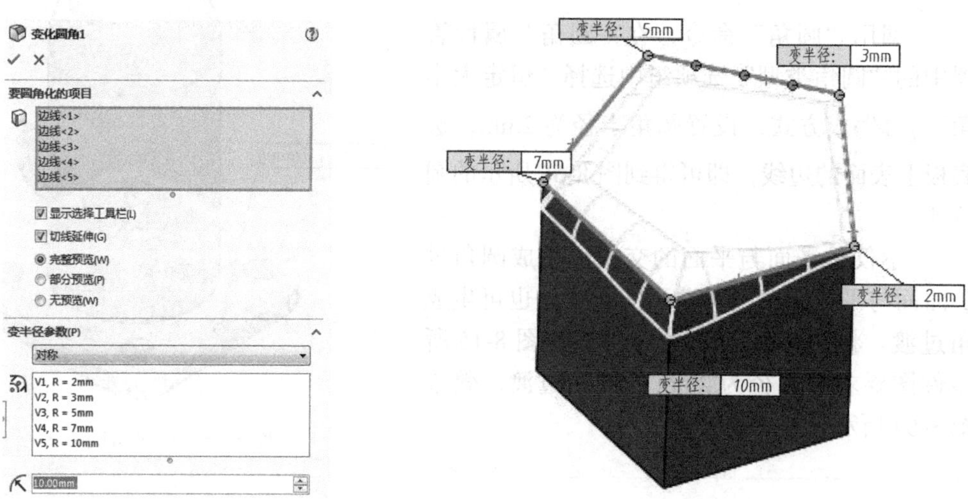

a)　　　b)

图 8-68 构造变量大小圆角

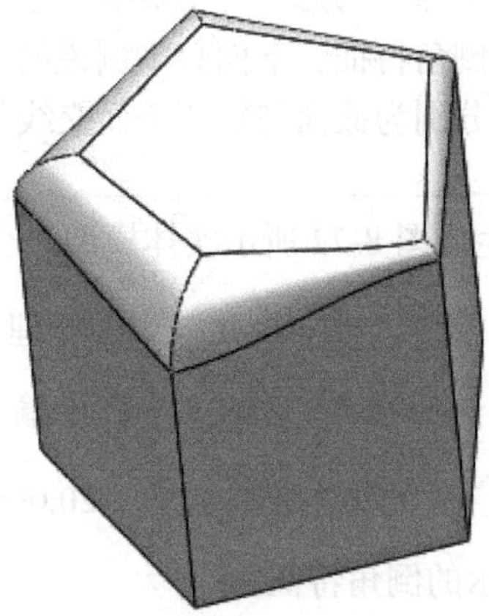

图 8-69 构造变量大小圆角的效果

8.7 构造倒角

1. 功能

倒角特征是在所选的边上进行切角，倒角特征与圆角特征类似，有内、外倒角之分。

2. 命令格式

- 菜单栏：“插入”→“特征”→“倒角”。
- 命令管理器或工具栏按钮：。

选择上述任何一种方式调用命令，SOLIDWORKS 都会弹出如图 8-70 所示的“倒角”属性管理器。倒角有五种方式：即“角度距离”方式、“距离 - 距离”方式、“顶点”方式、“等距面”方式及“面 - 面”方式。在“倒角”属性管理器中可以设置有关倒角的参数，以实现倒角特征。

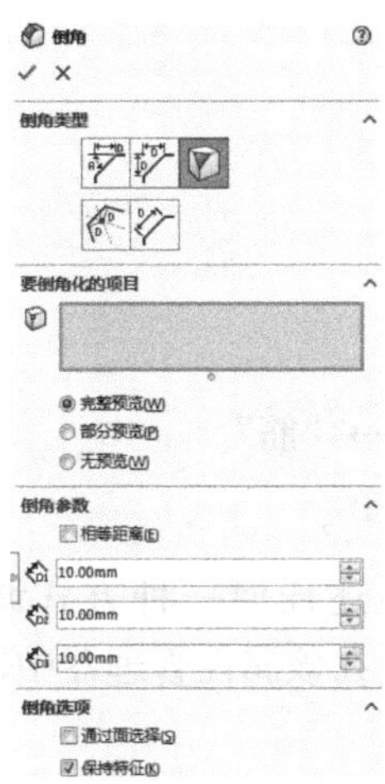

图 8-70 “倒角”属性管理器

“角度距离”方式、“距离 - 距离”方式、“等距面”方式及“面 - 面”方式简单易懂，根据提示输入相应参数即可创建倒角特征，下面只举例说明“顶点”方式。此处的顶点为三面的交点，提供的三个距离参数分别为截面与每两个面交线的交点至顶点的距离。

[例 8-10] 用“顶点”方式生成图 8-72 所示实体模型。

单击按钮调用“倒角”命令，在“倒角”属性管理器中选择“顶点”方式，在平面立体上选择需倒角的顶点，然后在后的文本框中输入“10.00mm”，在后的文本框中输入“15.00mm”。在后的文本框中输入“20.00mm”，如图 8-71b 所示。单击按钮后，形成如图 8-72 所示的倒角特征。

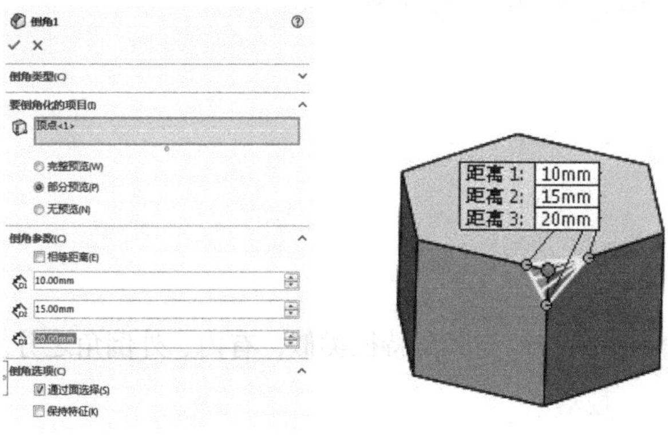

a) b)

图 8-71 “顶点”方式倒角

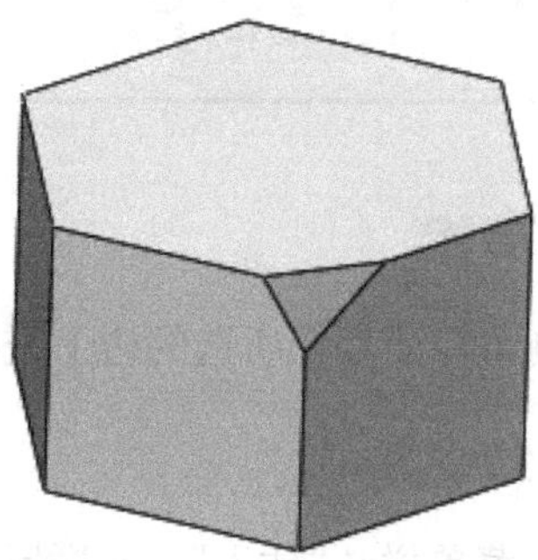

图 8-72 “顶点”方式倒角的效果

8.8 构造筋

1. 功能

生成类似于零件中的加强筋。

2. 命令格式

- 菜单栏：“插入”→“特征”→“筋”。
- 命令管理器或工具栏按钮：。

选择建立筋的草图后，选择上述任何一种方式调用命令，SOLIDWORKS 都会弹出“筋”属性管理器，如图 8-73 所示。在该属性管理器中输入筋的厚度，设置好生成方向等相应参数后即可生成筋特征。

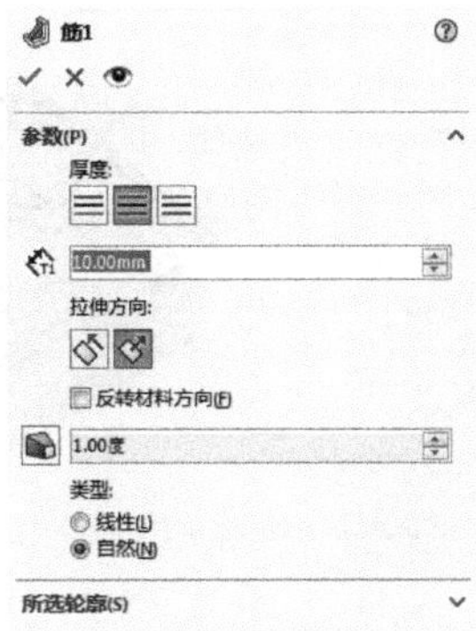

图 8-73 “筋”属性管理器

说明：可以按照垂直或平行于草图平面的方向拉伸生成筋。生成筋的草图方向需要与已有的实体特征相交。

8.8.1 简单筋特征

[例 8-11] 创建图 8-77 和图 8-78 所示模型。

1）首先建立如图 8-74 所示的实体模型。

2）选择实体的上表面为草图绘制的基准面，绘制如图 8-75 所示的筋截面草图。

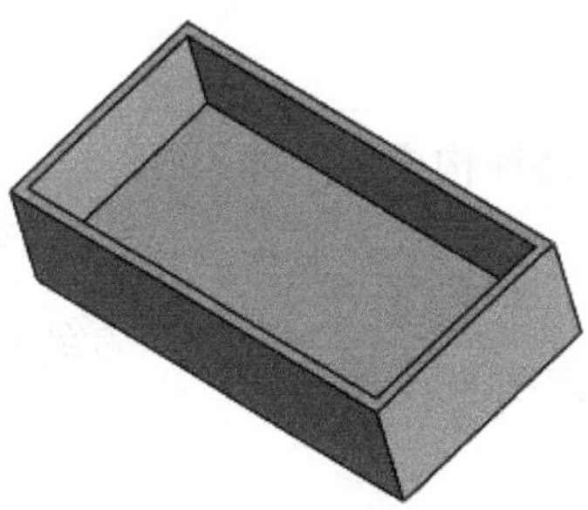

图 8-74 实体模型

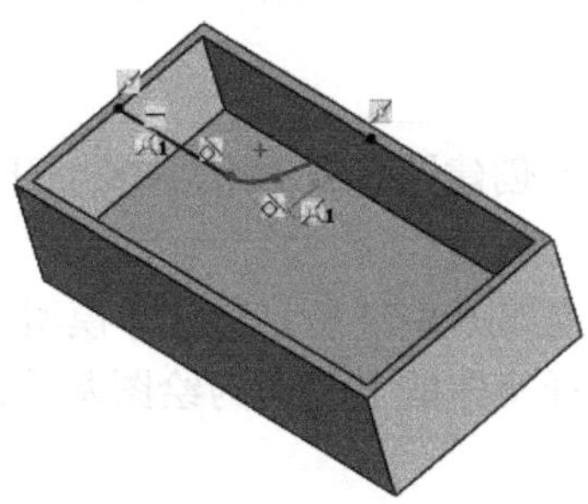

图 8-75 筋截面草图

3）选中筋截面草图后，单击按钮调用“筋”命令，在弹出的“筋”属性管理器中输入筋的厚度尺寸，拉伸方向设定为平行于草图平面，如图 8-76a 所示，并使得拉伸方向指向期望的一侧，如图 8-76b 所示。

4）单击按钮，即可得到如图 8-77 所示的平行草图平面的筋特征。

5）将图 8-76 所示属性管理器中的拉伸方向设定为垂直于草图平面，并使拉伸方向向内，则可得到如图 8-78 所示的垂直草图平面的筋特征。

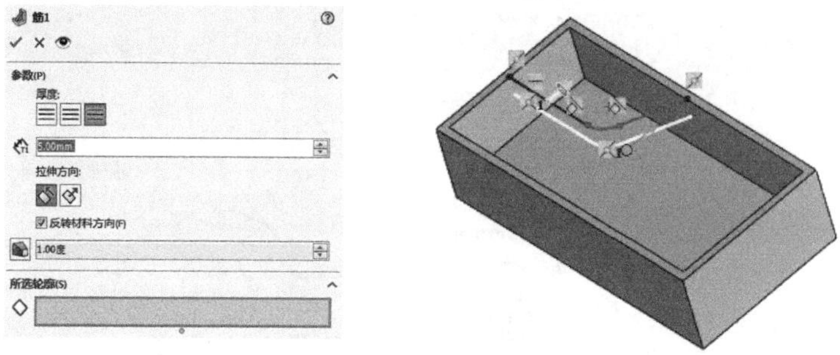

a)　　　　b)

图 8-76　筋特征设置

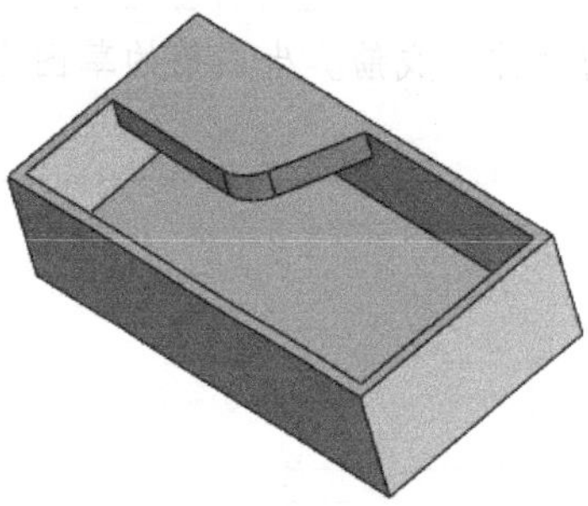

图 8-77　平行草图平面的筋特征

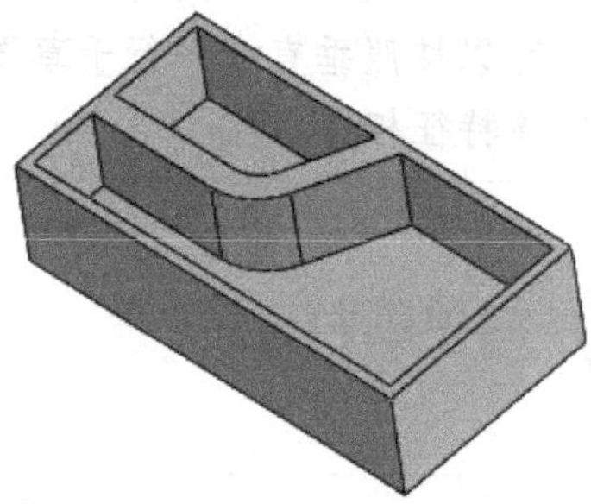

图 8-78　垂直草图平面的筋特征

8.8.2 多个开环草图筋特征

[例 8-12] 创建图 8-81 所示由多个开环草图筋特征构成的实体模型。

讲解视频：例 8-12

1）建立如图 8-74 所示的实体模型。

2）选择实体的上表面为绘图基准面，绘制如图 8-79 所示的草图。

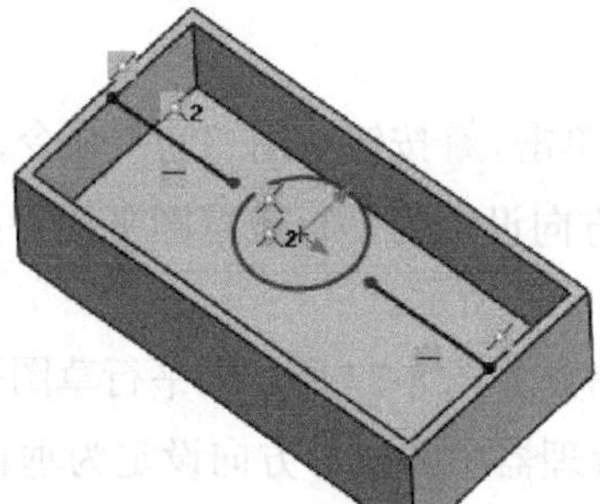

图 8-79　草图

3）选中筋截面草图后，单击按钮调用“筋”命令，此时拉伸方向自动选择了垂直于草图方向，如图 8-80a 所示。此时不能沿着平行于草图方向拉伸，否则会出现混乱，筋特征预览如图 8-80b 所示。

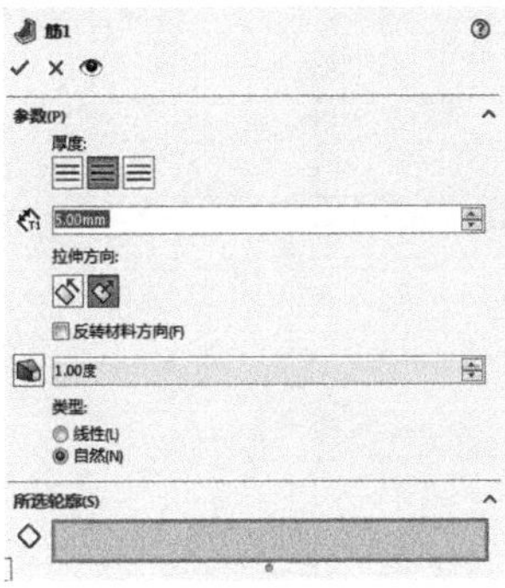

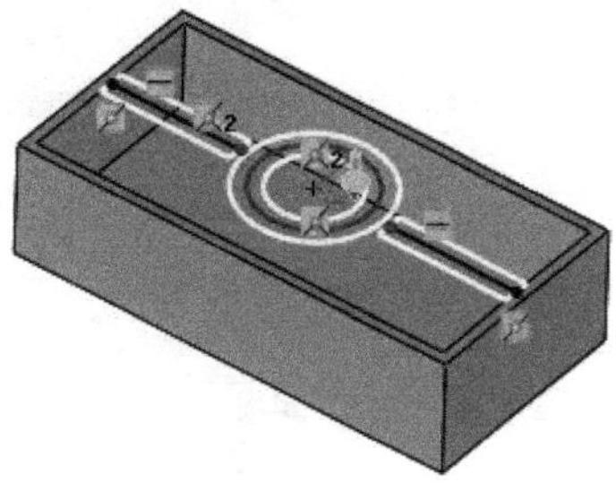

a) b)

图 8-80　多个开环草图筋特征

4）单击按钮，可得到如图 8-81 所示多个开环草图筋特征构成的实体模型。

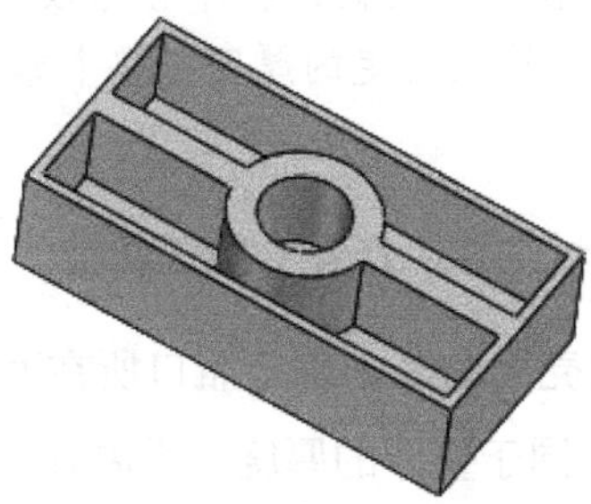

图 8-81　多个开环草图筋特征构成的实体模型

8.9 抽壳

1. 功能

从一个或多个面开始，将零件的内部掏空，将所选面敞开并保持其他面的厚度。

2. 命令格式

- 菜单栏：“插入”→“特征”→“抽壳”。
- 命令管理器或工具栏按钮：。

在选择建立抽壳特征要移除的表面后，选择上述任何一种方式调用命令，SOLIDWORKS 都会弹出如图 8-82 所示的“抽壳”属性管理器。可以在该管理器中设置有关抽壳的参数。

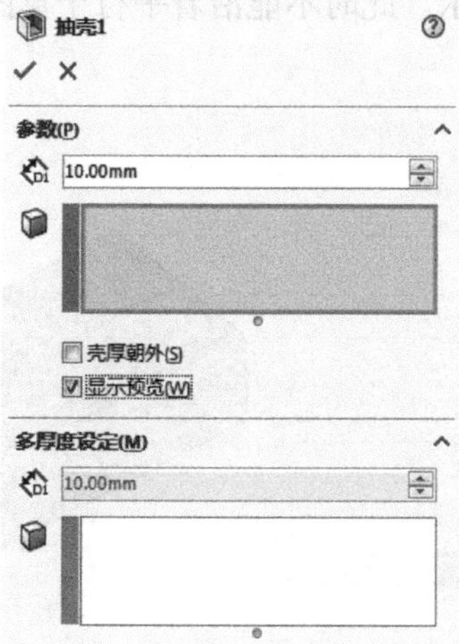

图 8-82 “抽壳”属性管理器

说明： 抽壳特征可以使零件保持同样的壁厚，也允许对有特定要求的面产生不同的壁厚。建立抽壳特征要选择被移除的表面，在不移除表面的情况下，SOLIDWORKS 会保持整个零件的表面特征不变，按照给定的厚度将整个零件内部掏空。

[例 8-13] 对图 8-35 所示的试剂瓶毛坯建立抽壳特征。

1）单击按钮调用“抽壳”命令，确定瓶口所在面为要移除的表面，抽壳厚度设置为 2mm。若要设定瓶底为不同于壁厚的厚度，需展开“多厚度设定”选项组，激活选择区域，在预览的模型上选择需要设置不同厚度的面，如试剂瓶底面，如图 8-83a 所示，指定厚度为 4mm，如图 8-83b 所示。

2）单击按钮，即可得到如图 8-84 所示的抽壳效果。

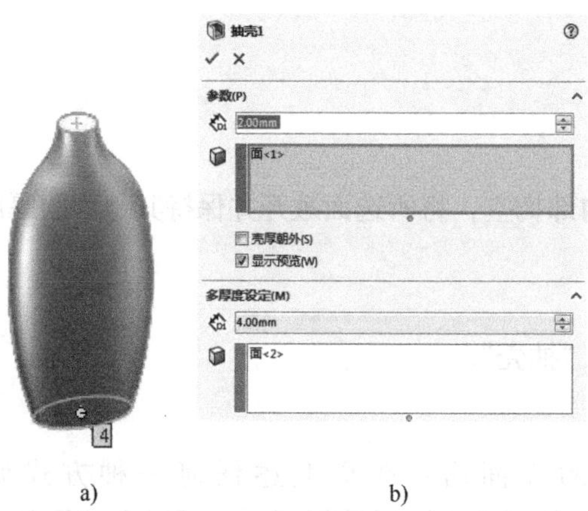

图 8-83 抽壳特征

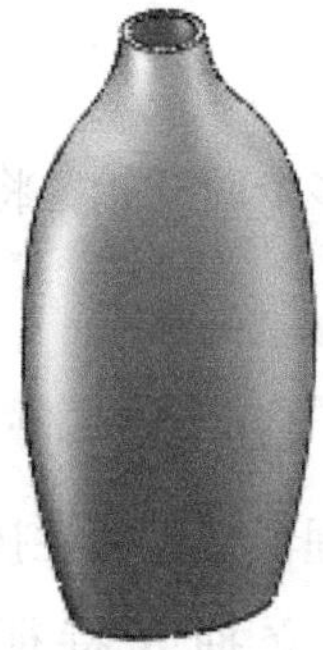

图 8-84 抽壳效果

思政拓展：大部分人以为，圆珠笔笔头最难制造的部分是球珠，然而，制造笔头最贵、最难的部分其是容纳球珠的球座体，扫描右侧二维码了解笔头的技术难点和我国自主研发创新之路，并尝试对球座体进行实体建模。

思政拓展
中国创造：笔头创新之路

习 题

【习题 8-1】 根据图 8-85 和图 8-86 所示的尺寸进行平面立体的实体建模。

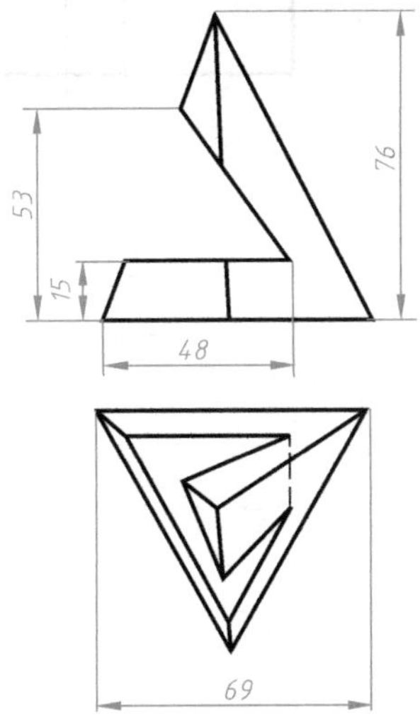

图 8-85 习题 8-1 图（一）

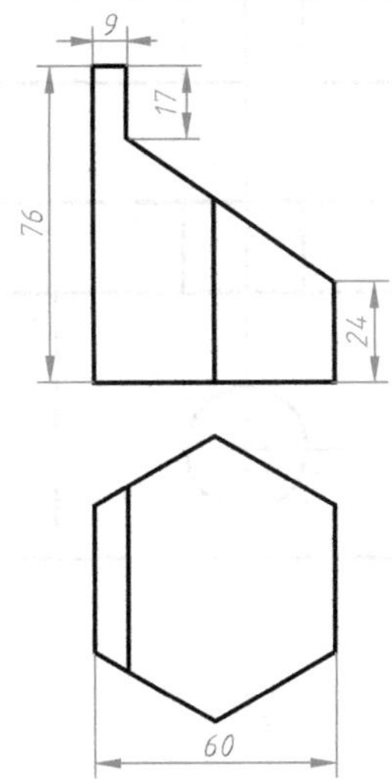

图 8-86 习题 8-1 图（二）

【习题 8-2】 根据图 8-87 所示的尺寸进行曲面立体的实体建模。

讲解视频：
曲面立体建模

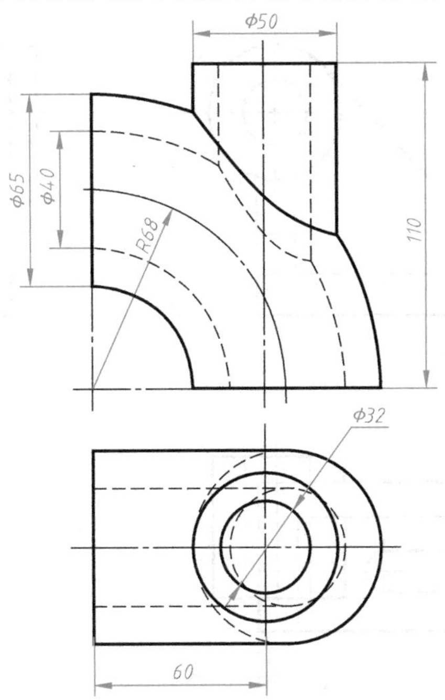

图 8-87 习题 8-2 图

【习题 8-3】 根据图 8-88 所示的尺寸进行组合体的实体建模。

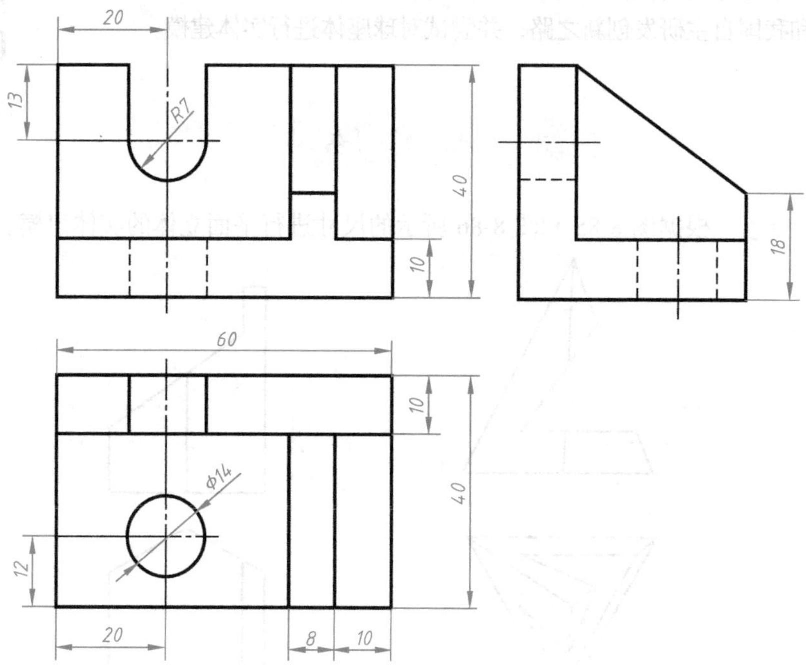

图 8-88 习题 8-3 图

【习题 8-4】 根据图 8-89 所示的尺寸进行组合体的实体建模。

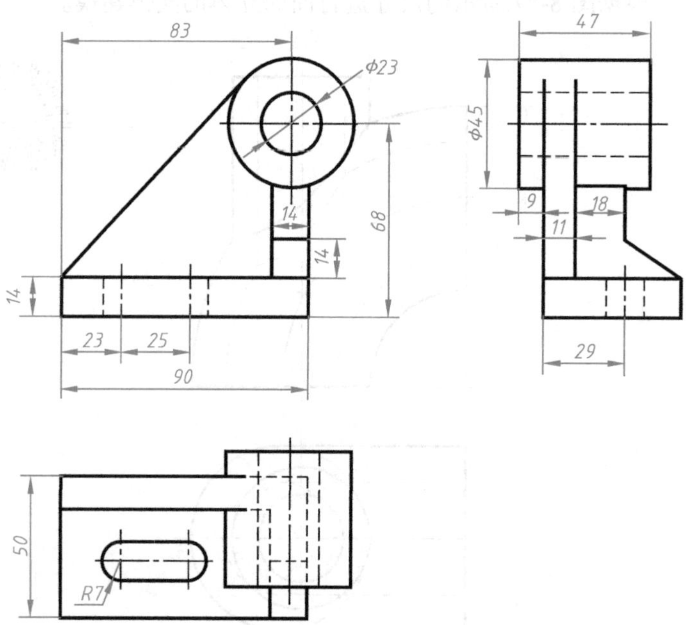

图 8-89 习题 8-4 图

【习题 8-5】 根据图 8-90 所示的尺寸进行组合体的实体建模。

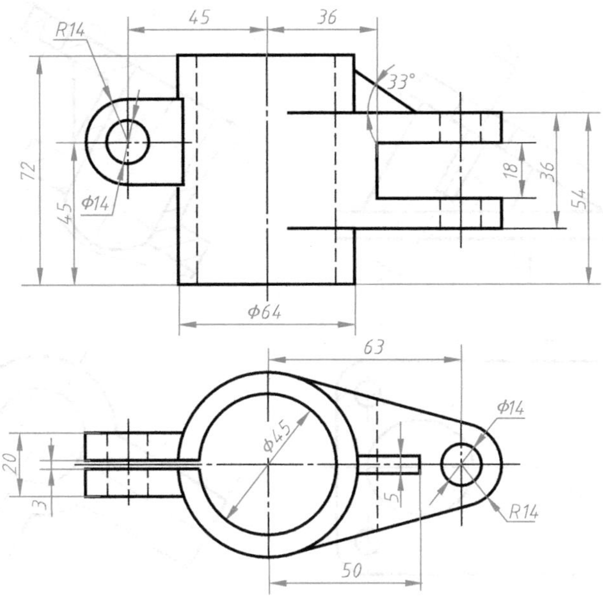

图 8-90 习题 8-5 图

【习题 8-6】 根据图 8-91 所示的尺寸进行组合体的实体建模。

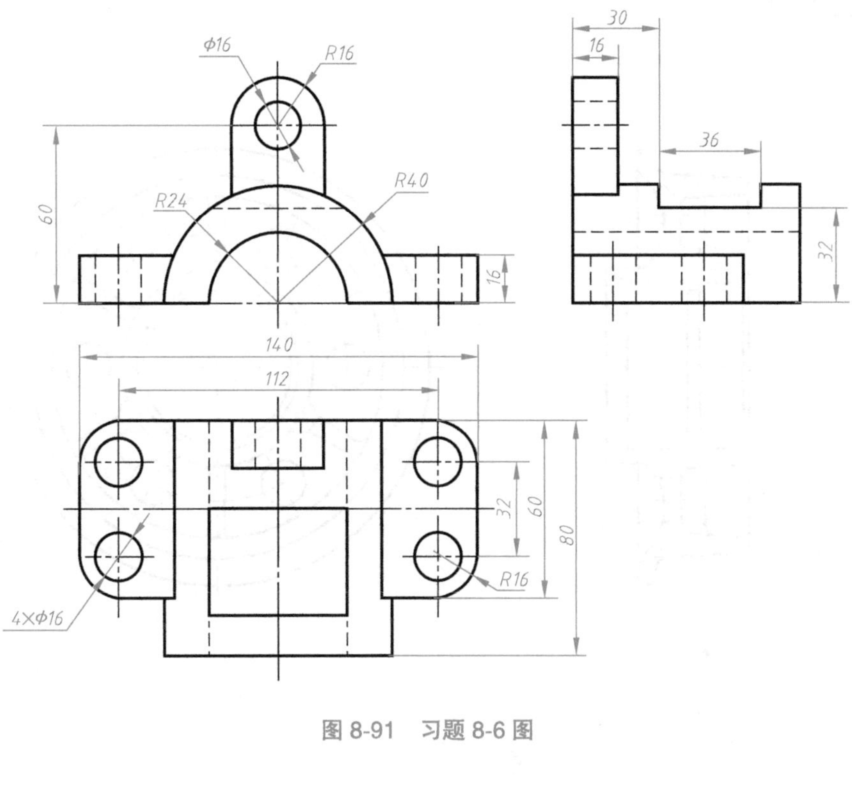

图 8-91 习题 8-6 图

【习题 8-7】 根据图 8-92 所示的尺寸进行组合体的实体建模。

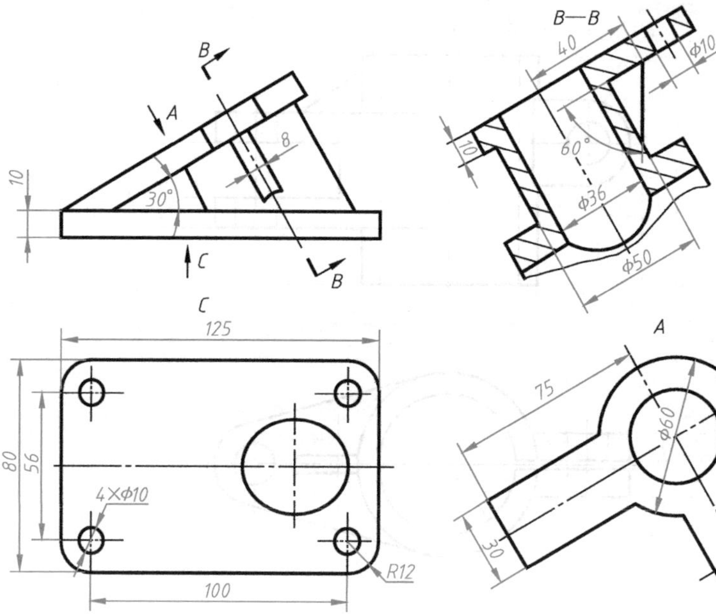

图 8-92 习题 8-7 图

【习题 8-8】 根据图 8-93 所示的尺寸进行飞轮的实体建模。其中，铸造圆角 *R*5~*R*8，起模斜度为 1∶20。

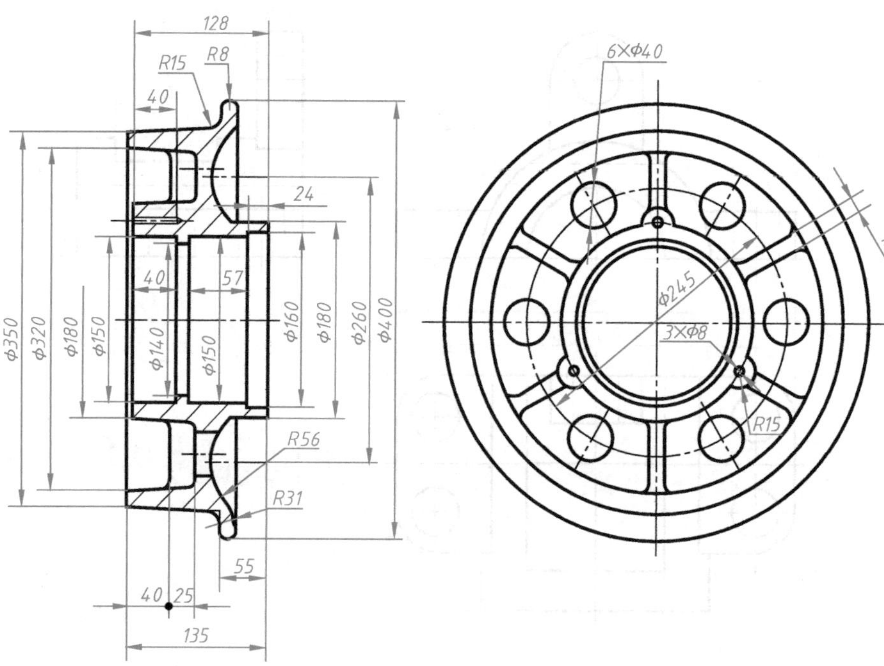

图 8-93 习题 8-8 图

【习题 8-9】 根据图 8-94 所示模型，运用放样方式进行花瓶的实体建模，尺寸自定。

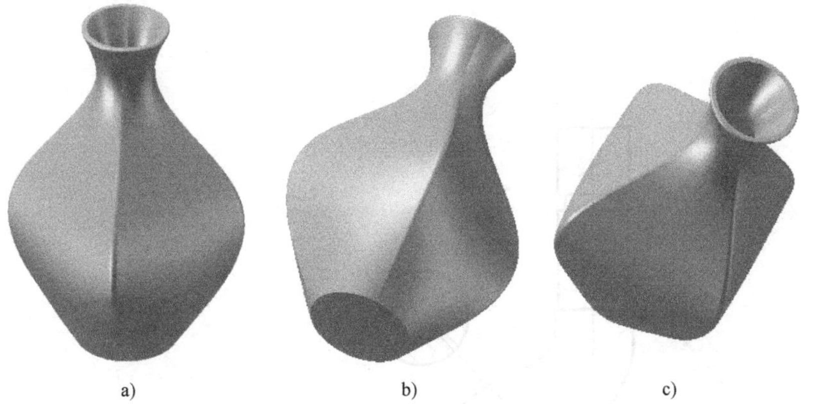

图 8-94 习题 8-9 图

【习题 8-10】 参考图 8-95 所示的平面图及立体图，进行挂钩的实体建模，未注尺寸自定。

讲解视频：
吊钩实体建模

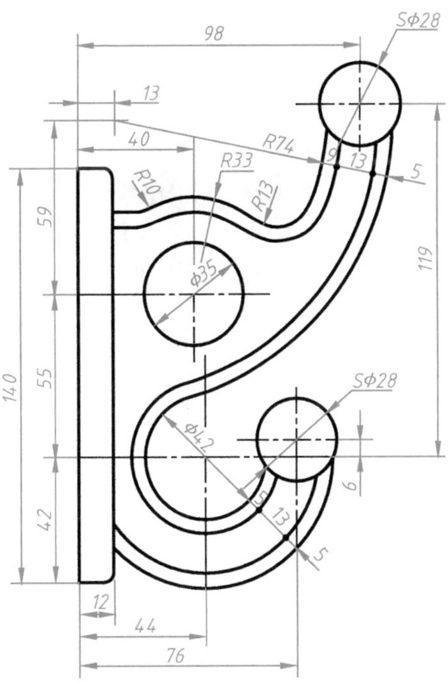

图 8-95 习题 8-10 图

【习题 8-11】 参考图 8-96 所示的平面图及立体图，运用放样方式进行吊钩的实体建模。

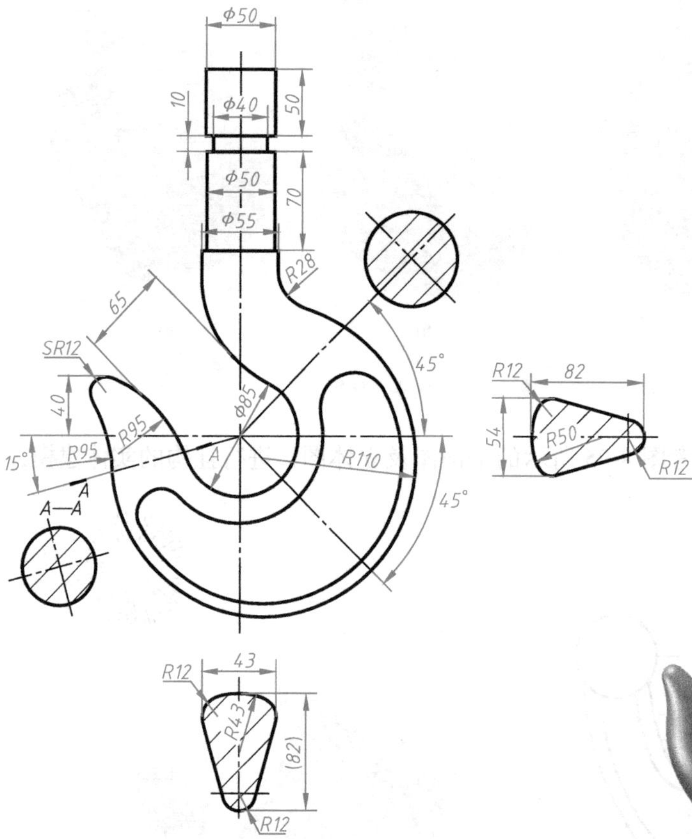

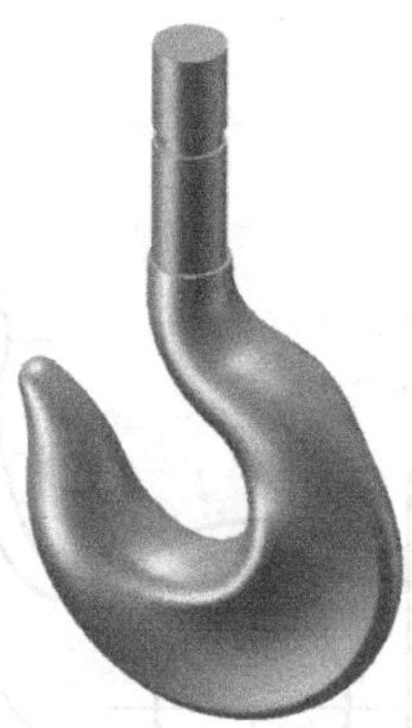

图 8-96　习题 8-11 图

SOLIDWORKS

第9章 曲线曲面三维造型

SOLIDWORKS 提供了若干曲线、曲面建模方法，以适应各种曲线、曲面造型的需要。但需注意，曲面是没有厚度的几何特征，注意不要将其与实体里的薄壁特征相混淆。薄壁特征本质上是实体，只不过它的壁很薄；曲面造型的基础是曲线造型。本章将对曲线、曲面三维造型进行介绍。

9.1 创建曲线

曲线是构成曲面的基本元素，绘制一些形状不规则的零件时，经常要用到曲线命令。曲线是曲面的骨架，曲面则是曲线的蒙皮，要建立高质量的曲面，首先应学会建立曲线特征。

9.1.1 “通过参考点的曲线”命令

1. 功能

通过已知点创建曲线。

2. 命令格式

- 菜单栏：“插入”→“曲线”→“通过参考点的曲线”。
- 命令管理器或工具栏按钮：。

选择上述任何一种方式调用命令，SOLIDWORKS 都会弹出“通过参考点的曲线”属性管理器，如图 9-1a 所示。依次选取如图 9-1b 所示草图 1 中的点 1、点 2 和点 3，若勾选“闭环曲线”复选框，则可创建通过点 1、点 2 和点 3 的封闭曲线；若不勾选该复选框，则创建的为开环曲线，如图 9-1c 所示。

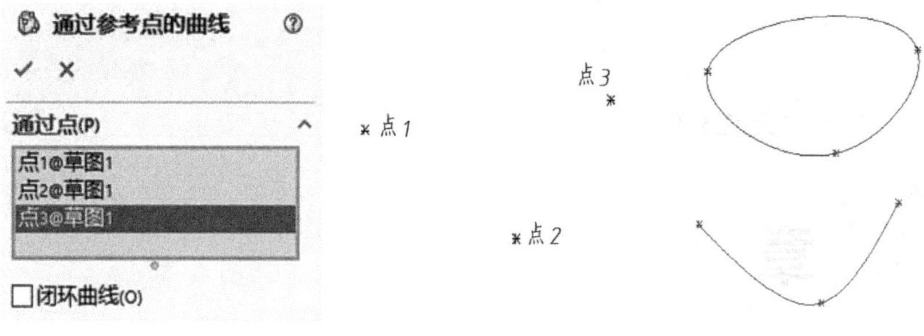

a)　　　b)　　　c)

图 9-1　通过参考点的曲线

9.1.2 “通过 XYZ 点的曲线”命令

1. 功能

通过输入 *X*、*Y*、*Z* 三维坐标值将各点连成曲线。

2. 命令格式

- 菜单栏：“插入”→“曲线”→“通过 XYZ 点的曲线”。
- 命令管理器或工具栏按钮：　。

选择上述任何一种方式调用命令，SOLIDWORKS 都会弹出“曲线文件”对话框，如图 9-2a 所示。双击“X”“Y”“Z”坐标列中的各单元格并输入坐标值，生成一系列点，单击“确定”按钮，即可完成曲线的创建，如图 9-2b 所示。

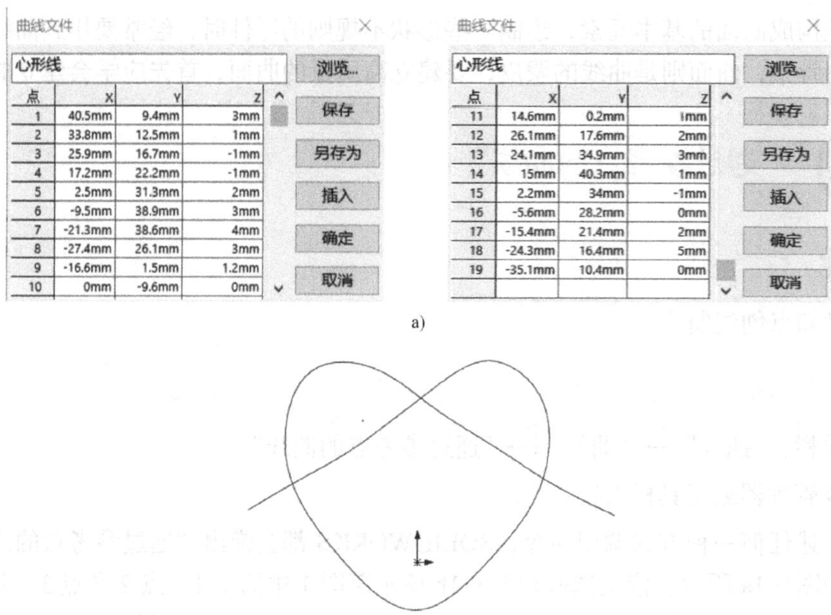

点	X	Y	Z
1	40.5mm	9.4mm	3mm
2	33.8mm	12.5mm	1mm
3	25.9mm	16.7mm	-1mm
4	17.2mm	22.2mm	-1mm
5	2.5mm	31.3mm	2mm
6	-9.5mm	38.9mm	3mm
7	-21.3mm	38.6mm	4mm
8	-27.4mm	26.1mm	3mm
9	-16.6mm	1.5mm	1.2mm
10	0mm	-9.6mm	0mm

点	X	Y	Z
11	14.6mm	0.2mm	1mm
12	26.1mm	17.6mm	2mm
13	24.1mm	34.9mm	3mm
14	15mm	40.3mm	1mm
15	2.2mm	34mm	-1mm
16	-5.6mm	28.2mm	0mm
17	-15.4mm	21.4mm	2mm
18	-24.3mm	16.4mm	5mm
19	-35.1mm	10.4mm	0mm

a)

b)

图 9-2　通过 *XYZ* 点的曲线

> **说明：** 双击最后一行的单元格可添加新点，在“点”序号列中选择要删除的点，然后按〈Delete〉键即可删除该点。

9.1.3 “投影曲线”命令

1. 功能

通过已知草图创建三维曲线。

2. 命令格式

- 菜单栏：“插入”→“曲线”→“投影曲线”。
- 命令管理器或工具栏按钮：。

选择上述任何一种方式调用命令，SOLIDWORKS 都会弹出“投影曲线”属性管理器，如图 9-3 所示。投影类型有“面上草图”“草图上草图”两种。

（1）面上草图　将绘制好的曲线投影到曲面或模型上，以生成“贴”在面上的曲线。

单击按钮调用“投影曲线”命令，在图 9-4a 所示“投影曲线”属性管理器中，将“投影类型”选择为“面上草图”，利用列表框选择“草图 2”为要投射的草图，利用列表框选择“面〈1〉”为要生成投影的面（面〈1〉为球表面），勾选“反转投影”复选框，单击按钮，即完成如图 9-4b 所示面上草图的创建。

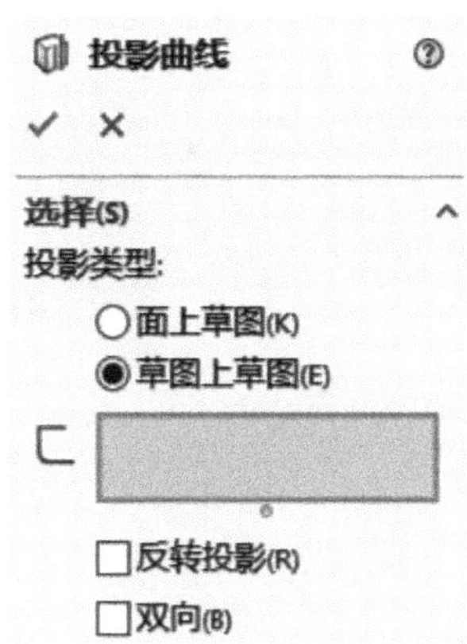

图 9-3 “投影曲线”属性管理器

（2）草图上草图　在两个相交的平面或基准面上分别绘制草图 1 和草图 2 并选中，此时系统会将每一草图沿所在平面的法线方向进行投射，两草图的投射线在空间中相交，从而得到三维投影曲线。具体创建步骤如下。

1）在前视基准面上绘制草图 1，在上视基准面上绘制草图 2，如图 9-4c 所示，退出草图。

2）单击按钮，在“投影曲线”属性管理器的“投影类型”选项组中选择“草图上草图”单选项，在列表框中选择“草图 1”和“草图 2”，如图 9-4d 所示。单击按钮，完成创建。

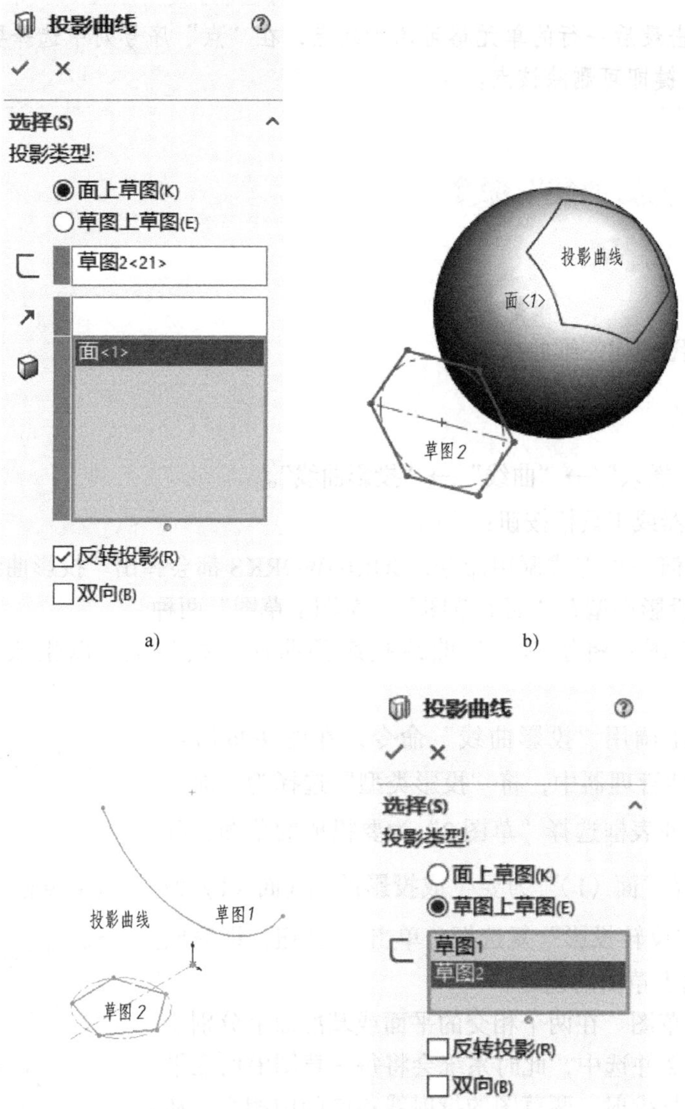

a) b) c) d)

图 9-4 创建投影曲线

说明：只有草绘曲线才能创建投影曲线，实体的边线、分割线等无法使用“投影曲线”命令。

9.1.4 “三维草图”命令

1. 功能

绘制三维曲线。

2. 命令格式

- 菜单栏：“插入”→“三维草图”。
- 命令管理器或工具栏按钮：。

选择上述任何一种方式调用命令，SOLIDWORKS 都会进入三维草图绘制空间。

［例 9-1］ 建立如图 9-5 所示管路结构的扫描路径。

讲解视频：例 9-1

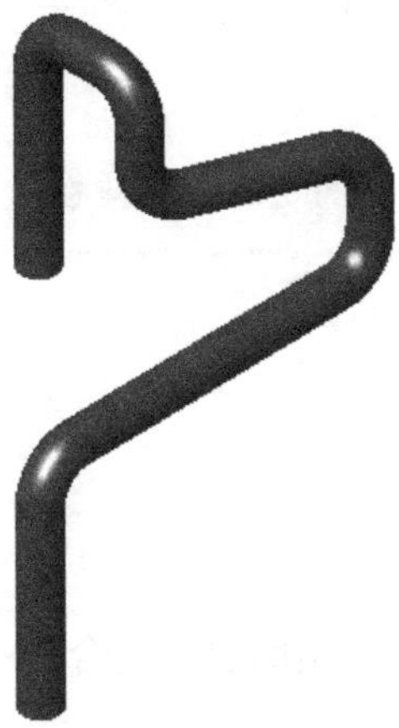

图 9-5　管路结构

分析： 如图 9-5 所示的管路结构是将一个草图轮廓沿路径引导线进行扫描而创建的，其路径引导线便是使用“三维草图”命令创建的。

1）单击按钮，视图定向选用“等轴测”（单击按钮）。

2）单击按钮，然后在 *XY* 基准面上从坐标原点开始沿 *Y* 轴方向绘制一条长为 58mm 的直线段，此时鼠标指针形状变为，沿 *X* 轴方向绘制一条长为 39mm 的直线段，再沿 *Y* 轴负方向绘制一条长为 29mm 的直线段。

3）按〈Tab〉键将草图基准面切换到 *YZ* 基准面，并沿着 *Z* 轴方向绘制一条长为 51mm 的直线段。此时鼠标指针变成，沿 *Y* 轴负方向绘制一条长为 29mm 的直线段，沿 *Z* 轴负方向绘制一条长为 95mm 的直线段，再沿 *Y* 轴负方向绘制一条长为 58mm 的直线段。

4）在各转角处均画出 *R*10 圆角，绘制结果如图 9-6 所示。

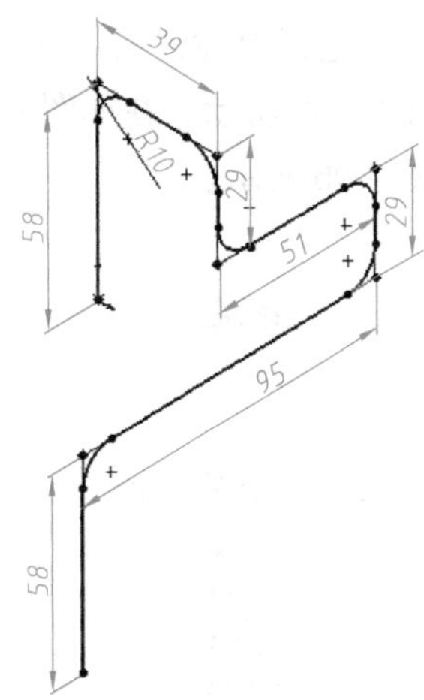

图 9-6　绘制结果

说明： 在使用“三维草图”命令在几个基准面上绘图时，会有一个图形化的辅助工具来帮助用户保持方向，即“空间坐标”。在所选基准面上定义直线或样条曲线的第一个点时，空间坐标就会出现，如图 9-7 所示。

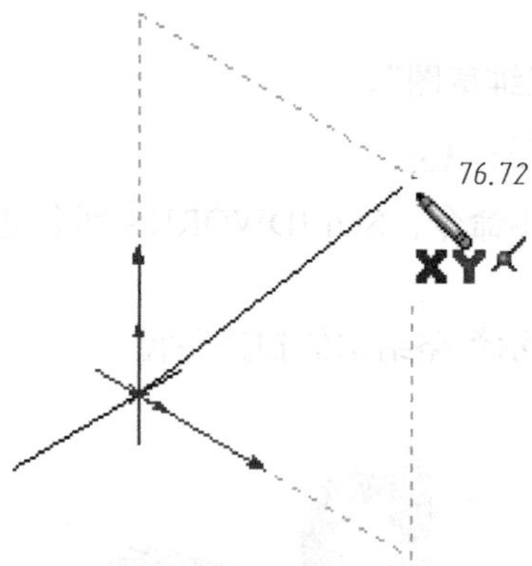

图 9-7 空间坐标

9.1.5 “组合曲线”命令

1. 功能

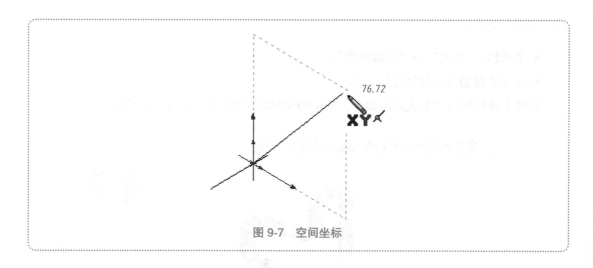

将一组首尾相连的曲线、草图或模型的边线组合为一条三维曲线。

2. 命令格式

- 菜单栏：“插入”→“曲线”→“组合曲线”。
- 命令管理器或工具栏按钮：。

选择上述任何一种方式调用命令，SOLIDWORKS 都会弹出“组合曲线”属性管理器，如图 9-8 所示。在如图 9-9a 所示的模型中选取五条边线，单击 ✓ 按钮，生成组合曲线，如图 9-9b 所示。

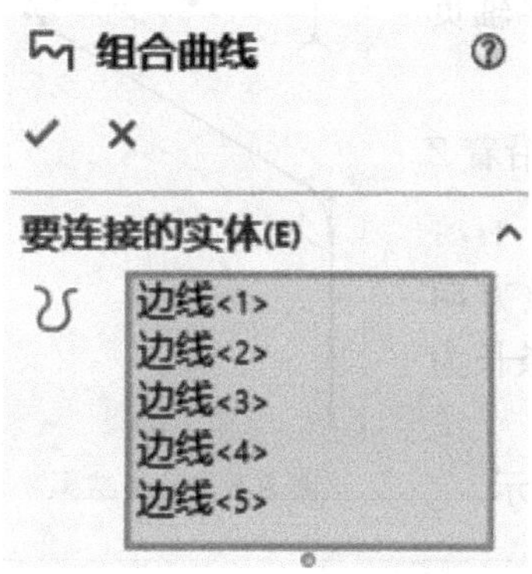

图 9-8 “组合曲线”属性管理器

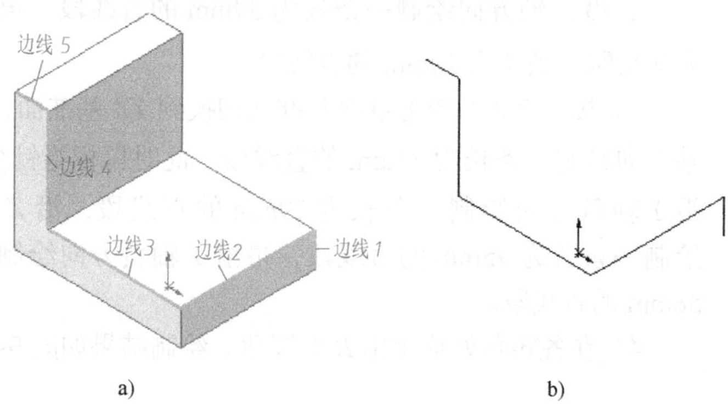

图 9-9 创建组合曲线

9.1.6 "分割线"命令

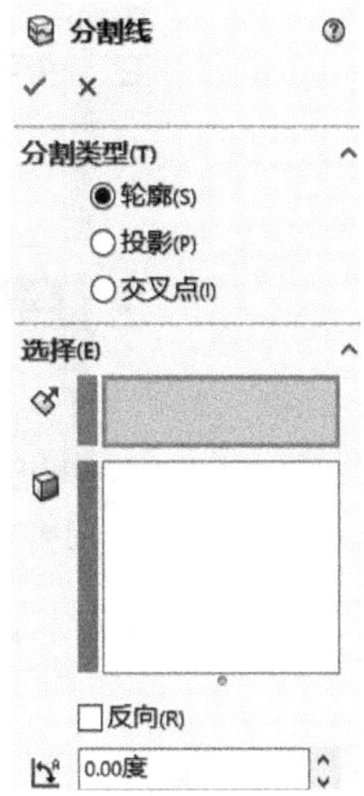

图 9-10 "分割线"属性管理器

1. 功能

用不同的相交方式从曲面上得到三维曲线。

2. 命令格式

- 菜单栏："插入"→"曲线"→"分割线"。
- 命令管理器或工具栏按钮：。

选择上述任何一种方式调用命令，SOLIDWORKS 都会弹出"分割线"属性管理器，如图 9-10 所示。在"分割类型"选项组中有三个单选项。

（1）"轮廓"　用基准平面与模型表面或曲面相交生成分割线。

调用"分割线"命令，在"分割线"属性管理器的"分割类型"选项组中选择"轮廓"单选项。在如图 9-11a 所示的"选择"选项组中，利用列表框选择"右视基准面"为基准平面，利用列表框选择如图 9-11b 所示的外圆柱面作为要分割的面，单击按钮，生成分割线，如图 9-11c 所示。

（2）"投影"　将草图轮廓投射到曲面或模型表面，生成分割线。

在"分割线"属性管理器的"分割类型"选项组中选择"投影"单选项，在如图 9-12a 所示的"选择"选项组中，利用列表框选择如图 9-12b 所示基准面上的草图 4，利用列表框选择"面〈1〉"，单击按钮，生成分割线，如图 9-12c 所示。

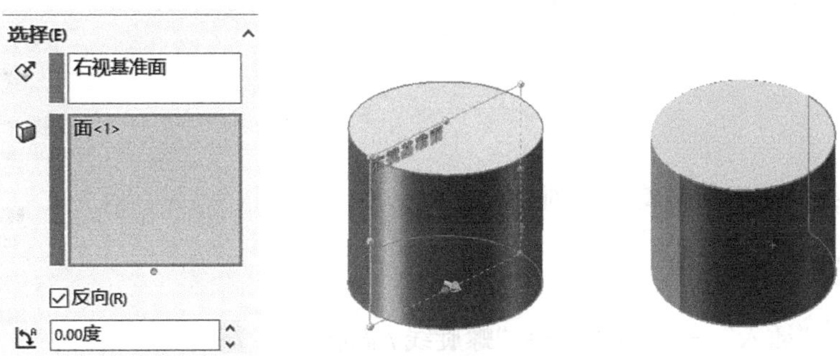

a)　　b)　　c)

图 9-11　创建分割线（一）

（3）"交叉点"　利用面的相交来生成分割线。

在"分割线"属性管理器的"分割类型"选项组中选择"交叉点"单选项。在如图 9-13a 所示的"选择"选项组中，利用列表框选择"右视基准面"和"前视基准面"，利用列表框选择"面〈1〉"，如图 9-13b 所示。单击按钮，生成分割线，如图 9-13c 所示。

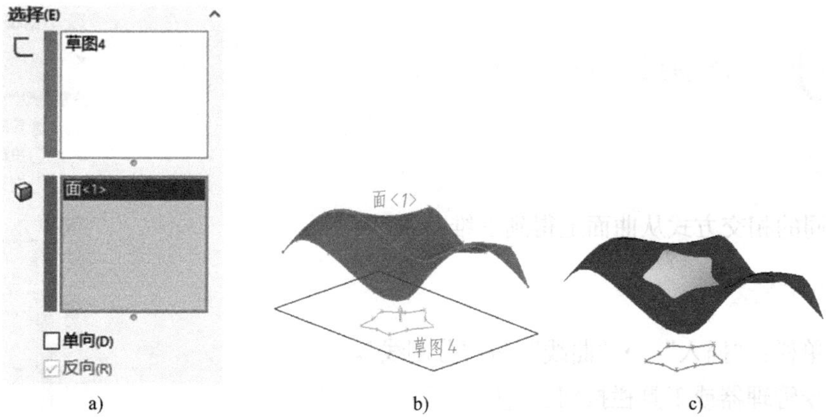

图 9-12　创建分割线（二）

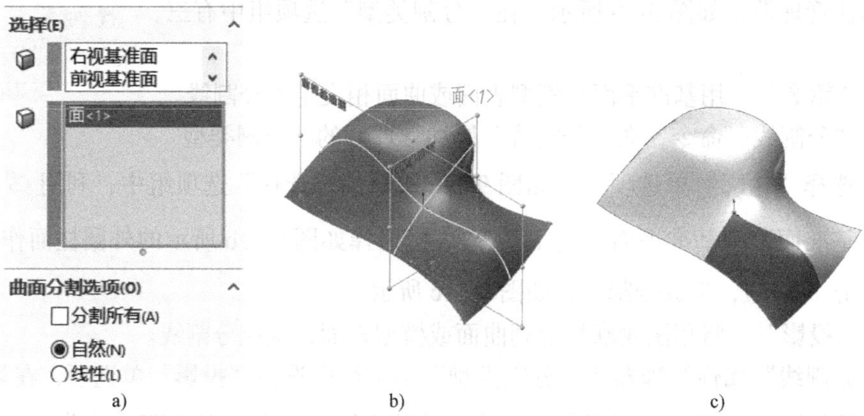

图 9-13　创建分割线（三）

9.1.7　“螺旋线 / 涡状线”命令

1. 功能

作为引导线应用于扫描特征的创建等。

2. 命令格式

- 菜单栏：“插入”→“曲线”→“螺旋线 / 涡状线”。
- 命令管理器或工具栏按钮：。

选择上述任何一种方式调用命令，SOLIDWORKS 都会弹出“螺旋线 / 涡状线”属性管理器，如图 9-14 所示。需要说明的是，输入命令前，应在某基准面上绘制一个圆作为截面草图。

“定义方式”选项组中有四个选项，分别为“螺距和圈数”“高度和圈数”“高度和螺距”“涡状线”，前三个选项用于生成螺旋线，“涡状线”选项用于定义螺距和圈数生成涡状线。

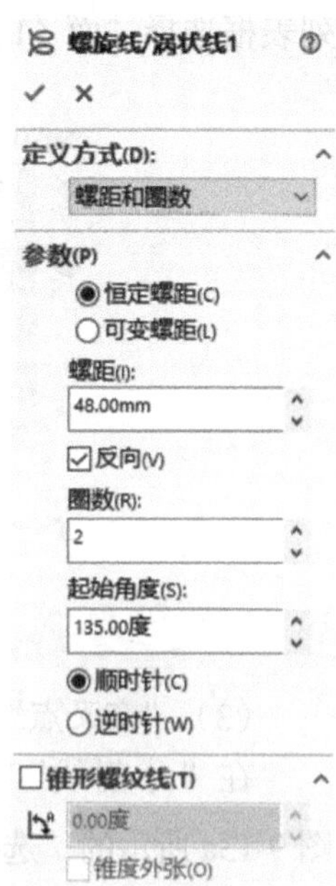

图 9-14　“螺旋线 / 涡状线”属性管理器

[例 9-2]　创建恒定螺距螺旋线。

1）选取前视基准面绘制直径为 60mm 的圆作为截面草图，退出草图。

2）单击 按钮，按照图 9-14 所示的内容设置，预览效果如图 9-15a 所示。单击 ✓ 按钮，完成恒定螺距螺旋线的创建，如图 9-15b 所示。

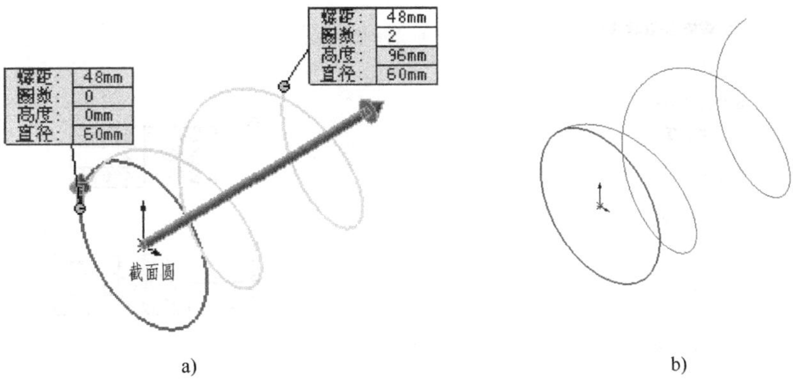

图 9-15　创建恒定螺距螺旋线

[例 9-3]　创建可变螺距螺旋线。

1）选取前视基准面绘制直径为 64mm 的圆作为截面草图，退出草图。

2）单击 按钮，在弹出的“螺旋线 / 涡状线”属性管理器中选择“可变螺距”单选项，按照图 9-16a 所示的内容分别设置螺距、圈数、高度与直径。本例中的螺距与直径均可变，故可建立可变螺距螺旋线，如图 9-16b 所示。

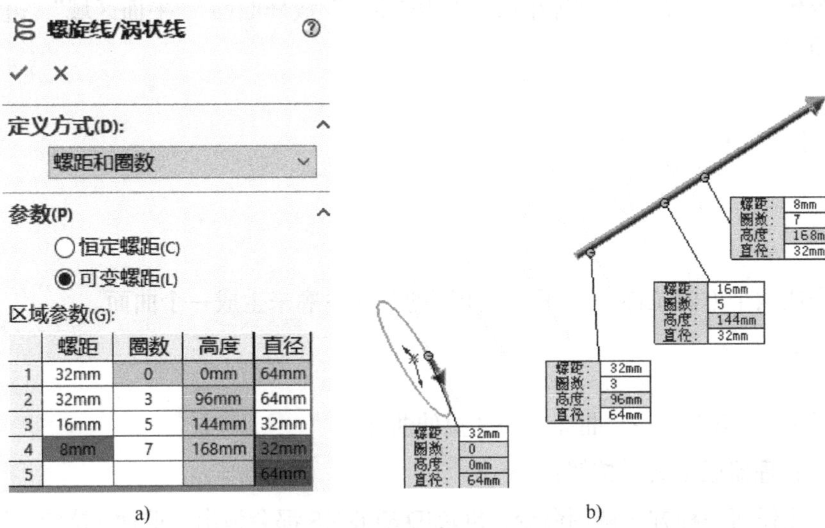

图 9-16　创建可变螺距螺旋线

[例 9-4] 创建涡状线。

1）选取前视基准面绘制直径为 60mm 的圆作为截面草图，退出草图。

2）单击按钮，在弹出的“螺旋线 / 涡状线”属性管理器中，按照图 9-17a 所示的内容设置各项参数，单击按钮，生成涡状线，如图 9-17b 所示。

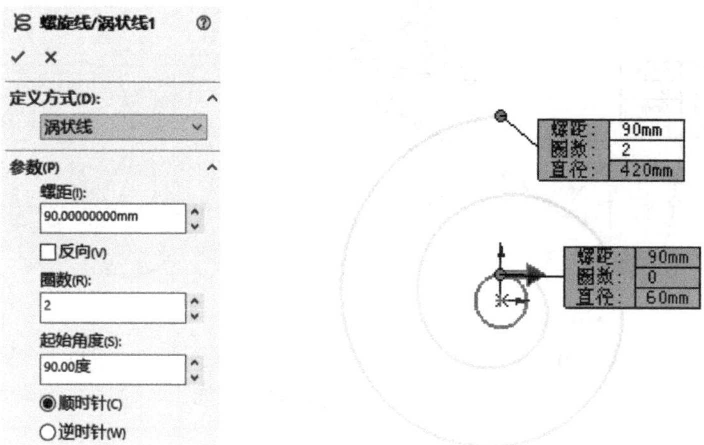

a) b)

图 9-17 创建涡状线

9.2 曲面建模

曲面建模是三维实体建模的重要组成部分，更是复杂零件建模不可或缺的内容之一。曲面建模命令包括“拉伸曲面”“旋转曲面”“扫描曲面”“放样曲面”“平面区域”“边界曲面”“等距曲面”“填充”等。

9.2.1 “拉伸曲面”命令

1. 功能

沿一个或两个方向拉伸一个开环或闭环的草图轮廓来生成一个曲面。

2. 命令格式

- 菜单栏：“插入”→“曲面”→“拉伸曲面”。
- 命令管理器或工具栏按钮：。

选择上述任何一种方式调用命令，SOLIDWORKS 都会弹出“曲面 - 拉伸”属性管理器，如图 9-18 所示。拉伸曲面分为二维草图曲面拉伸和三维草图曲面拉伸。

图 9-18　“曲面 - 拉伸”属性管理器

（1）二维草图曲面拉伸

[例 9-5]　以二维草图拉伸创建曲面。

选取上视基准面绘制如图 9-19a 所示的二维草图。单击按钮，SOLIDWORKS 弹出“曲面 - 拉伸”属性管理器，其各项设置与拉伸凸台 / 基体相同，结果如图 9-19b 所示。如此创建的是曲面而不是实体，其端面不会被盖上，同时也不要求草图必须闭合。

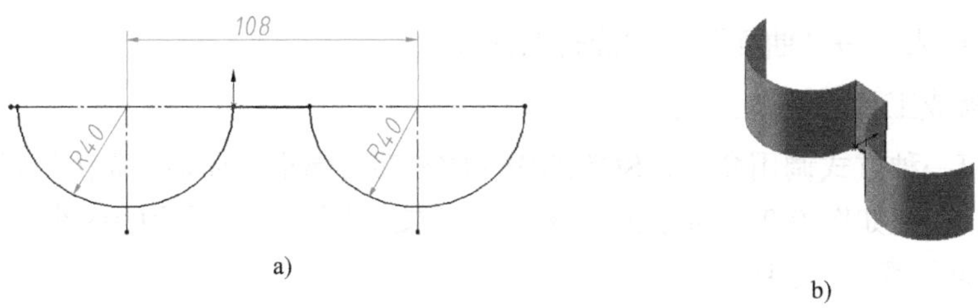

图 9-19　例 9-5 创建拉伸曲面

（2）三维草图曲面拉伸

[例 9-6]　以三维草图拉伸创建曲面。

1）单击按钮，使用“样条曲线”命令绘制如图 9-20a 所示的三维草图，退出草图。

2）单击按钮，使用“拉伸凸台 / 基体”命令建立六棱锥实体，退出草图。

3）单击按钮，选取三维草图曲面拉伸方式，在弹出的“曲面 - 拉伸”属性管理器的列表框中选择六棱锥的“边线〈1〉”作为三维草图的曲面拉伸方向，结果如

图 9-20b 所示。

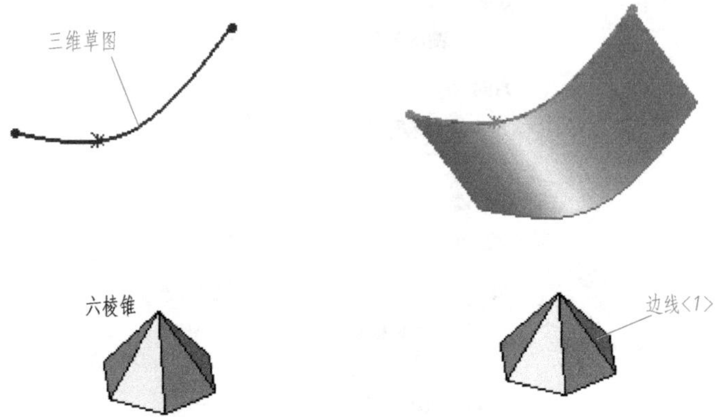

a)　　　　b)

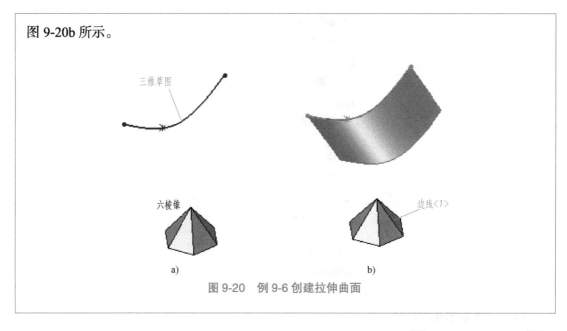

图 9-20　例 9-6 创建拉伸曲面

9.2.2　“旋转曲面”命令

讲解视频：创建旋转曲面

1. 功能

绕一条轴线旋转一个开环或闭环的草图轮廓来创建曲面。

2. 命令格式

- 菜单栏：“插入”→“曲面”→“旋转曲面”。
- 命令管理器或工具栏按钮：。

选择上述任何一种方式调用命令，SOLIDWORKS 都会弹出“曲面 - 旋转”属性管理器，如图 9-21a 所示。绘制如图 9-21b 所示的草图，然后按照图 9-21a 所示的内容设置各参数，单击 ✓ 按钮，结果如图 9-21c 所示。

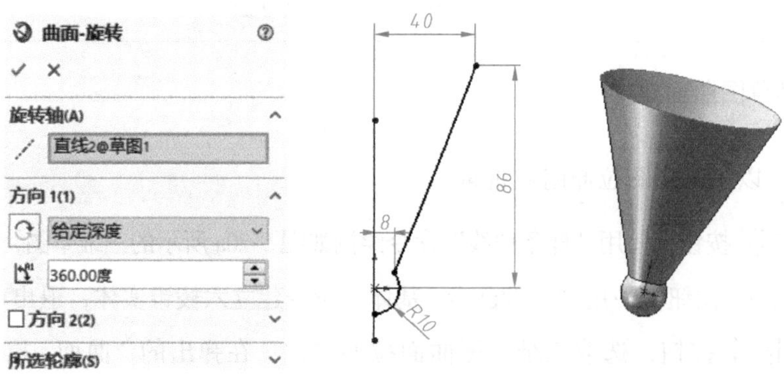

a)　　　　b)　　　　c)

图 9-21　创建旋转曲面

9.2.3 “扫描曲面”命令

1. 功能

将轮廓沿路径扫描而形成曲面。

2. 命令格式

- 菜单栏：“插入”→“曲面”→“扫描曲面”。
- 命令管理器或工具栏按钮：。

选择上述任何一种方式调用命令，SOLIDWORKS 都会弹出“曲面 - 扫描”属性管理器。扫描曲面至少应具备轮廓和路径两个要素。扫描曲面可分为简单扫描和引导线扫描。

（1）简单扫描 简单扫描只需要一个草图轮廓和一个草图路径来生成曲面。

[例 9-7] 创建一个简单扫描曲面。

1）在前视基准面上绘制草图 1，退出草图。

2）在上视基准面上绘制草图 2，如图 9-22a 所示，退出草图。

3）单击按钮，在弹出的“曲面 - 扫描”属性管理器中，利用“轮廓与路径”选项组中的列表框选择“草图 1”为扫描轮廓，利用列表框选择“草图 2”为扫描路径，如图 9-22b 所示。单击按钮，结果如图 9-22c 所示。

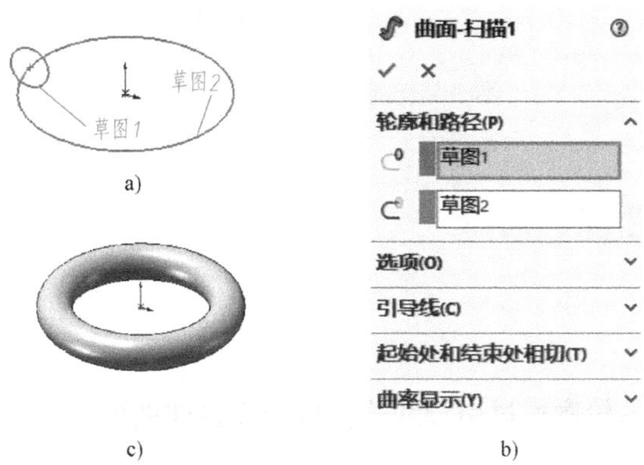

图 9-22 创建扫描曲面（一）

说明： 扫描曲面特征与扫描实体特征（见 8.4 节）类似，但后者的轮廓必须是闭合的，而前者的轮廓可以是闭合的，也可以是开放的。同样，扫描路径既可以是闭合或开放曲线，也可以是包含在草图中的一组绘制的曲线、一条曲线或一组模型边线。但要注意的是，路径的起点必须位于轮廓的基准面上。

（2）引导线扫描　以空间二维曲线为引导线，生成相应形状的引导线扫描曲面。

[例 9-8] 创建引导线扫描曲面。

1）在如图 9-22a 所示的草图 1 和草图 2 的基础上，选取前视基准面，在其上绘制草图 3，不但要使草图 3 和草图 1 位于同一基准面上，而且为草图 1 的圆心与草图 3 的起点添加穿透几何关系，如图 9-23a 所示。

2）单击按钮调用“投影曲线”命令，选择“草图上草图”方式，由草图 2 和草图 3 创建如图 9-23a 所示曲线 1。

3）单击按钮，在弹出的“曲面 - 扫描”属性管理器中按照如图 9-23b 所示的内容设置各选项。单击✓按钮，结果如图 9-23c 所示。

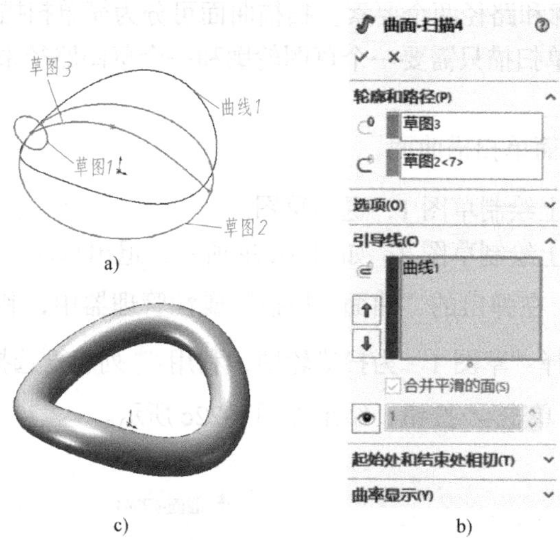

图 9-23　创建扫描曲面（二）

9.2.4 “放样曲面”命令

1. 功能

将两个或多个不同的轮廓通过引导线连接放样而创建曲面。

2. 命令格式

- 菜单栏：“插入”→“曲面”→“放样曲面”。
- 命令管理器或工具栏按钮：。

选择上述任何一种方式调用命令，SOLIDWORKS 都会弹出“曲面 - 放样”属性管理器。放样曲面特征与放样实体特征（见 8.5 节）类似，也是通过在轮廓之间进行过渡来生成曲面特征。放样曲面分为简单放样、中心线放样和引导线放样。本小节仅介绍中心线放样和引导线放样。

（1）中心线放样 可利用一个中心线草图控制在两个轮廓草图之间所创建曲面的形状。

[例9-9] 创建一个中心线放样曲面。

1）选取前视基准面，使用“样条曲面”命令绘制草图1，退出草图。

2）选取上视基准面绘制草图2，退出草图。

3）新建基准面1并在该基准面上绘制草图3，如图9-24所示。

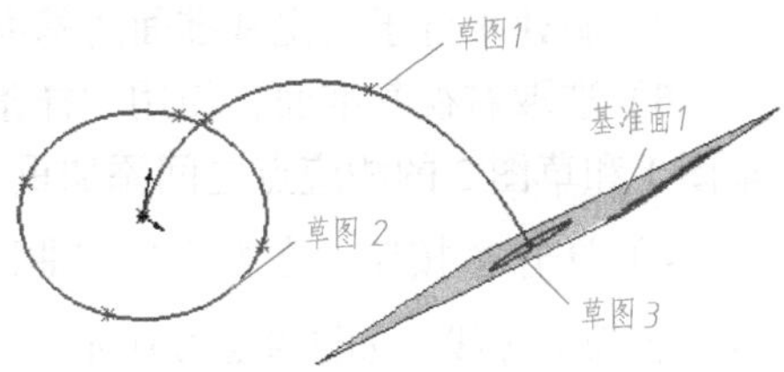

图9-24 中心线放样草图

4）单击按钮，在弹出的“曲面-放样”属性管理器中，按照如图9-25a所示的内容设置各选项，单击✓按钮，结果如图9-25b所示。

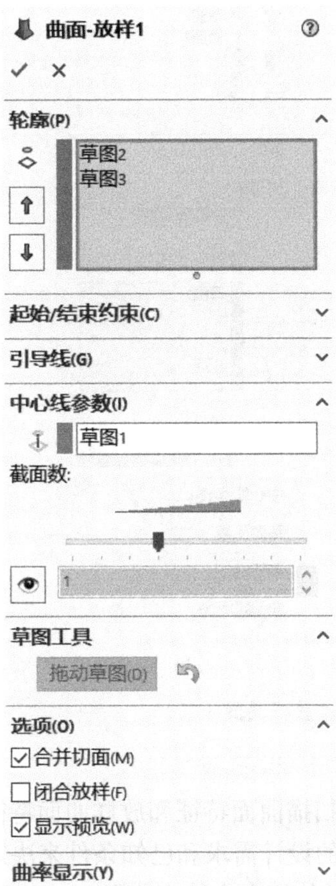

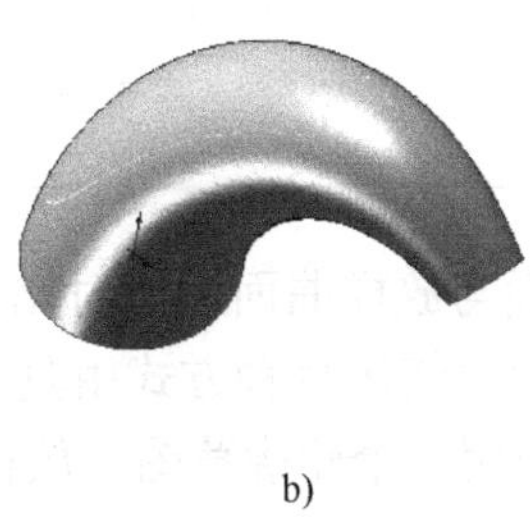

图9-25 创建放样曲面（一）

(2) 引导线放样　可利用引导线控制在轮廓草图之间所创建曲面的形状。

[例 9-10] 创建一个引导线放样曲面。

1) 在上视基准面上绘制草图 1，退出草图。

2) 新建平行于上视基准面的基准面 1，并在该基准面上绘制草图 2，退出草图。

3) 选取右视基准面，使用“样条曲线”命令绘制草图 3，并在草图 3 的两个端点与草图 1 和草图 2 的相应点之间添加重合几何约束关系，如图 9-26a 所示，退出草图。

4) 单击按钮，在弹出的“曲面-放样”属性管理器中选择草图1和草图2为轮廓、草图 3 为引导线，如图 9-26b 所示。单击✓按钮，结果如图 9-26c 所示。

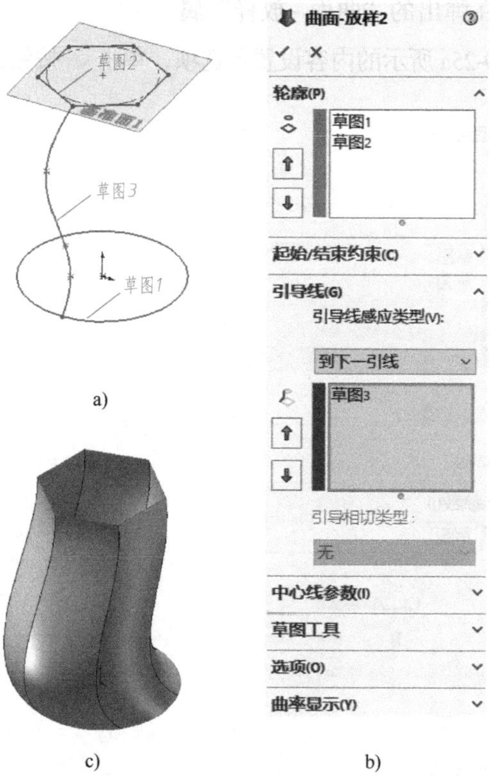

图 9-26　创建放样曲面（二）

(3) 扫描曲面与放样曲面应用对比　扫描曲面特征和放样曲面特征都可以用来创建复杂的模型，建模时使用哪种方式由具体的设计需求和已知条件来决定，二者的本质区别在于：扫描是使用一个轮廓草图，放样是使用多个轮廓草图。

[例 9-11] 创建塑料瓶曲面模型。

1) 将图 9-27a 所示的草图 1、草图 2 和草图 3 分别绘制在上视基准面、右视基准面和前视基准面上。

2）单击按钮，在弹出的“曲面-扫描”属性管理器的“轮廓和路径”选项组中，利用选择框将轮廓选择为草图1，利用选择框将路径选择为草图2，在“引导线”选项组中将引导线选择为草图3，单击按钮，扫描曲面结果如图9-27c所示。

讲解视频：例9-11

3）在上视基准面和与其平行的五个基准面上分别建立如图9-27b所示的六个草图，单击按钮，在弹出的“曲面-放样”属性管理器中，利用“轮廓”列表框依次选择六个草图，单击按钮，放样曲面结果如图9-27c所示。

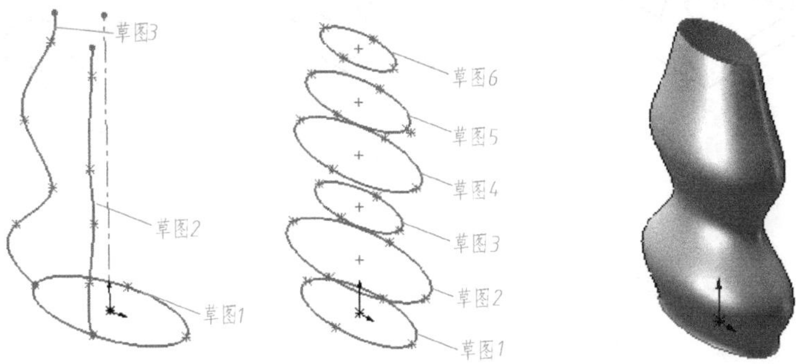

a)　　b)　　c)

图9-27　塑料瓶曲面模型

a）扫描曲面建模　b）放样曲面建模　c）塑料瓶模型

建模时，若设计数据描述的是轮廓前面和侧面的两条曲线，并且模型的所有横截面形状都相似，则可通过扫描的方式创建特征。若设计数据描述的是一系列横截面，则可以使用放样的方式来创建特征。特别是当横截面形状不相似时，采用放样曲面特征建模非常有效。

说明：对三个以上的草图进行放样时，这些草图必须按照正确的顺序排列。如果草图在“轮廓”列表框中的顺序不正确，可以使用“上移”和“下移”按钮来调整顺序。

9.2.5 “平面区域”命令

1. 功能

使用草图或一组边线生成有边界的平面。

2. 命令格式

- 菜单栏：“插入”→“曲面”→“平面区域”。
- 命令管理器或工具栏按钮：。

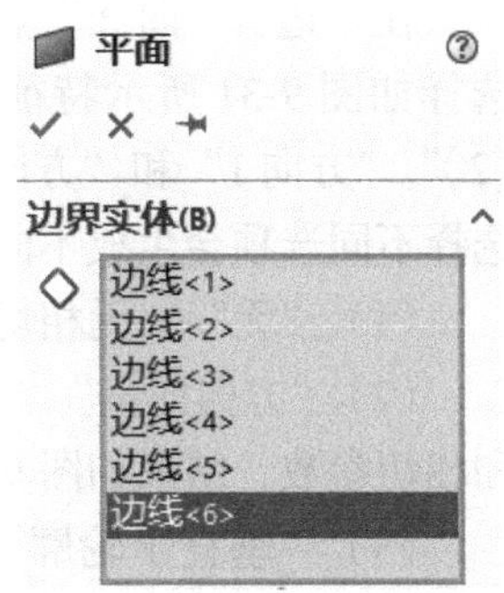

图9-28　“平面”属性管理器

选择上述任何一种方式调用命令，SOLIDWORKS都会弹出“平面”属性管理器，如图 9-28 所示。对如图 9-29a 所示模型，选取六条边线，如图 9-29b 所示，单击✓按钮，完成平面区域的创建，如图 9-29c 所示。

执行“平面”命令产生的面与基准面的区别在于：构成平面的面有大小和边界，可以进行实体面的编辑等相关操作。

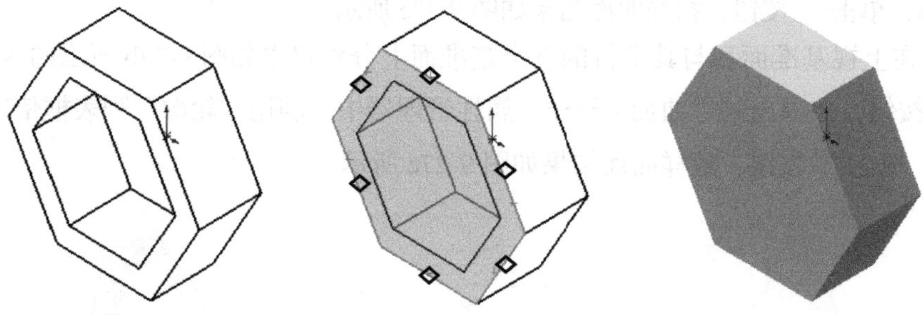

a)　　　b)　　　c)

图 9-29 创建平面区域

9.2.6 “边界曲面”命令

1. 功能

生成两个方向上相切或曲率连续的曲面。

2. 命令格式

- 菜单栏：“插入”→“曲面”→“边界曲面”。
- 命令管理器或工具栏按钮：。

选择上述任何一种方式调用命令，SOLIDWORKS 都会弹出“边界 - 曲面”属性管理器，如图 9-30 所示。

对于如图 9-31 所示的特征曲面 1 和特征曲面 2，“边界曲面”命令的作用是建立特征曲面 1 和特征曲面 2 之间的连续曲面。

在“边界 - 曲面”属性管理器的“方向 1”选项组中选择如图 9-31 所示特征模型中的“边线〈1〉”和“边线〈2〉”。“方向 1”和“方向 2”下拉列表框中均有五个选项，选择不同选项会生成不同结果，具体如下。

（1）“无” 无相切约束，结果如图 9-32a 所示。

（2）“方向向量” 选择方向向量，设定“拔模角度”和相切参数，结果如图 9-32b 所示。

（3）“垂直于轮廓” 垂直所选曲线应用相切约束，结果如图 9-32c 所示。

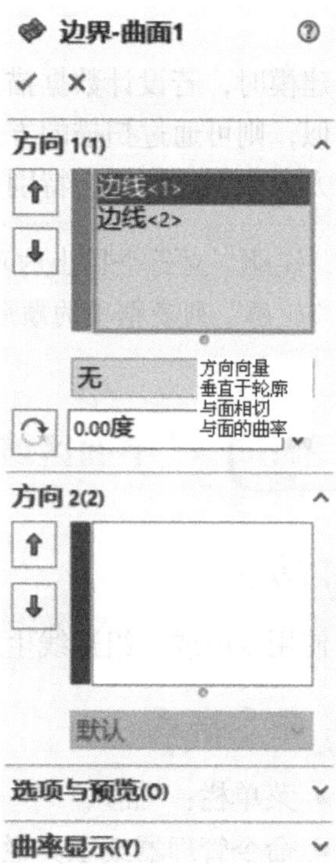

图 9-30 “边界 - 曲面”属性管理器

（4）“与面相切” 使相邻面在所选曲线上相切，可设定相切参数。

（5）“与面的曲率” 在所选曲线处应用平滑、具有美感的曲率连续曲面，可设置相切参数，结果如图 9-32d 所示。

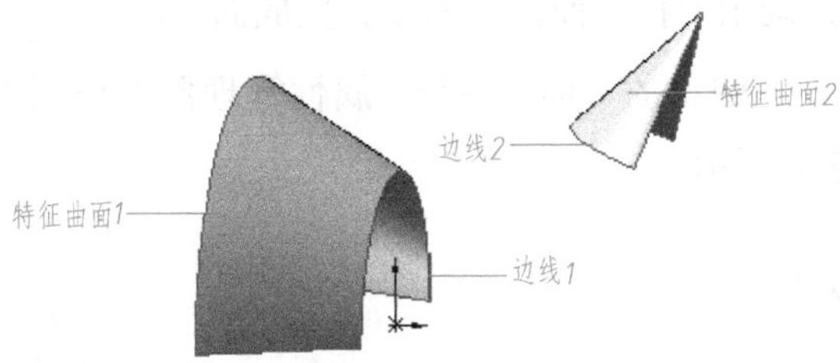

图 9-31 特征模型

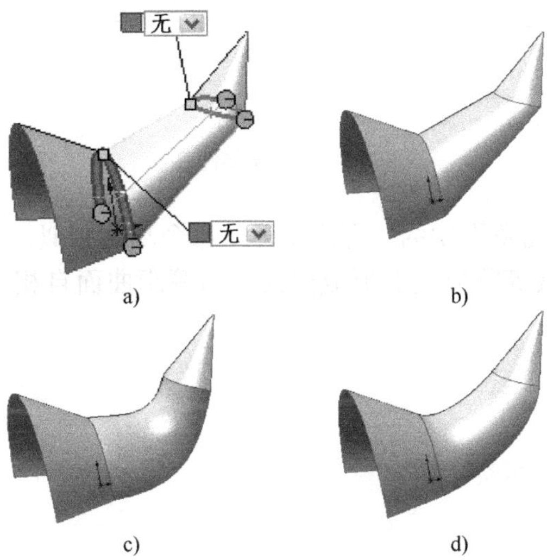

图 9-32 创建边界曲面

9.2.7 “等距曲面”命令

1. 功能

使用一个或多个相邻的面生成等距的曲面。

2. 命令格式

- 菜单栏：“插入”→“曲面”→“等距曲面”。
- 命令管理器或工具栏按钮：。

选择上述任何一种方式调用命令，SOLIDWORKS 都会弹出“面 - 等距”属性管理器，如图 9-33a 所示。

[例 9-12] 创建一个空间曲面并创建其等距曲面。

1）选取上视基准面，调用“样条曲线”命令绘制如图 9-33b 所示的曲线草图。

2）单击按钮，调用“拉伸曲面”命令，生成面〈1〉。

3）单击按钮，在弹出的“面 - 等距”属性管理器中按照图 9-33a 所示内容设置各选项，结果如图 9-33c 所示。

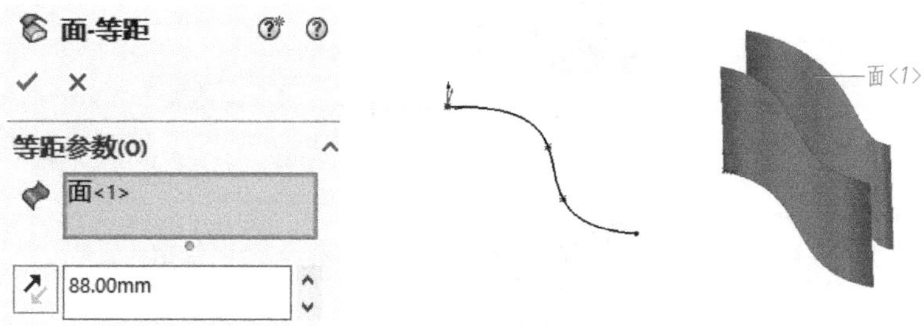

a) b) c)

图 9-33 创建等距曲面

“等距曲面”命令与草图中的“等距实体”命令功能相似，它是将曲面中的每个点沿曲面在该点的法向做等距复制而形成曲面。当等距曲面自相交时，则无法建立等距曲面。

9.2.8 “填充”命令

1. 功能

将模型边线、草图或曲线定义为边界，在边界内部构建曲面修补。

2. 命令格式

- 菜单栏：“插入”→“曲面”→“填充”。
- 命令管理器或工具栏按钮：。

选择上述任何一种方式调用命令，SOLIDWORKS 都会弹出“曲面填充”属性管理器，如图 9-34 所示。

创建如图 9-35 所示的球实体特征模型，将边线 1 选择为边界，如图 9-34 所示。“曲面填充”属性管理器中各选项的功能和一些选项的生成效果具体如下。

（1）“修补边界”选项组 利用此列表框选取修补边界，可以是边线、草图或曲线。

（2）“边线设定”下拉列表框 有如下三个选项，各选项对填充曲面曲率的控制类型不同。

1）“相触”：在所选边线内创建曲面，如图 9-36 所示。

2）“相切”：在所选边界内创建曲面，但保持所创建填充曲面与原有曲面在修补边线处相切，如图 9-37a 所示。

3）“曲率”：在所选曲面与相邻曲面交界的边线上，生成与所选曲面的曲率相配套的曲面。

（3）“交替面”按钮　当在实体中生成填充曲面时，在某些情况下将有一个以上可能的方向选择，可单击此按钮进行切换。此按钮只有在曲率控制为“相切”或“曲率”的情况下才可用。对图 9-37a 所示结果单击“交替面”按钮的结果如图 9-37c 所示，即由竖直内圆柱面切换为外部圆球面为相切对象。

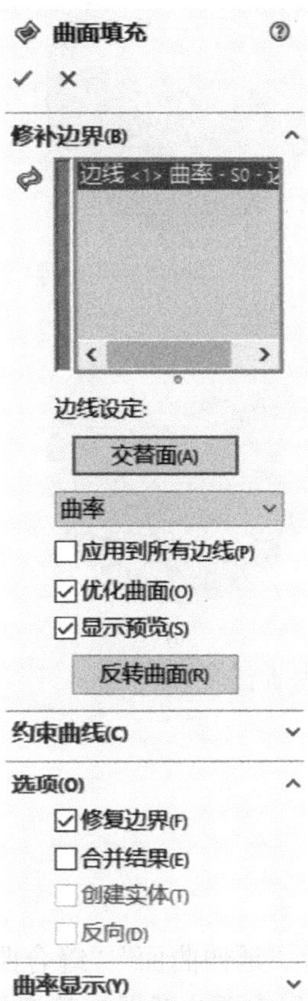

图 9-34　“曲面填充”属性管理器

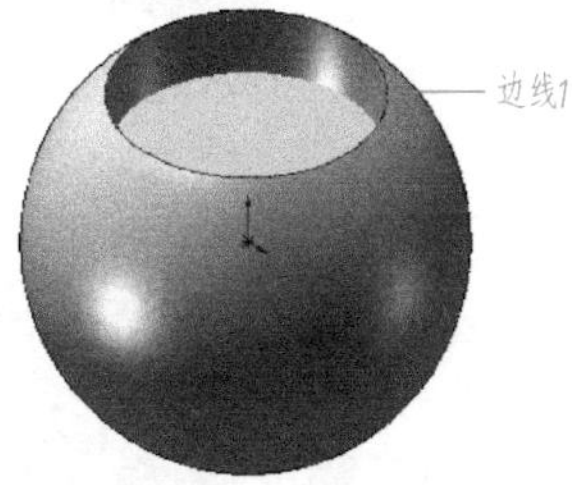

图 9-35　球实体特征模型

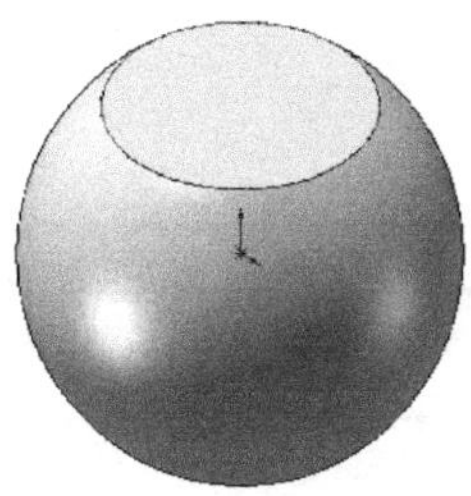

图 9-36　与边线相触创建填充曲面

（4）“应用到所有边线”复选框　勾选后可以将所选的曲率控制类型应用到所有边线上。

（5）“优化曲面”复选框　对两边或四边曲面要勾选“优化曲面”复选框。该复选框应用与放样曲面相类似的简化曲面修补，优化曲面修补功能可加快重建时间，与模型中的其他特征一起使用时增强稳定性。

（6）“反转曲面”按钮　转换填充曲面的生成方向，对图 9-37a、c 所示结果单击“反转曲面”按钮的结果分别如图 9-37b、d 所示。

（7）“约束曲线”选项组　对生成的填充曲面形状进行控制，即约束所生成的曲面必须经过约束曲线。

（8）“修复边界”复选框　通过自动修复遗失部分或剪裁过大部分来构造有效边界。

（9）“合并结果”复选框 当所有边界都属于同一实体时，可以使用曲面“填充”命令来修补实体。如果至少有一条边线是开环薄边，此时勾选“合并结果”复选框，则曲面“填充”命令会用该边线所属的曲面缝合修补实体。如果所有边界实体都是开环边线，那么可以选择生成实体。

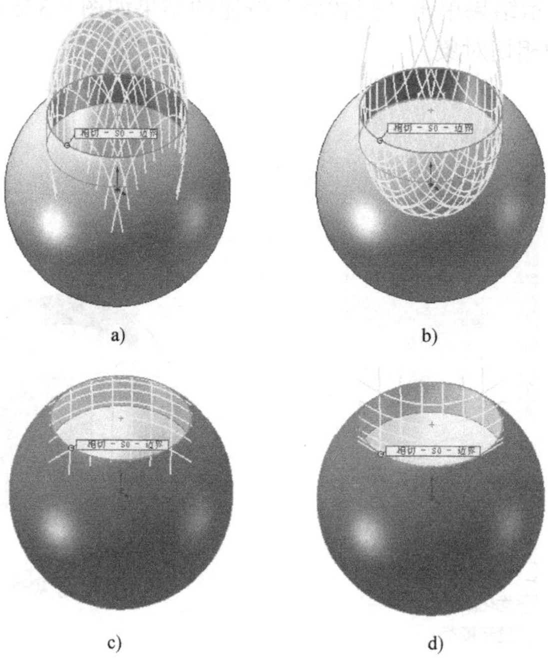

图 9-37 创建填充曲面

9.3 曲面编辑

SOLIDWORKS 提供的曲面编辑修改命令包括“延伸曲面”“缝合曲面”“圆角”“剪裁曲面”“解除剪裁曲面”“中面”“移动 / 复制”等。但需要注意保持其相关性，即其中一个曲面发生改变，另一个曲面也会同时改变。

9.3.1 “延伸曲面”命令

1. 功能

选择一条或多条边线或一个面来延伸曲面。

2. 命令格式

- 菜单栏：“插入”→“曲面”→“延伸曲面”。

- 命令管理器或工具栏按钮：。

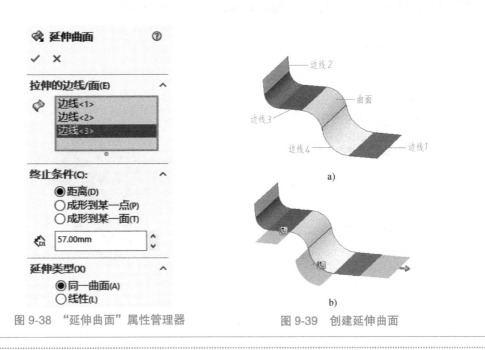

选择上述任何一种方式调用命令，SOLIDWORKS 都会弹出“延伸曲面”属性管理器，如图 9-38 所示。

［例 9-13］ 利用“延伸曲面”命令创建曲面。

1）选取前视基准面绘制样条曲线，使用“拉伸曲面”命令（见 9.2.1 小节）建立如图 9-39a 所示曲面。由于该曲面是由样条曲线建立的，可使用“编辑外观”命令编辑各段曲面的颜色。

2）单击 按钮，在弹出的“延伸曲面”属性管理器中，按照图 9-38 所示的内容设置各选项，即选择边线 1、边线 2 和边线 3 为“拉伸的边线 / 面”，以“距离”为“终止条件”延伸 57mm，沿当前曲面的“同一曲面”类型生成延伸曲面，单击 ✓ 按钮，结果如图 9-39b 所示。

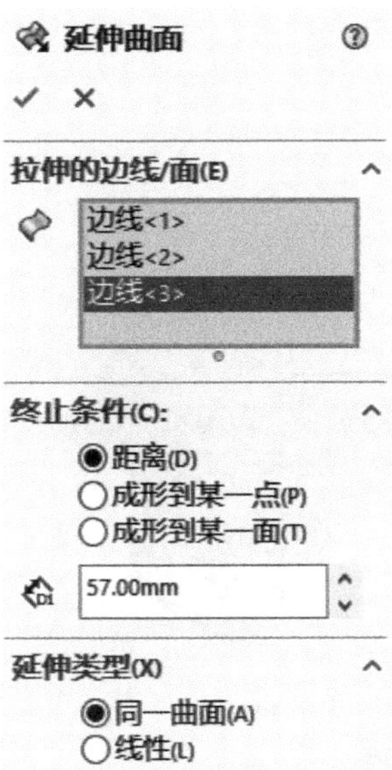

图 9-38 “延伸曲面”属性管理器

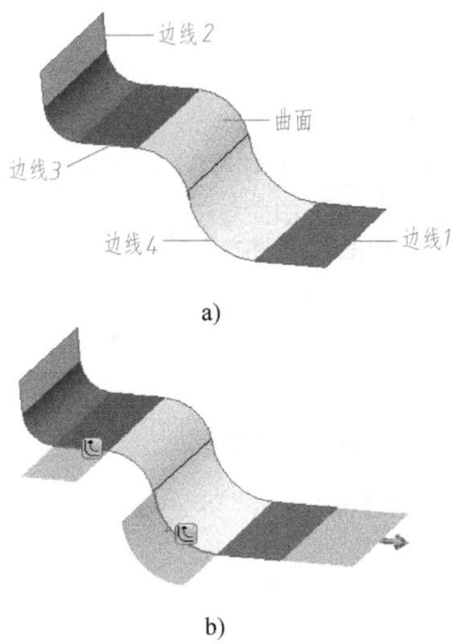

图 9-39 创建延伸曲面

说明：创建复杂曲面时，利用“编辑外观”命令编辑各段曲面颜色有利于区分各段曲面、增强直观性。

9.3.2 “缝合曲面”命令

1. 功能

将两个以上相邻的曲面“缝合”成一个曲面。

2. 命令格式

- 菜单栏："插入"→"曲面"→"缝合曲面"。
- 命令管理器或工具栏按钮：[icon]。

选择上述任何一种方式调用命令，SOLIDWORKS 都会弹出"缝合曲面"属性管理器，如图 9-40a 所示。

[例 9-14] 利用"缝合曲面"命令创建曲面。

1）单击[icon]按钮调用"拉伸曲面"命令，分别建立曲面 - 拉伸 1 和曲面 - 拉伸 2，如图 9-40b 所示。

2）单击[icon]按钮调用"边界曲面"命令，建立边界 - 曲面 1，如图 9-40b 所示。

3）单击[icon]按钮，在弹出的"缝合曲面"属性管理器中按照图 9-40a 所示的内容设置各选项，单击 ✓ 按钮，生成缝合曲面，如图 9-40b 所示。

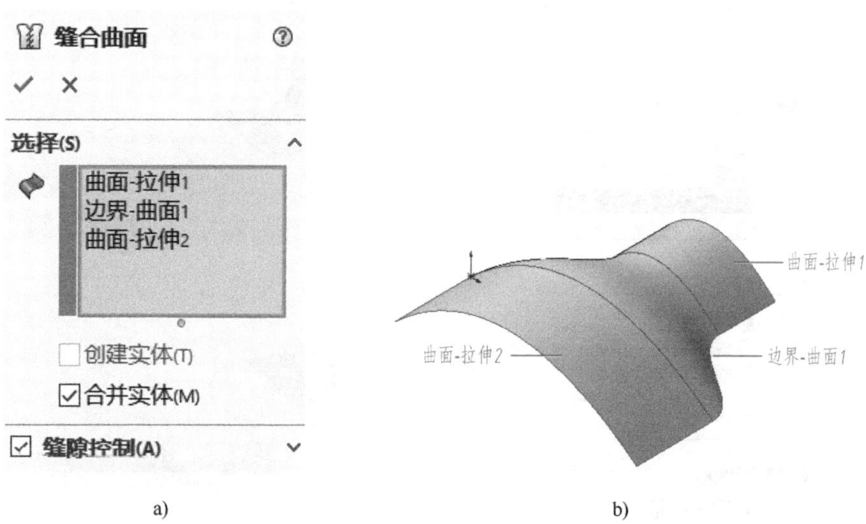

图 9-40　创建缝合曲面

说明： 选择两个或多个相邻曲面实体来缝合曲面时，缝合后的曲面外观没有任何变化，只是两个或多个曲面已经可以作为一个实体来选择和操作，但仍可对原来的单个曲面进行单独操作。

9.3.3 "圆角"命令

1. 功能

在相邻曲面之间生成圆角。

2. 命令格式

- 菜单栏：“插入”→“曲面”→“圆角”。
- 命令管理器或工具栏按钮：。

曲面圆角与实体圆角（见 8.6 节）使用的是同一个命令，但两者之间仍存在细小的差异，此差异取决于曲面是否分离、是否连续，或者是否已经被缝合。

在“圆角”属性管理器中，可见到“圆角类型”选项组有四个按钮，依次可用于生成恒定大小圆角、变量大小圆角、面圆角和完整圆角，如图 9-41 所示。

若曲面已被缝合，则可选择边线来使用“圆角”命令，与对实体生成圆角特征一样，这是最简单的情形；若曲面尚未缝合，则使用“圆角”命令后，生成的曲面将自动被缝合，得到单一的曲面。

本小节只介绍变量大小圆角的创建方法，对其他类型的圆角，可利用绘图窗口中的提示、方向箭头和圆角预览进行圆角特征操作。

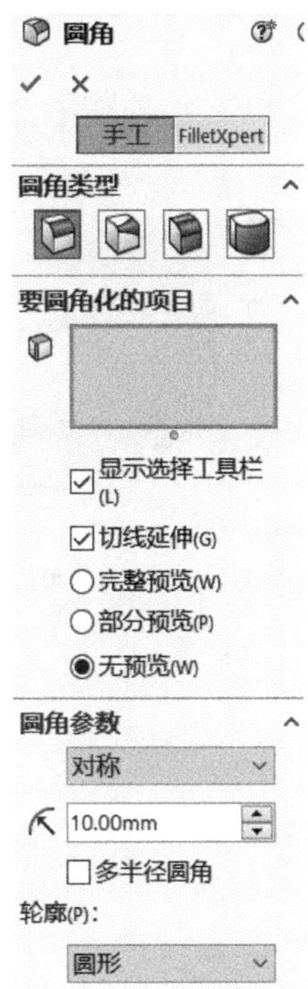

图 9-41　“圆角”属性管理器

[例 9-15] 创建肥皂盒模型并创建变量大小圆角。

1）在上视基准面上绘制椭圆草图，退出草图。

2）单击按钮调用“拉伸曲面”命令，建立曲面 1，如图 9-42a 所示。

3）单击按钮调用“平面区域”命令，建立平面 1。

4）单击按钮调用“缝合曲面”命令，将平面 1 和曲面 1 缝合，如图 9-42b 所示。

5）单击按钮调用“分割线”命令，将边线分割成边线 1 和边线 2 两部分。

6）单击按钮，在弹出的“圆角”属性管理器的“圆角类型”选项组中单击“变量大小圆角”按钮，弹出的“变化圆角”属性管理器如图 9-42d 所示。在“要圆角化的项目”选项组中，利用列表框选择如图 9-42b 所示的边线 1 和边线 2。系统默认使用五个控制点，分别位于边线的 25%、50%、75% 的等距分点及边线的两端点，可添加或减少控制点的数量。激活的控制点显示为黑色，没有激活的控制点显示为红色，可选取激活任一控制点并设置其半径值和百分比，也可在绘图窗口中拖动控制点的位置，其相应的百分比也随之变化。设置各控制点的相应半径值，单击✓按钮，完成变量大小圆角的创建，如图 9-42c 所示。

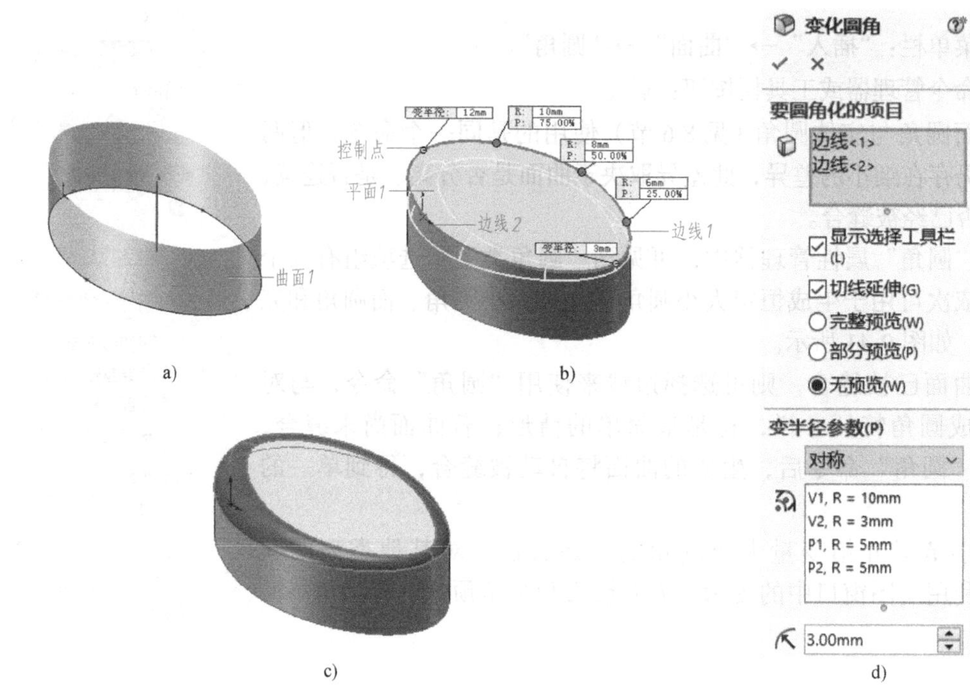

图 9-42 创建变量大小圆角

说明：对变量大小圆角，只能选择边线而不能选择面。

9.3.4 “剪裁曲面”命令

1. 功能

使用曲面、基准面或草图作为剪裁工具来剪裁相交曲面。

2. 命令格式

- 菜单栏：“插入”→“曲面”→“剪裁曲面”。
- 命令管理器或工具栏按钮：。

选择上述任何一种方式调用命令，SOLIDWORKS 都会弹出“曲面 - 剪裁”属性管理器，如图 9-43 所示。

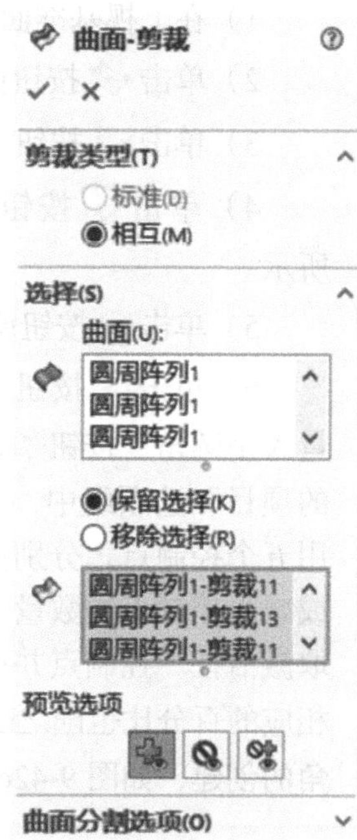

图 9-43 “曲面 - 剪裁”属性管理器

[例 9-16] 创建模型并剪裁曲面。

1）选取右视基准面绘制草图 1，退出草图。

2）新建与右视基准面平行的基准面 1，并绘制草图 2。

3）单击按钮，使用“放样曲面”命令建立曲面 1，如图 9-44a 所示。

4）单击按钮，使用“圆周阵列”命令等间距阵列 12 个曲面 1。

5）单击按钮，使用“旋转曲面”命令建立图 9-44b 所示的中心半圆球面。

6）单击按钮，在弹出的“曲面 - 剪裁”属性管理器中，按照图 9-43 所示的内容设置各选项。

选择“相互”的“裁剪类型”利用曲面自身来互相剪裁；利用列表框选择曲面 1 生成的圆周阵列 1；选择“保留选择”单选项，然后利用列表框选择要保留的部分。单击按钮完成剪裁曲面的创建，如图 9-44c 所示。

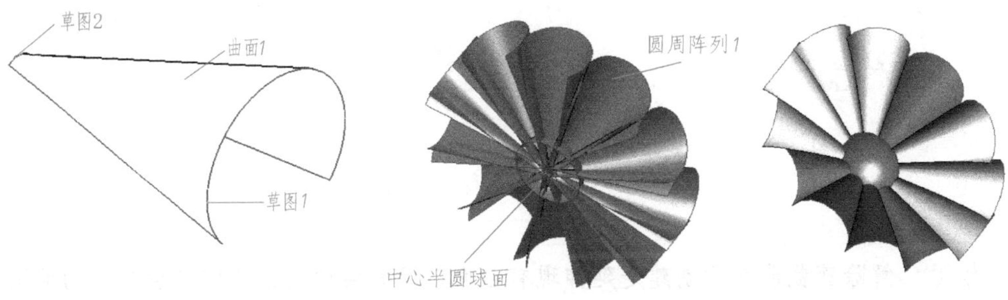

a) b) c)

图 9-44 创建剪裁曲面

说明：剪裁曲面操作自动将所有的曲面缝合成单一曲面实体。

9.3.5 “解除剪裁曲面”命令

1. 功能

恢复或延伸已剪裁曲面。

2. 命令格式

- 菜单栏：“插入”→“曲面”→“解除剪裁曲面”。
- 命令管理器或工具栏按钮：。

选择上述任何一种方式调用命令，SOLIDWORKS 都会弹出“曲面 - 解除剪裁”属性管理器，如图 9-45 所示。

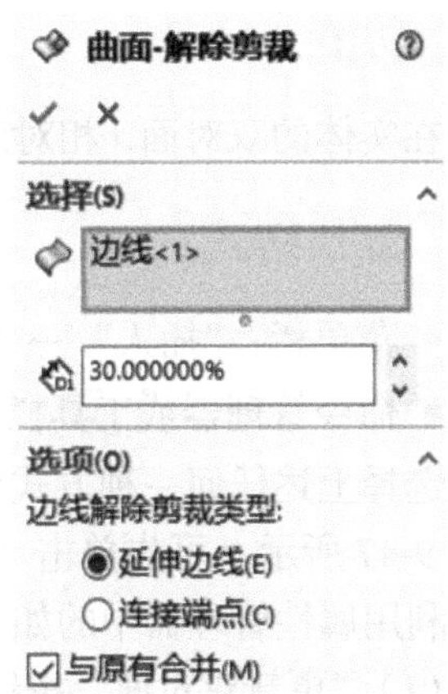

图 9-45 “曲面 - 解除剪裁”属性管理器

[例 9-17] 建立模型并完成解除剪裁曲面的创建。

1）单击按钮调用“放样曲面”命令，建立曲面 1，如图 9-46a 所示。

2）单击按钮调用“拉伸曲面”命令，建立曲面 2，如图 9-46a 所示。

3）单击按钮调用“剪裁曲面”命令，选择曲面 1 和曲面 2 进行相互剪裁，两曲面相交处形成边线 1，如图 9-46b 所示。

4）单击按钮，在弹出的“曲面 - 解除剪裁”属性管理器中，按照图 9-45 所示的内容设置各选项，单击✓按钮完成解除剪裁曲面的创建，如图 9-46c 所示。

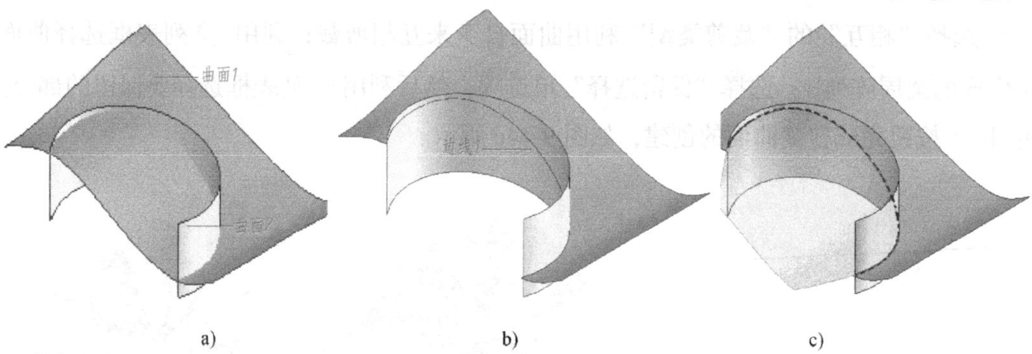

图 9-46 创建解除剪裁曲面

说明： 解除剪裁曲面的创建是延伸现有曲面，填充曲面的创建则是生成新的曲面以在多个曲面之间进行修补、使用约束曲线等。

9.3.6 “中面”命令

1. 功能

在实体的双对面（相对的一对平面或曲面）之间生成中面。

2. 命令格式

- 菜单栏：“插入”→“曲面”→“中面”。
- 命令管理器或工具栏按钮：。

选择上述任何一种方式调用命令，SOLIDWORKS 都会弹出“曲面 - 中面”属性管理器，如图 9-47 所示。可先单击“查找双对面”按钮，令系统扫描模型上所有合适的双对面，而后可利用属性管理器中的如下选项进行设置。

（1）“更新双对面”按钮　在所有显示的双对面中单击选中一对双对面，而后在“面 1”和“面 2”列表框中分别选中想要的双对面，然后单击此按钮，原来的双对面立即被更换。

（2）“识别阈值”下拉列表框　在利用“查找双对面”按钮查找双对面时，可通过设定阈值来排除不符合阈值范围的双对面。例如，可以将系统设置为识别所有壁厚≤ 2mm 的合适双对面，则任何不符合此标准的双对面将不包括在查找结果中。

（3）“定位”文本框　以中面到面 2 的距离占该双对面距离的百分比来进行中面的定位，默认值为 50%。

创建如图 9-48a 所示的六棱柱，按照图 9-47 所示的内容设置各选项，单击✓按钮，完成中面的创建，结果如图 9-48b 所示。

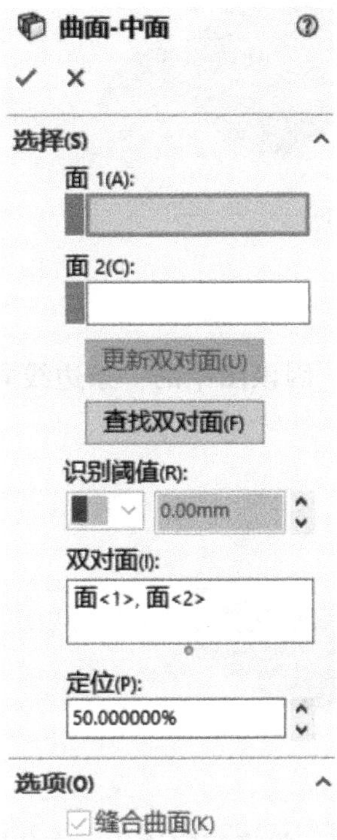

图 9-47　“曲面 - 中面”属性管理器

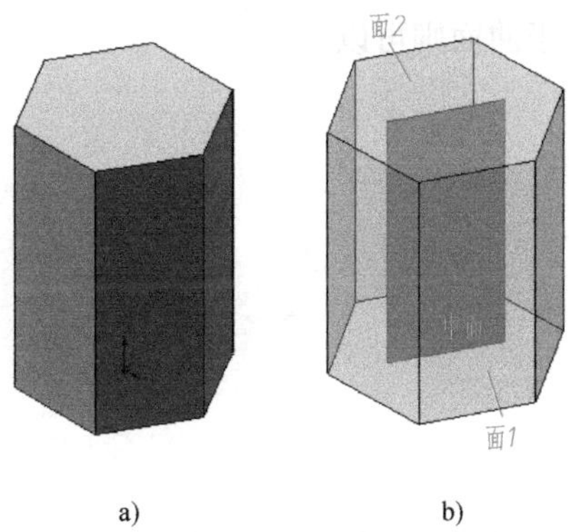

图 9-48　创建中面

说明：中面是由实体的面形成的，如果是独立的几组等距曲面实体，则“中面”命令将变成灰色不可用。

9.4　曲面转化为实体

SOLIDWORKS 的实体与曲面非常相似，甚至几乎相同。理解实体与曲面两者的差异及相似之处，非常有利于正确地建立曲面或实体。将曲面与实体相转化的命令有“替换”“加厚”等。

9.4.1 实体与曲面的区别与转化

实体与曲面的区别原则是：对于实体，其中任意一条边线同时属于且只属于两个面，如图 9-49a 所示。而对于曲面，其中的边线仅属于一个单一的面，如图 9-49b 所示。

a) b)

图 9-49 实体与曲面
a）实体 b）曲面

SOLIDWORKS 不能创建如图 9-50 所示的单一实体，因该图中的一条边线同时属于四个面，对于曲面则可以。

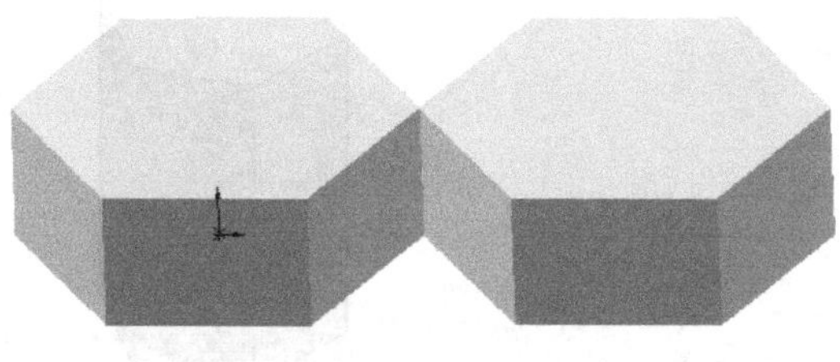

图 9-50 创建单一实体

使用“缝合曲面”命令可将封闭的曲面缝合成一个面，并将其实体化。在如图 9-40a 所示的“缝合曲面”属性管理器中勾选“合并实体”复选框，即可完成曲面的实体化操作。

9.4.2 曲面替换

1. 功能

用一个面去替换实体或曲面实体上的面。

2. 命令格式

- 菜单栏：“插入”→“面”→“替换”。
- 命令管理器或工具栏按钮：。

选择上述任何一种方式调用命令，SOLIDWORKS 都会弹出“替换面”属性管理器，如图 9-51 所示。

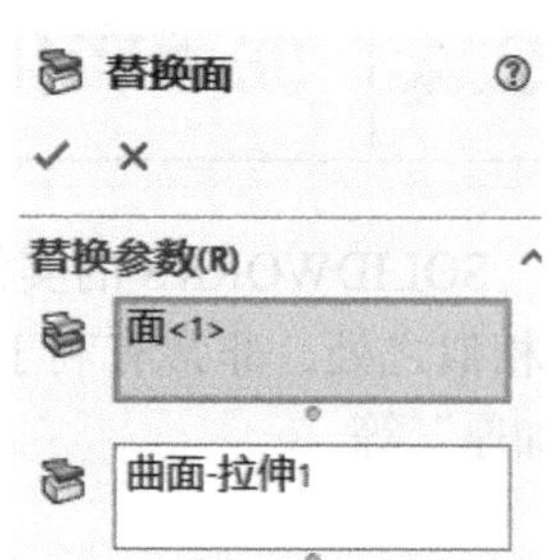

图 9-51 “替换面”属性管理器

[例 9-18] 创建模型并替换曲面。

1）单击按钮调用“拉伸曲面”命令，分别创建曲面 - 拉伸 1 和面 1，如图 9-52a 所示。

2）单击按钮，在弹出的“替换面”属性管理器，按照图 9-51 所示的内容设置各选项，结果如图 9-52b 所示。

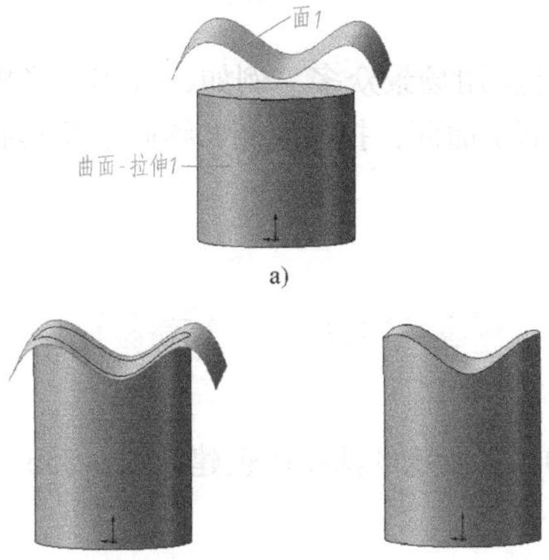

a)　b)　c)

图 9-52　创建模型并替换曲面

说明：在特征管理器中选取“曲面 - 拉伸 1”并隐藏该面，结果如图 9-52c 所示。

9.4.3 曲面加厚

1. 功能

执行“加厚”命令后，可将开放的曲面转化为薄板实体。

2. 命令格式

- 菜单栏：“插入”→“凸台 / 基体”→“加厚”。
- 命令管理器或工具栏按钮：。

选择上述任何一种方式调用命令，SOLIDWORKS 都会弹出“加厚”属性管理器，如图 9-53 所示。选取欲加厚的曲面，给出厚度值，即可实现加厚操作。

创建如图 9-54a 所示曲面，按照图 9-53 所示的内容设置各选项。单击 ✓ 按钮，完成曲面加厚，结果如图 9-54b 所示。

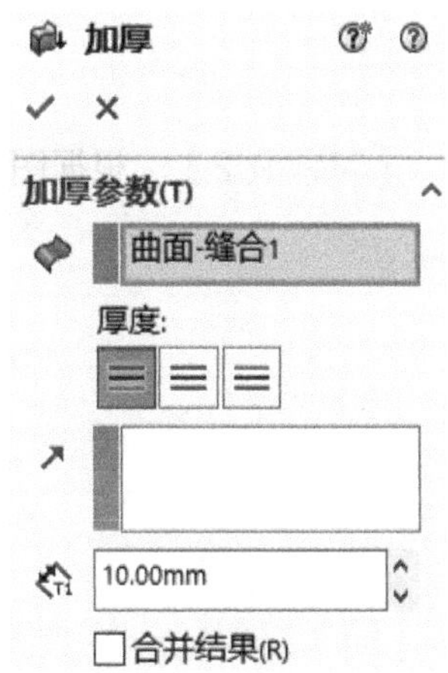

图 9-53　“加厚”属性管理器

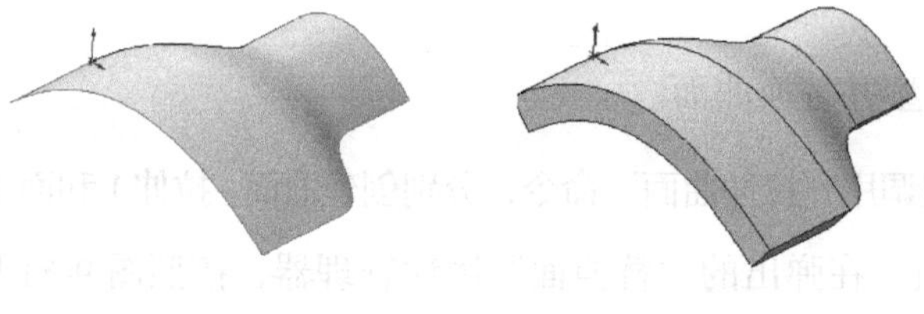

a) b)

图 9-54 曲面加厚

思政拓展： 曲面设计应用场景众多，例如，汽车、飞机、火箭、轮船、深海探测器的外形一般都是曲面，扫描右侧二维码了解具有优美曲面外形的蛟龙号的研制历程。

思政拓展
中国创造：蛟龙号

习 题

【习题 9-1】 根据图 9-55a 所示的两视图创建如图 9-55b 所示的曲面。

讲解视频：
创建曲面

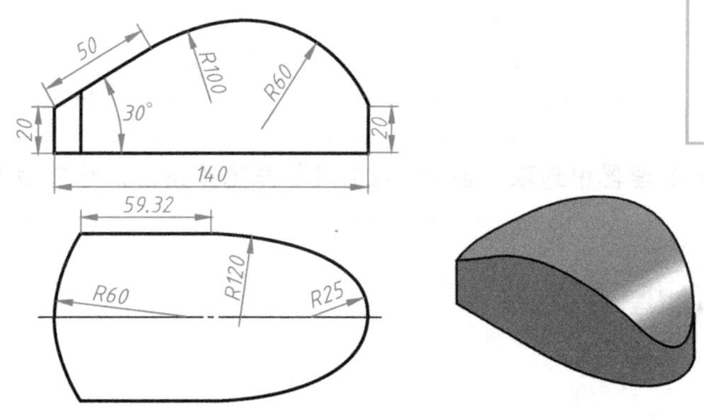

a) b)

图 9-55 习题 9-1 图

【习题 9-2】 根据图 9-56a 所示图形，创建如图 9-56b 所示的曲面模型。

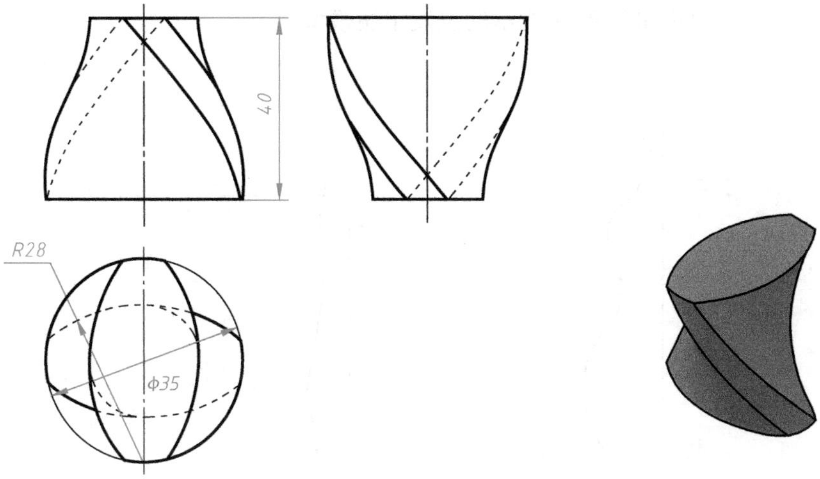

a)　　　　b)

图 9-56　习题 9-2 图

【习题 9-3】　创建如图 9-57 所示的叉架模型。其中，未注明管壁厚度均为 1mm，管 1 和管 2 中间部分与其他管连接处不开孔。

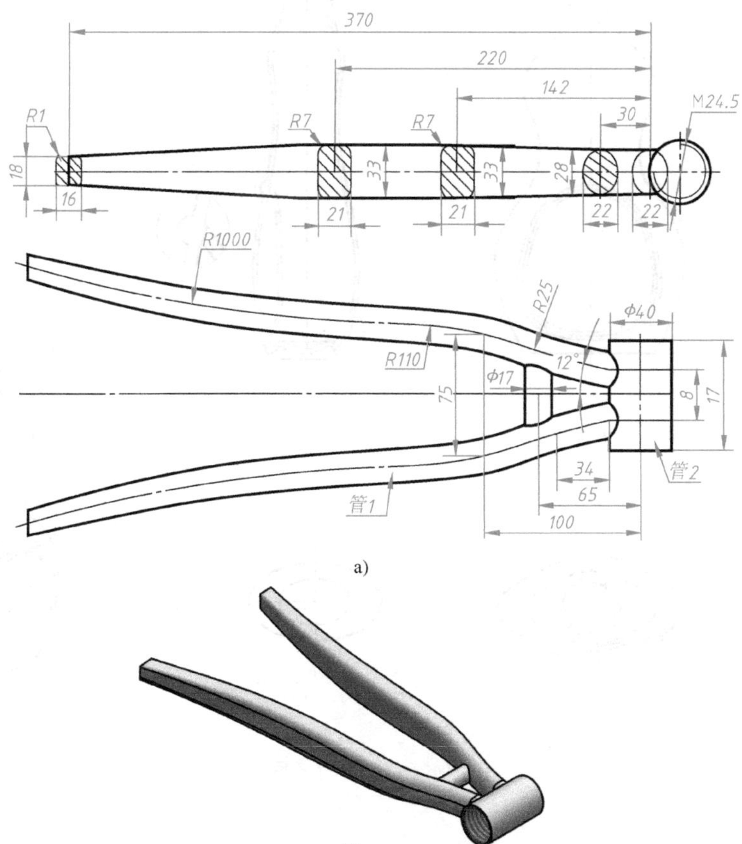

a)

b)

图 9-57　习题 9-3 图

【习题 9-4】 创建如图 9-58 所示的洗发水瓶模型。

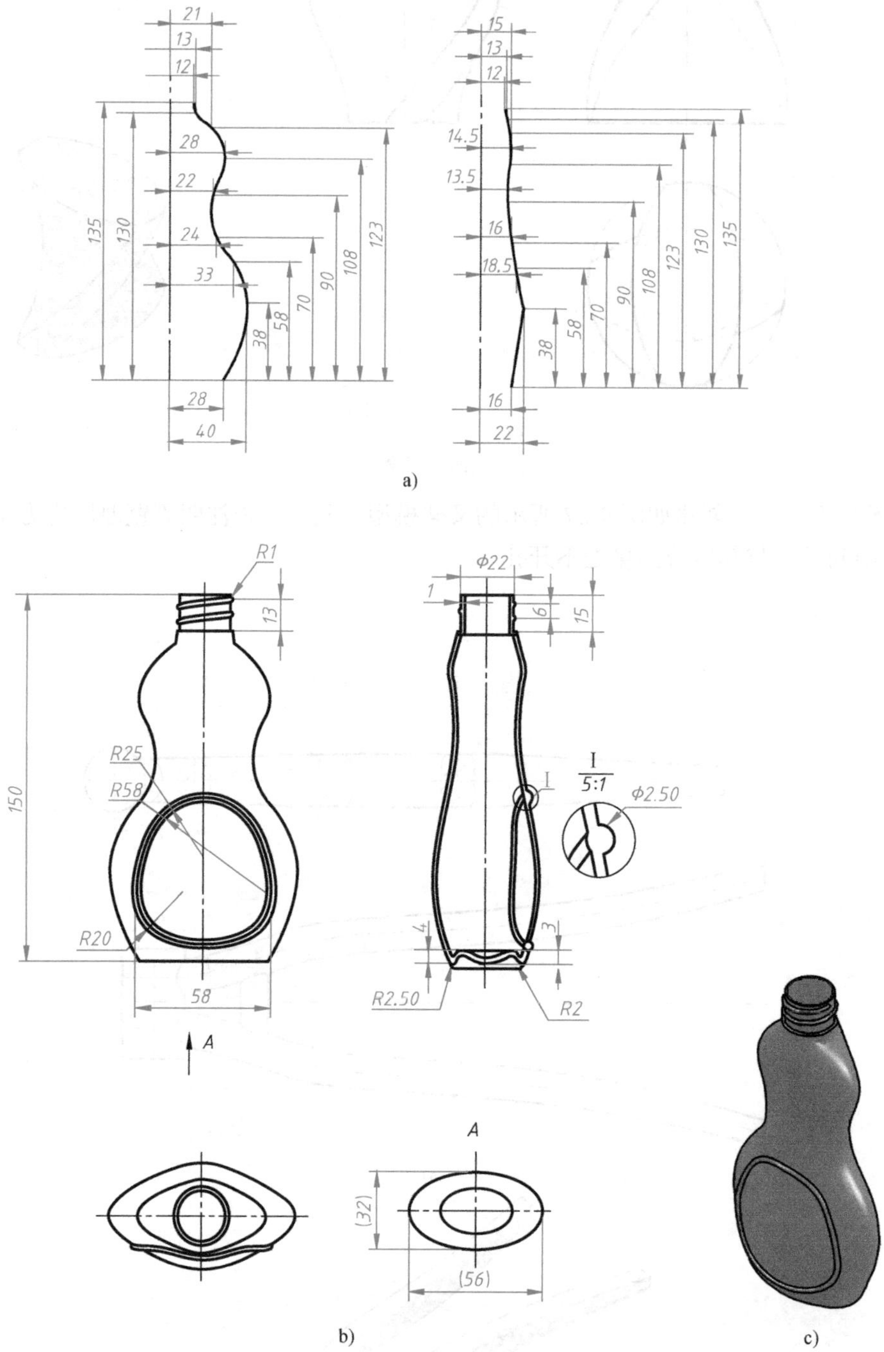

图 9-58 习题 9-4 图

SOLIDWORKS

第10章 典型零件结构的建模

齿轮、螺纹紧固件、弹簧等典型零件在各种机械上都是通用的，有些结构和尺寸已经标准化，SOLIDWORKS 也提供了一些便于建模的命令，未标准化的结构和尺寸则需要自行设计，本章就介绍几种典型零件结构的建模方式。

10.1 齿轮建模

齿轮被大量地使用在各种机器设备中。齿轮传动用于传递动力或改变运动方向、运动速度、运动方式等。常见的齿轮传动方式有圆柱齿轮传动、锥齿轮传动、蜗轮蜗杆传动及齿轮齿条传动。齿轮按轮齿方向分为直齿、斜齿、人字齿；按齿廓曲线类型可分为渐开线、摆线及圆弧齿轮等。本节将介绍常用的渐开线直齿圆柱齿轮和斜齿圆柱齿轮的建模方法。

10.1.1 直齿圆柱齿轮

[例 10-1] 构建一个渐开线直齿圆柱齿轮。已知齿数为 18，模数 m=2.5mm，压力角 α=20°，齿顶圆直径 d_a=50mm，分度圆直径 d=45mm，齿根圆直径 d_f = 38.75mm，如图 10-1 所示。

讲解视频：例 10-1

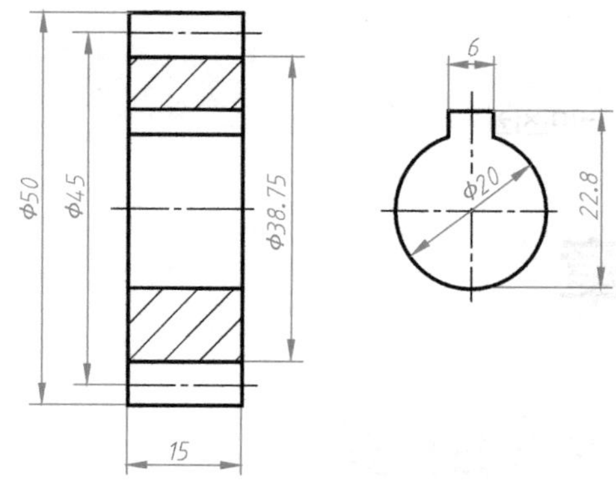

图 10-1 直齿圆柱齿轮

分析：齿形的绘制比较繁琐，方法也各不相同，本小节采用一种用圆弧曲线近似绘制齿形的方法，简单地描述轮齿轮廓。根据齿轮的结构设计公式计算出基圆直径 $d_b=\cos\alpha\times d=\cos 20°\times 45\text{mm}=42.3\text{mm}$。

1）在特征管理器中选择“前视基准面”作为草图绘制基准面，用“圆”命令以“作为构造线”方式分别绘制齿顶圆、齿根圆、分度圆和基圆，如图 10-2 所示，并将其命名为“草图 1”。

2）在分度圆上取一点 A，连接 OA 并取中点 O_1，以 O_1 为圆心、O_1A 为半径作圆，交基圆于 B 点，再以 B 点为圆心、BA 为半径作圆，在齿顶圆与基圆之间得到 $\overset{\frown}{CD}$，如图 10-3a 所示。在基圆与齿根圆之间以 $0.2m$（m 为模数）为半径，即 R=0.5mm 的圆弧光滑连接，如图 10-3b 所示。

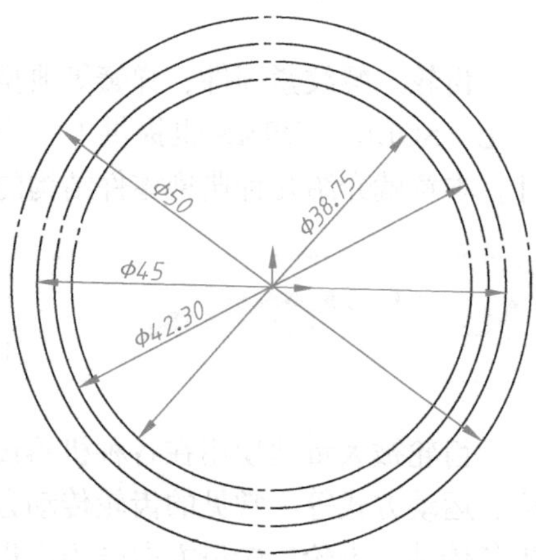

图 10-2 草图 1

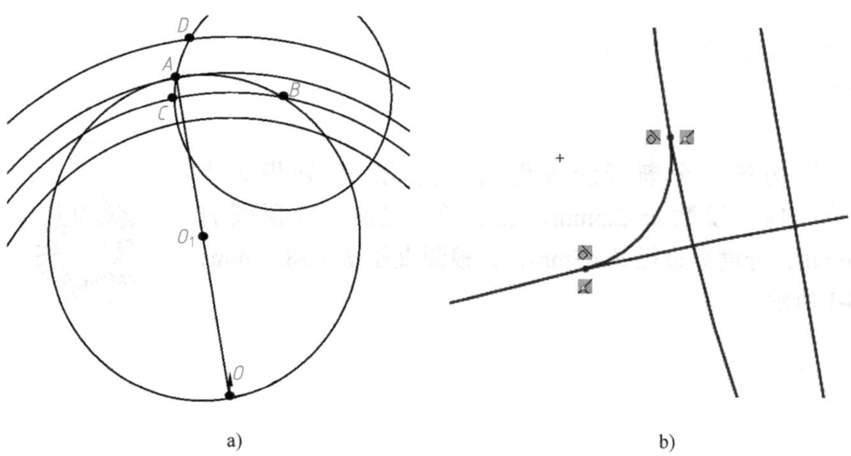

图 10-3 草图 2

a）求 $\overset{\frown}{CD}$ b）圆弧连接

3）过圆心 O 作与 OA 夹角为 5°（齿距弧度 360°/18=20° 的 1/4）两条线段 OA_1 和 OA_2，保留 A_1A_2 段，裁剪和删除掉其他线条，即可得到半边齿廓，如图 10-4a 所示。使用“镜像”命令形成另一半边齿廓，最终得到的单齿齿廓草图如图 10-4b 所示。

4）选择齿顶圆圆心为阵列中心点，单击按钮，弹出的“圆周阵列”属性管理器如图 10-5a 所示。选择图 10-4b 所示草图曲线为“要阵列的实体”，按图 10-5a 所示的内容设定各选项后单击✓按钮，得到轮齿草图，如图 10-5b 所示。

5）在特征管理器中选择“轮齿草图”，单击按钮，弹出的“凸台 - 拉伸”属性管理器如图 10-6a 所示。按图 10-6a 所示的内容设定各选项后单击✓按钮，完成齿形特征的建立，如图 10-6b 所示。

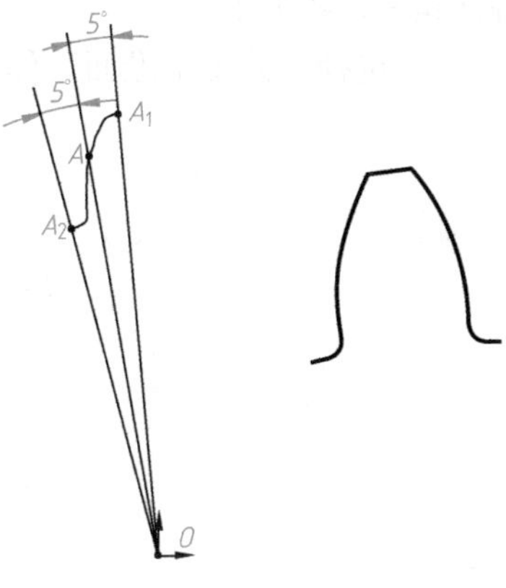

a)　　b)

图 10-4　单齿齿廓草图

a）半个齿廓　b）全齿廓

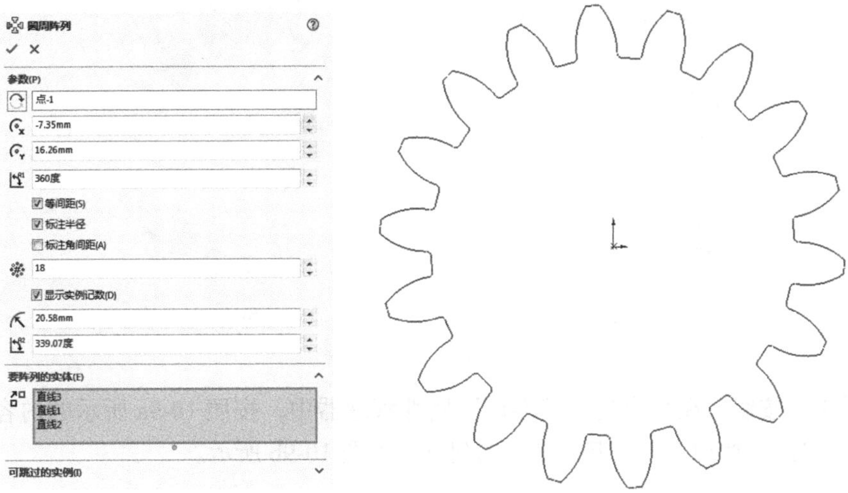

a)　　b)

图 10-5　轮齿草图

6）选择齿轮的某一端面作为草图绘制基准面，绘制如图 10-7 所示内孔及键槽草图，尺寸如图 10-1 所示。

7）在特征管理器中选择“内孔及键槽草图”，单击按钮，弹出的“切除 - 拉伸”属性管理器如图 10-8a 所示。按图 10-8a 所示的内容设定各选项后单击✓按钮，完成内孔及键槽的拉伸。至此，渐开线直齿圆柱齿轮建模完毕，结果如图 10-8b 所示。

10.1.2 斜齿圆柱齿轮

斜齿圆柱齿轮与直齿圆柱齿轮相比只是在齿形部分有所不同，其他结构基本相同，其特征建模过程如下。

1）选择“前视基准面”作为草图绘制基准面，建立如图 10-5b 所示的轮齿草图。

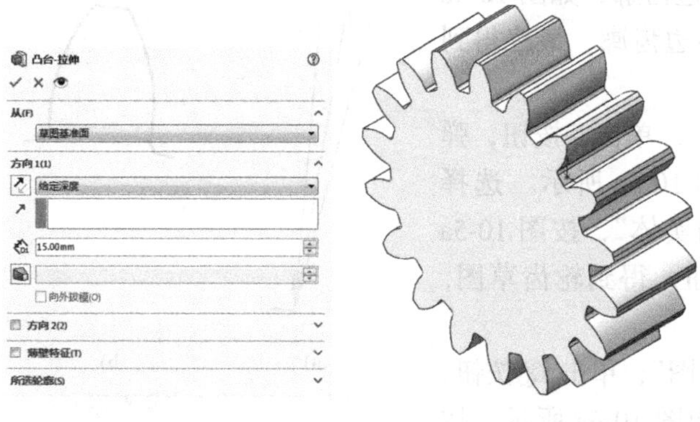

a) b)

图 10-6 齿形特征

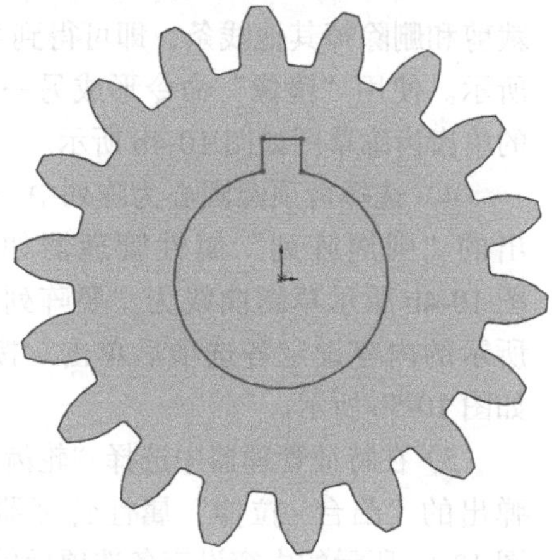

图 10-7 内孔及键槽草图

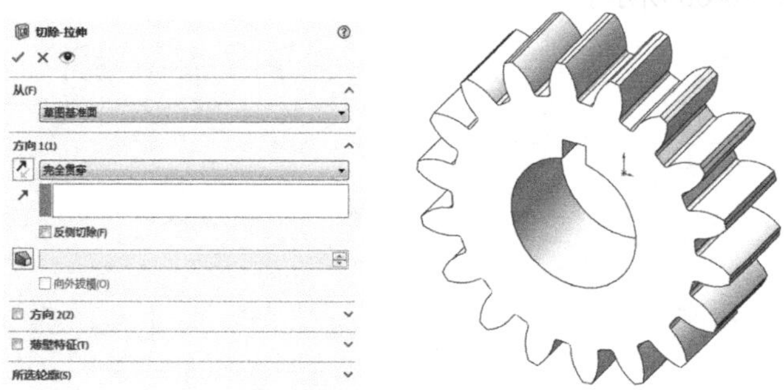

a) b)

图 10-8 齿轮模型

2）单击按钮，在弹出的“基准面”属性管理器中，按照 10-9a 所示的内容设定平行约束条件，单击✓按钮，完成基准面 1 的建立，如图 10-9b 所示。

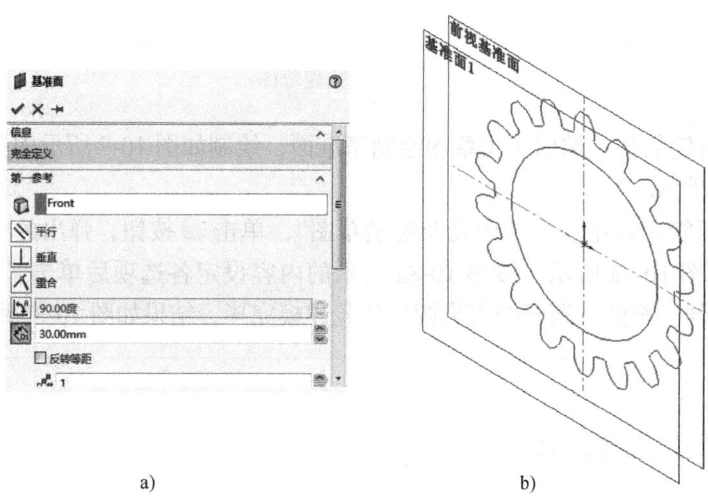

a) b)

图 10-9 基准面 1

3）选择“基准面 1”作为草图绘制基准面，单击按钮，弹出的“转换实体引用”属性管理器如图 10-10a 所示。将轮齿草图转换成基准面 1 上的齿形草图，单击✓按钮，其效果如图 10-10b 所示。

4）编辑基准面 1 上的齿形草图。选择菜单栏中的“工具”→“草图工具”→“旋转”选项，弹出的“旋转”属性管理器如图 10-11a 所示。将齿形草图旋转 12°（斜齿轮的螺旋角），单击✓按钮，旋转效果如图 10-11b 所示。

5）单击按钮，弹出的“放样”属性管理器如图 10-12a 所示。选择前视基准面和基准面 1 中的轮齿草图作为放样的轮廓，单击✓按钮，完成斜齿齿轮的建模，如图 10-12b 所示。

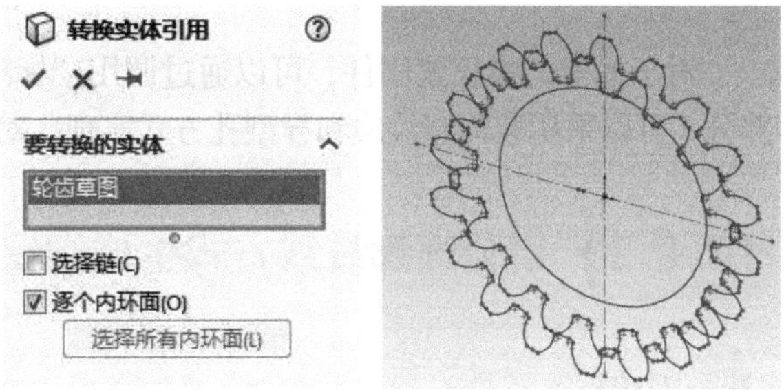

a)　　b)

图 10-10　基准面 1 上的齿形草图

人字齿齿轮的建模可以在斜齿齿轮建模基础上，利用“镜像”命令来完成另一侧的建模。

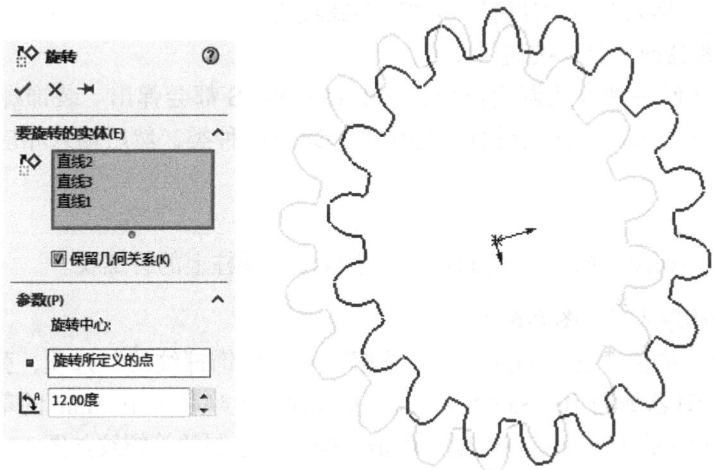

a)　　b)

图 10-11　旋转齿形草图

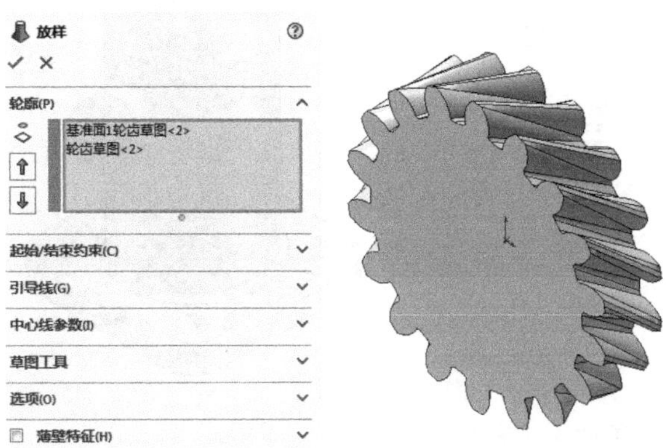

a)　　b)

图 10-12　斜齿齿轮

10.2 螺纹

对于标准的螺纹紧固件，可以通过调用“标准件库”来建模。对于零件结构中的标准螺纹部分，可以采用装饰螺纹线和异型孔方式实现。对于非标准螺纹，往往采用扫描方式实现。

10.2.1 用装饰螺纹线方式生成螺纹

1. 功能

“装饰螺纹线”命令用于生成零件中的标准螺纹结构。

2. 命令格式

- 菜单栏：“插入”→“注解”→“装饰螺纹线”。
- 命令管理器或工具栏按钮：。

选择上述任何一种方式调用命令，SOLIDWORKS 都会弹出“装饰螺纹线”属性管理器，如图 10-13a 所示。在该属性管理器中选择螺纹的种类，然后输入相应参数，即可在指定表面生成螺纹。

[例 10-2] 在如图 8-67 所示的阀罩上，生成出口圆柱上的管螺纹。

1）打开阀罩零件（图 8-67）。

2）选择菜单栏中的“插入”→“注解”→“装饰螺纹线”选项，弹出的“装饰螺纹线”属性管理器如图 10-13a 所示。选择基准面 1 上半径为 10.5mm 的草图圆为边线 1，按图 10-13a 所示的内容设定各选项，单击✓按钮，绘制的管螺纹如图 10-13b 所示。

a) b)

图 10-13 用装饰螺纹线生成螺纹

10.2.2 用异型孔方式生成螺纹

1. 功能

“向导”命令可用于生成机械零件中的标准螺纹孔。

2. 命令格式

- 菜单栏：“插入”→“特征”→“孔”→“向导”。
- 命令管理器或工具栏按钮：。

选择上述任何一种方式调用命令，SOLIDWORKS 都会弹出“孔规格”属性管理器，如图 10-14 所示。在该属性管理器中选择孔类型，然后输入相应参数，即可在指定表面生成螺纹。

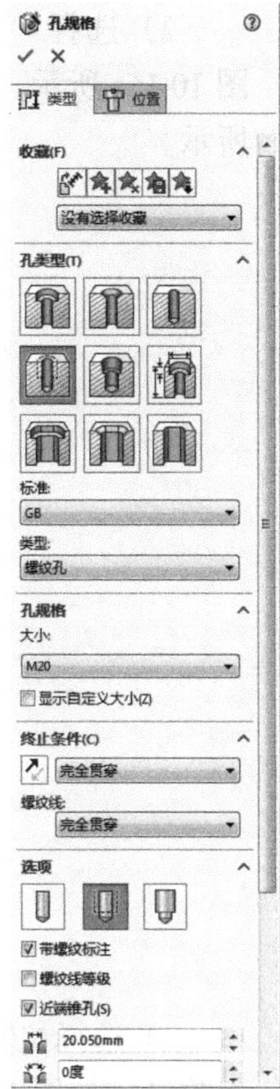

图 10-14 “孔规格”属性管理器

[例 10-3] 采用异型孔方法建立 M20 螺母实体模型。

1）选择“前视基准面”作为草图绘制基准面，单击按钮，弹出的“多边形”属性管理器如图 10-15a 所示。按图 10-15a 所示内容设定参数后单击✓按钮，完成正六边形草图绘制，如图 10-15b 所示。

讲解视频：例 10-3

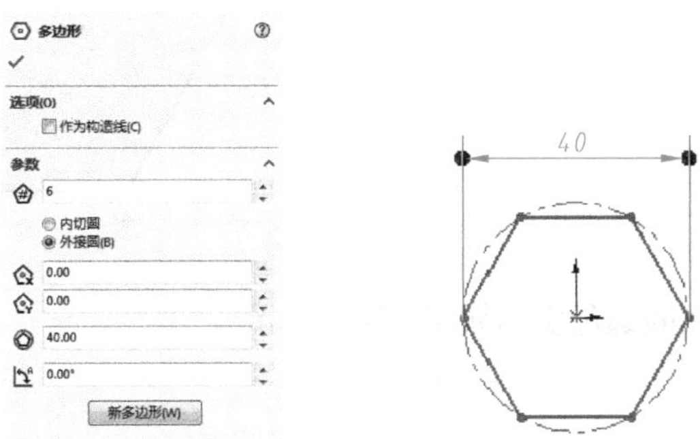

a) b)

图 10-15 正六边形草图

2）选择“正六边形草图”，单击按钮，弹出的“凸台-拉伸”属性管理器如图10-16a所示。按图10-16a所示内容完成参数设定后单击✓按钮，拉伸结果如图10-16b所示。

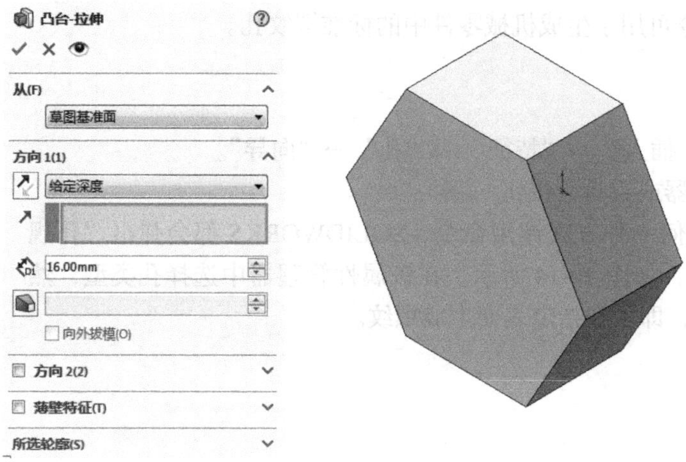

a) b)

图10-16 拉伸实体

3）选择拉伸得到的正六棱柱实体，单击按钮，弹出的”孔规格“属性管理器及参数设定如图10-14所示。切换选项卡，其显示为”孔位置”属性管理器，如图10-17所示。在坐标原点上建立螺纹孔，结果如图10-18所示。

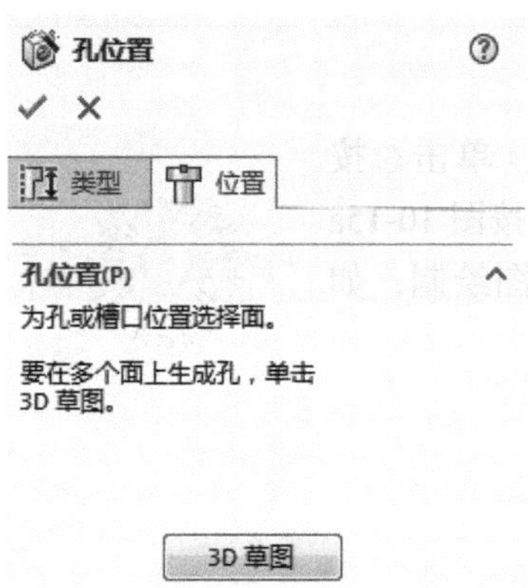

图10-17 “孔位置”属性管理器

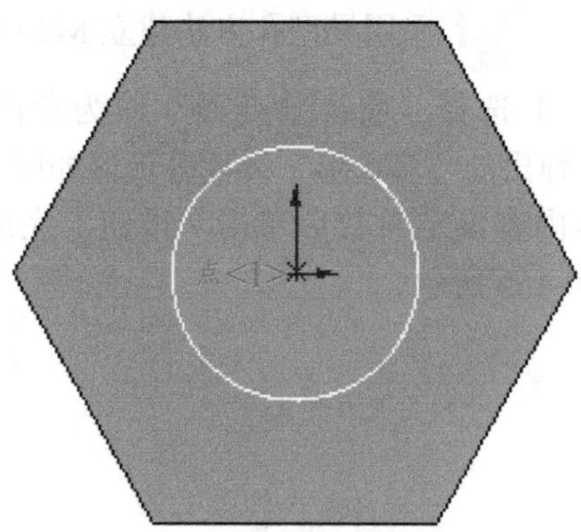

图10-18 异型孔设置

采用异型孔方式建立的螺母实体如图10-19所示。

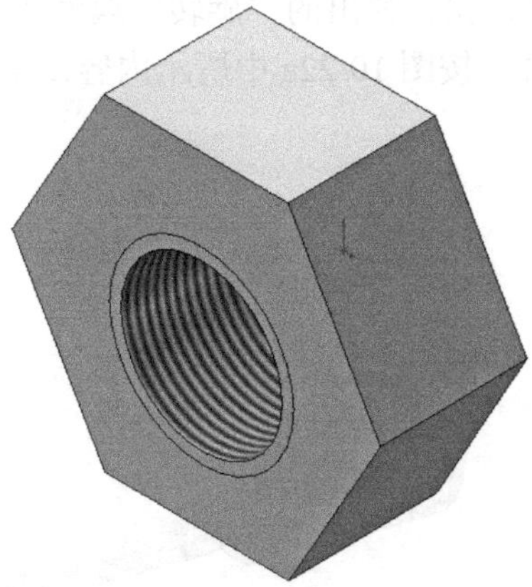

图 10-19　螺母实体

10.2.3 用扫描方式生成螺纹

[例 10-4] 按图 10-20 所示螺旋杆结构创建其实体模型，其中螺纹为矩形螺纹。

1）选择“前视基准面”作为草图绘制基准面，绘制的具体尺寸如图 10-21 所示，将绘制好的草图命名为“草图 1”。

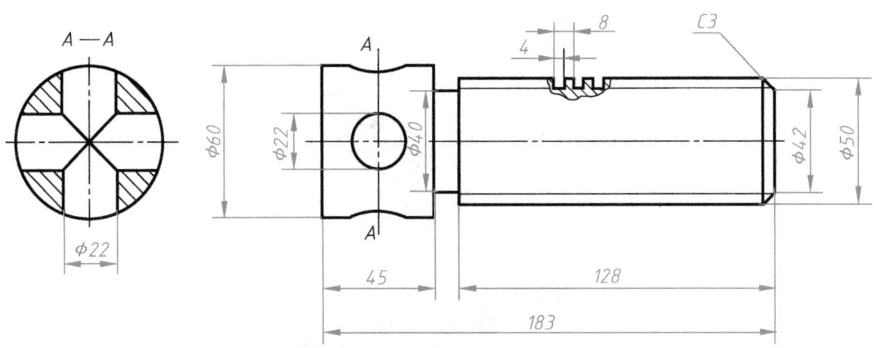

图 10-20　螺旋杆结构

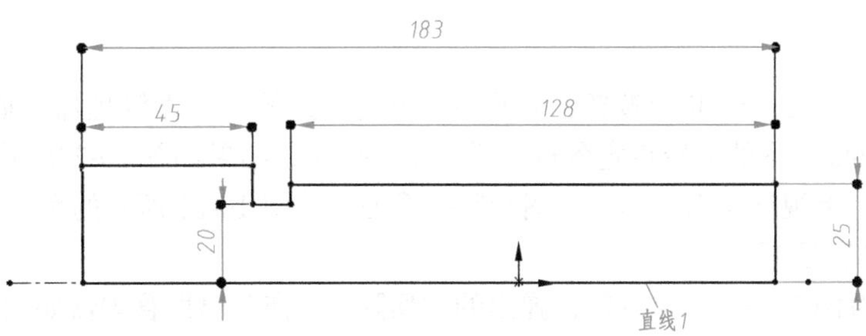

图 10-21　绘制草图 1

2）选择草图 1，单击按钮，弹出的“旋转”属性管理器如图 10-22a 所示。选择中心线（直线 1）作为旋转轴，按图 10-22a 中所示内容设定各选项后单击按钮，旋转特征结果如图 10-22b 所示。

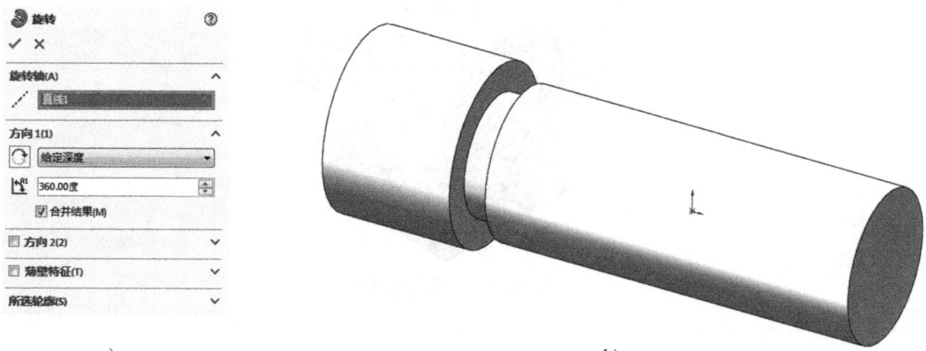

a) b)

图 10-22 旋转特征

3）选择“前视基准面”作为草图绘制基准面，按图 10-23 所示尺寸绘制一个圆，并将其命名为“草图 2”。

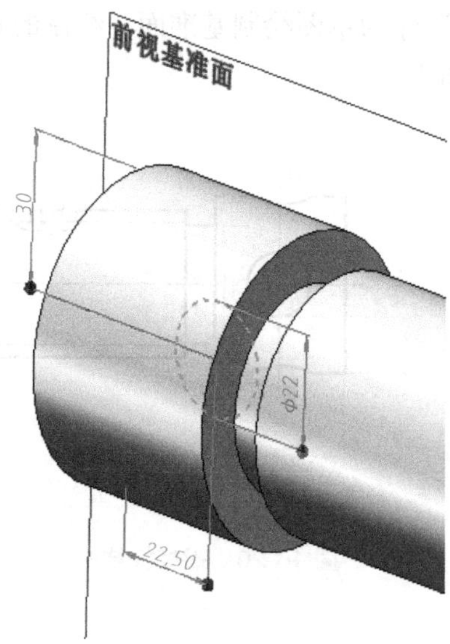

图 10-23 绘制草图 2

4）选择草图 2，单击按钮，弹出的“切除 - 拉伸”属性管理器，如图 10-24a 所示。按图 10-24a 所示的内容设定各选项后单击按钮，结果如图 10-24b 所示。

5）选择“上视基准面”作为草图绘制基准面，按图 10-25 所示的尺寸绘制草图，并将其命名为“草图 3”。

6）选择草图 3，单击按钮，弹出的“切除 - 拉伸”属性管理器如图 10-26a 所示。按图 10-26a 所示的内容设定各选项后单击按钮，结果如图 10-26b 所示。

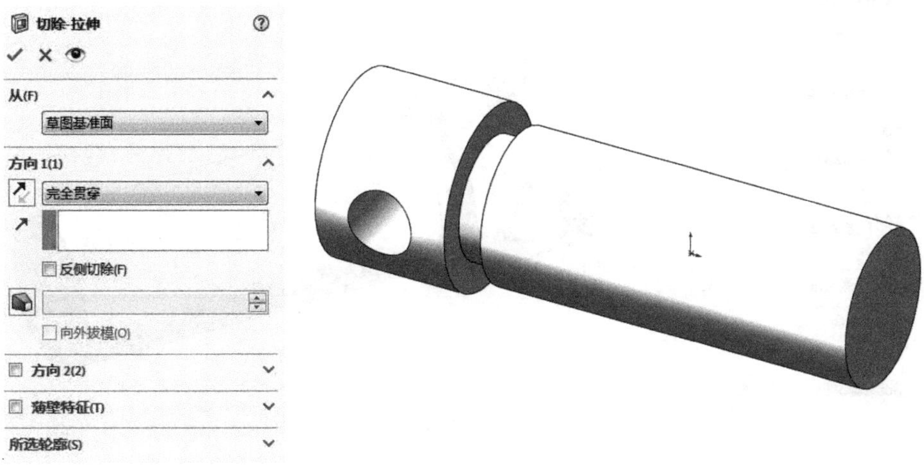

a) b)

图 10-24 拉伸特征（一）

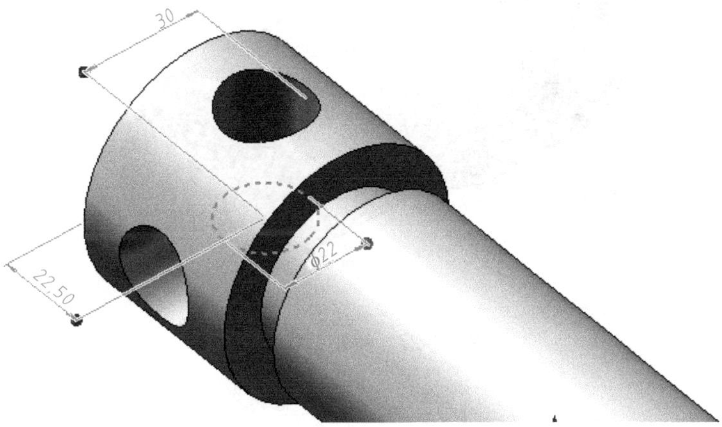

图 10-25 绘制草图 3

7）选择螺旋杆的右端面作为草图绘制基准面，绘制一个直径为 50mm 的圆，并将其命名为“螺纹草图”，如图 10-27 所示。

8）选择螺纹草图，单击按钮，弹出的“螺旋线 / 涡状线”属性管理器如图 10-28a 所示。按图 10-28a 所示内容设定各选项后单击按钮，结果如图 10-28b 所示。

9）单击按钮，弹出的“基准面”属性管理器如图 10-29a 所示。建立一个与螺旋线（边线〈1〉）垂直，与螺旋线起点（点 2）重合的基准面 1，单击按钮，结果如图 10-29b 所示。

10）选择基准面 1 作为草图绘制基准面，按照图 10-30 所示尺寸绘制一个草图，并将其命名为“牙型草图”。

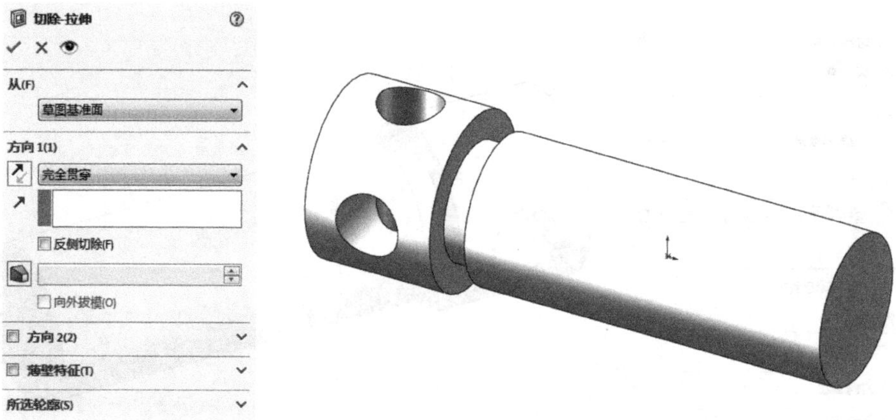

图 10-26 拉伸特征（二）

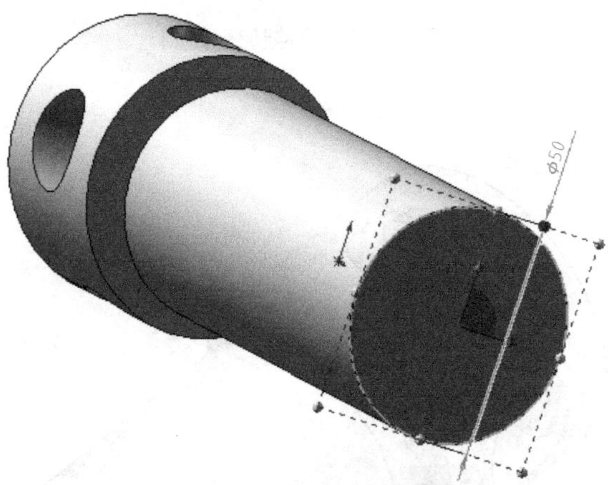

图 10-27 绘制螺纹草图

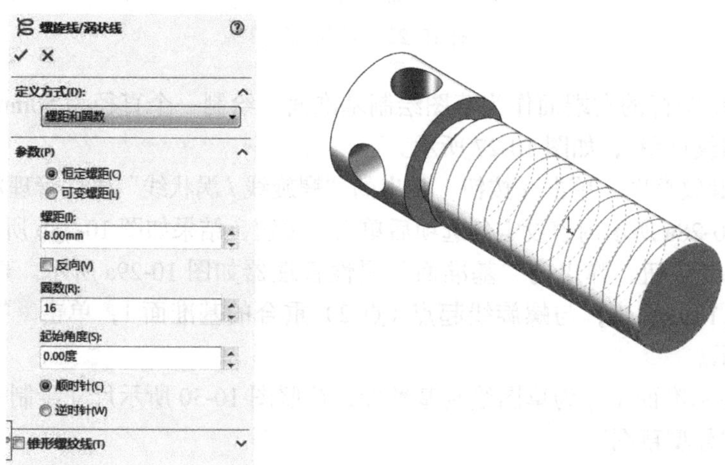

a) b)

图 10-28 绘制螺旋线

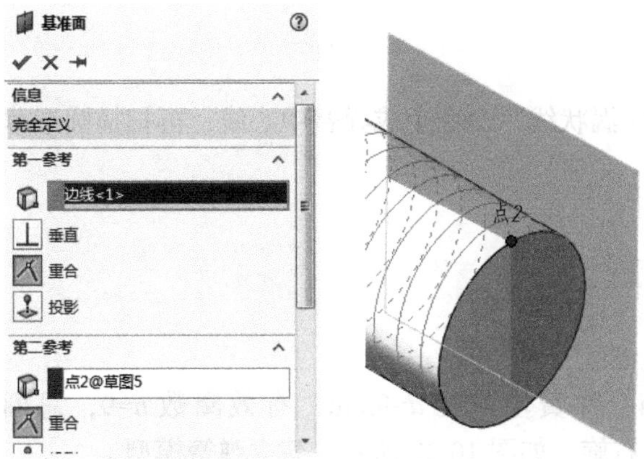

a)　　b)

图 10-29　建立基准面 1

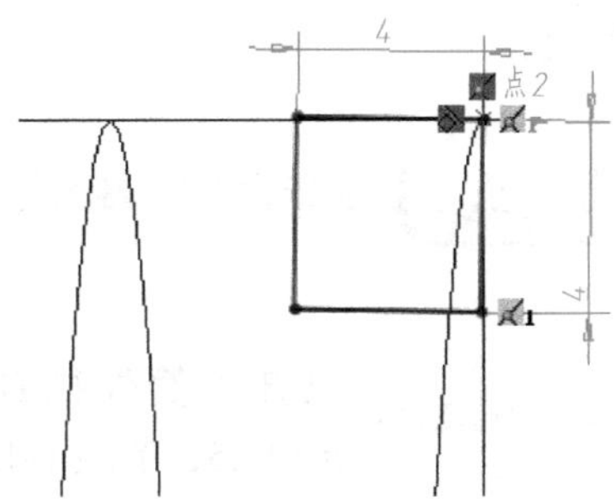

图 10-30　绘制牙型草图

11）单击按钮，弹出的“切除 - 扫描”属性管理器如图 10-31a 所示。选择牙型草图作为扫描的轮廓，选择“螺旋线”作为扫描的路径，如图 10-31b 所示。然后单击✓按钮，建立的螺旋杆实体模型如图 10-31c 所示。

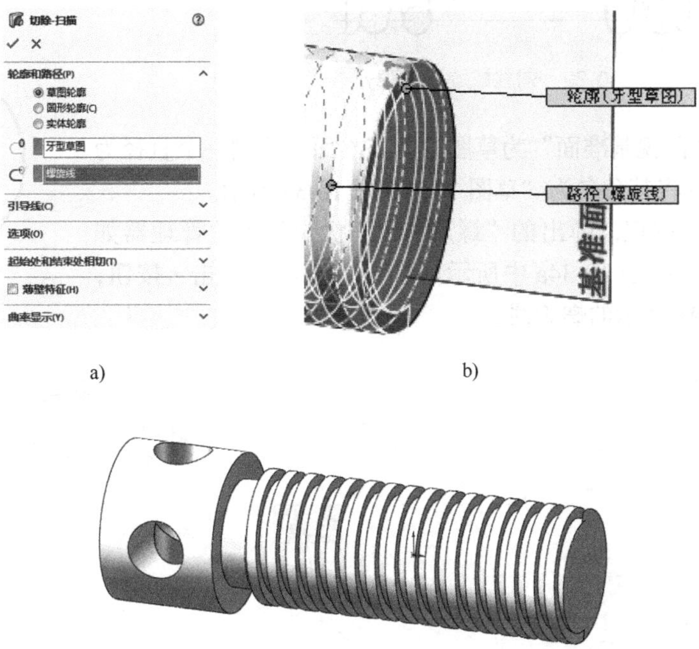

a)　　b)

c)

图 10-31　螺旋杆实体模型

10.3 弹簧

建立弹簧模型，一般先用“螺旋线 / 涡状线”命令生成弹簧中心线，再扫描圆形草图来实现。

10.3.1 圆柱螺旋压缩弹簧建模

[例 10-5] 已知弹簧外径 D=60mm，弹簧丝直径 d=8mm，有效圈数 n=9，总圈数 n_1=11.5，节距 t=12mm，右旋，如图 10-32 所示，建立弹簧模型。

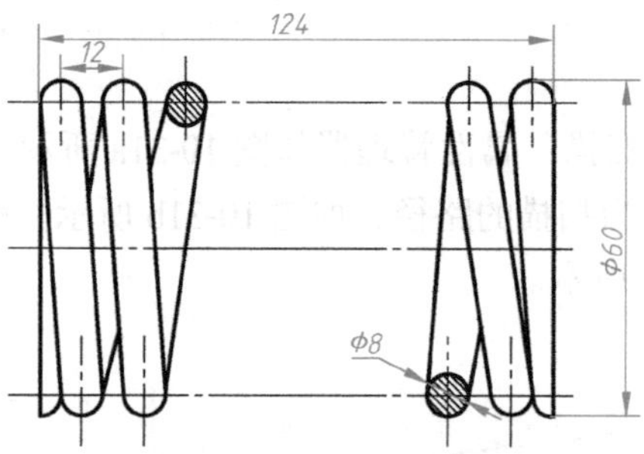

图 10-32 圆柱螺旋压缩弹簧

讲解视频：
例 10-5

1）选择“前视基准面”为草图绘制基准面，绘制一个直径为 52mm 的圆，并将其命名为“草图 1”，如图 10-33 所示。

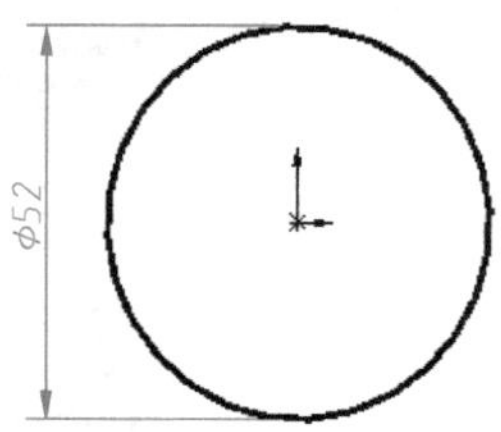

图 10-33 绘制草图 1

2）单击按钮，弹出的“螺旋线 / 涡状线”属性管理器如图 10-34a 所示。按图 10-34a 中所示内容设置参数后单击 ✓ 按钮，得到如图 10-34b 所示的螺旋线。

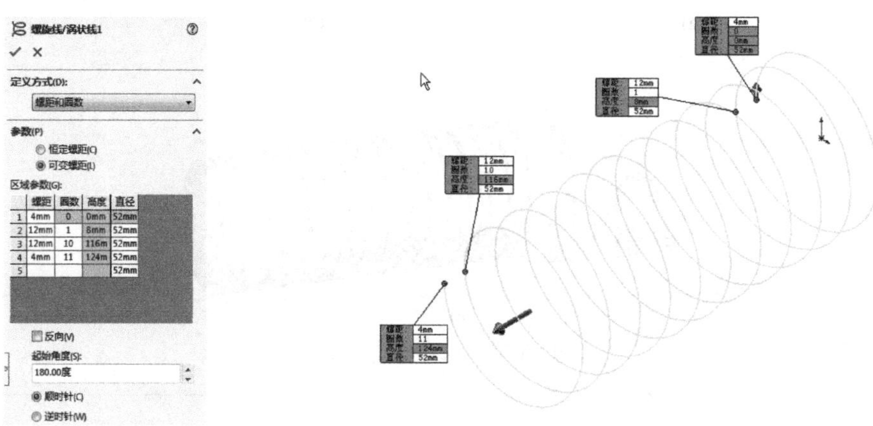

a) b)

图 10-34 绘制螺旋线

3）单击按钮，弹出的“基准面”属性管理器如图10-35a所示，建立一个与螺旋线垂直，与螺旋线起点（顶点〈1〉）重合的基准面1，如图10-35b所示。

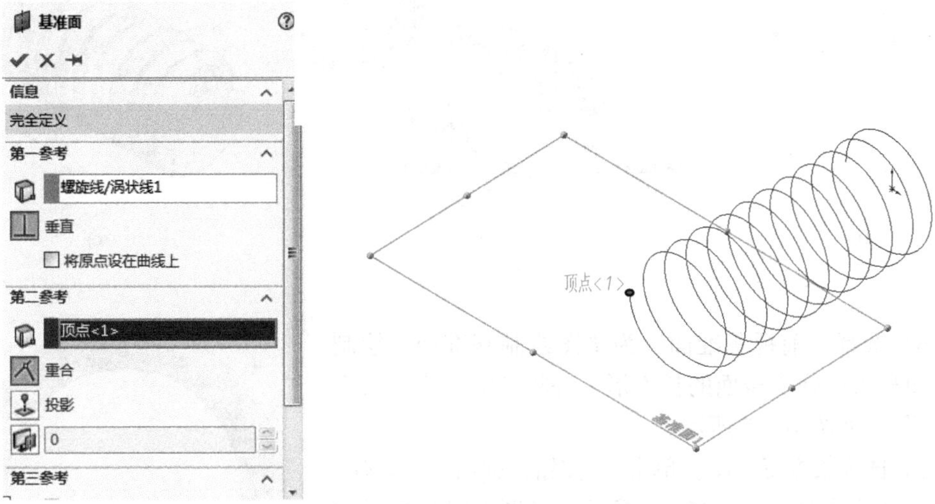

a) b)

图10-35 建立基准面1

4）选择基准面1为草图绘制基准面，绘制直径为8mm、圆心与顶点〈1〉重合的圆，并将其命名为“弹簧丝草图”，如图10-36所示。

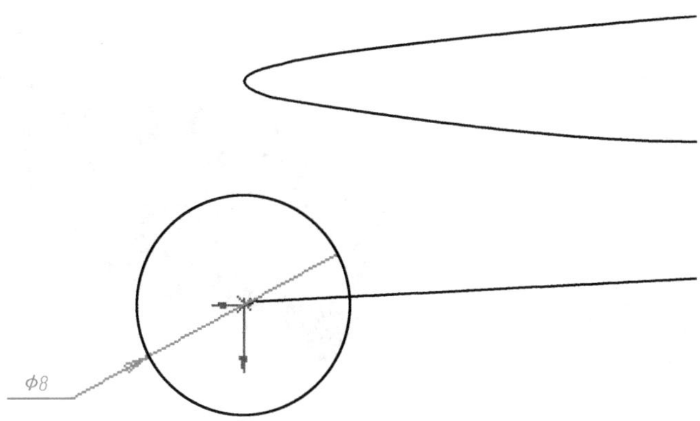

图10-36 绘制弹簧丝草图

5）单击按钮，弹出的“扫描”属性管理器如图10-37a所示。选择“弹簧丝草图〈2〉”作为扫描的轮廓，选择“螺旋线”作为扫描的路径，如图10-37b所示，单击✓按钮，结果如图10-37c所示。

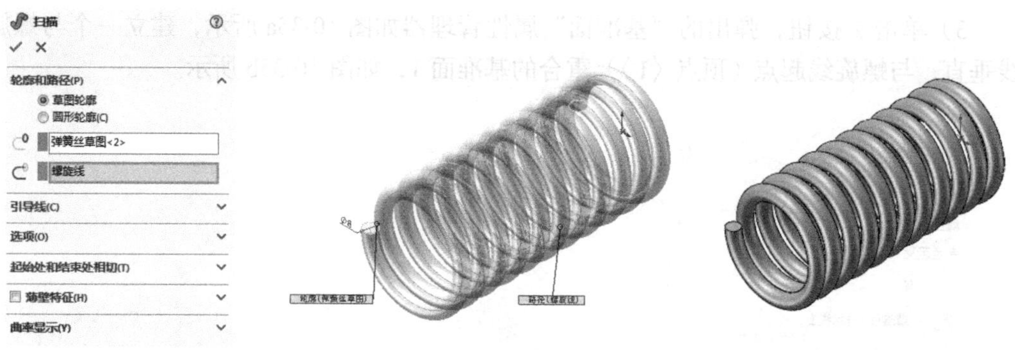

a) b) c)

图 10-37 扫描特征

6）选择“前视基准面”为草图绘制基准面，绘制一个面积大于弹簧截面的长方形，并将其命名为“长方形草图”，如图 10-38 所示。

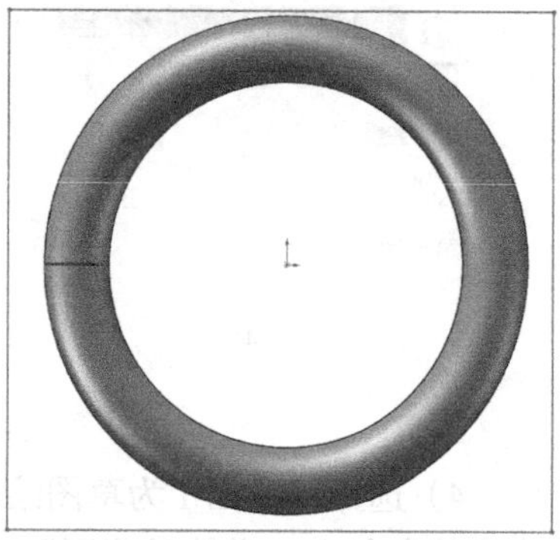

图 10-38 绘制长方形草图

7）选择长方形草图，单击按钮，弹出的“切除-拉伸”属性管理器如图 10-39a 所示。按图 10-39a 所示内容设定参数后单击✓按钮，结果如图 10-39b 所示。

8）单击按钮，弹出的“基准面”属性管理器如图 10-40a 所示，建立一个与前视基准面平行且距离为 124mm（弹簧长度）的基准面 2，如图 10-40b 所示。

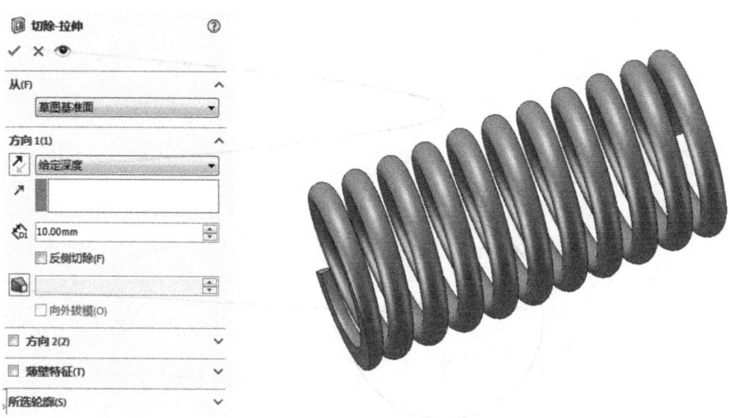

a) b)

图 10-39 切除得到弹簧支承部分

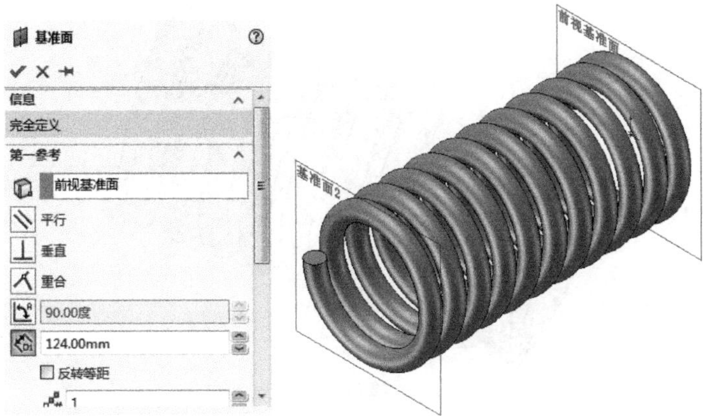

a)　　b)

图 10-40　创建基准面 2

9）选择基准面 2 为草图绘制基准面，绘制一个面积大于弹簧截面的长方形，并将其命名为“长方形草图 1”，如图 10-41 所示。

10）选择长方形草图 1，单击按钮，弹出的“切除 - 拉伸”属性管理器如图 10-42a 所示。按图 10-42a 所示内容设定各选项后单击✓按钮，结果如图 10-42b 所示。

至此，螺旋压缩弹簧实体建模完毕，结果如图 10-43 所示。

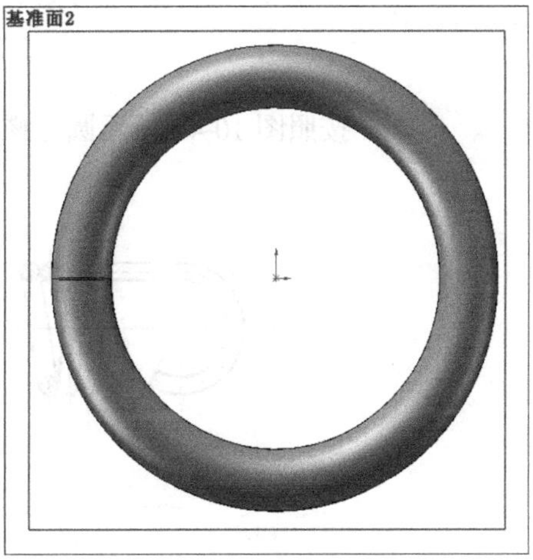

图 10-41　绘制长方形草图 1

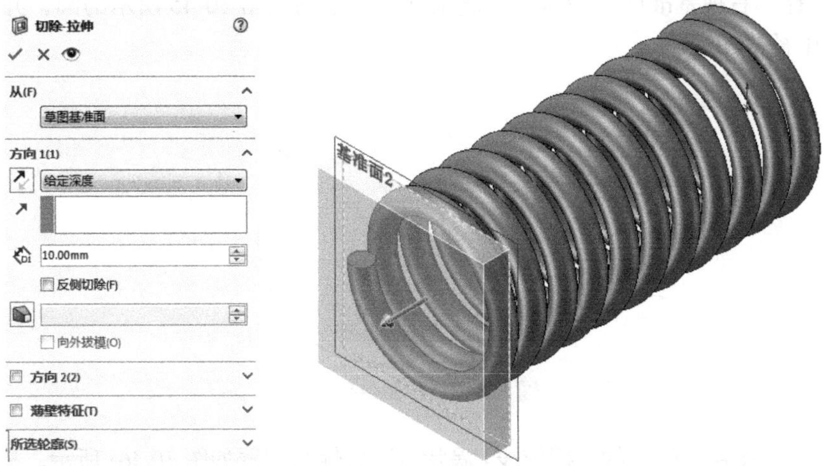

a)　　b)

图 10-42　切除得到压缩弹簧另一端

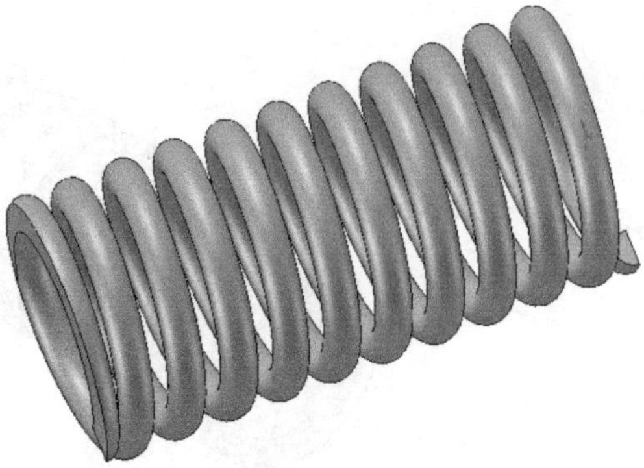

图 10-43 螺旋压缩弹簧实体

10.3.2 圆柱螺旋拉伸弹簧建模

【例 10-6】 按照图 10-44 所示圆柱螺旋拉伸弹簧结构创建实体模型。

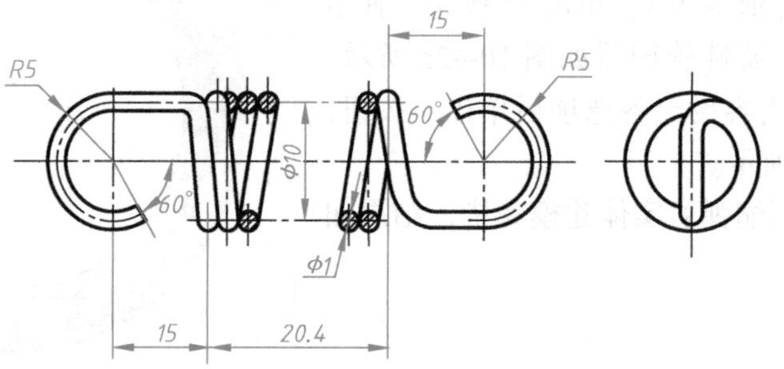

图 10-44 圆柱螺旋拉伸弹簧结构

1）选择“右视基准面”为草图绘制基准面，绘制如图 10-45 所示的圆，并将其命名为“弹簧中径草图”。

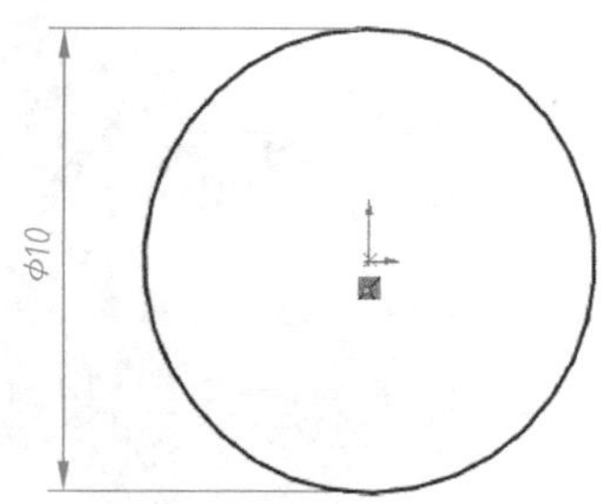

图 10-45 弹簧中径草图

2）单击按钮，弹出的“螺旋线 / 涡状线”属性管理器如图 10-46a 所示。按图 10-46a 所示内容设置参数后单击✓按钮，绘制出如图 10-46b 所示的螺旋线。

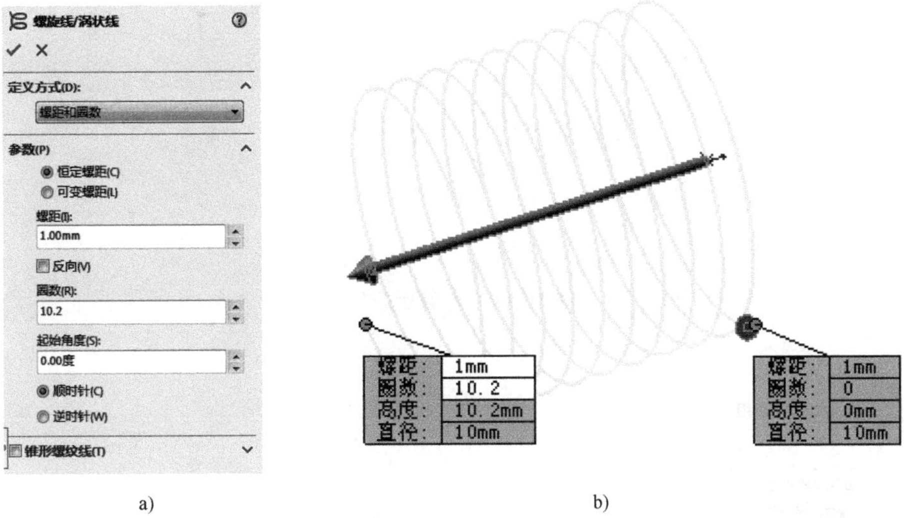

图 10-46　绘制螺旋线

3）选择“前视基准面”作为草图绘制基准面，绘制一个圆心坐标为（15，0）、直径为 10mm 的圆。使用“构造线”命令绘制两条竖直线、一条水平线和一条角度线。水平线的起点与坐标原点重合、终点与圆心重合；左侧一条竖线的起点与坐标原点重合，右侧一条竖线的起点与圆心重合；角度线的起点与圆心重合，终点与圆重合，具体尺寸如图 10-47 所示。

4）单击按钮，在弹出的“剪裁”属性管理器中，单击“剪裁到最近端”按钮，将角度线与竖线间圆弧部分修剪掉，修剪后的草图如图 10-48 所示。

5）单击按钮进入 3D 草图绘制界面。单击按钮，弹出的“转换实体引用”属性管理器如图 10-49a 所示。将螺旋线和剪裁后的草图转换成“3D 草图”图元，结果如图 10-49b 所示。

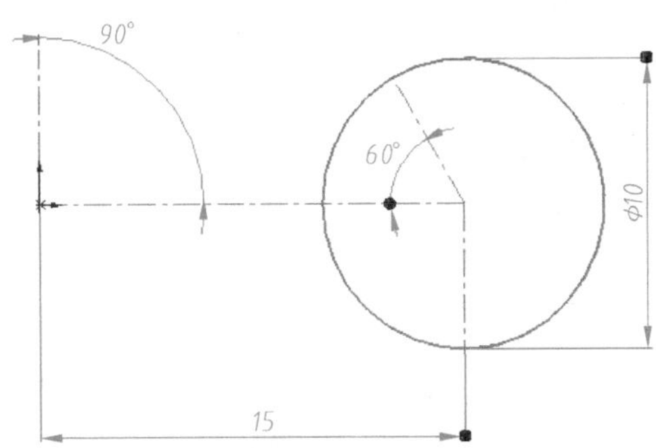

图 10-47　绘制草图

6）选择“3D 草图”进入草图绘制状态，单击按钮绘制一条样条曲线，再对属性进行编辑。在弹出的“样条曲线”属性管理器中，对样条曲线添加与螺旋线的“相切”几何约束，如图 10-50a 所示；为样条曲线添加与圆弧草图的“相切”几何约束，如图 10-50b 所示；添加样条曲线 1 后的“3D 草图”如图 10-50c 所示。

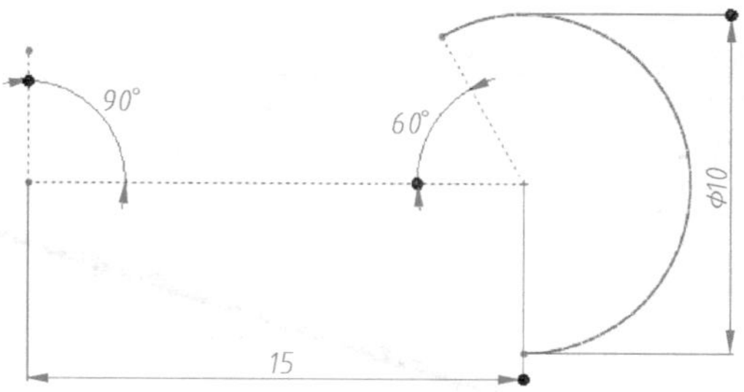

图 10-48　剪裁后的草图

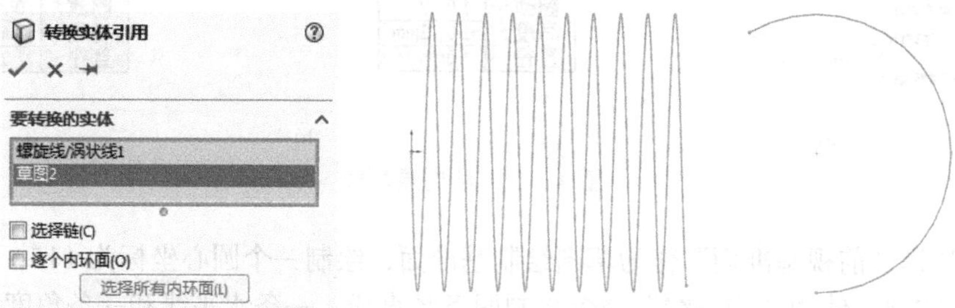

a)　　　　b)

图 10-49　3D 草图（一）

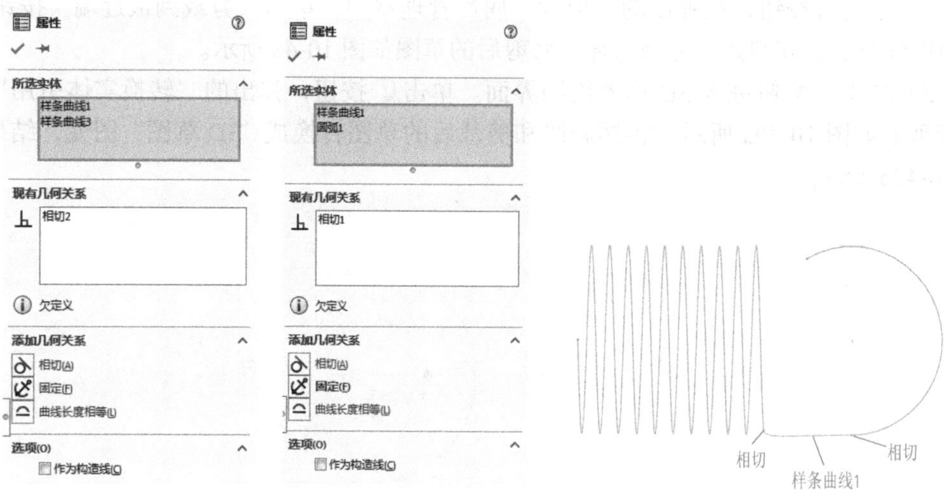

a)　　　　b)　　　　c)

图 10-50　3D 草图（二）

7）选择“上视基准面”作为草图绘制基准面，绘制一个直径为 1mm 的圆，并将其命名为“弹簧丝直径草图”。在如图 10-51a 所示的属性管理器中，为圆心与“3D 草图”添加“穿透”几何约束关系，单击✓按钮，结果如图 10-51b 所示。

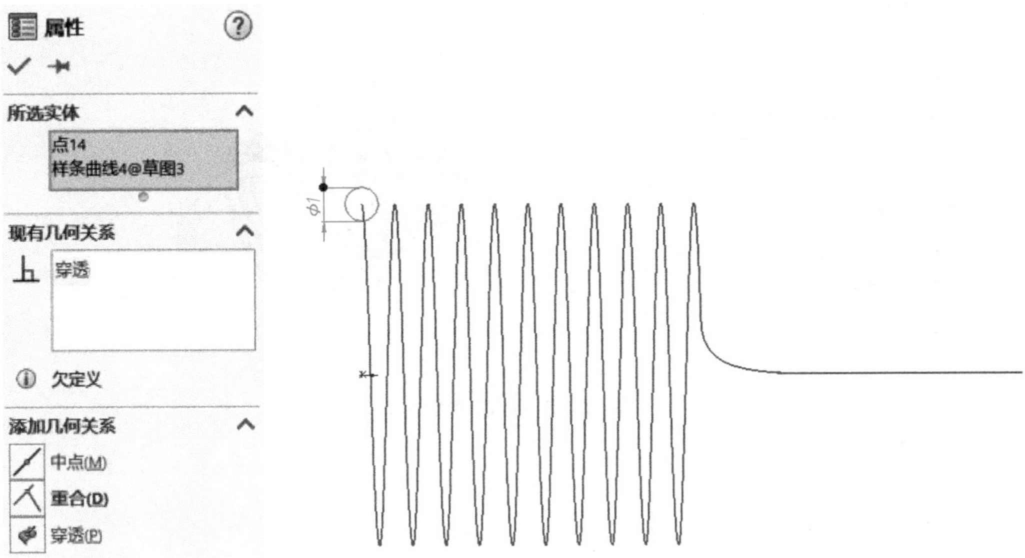

a)　　　b)

图 10-51　绘制弹簧丝直径草图并添加几何关系

8）单击按钮，弹出的“扫描”属性管理器如图 10-52a 所示。选择“弹簧丝直径草图”作为扫描的轮廓，选择“3D 草图”作为扫描的路径，单击✓按钮，如图 10-52b 所示。

9）单击按钮，在弹出的“基准轴”属性管理器，如图 10-53a 所示。按图 10-53a 中所示内容设置参数后单击✓按钮，结果如图 10-53b 所示。

10）单击按钮，弹出的“阵列（圆周）”属性管理器如图 10-54a 所示。按图 10-54a 所示内容设置参数后单击✓按钮，阵列结果如图 10-54b 所示。

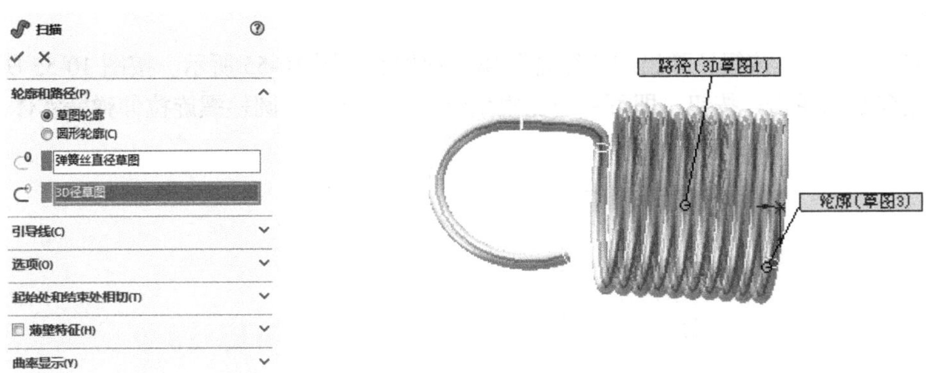

a)　　　b)

图 10-52　创建“扫描”特征

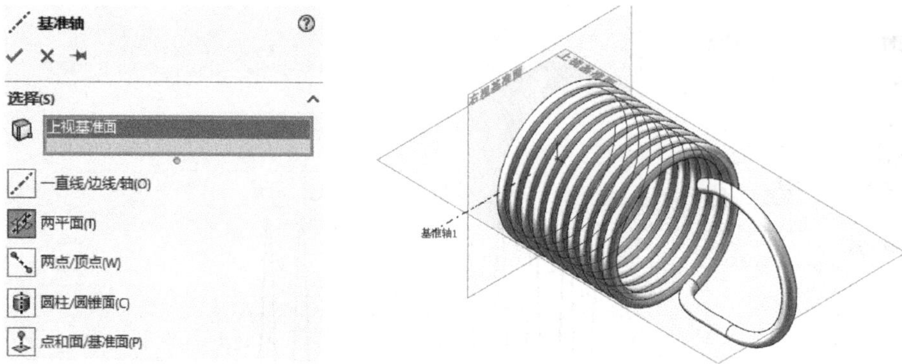

a) b)

图 10-53　创建基准轴 1

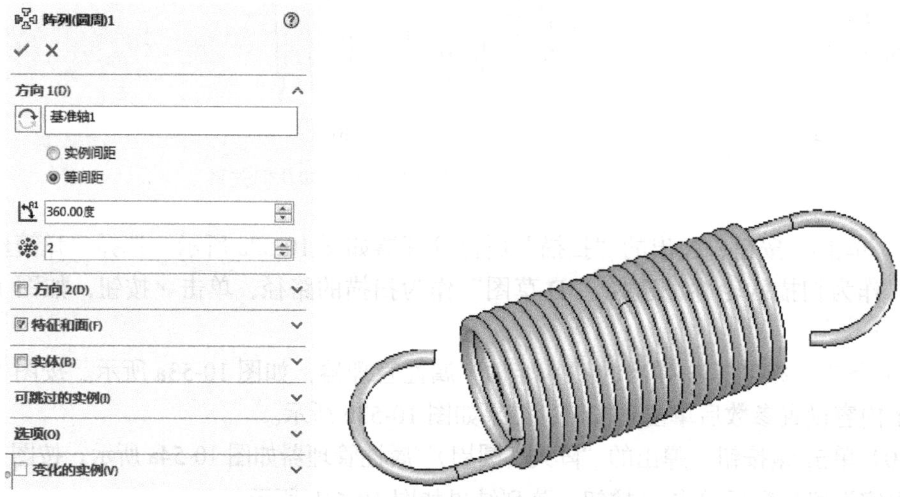

a) b)

图 10-54　圆周阵列

11）单击 按钮，弹出的“组合”属性管理器如图 10-55 所示。按图 10-55 所示内容设定参数后单击✓按钮，即可将两侧模型组合在一起形成圆柱螺旋拉伸弹簧实体。

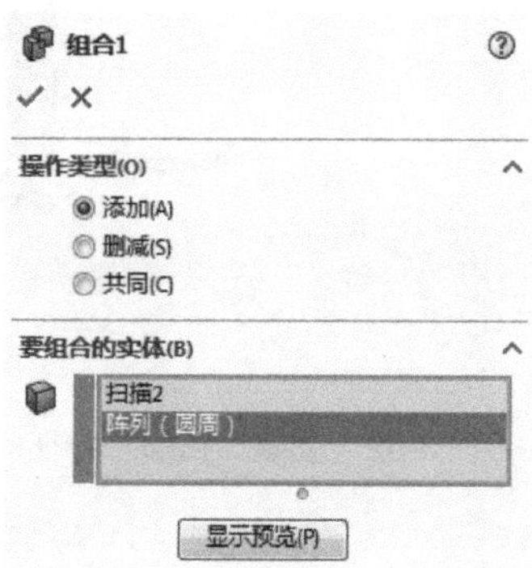

图 10-55　组合圆柱螺旋拉伸弹簧模型

思政拓展：叶片是航空发动机、船用燃气轮机、发电汽轮机组等机器中的典型零件，扫描右侧二维码了解叶片在汽轮机组中的地位、作用，并尝试对汽轮机叶片进行建模。

习　题

［习题 10-1］　完成如图 10-56 所示的阀帽的建模。

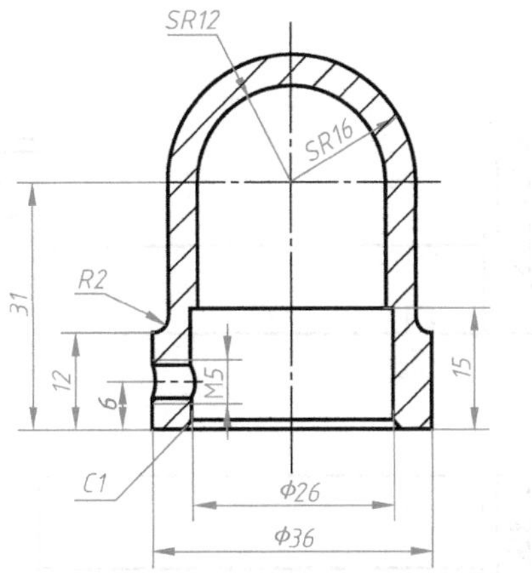

图 10-56　习题 10-1 图

［习题 10-2］　已知齿数为 20，模数 m=2.5mm，压力角 α=20°，按照图 10-57 所示的尺寸完成直齿圆柱齿轮的建模。

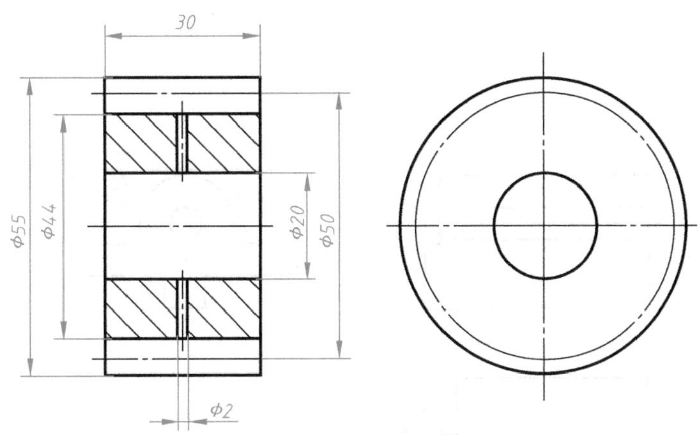

图 10-57　习题 10-2 图

［习题 10-3］　已知圆柱压缩弹簧外径 D=25mm，弹簧丝直径 d=2.5mm，有效圈数 n=5，总圈数 n_1=7，节距 t=9，右旋，如图 10-58 所示。完成弹簧的建模。

［习题 10-4］　完成如图 10-59 所示台虎钳钳座的建模。

［习题 10-5］　完成如图 10-60 所示活动钳口的建模。

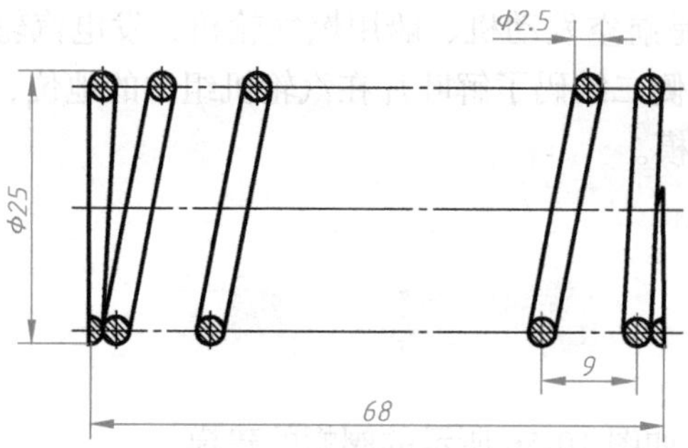

图 10-58 习题 10-3 图

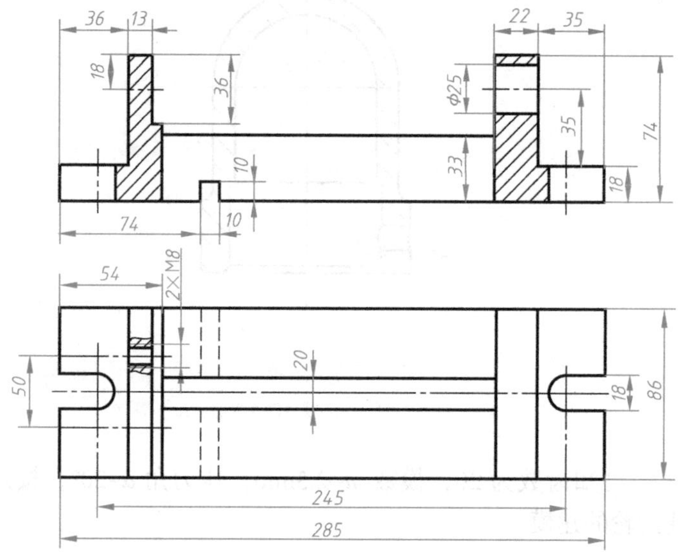

图 10-59 习题 10-4 图

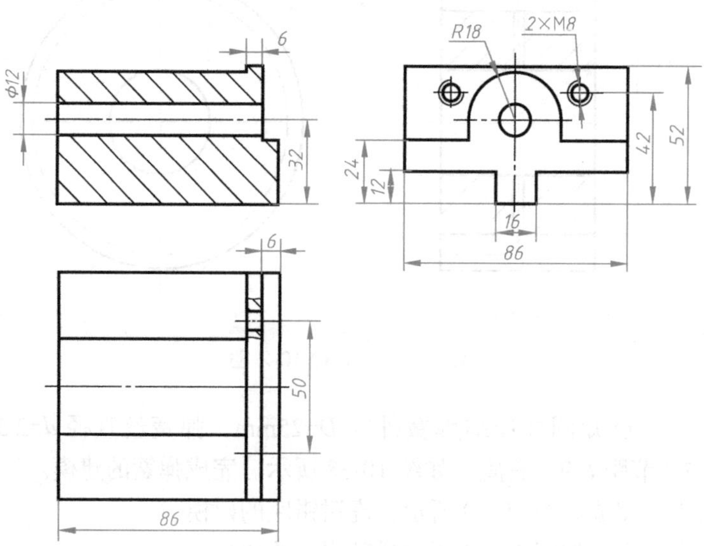

图 10-60 习题 10-5 图

［习题 10-6］　完成如图 10-61 所示球头的建模。

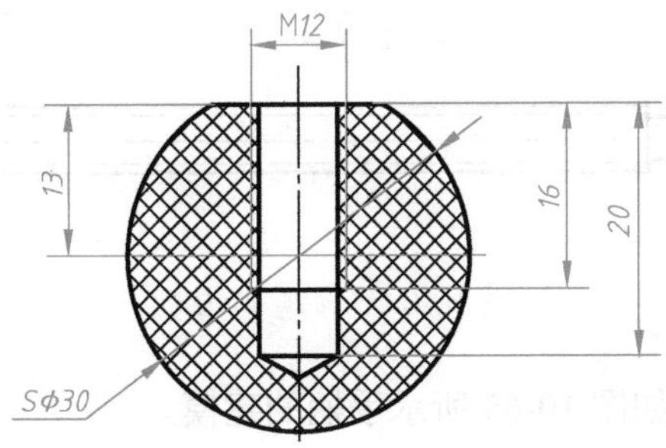

图 10-61　习题 10–6 图

［习题 10-7］　完成如图 10-62 所示套筒的建模。

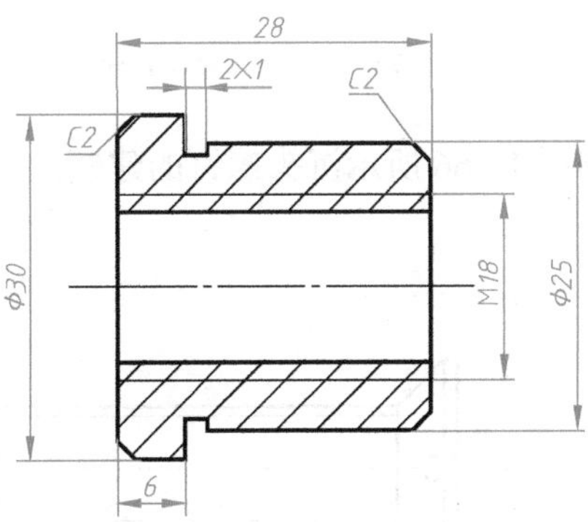

图 10-62　习题 10-7 图

［习题 10-8］　完成如图 10-63 所示钳口板的建模。

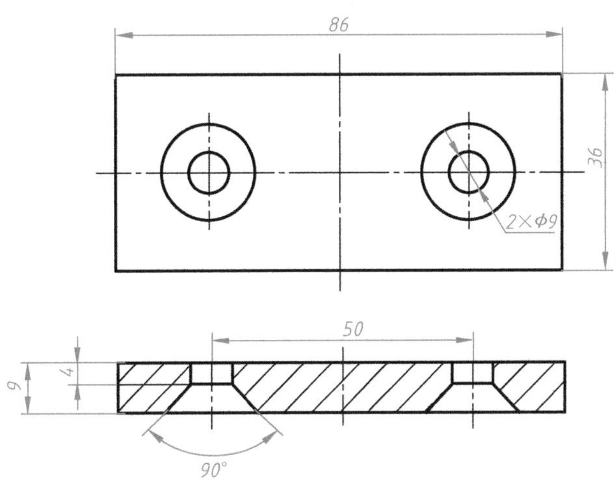

图 10-63　习题 10-8 图

［习题 10-9］　完成如图 10-64 所示螺杆的建模。

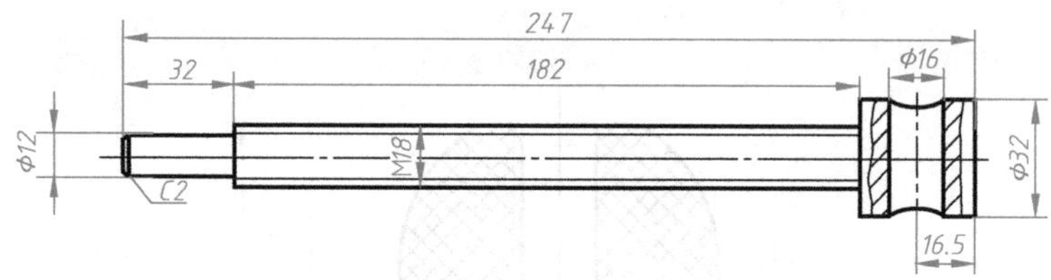

图 10-64　习题 10-9 图

［习题 10-10］　完成如图 10-65 所示手柄的建模。

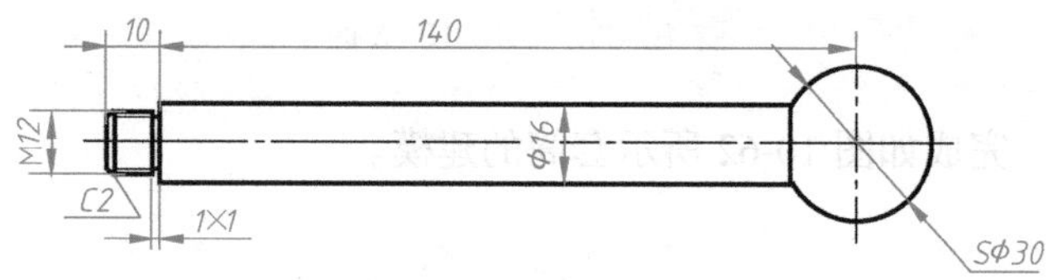

图 10-65　习题 10-10 图

［习题 10-11］　完成如图 10-66 所示沉头螺钉的建模。

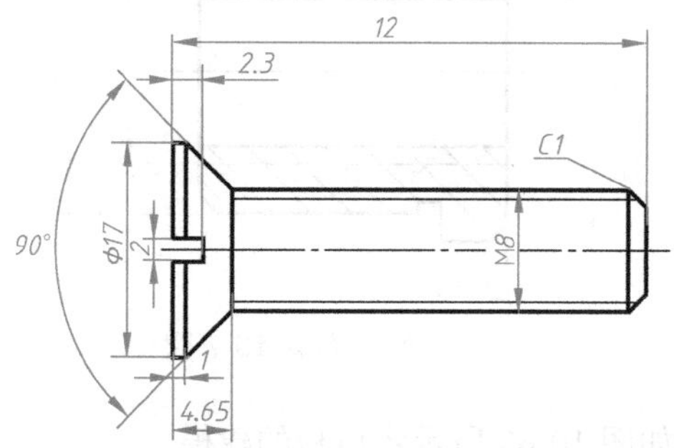

图 10-66　习题 10-11 图

第11章 装配体

在 SOLIDWORKS 中，用户可以方便地将已存在的零部件加入到装配体中，也可以在装配体中直接生成一个新的零部件。当零部件加入到装配体中以后，就可以利用 SOLIDWORKS 提供的多种装配手段，将这些零部件组成一个完整的装配体。

用于零部件装配的命令在命令管理器的“装配体”选项卡中，如图 11-1 所示。单击各按钮即可调用有关装配体的命令。

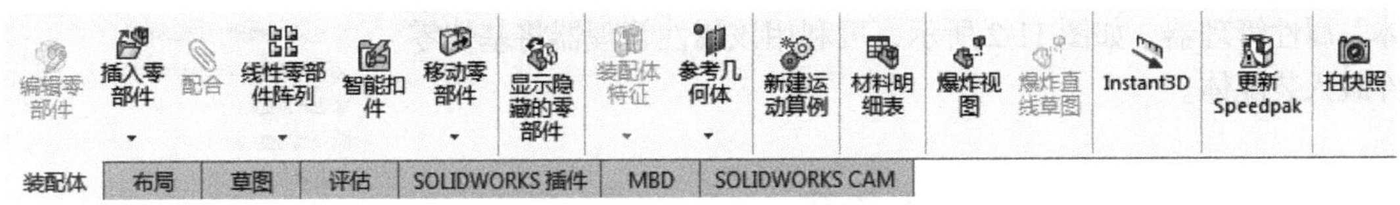

图 11-1 “装配体”选项卡

11.1 设计装配实体的基本步骤

实体装配表达的是产品零部件之间的一种配合和连接关系。对于静态装配而言，没有运动关系，就无所谓动态与静态之分，但是如果两个零件之间存在运动关系，那么就必须明确装配过程中的参照零件。这个参照零件相对于环境（基准）坐标系而言为静态不动的。一般将产品中起支撑作用的零、部件作为装配中的参照，这里将其称为“基体”。

实体装配的基本步骤如下。

1）建立新的装配体。

2）设定装配体的基体零件，并将其载入装配体。

3）按照装配顺序将零件逐个插入装配体中。在实施配合前，可以任意移动或旋转要装配的零件，使其达到最佳装配位置或方向。

4）按照要装配的零件与装配体中已存在的零件之间的表面配合关系进行装配。

5）依次重复步骤 3）和步骤 4)，直至最后一个零件装入装配体，完成装配。

11.2 建立装配体

11.2.1 创建新的装配体

1. 功能

建立新的装配体。

2. 命令格式

- 菜单栏："文件"→"新建"。
- 命令管理器或工具栏按钮：。

选择上述任何一种方式调用命令，SOLIDWORKS 都会弹出如图 7-2 所示的"新建 SOLIDWORKS 文件"对话框，单击"装配体"按钮后单击"确定"按钮即可创建新的装配体。

进入装配体工作界面后，SOLIDWORKS 会弹出"开始装配体"属性管理器，如图 11-2 所示，可利用该属性管理器将基体零件载入装配体。

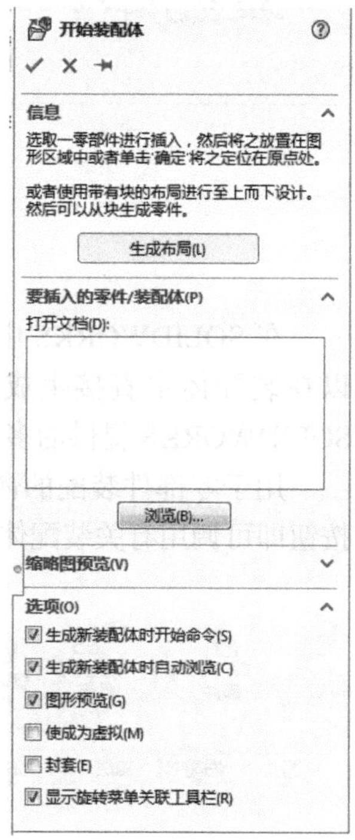

图 11-2　"开始装配体"属性管理器

11.2.2 插入已存在的零部件

1. 功能

将已有的零部件添加到装配体中。

2. 命令格式

- 菜单栏："插入"→"零部件"→"现有零件"。
- 命令管理器或工具栏按钮：。

选择上述任何一种方式调用命令，SOLIDWORKS 会弹出"插入零部件"属性管理器，如图 11-3 所示。单击"浏览"按钮，进入文件管理器中选择所要添加的零件，单击"打开"按钮，用鼠标将其拖放到适当位置即可。

说明：如果要在一个新的装配体中加入零部件，应先将该装配体的装配图文件命名后保存。

11.2.3 删除已存在的零部件

1. 功能

将装配体中的某个零部件从装配图中删除。

2. 命令格式

- 菜单栏：“编辑”→“删除”。
- 键盘操作：按〈Delete〉键。
- 特征管理器：在特征管理器中，右键单击欲删除的零件，SOLIDWORKS 会弹出如图 11-4 所示的快捷菜单，选择“删除”命令。

选择上述任何一种方式输入命令，SOLIDSWORKS，都会弹出如图 11-5 所示的“确认删除”对话框，单击“是”按钮即可。

说明：由于装配体中的零部件数据是由零部件文件提供的，因此对零部件文件所做的任何变动都会更新到装配体文件中，并可能对已存在的装配关系造成影响。而在装配体中删除某个零部件的操作，只是将其链接和装配数据删除，该零件在装配体中不再出现，但不会删除零部件文件本身。

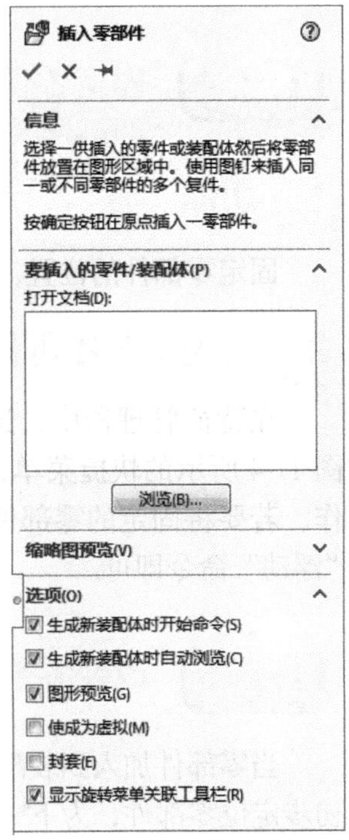

图 11-3 “插入零部件”属性管理器

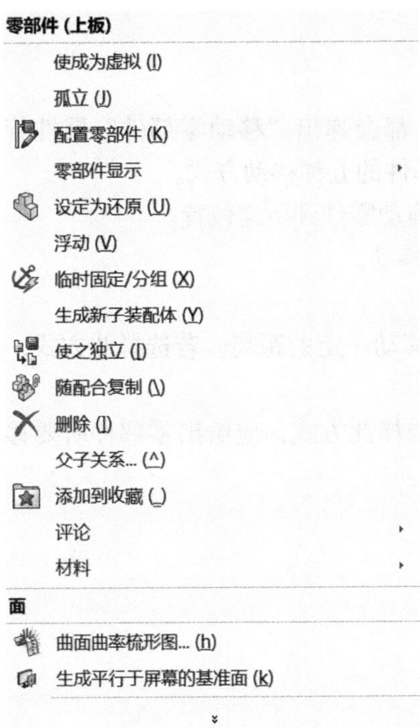

图 11-4 快捷菜单

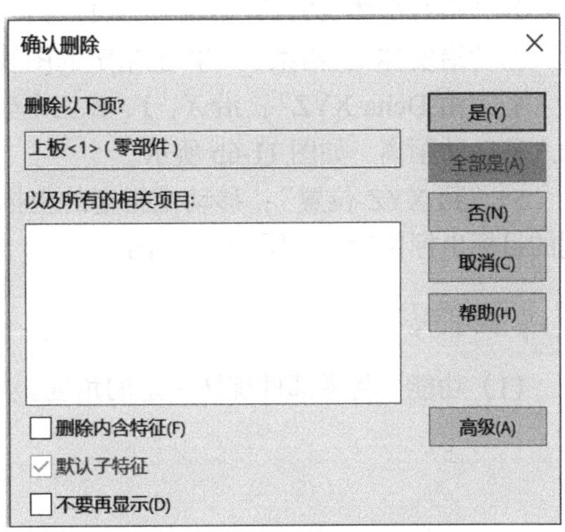

图 11-5 “确认删除”对话框

11.2.4 固定零部件

1. 功能

固定零部件的位置，使其不能相对于坐标原点移动。

2. 实现固定零部件的方法

在特征管理器中，选择处于浮动状态的零部件并右键单击，SOLIDWORKS 会弹出如图 11-4 所示的快捷菜单，从中选择“临时固定 / 分组”命令即可。在绘图窗口重复上述操作。若要将固定的零部件置于浮动状态，可右键单击该零部件，在弹出的快捷菜单中选择“浮动”命令即可。

11.2.5 改变零部件的位置

当零部件加入到装配体中之后，便可以通过拖动鼠标来平移、旋转其位置。以这种方式初步定位零部件，为下一步的装配做准备，避免在装配时出现不可预见的移动和与预想方向相反的装配关系。

1. 移动零部件

（1）功能　将零部件从一个位置平移到另一位置。

（2）命令格式

- 菜单栏：“工具”→“零部件”→“移动”。
- 命令管理器或工具栏按钮：。

选择上述任何一种方式调用命令，SOLIDWORKS 都会弹出“移动零部件”属性管理器，如图 11-6a 所示。“移动”下拉列表框给出了零部件的五种移动方式。

1）“自由拖动”：选择此选项后，可以用鼠标自由拖动零件到所需位置。

2）“沿装配体 XYZ”：沿装配体的三个坐标轴方向移动。

3）“沿实体”：沿某一零件上指定的图线方向移动。

4）“由 Delta XYZ”：沿 X、Y、Z 三个坐标轴方向移动一定的距离。若选择此方式，应输入移动的距离，如图 11-6b 所示。

5）“到 XYZ 位置”：移动至指定的坐标位置。若选择此方式，应给出零部件所要移动到的目标坐标位置，如图 11-6c 所示。

2. 旋转零部件

（1）功能　将零部件旋转一定的角度。

a) c)

图 11-6 “移动零部件”属性管理器

（2）命令格式

- 菜单栏：“工具”→“零部件”→“旋转”。
- 命令管理器或工具栏按钮：。

选择上述任何一种方式调用命令，SOLIDWORKS 都会弹出如图 11-7a 所示“旋转零部件”属性管理器。“旋转”下拉列表框给出了旋转零部件的三种旋转方式。

1）“自由拖动”：选择此方式，可用鼠标拖动零部件做任意角度旋转。

2）“对于实体”：将某一零部件上指定的图线作为旋转轴进行旋转。

3）“由 Delta XYZ”：相对坐标轴做指定角度的旋转。若选择此方式，应给出相对各坐标轴的旋转角度，如图 11-7b 所示。

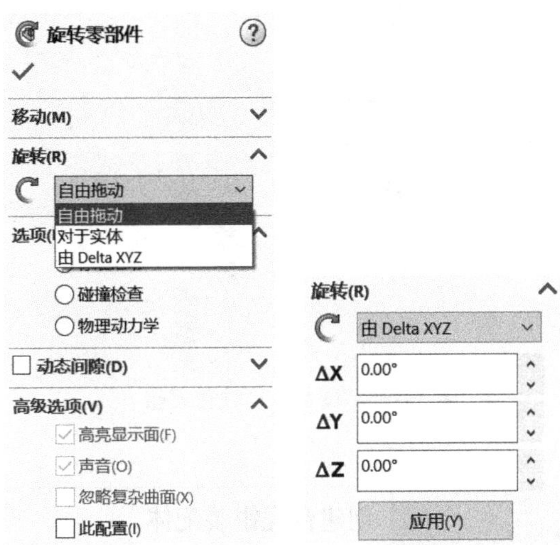

a) b)

图 11-7 “旋转零部件”属性管理器

11.3 建立装配关系

1. 功能

精确地定位零部件之间的相对位置。

2. 命令格式

- 菜单栏：“插入”→“配合”。
- 命令管理器或工具栏按钮：📎。

选择上述任何一种方式调用命令，SOLIDWORKS 都会弹出“配合”属性管理器，如图 11-8 所示。用鼠标选择相关的配合元素后，相关元素即显示在“配合选择”选项组中。同时，SOLIDWORKS 会弹出快捷配合关系选择按钮，如图 11-9 所示。单击相应的配合关系按钮，再单击✔按钮即可完成一个装配关系的定义。必要时，需要给出距离值或角度值。重复操作可对装配体中的各个零部件进行装配关系定义。

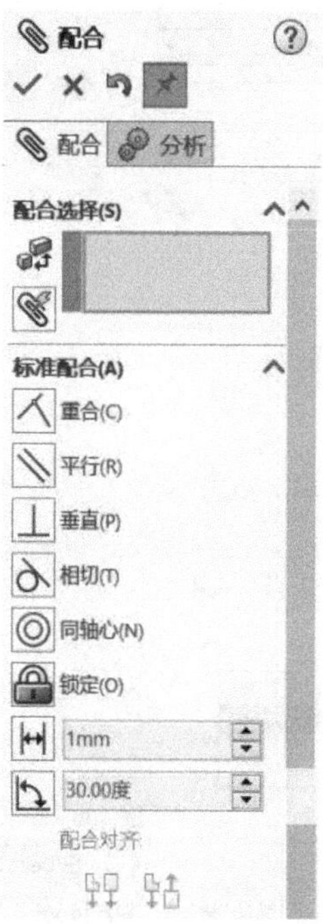

图 11-8 “配合”属性管理器

图 11-9 快捷配合关系选择按钮

[例 11-1] 创建台虎钳装配体。

1）建立装配体文件后，将钳座调入到装配体中，并作为基体，如图 11-10 所示。

2）单击按钮，插入钳口板零件，调用“移动”和“旋转”命令，将零件调整到如图 11-11 所示位置。

3）单击📎按钮，建立装配关系。分别按图 11-11 所示指示，选择钳座与钳口板的三对表面作为安装条件并定义为重合配合关系，得到如图 11-12 所示的位置关系。

讲解视频：例 11-1

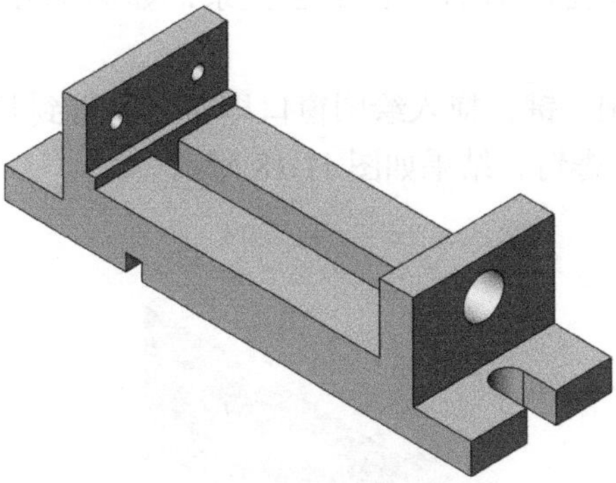

图 11-10 台虎钳钳座

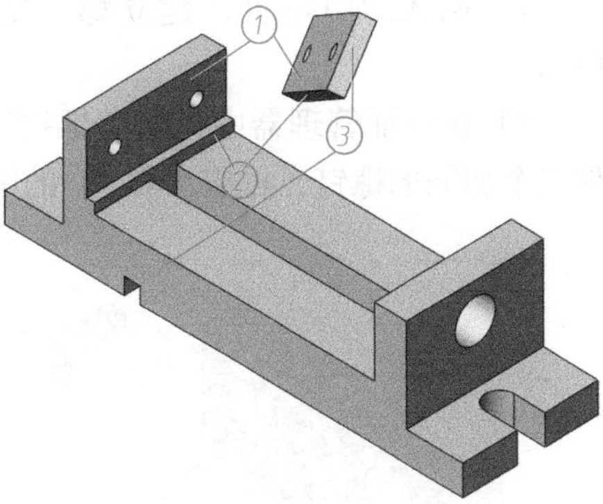

图 11-11 插入钳口板

4）单击按钮，插入套筒零件，如图 11-13 所示。选取套筒和钳座的端面，为其定义重合配合关系，选取套筒的外圆柱面与钳座的孔表面，为其定义同轴配合关系。此时，套筒方向与实际方向相反，单击按钮，则套筒转 180°，定位如图 11-14 所示，单击✓按钮完成套筒定位。

5）插入活动钳口和钳口板，如图 11-15 所示。

6）将活动钳口与钳口板参照钳座与钳口板的安装方式添加配合关系，结果如图 11-16 所示。

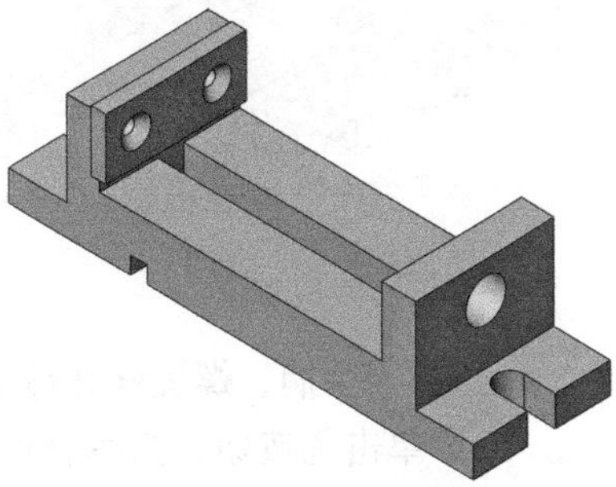

图 11-12 定位钳口板

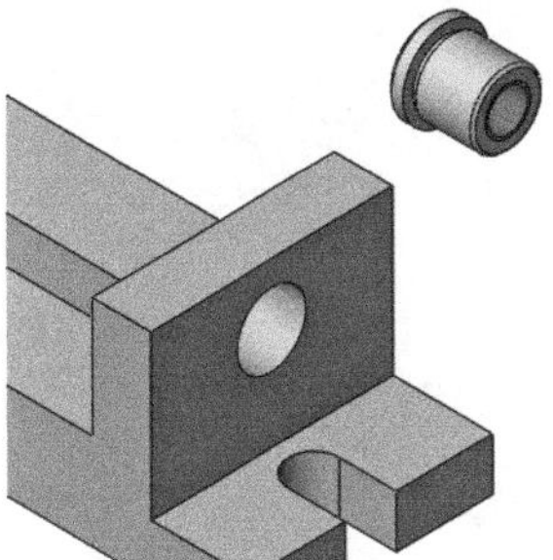

图 11-13 插入套筒

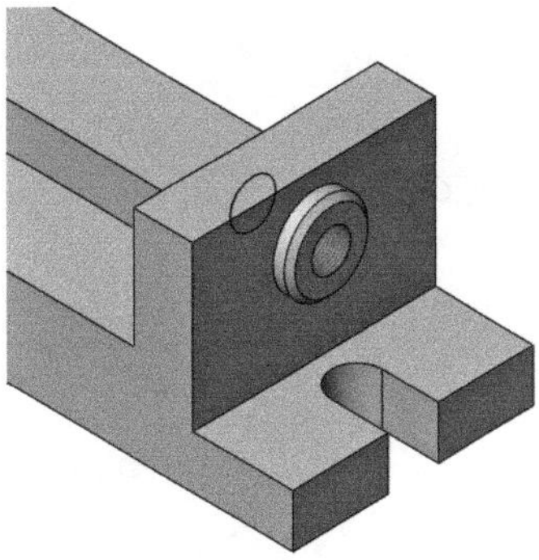

图 11-14 定位套筒

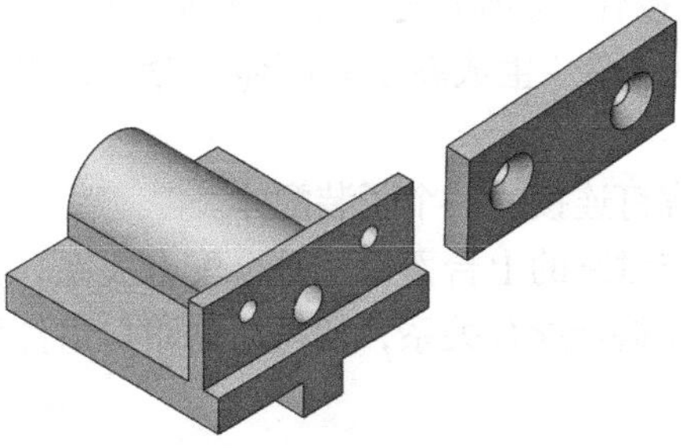

图 11-15 插入活动钳口与钳口板

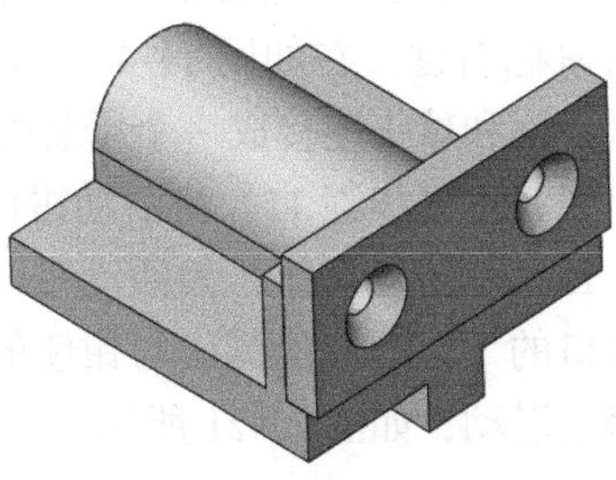

图 11-16 连接活动钳口组件

7）插入螺钉零件，建立螺钉锥面与钳口板孔锥面的重合配合关系，如图 11-17 所示。

8）在特征管理器中选取“螺钉”，按住〈Ctrl〉键，拖入绘图窗口即可复制得到其他三个相同的螺钉，再按步骤 7）的配合关系安装螺钉，结果如图 11-18 所示。

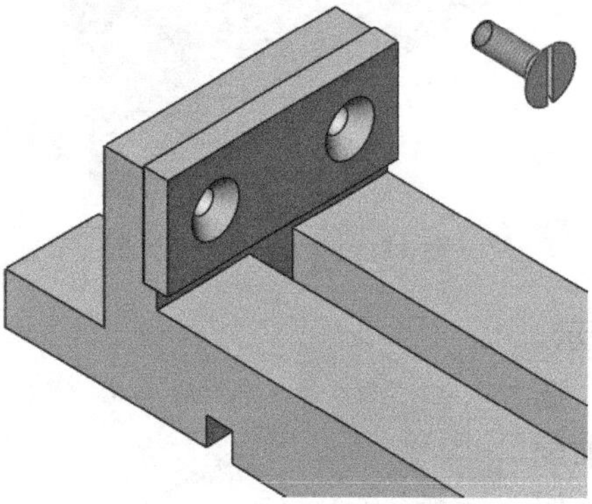
图 11-17　插入螺钉

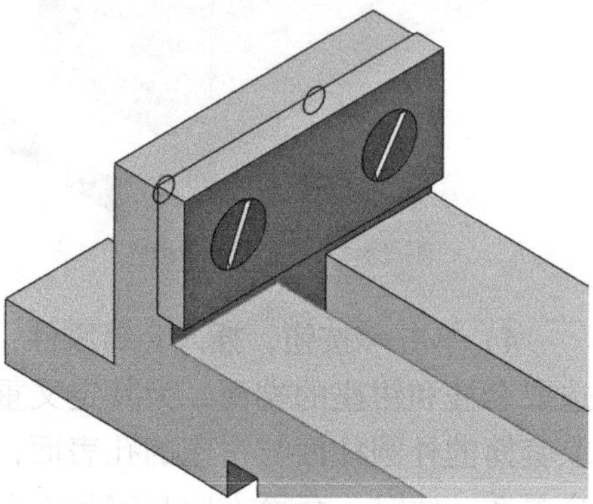
图 11-18　安装螺钉

9）插入手柄、螺旋杆和球头零件，如图 11-19 所示。

10）单击✎按钮，为手柄圆柱面与螺旋杆上的圆柱孔面添加同轴配合关系，为手柄螺杆与球头螺孔添加同轴配合关系，为球头的平面与手柄螺杆的左端面添加重合配合关系，结果如图 11-20 所示。

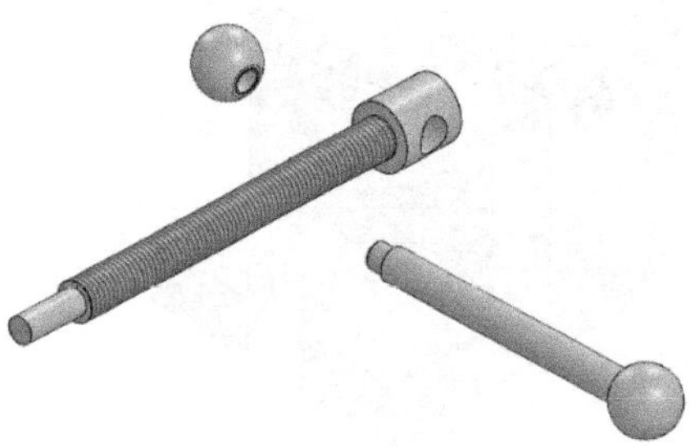
图 11-19　插入手柄、螺旋杆和球头

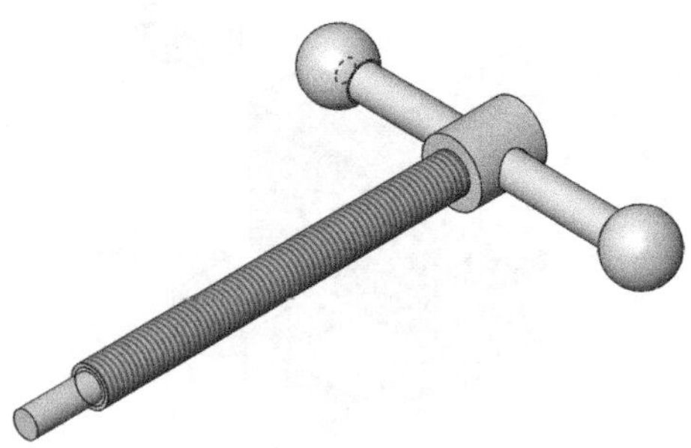
图 11-20　连接手柄与螺旋杆及球头

11）在特征管理器中，先选择螺旋杆，再按住〈Ctrl〉键，然后选择手柄、球头，单击鼠标右键，在如图 11-4 所示的快捷菜单中选取“生成新子装配体”命令，将螺旋杆、手柄和球头连接成一个子装配体。

12）重复步骤 11）将活动钳口、钳口板与螺钉连接成一个子装配体。

13）单击✎按钮，为活动钳口组件的底面与钳座的上台面添加重合配合关系，为活动钳口的下端凸起的侧面与钳座的滑槽侧面添加重合配合关系，使得活动钳口组件可在钳座上滑动，如图 11-21 所示。

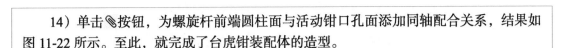

14）单击按钮，为螺旋杆前端圆柱面与活动钳口孔面添加同轴配合关系，结果如图 11-22 所示。至此，就完成了台虎钳装配体的造型。

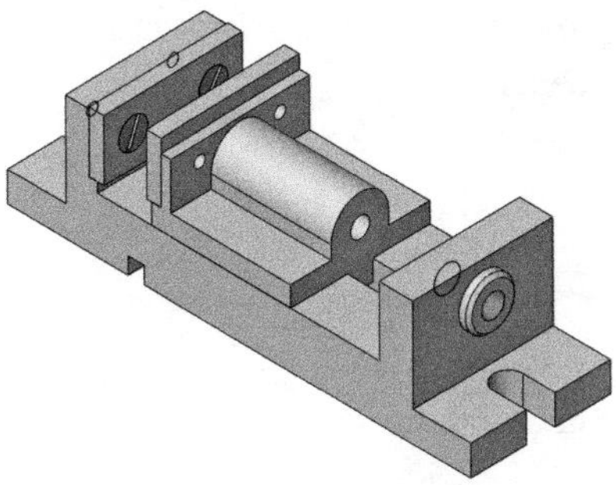

图 11-21 装配活动钳口组件

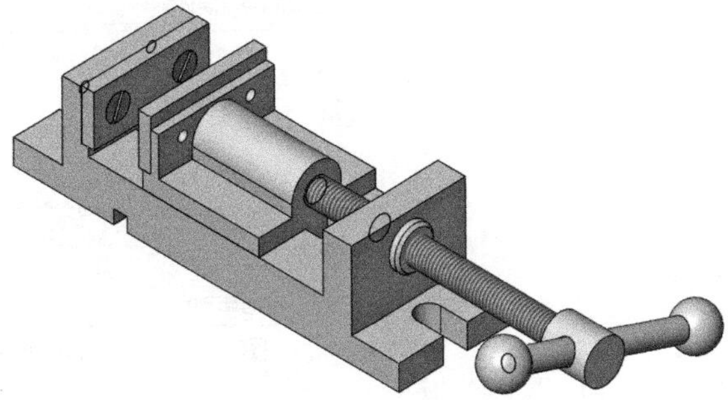

图 11-22 台虎钳装配体

11.4 编辑装配关系

1. 功能

对零部件之间的装配关系进行编辑。

2. 操作步骤

1）在特征管理器中用鼠标右键单击需要编辑的装配关系。

2）在如图 11-23 所示的快捷菜单中，单击按钮。

3）在弹出的“配合”属性管理器中按需要修改各项设置后，单击✓按钮即可。

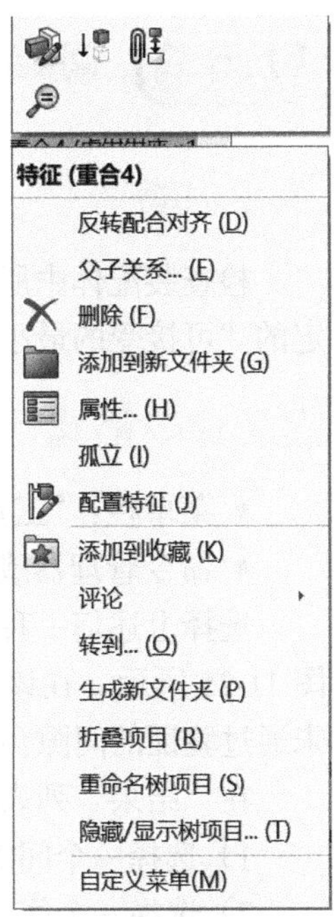

图 11-23 编辑装配关系的快捷菜单

11.5 删除装配关系

1. 功能

将已建立的装配关系删除。

2. 操作步骤

1）在特征管理器中用鼠标右键单击需要删除的装配关系。

2）在弹出的如图 11-23 所示的快捷菜单中选择“删除”命令。

3）在弹出的“确认删除”对话框中单击“是”按钮即可，如图 11-24 所示。

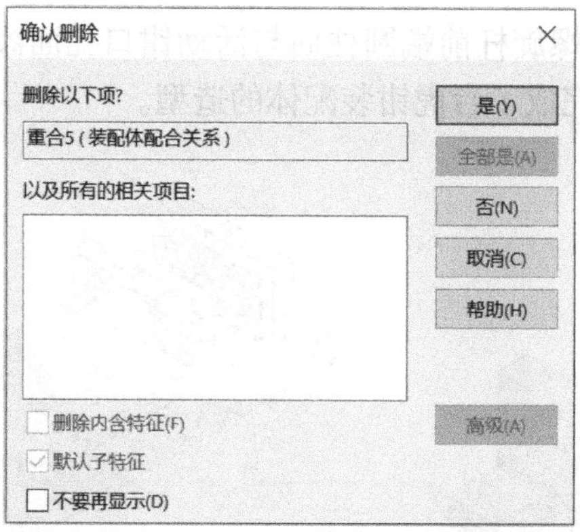

图 11-24 “确认删除”对话框

说明：装配关系被删除后，零部件在装配图中的位置不会发生变化，但其自由度增加了，与未添加装配关系时效果相同。

11.6 装配体检测

对装配体需要进行的检测一般有静态零部件之间的间隙验证和活动零部件之间的干涉检查。

11.6.1 间隙验证

1. 功能

检查装配体中所选零部件之间的间隙。可检查零部件之间的最小距离，并报告不满足指定的“可接受的最小间隙”的间隙。

2. 命令格式

- 菜单栏：“工具”→“评估”→“间隙验证”。
- 命令管理器或工具栏按钮：。

选择上述何一种方式调用命令，SOLIDWORKS 都会弹出“间隙验证”属性管理器，如图 11-25 所示。在该属性管理器中设置选项和参数，然后选择零部件，单击“计算”按钮。未通过验证的间隙会被列举在“结果”列表框内。每个间隙的数值都将显示在该列表框中。

在“结果”列表框中，可对间隙做如下处理。

1）选择一个间隙以便在绘图窗口中高亮显示。

2）选择一个间隙以显示零部件的名称。

3）右键单击间隙，然后在弹出的快捷菜单中选择“放大所选范围”命令，以便在绘图窗口中放大间隙。

4）右键单击间隙，然后在弹出的快捷菜单中选择“忽略”命令。
5）右键单击忽略的间隙，然后在弹出的快捷菜单中选择“解除忽略”命令。

11.6.2 干涉检查

1. 功能

识别零部件之间的干涉，并帮助检查和评估这些干涉。

2. 命令格式

- 菜单栏：“工具”→“评估”→“干涉检查”。
- 命令管理器或工具栏按钮：。

选择上述任何一种方式调用命令，SOLIDWORKS 都会弹出“干涉检查”属性管理器，如图 11-26 所示。单击“计算”按钮，则 SOLIDWORKS 可识别出相干涉的零件，干涉的区域在绘图窗口中会显示为红色。检查结果在属性管理器中显示。

干涉检查既可以对整个装配体进行检验，也可以对某些零件进行单独检验。

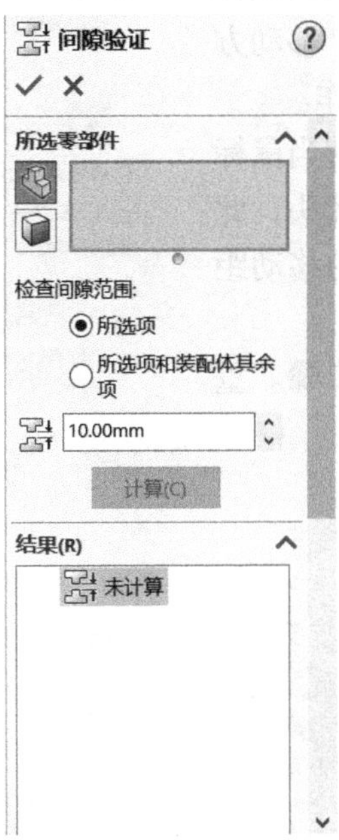

图 11-25 “间隙验证”属性管理器

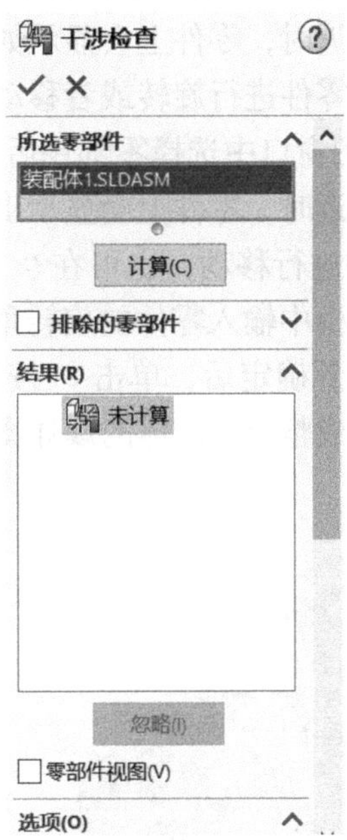

图 11-26 “干涉检查”属性管理器

11.7 爆炸视图

在日常工作中，经常需要分离装配体中的零件，以形象地分析它们之间的相互关系。为了更好地表示各个零件之间的装配关系和安装顺序，也为了更好地表达装配零部件的内部结构，可以创建装配体的爆炸视图。SOLIDWORKS 可以非常方便地生成爆炸图，并能将所生成的爆炸图插入到工程图中。

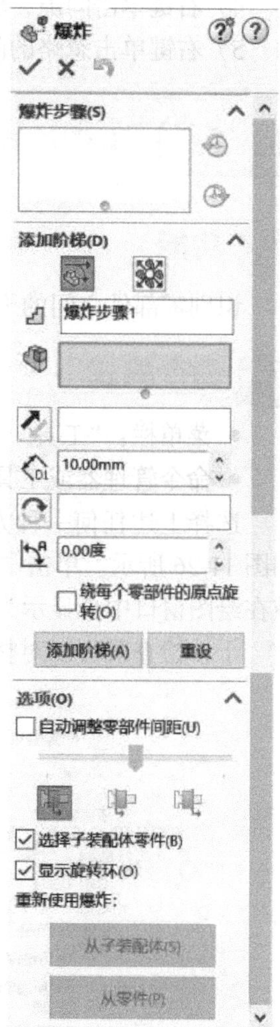

图 11-27 “爆炸”属性管理器

1. 功能

通过在绘图窗口中选择和拖动零件来生成爆炸视图，从而生成一个或多个爆炸步骤。

2. 命令格式

- 菜单栏：“插入”→“爆炸视图”。
- 命令管理器或工具栏按钮：。

选择上述任何一种方式调用命令，SOLIDWORKS 都会弹出“爆炸”属性管理器，如图 12-27 所示。在“添加阶梯”选项组中，按钮表示常规步骤（平移和旋转），按钮表示径向步骤。

1）在绘图窗口中选择零部件后，若单击按钮，则当鼠标移动到零件附近时，零件上会显示如图 11-28 所示的三个移动方向，可对选定零件进行旋转或者移动到爆炸后位置的操作。

2）在绘图窗口中选择零部件后，若单击按钮，则当鼠标移动到零件附近时，零件上会显示出如图 11-29 所示的箭头，此时既可对零件进行移动，也可在文本框中输入零件的移动距离，在文本框中输入零件的旋转角度。

待爆炸位置确定后，单击✓按钮即实现一个爆炸步骤。重复此操作可完成整个装配体的爆炸图。

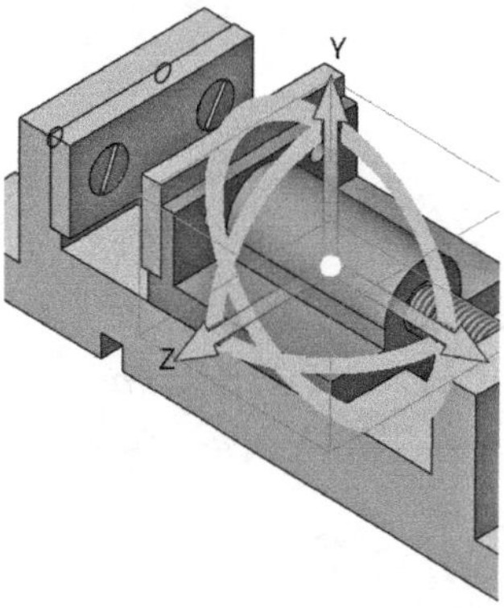

图 11-28 常规步骤爆炸类型

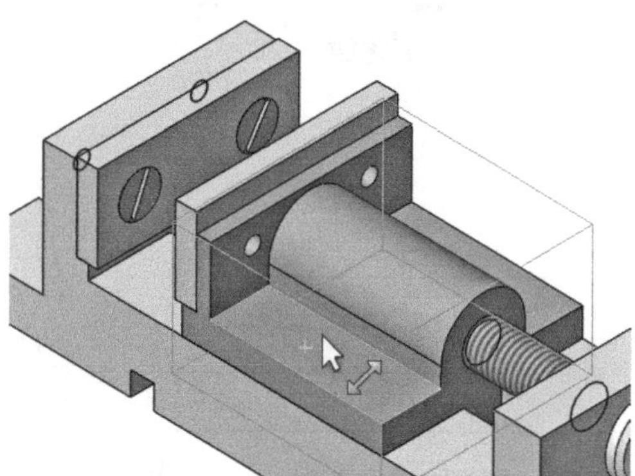
图 11-29 径向步骤爆炸类型

[例 11-2] 对台虎钳装配体创建爆炸视图。

讲解视频：
例 11-2

1）单击按钮，选择手柄组件，其附近显示出三个移动方向，如图 11-30 所示。单击拖动方向轴，将组件向远离基体的方向移动一定距离后，单击“爆炸”属性管理器中的✓按钮，完成一个爆炸步骤，如图 11-31 所示。

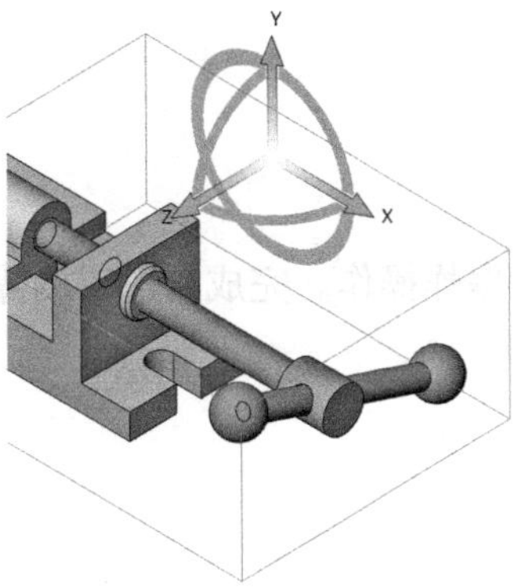

图 11-30　爆炸手柄组件

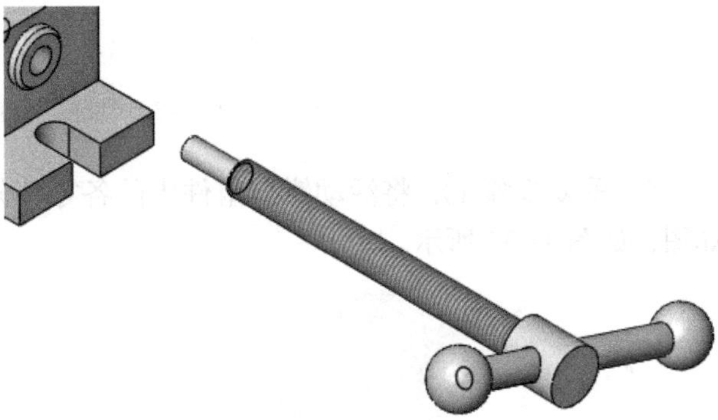

图 11-31　手柄组件爆炸完成

2）重复上述操作，将活动钳口组件上移一定距离，离开台虎钳基体，如图 11-32 所示。

3）再分别将基体上的每个零件分别爆炸出来，结果如图 11-33 所示。

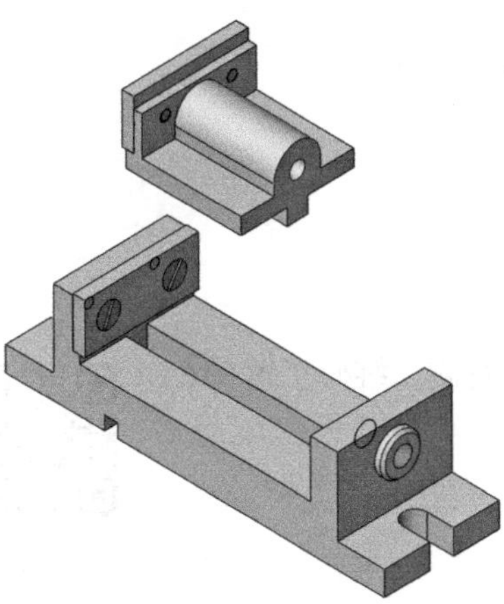

图 11-32　爆炸活动钳口组件

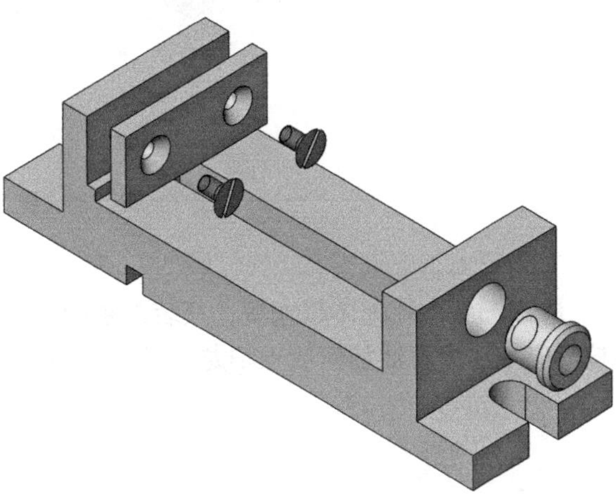

图 11-33　爆炸其他零件

4）单击按钮，勾选“爆炸”属性管理器中的“选择子装配体零件”复选框，然后选择手柄组件中的手柄和球头，移动一定距离，完成一个子装配的爆炸，如图 11-34 所示。

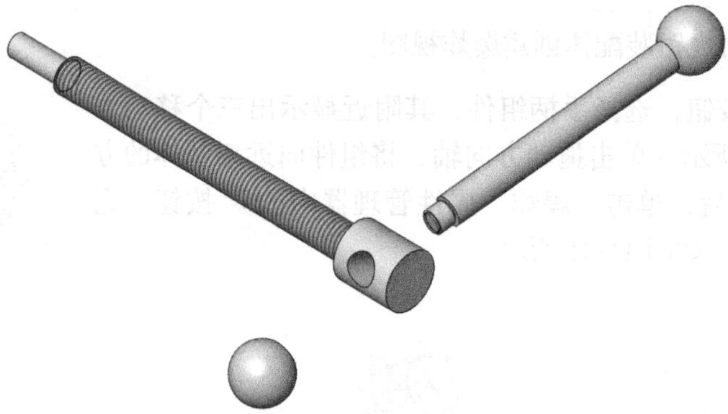

图 11-34 爆炸子装配

5）重复步骤 4)，将活动钳口组件中的各零件分别进行爆炸操作。完成台虎钳的爆炸图，如图 11-35 所示。

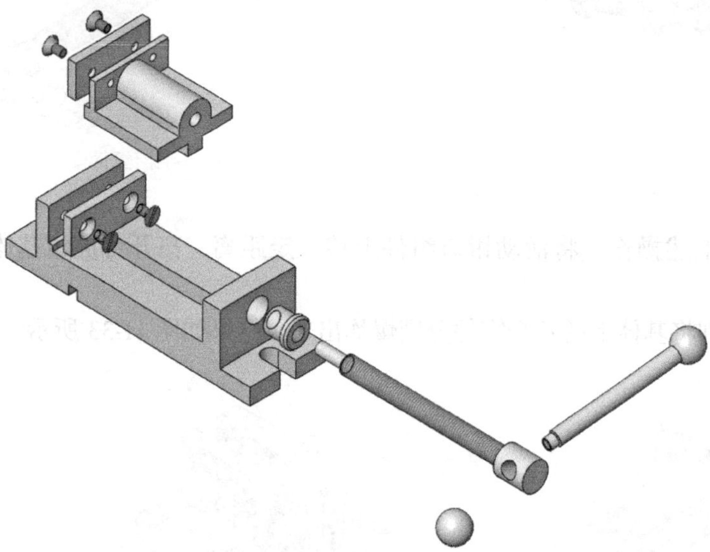

图 11-35 台虎钳爆炸图

思政拓展： 装配体越大型，其装配越困难，扫描右侧二维码了解 316 吨的核反应堆压力容器如何放入华龙一号堆坑的。

思政拓展
中国创造：华龙一号

习 题

【习题 11-1】 参照图 5-60 所示，首先根据零件图对各零件进行实体建模，然后根据装配图拼装成装配体模型，最后形成爆炸视图。

【习题 11-2】 根据图 11-37 所示的手压阀各零件图，构造零件的实体建模，然后根据图 11-36 所示的装配关系组装成装配图，最后形成爆炸图。

讲解视频：
习题 11-2
手压阀
装配

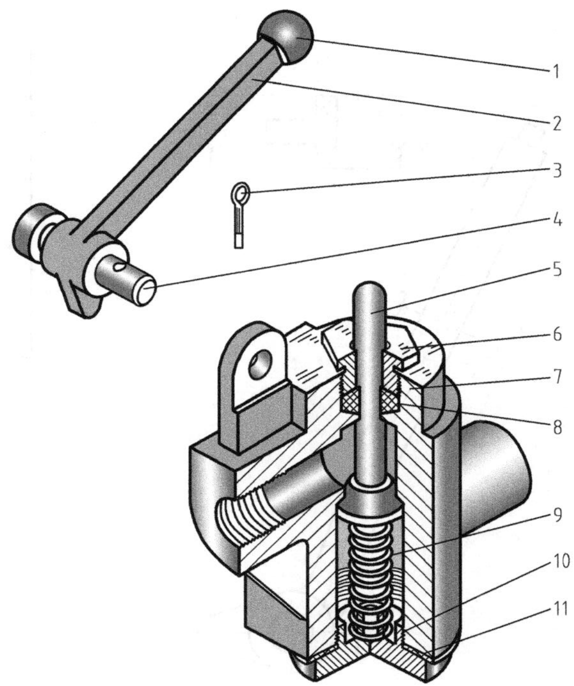

工作原理

手压阀是吸进或排出液体的一种手动阀门，当握住手柄压紧阀杆时，弹簧因受力压缩使阀杆向下移动，液体入口与出口相通；手柄向上抬起时，由于弹簧弹力作用，阀杆向上移动，压紧阀体，使液体入口与出口不通。

序号	代号	名称	数量	材料	备注
11		密封胶垫	1	橡胶	
10		调节螺母	1	Q235A	
9		弹簧	1	65Mn	
8		填料		石棉	无图
7		阀体	1	HT	
6		锁紧螺母	1	Q235A	
5		阀杆	1	45	
4		销钉	1	20	
3	GB/T 91—2000	开口销	1	Q235A	
2		手柄	1	20	
1		球头	1	胶木	

图 11-36　习题 11-2 手压阀装配示意图

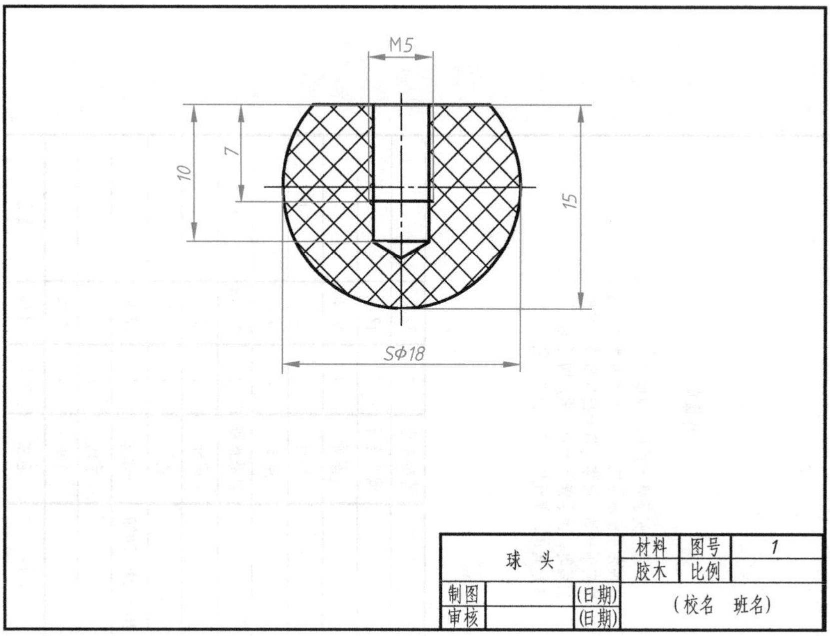

a)

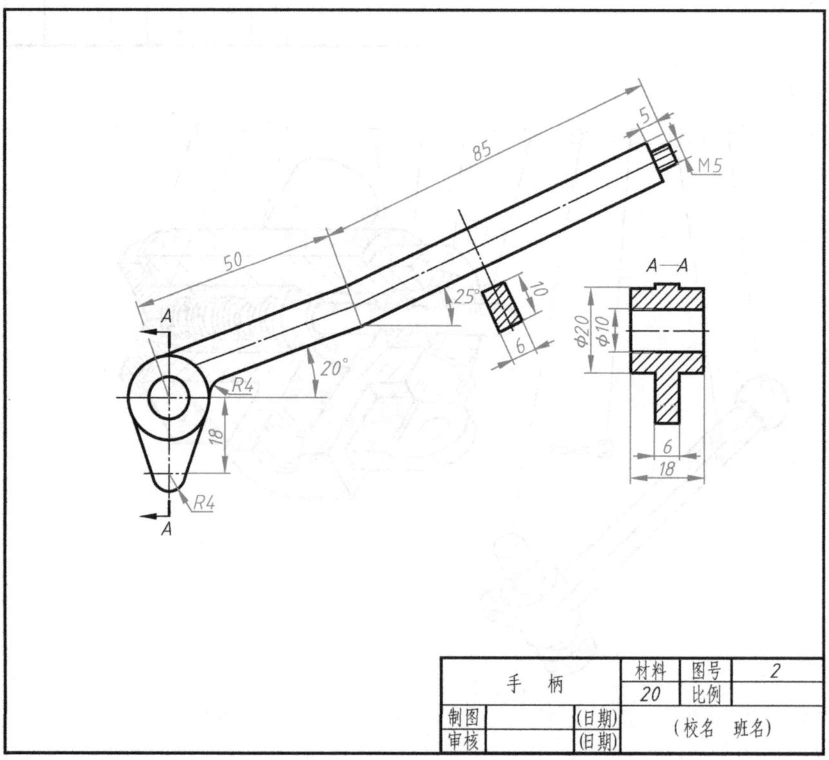

b)

图 11-37 习题 11-2 手压阀零件图

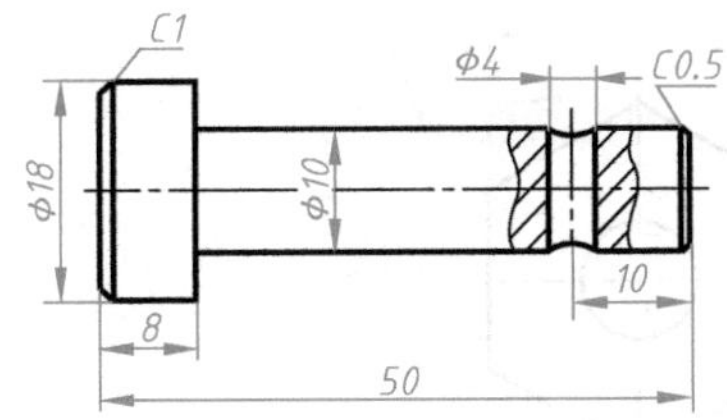

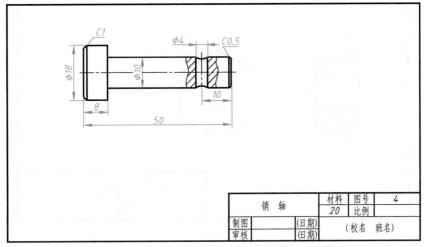

销 轴		材料	图号	4
		20	比例	
制图	(日期)	(校名 班名)		
审核	(日期)			

c)

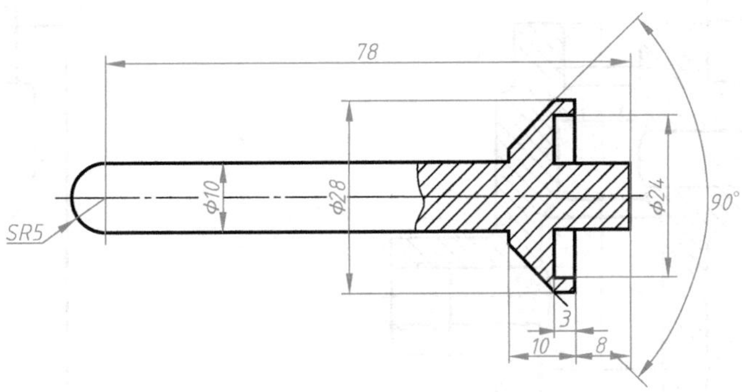

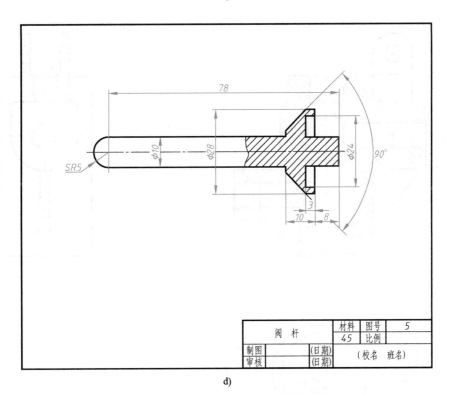

阀 杆		材料	图号	5
		45	比例	
制图	(日期)	(校名 班名)		
审核	(日期)			

d)

图 11-37 习题 11-2 手压阀零件图（续）

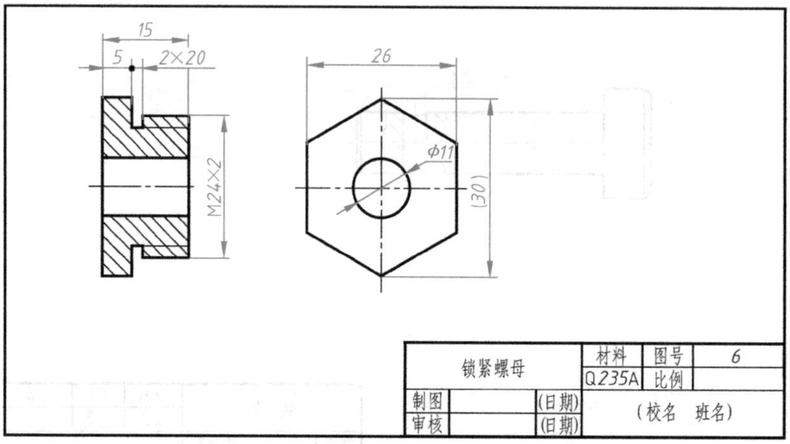

e)

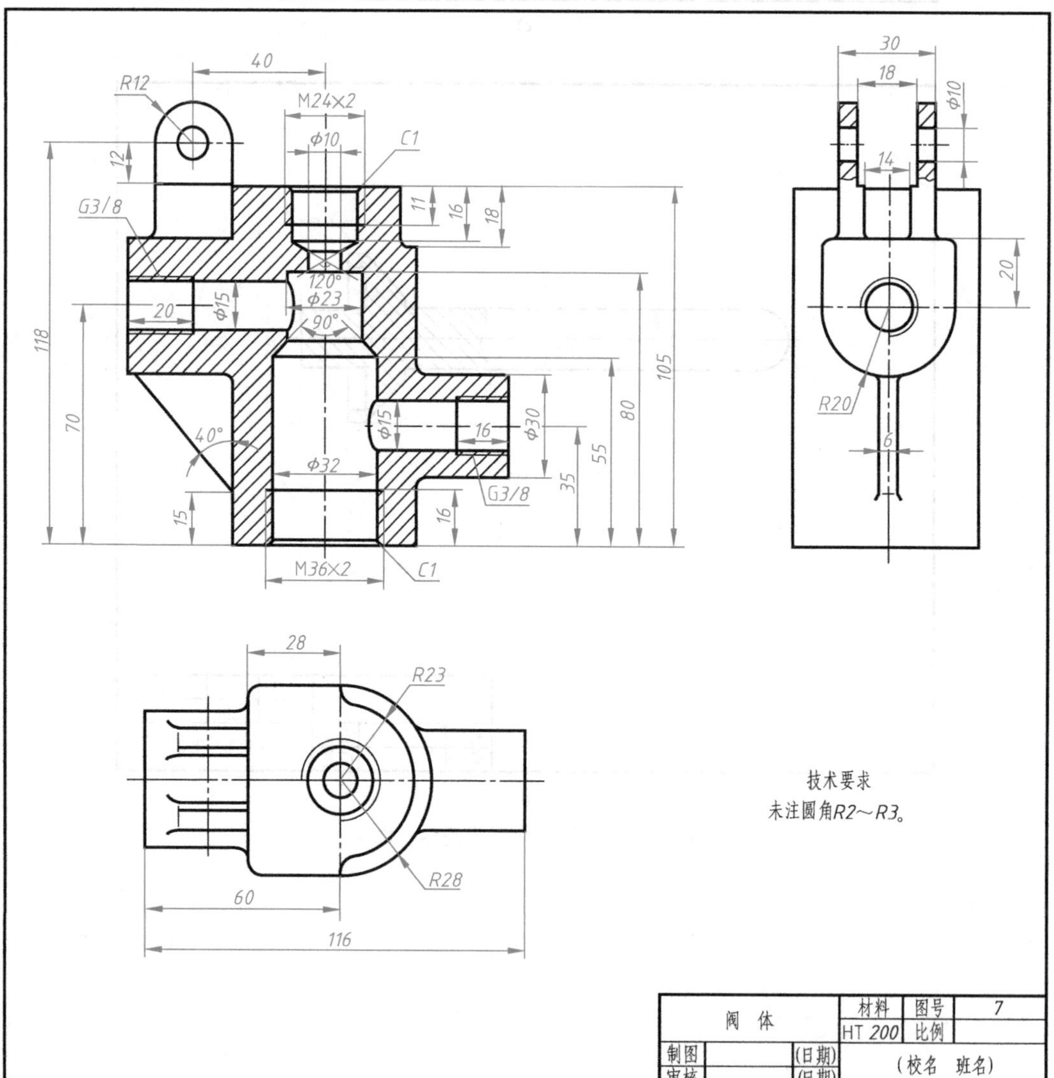

f)

图 11-37 习题 11-2 手压阀零件图（续）

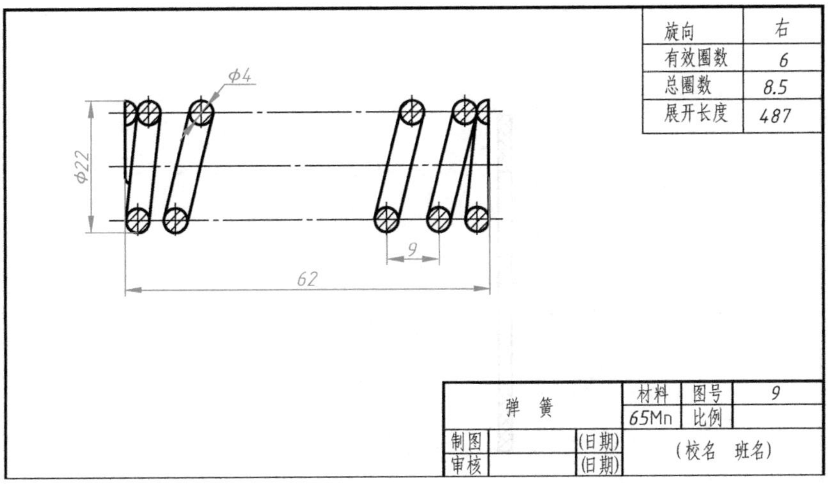

g)

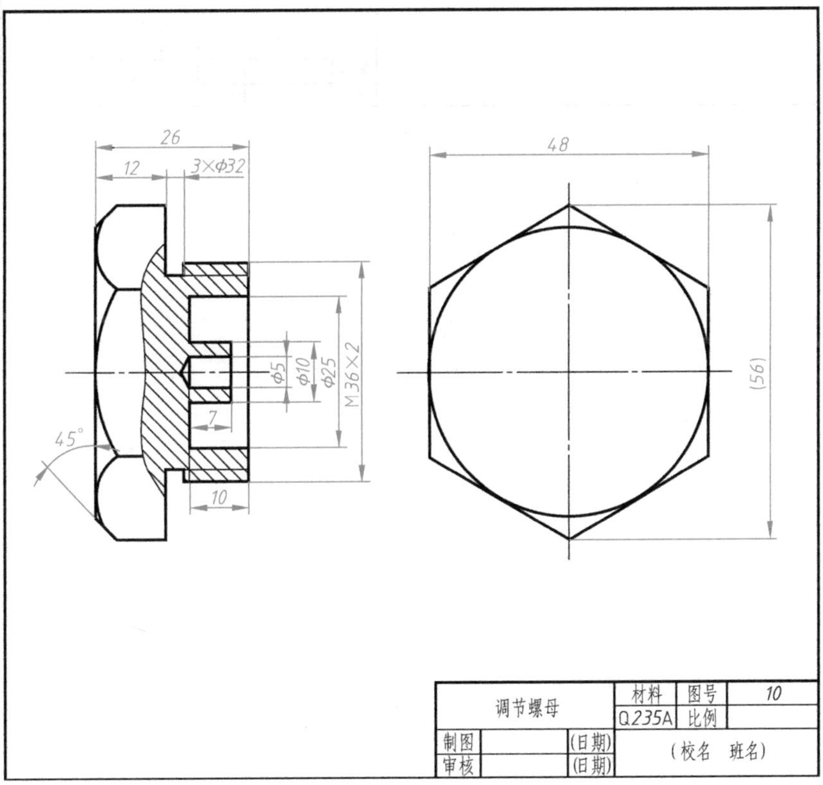

h)

图 11-37 习题 11-2 手压阀零件图（续）

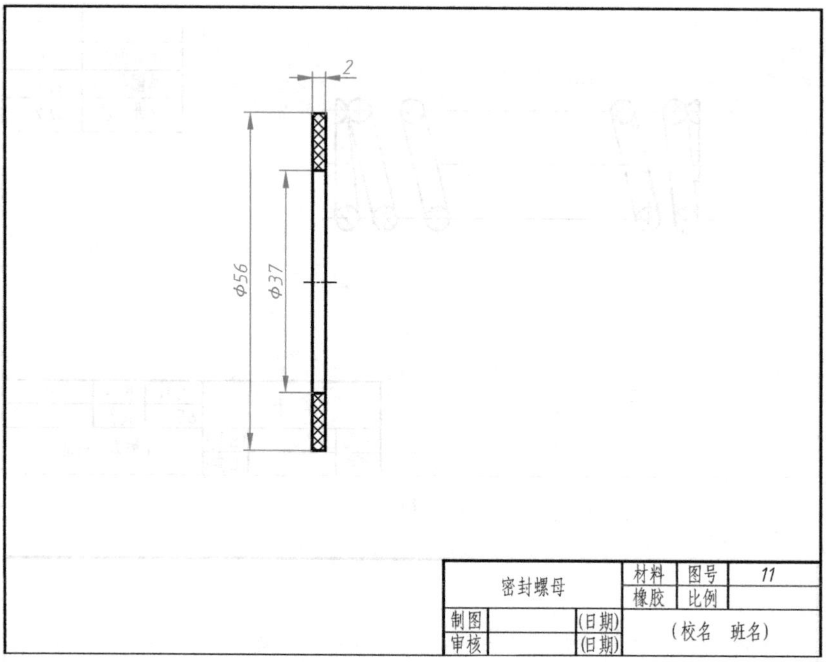

i)

图 11-37 习题 11-2 手压阀零件图（续）

第 12 章

工程图

SOLIDWORKS 2020 的工程图模块能够利用零件和装配体中建立的三维实体模型快速生成二维工程图。二维工程图与三维模型具有全相关的特点，在三维模型中发生的任何变动，其相应的二维工程图也会随之改变，从而使工程图与三维模型能随时保持一致；反之亦然。

12.1 创建工程图

1. 功能

创建工程图。

2. 命令格式

- 菜单栏：“文件”→“新建”。
- 命令管理器或工具栏按钮：🗋。

选择上述任何一种方式调用命令，SOLIDWORKS 都会弹出“新建 SOLIDWORKS 文件”对话框，如图 12-1 所示。如果规定了绘制图纸大小，则需要进行如下操作：单击“高级”按钮后，SOLIDWORKS 会出现如图 12-2 所示的“模板”选项卡，其中 gb_a0~gb_a4 分别代表国家标准 A0~A4 的图纸。选取图纸大小后，单击“确定”按钮即可完成工程图文件创建，以 A3 幅面图纸为例，此时显示如图 12-3 所示的样式。

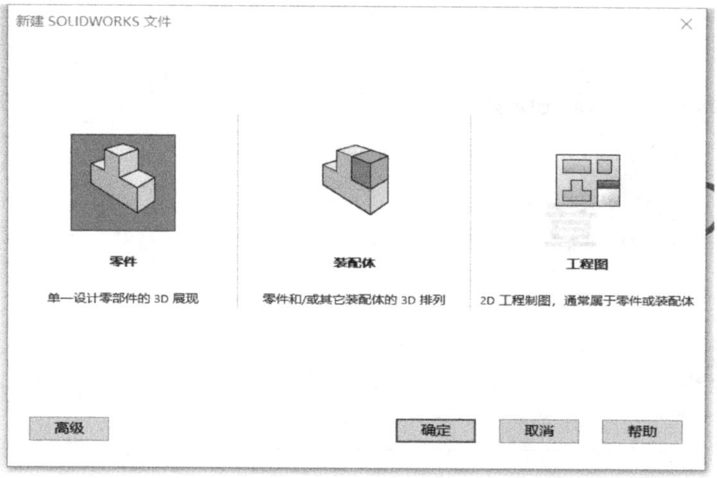

图 12-1 “新建 SOLIDWORKS 文件”对话框

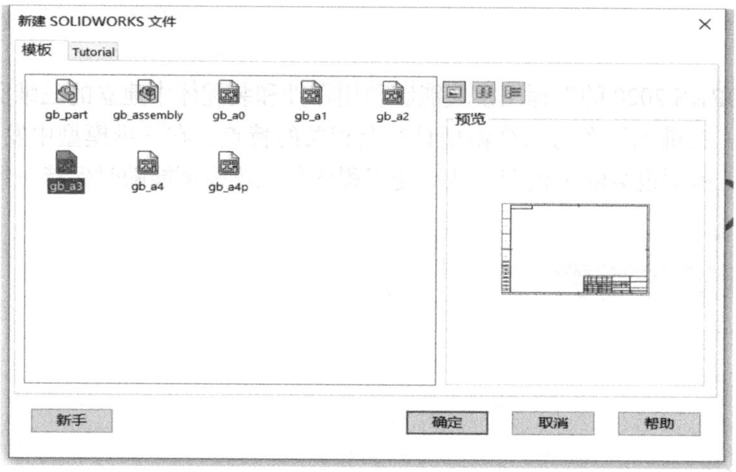

图 12-2 “模板”选项卡

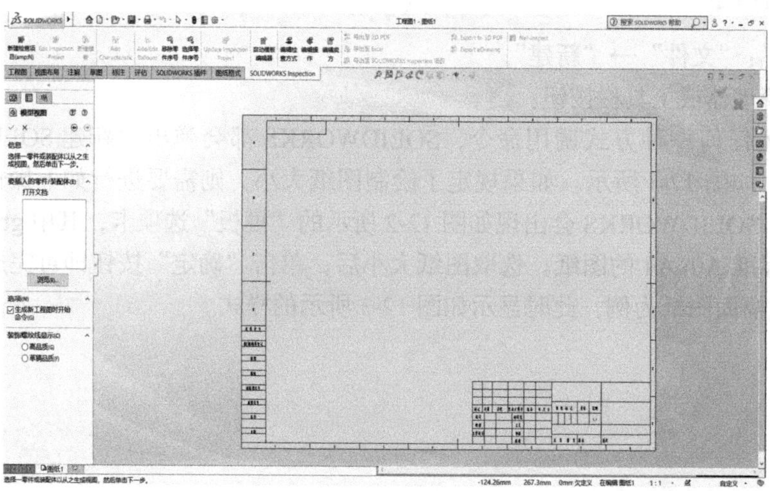

图 12-3 A3 幅面图纸样式

12.2 图纸编辑

SOLIDWORKS 2020 提供了四种标准图纸模板，但可能与所需的格式不完全相符，需要编辑修改。本节以一个简单 A3 图纸的图框设计为例，讲解模板编辑过程。具体步骤如下。

1）在工程图纸窗口任一处单击右键，在弹出的快捷菜单中选择“编辑图纸格式”命令，然后选择需要删除的部分，按〈Delete〉键即可。

2）按照 GB/T 14689—2008 的要求绘制图框格式及标题栏。利用“草图绘制”工具栏中的“直线”“尺寸标注”“延伸”“剪裁实体”“等距实体”命令，按照图 12-4 所示格式绘制图框及学生用标题栏。

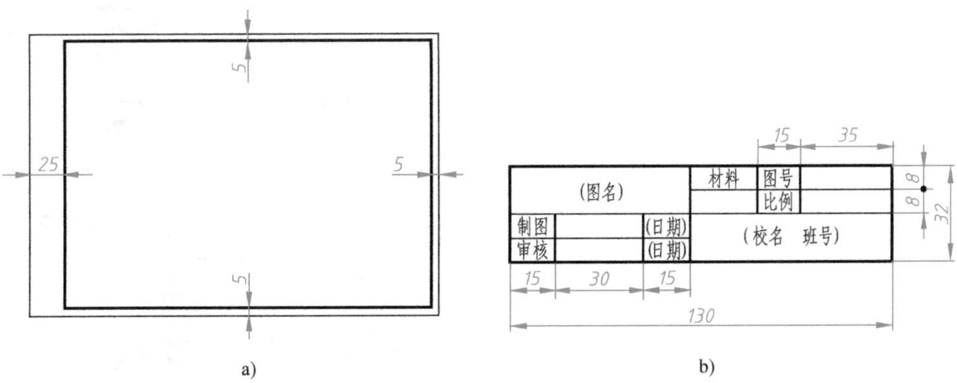

图 12-4 图框格式及学生用标题栏

a）A3 图纸图框格式 b）学生用标题栏

3）输入注释。在菜单栏选择“插入”→“注解”→“注释”命令，SOLIDWORKS 会弹出“注释”属性管理器，如图 12-5 所示。

在“注释”属性管理器的“引线”和“边界”选项组中选择引导注释的引线和箭头类型；在“文字格式”选项组中设置注释文字的格式，可勾选“使用文档字体”复选框，打开“选择字体”对话框，选择所需要的字体与大小。设置完成后拖动鼠标指针到需要注释的位置释放鼠标；在绘图窗口中输入文字，依次完成标题栏中各文字的输入。经过以上步骤，图纸格式如图 12-6 所示。

4）在菜单栏选择“文件”→“保存图纸格式”命令，在弹出的“保存图纸格式”对话框中选择保存路径并输入图纸保存名称“A3”，模板文件的扩展名为“slddrt”，单击“保存”按钮完成图纸模板的保存。再用到 A3 图纸格式便可调用此图纸模板，避免重复制作。

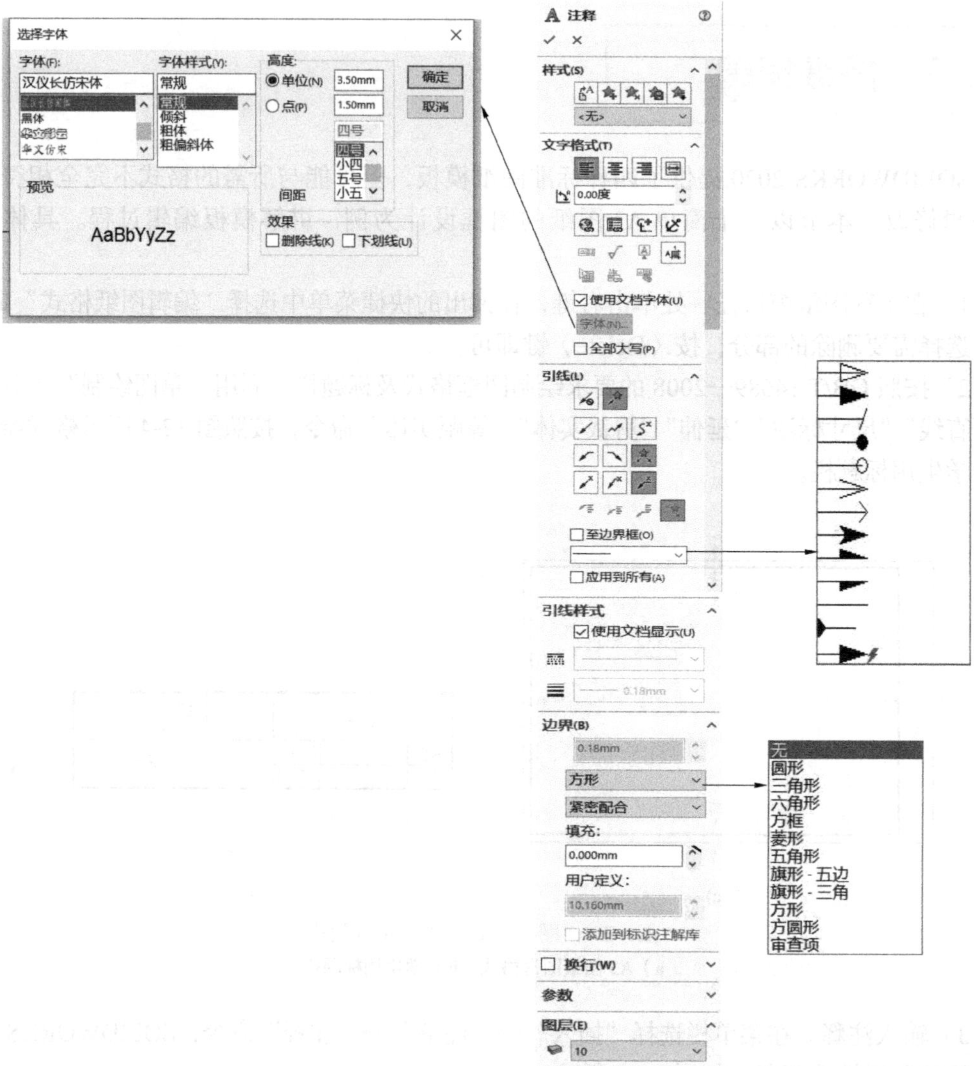

图 12-5 “注释”属性管理器

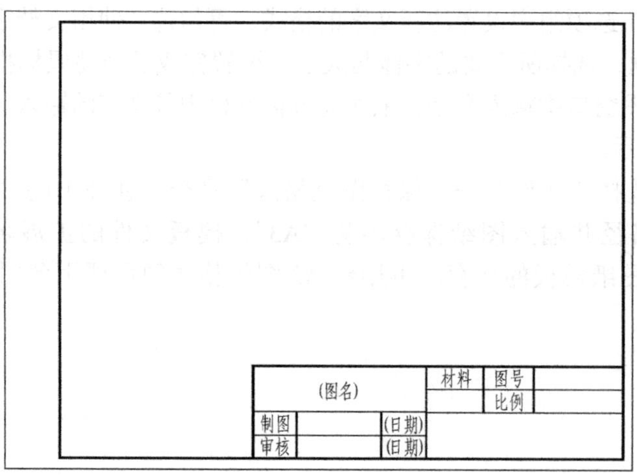

图 12-6 图纸格式样例

12.3 SOLIDWORKS 视图类型

SOLIDWORKS 提供了工程图常用的多种视图的相应命令，本节重点讲解标准三视图、轴测图和剖视图的创建方法。

12.3.1 生成标准三视图

1. 功能

生成标准三视图。

2. 命令格式

- 菜单栏：“插入”→“工程图视图”→“标准三视图”。
- 命令管理器或工具栏按钮：。

选择上述任何一种方式调用命令，SOLIDWORKS 都会弹出“标准三视图”属性管理器，如图 12-7 所示。在“标准三视图”属性管理器中单击“浏览”按钮，可浏览到所需的模型文件，如选择“阀罩”，阀罩实体图如图 8-29b 所示。单击“打开”按钮，并单击“标准三视图”属性管理器中的✓按钮，系统自动显示其三视图，如图 12-8 所示。

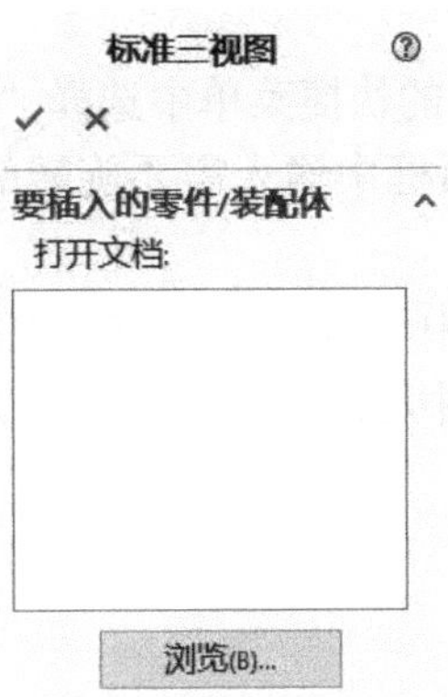

图 12-7 “标准三视图”属性管理器

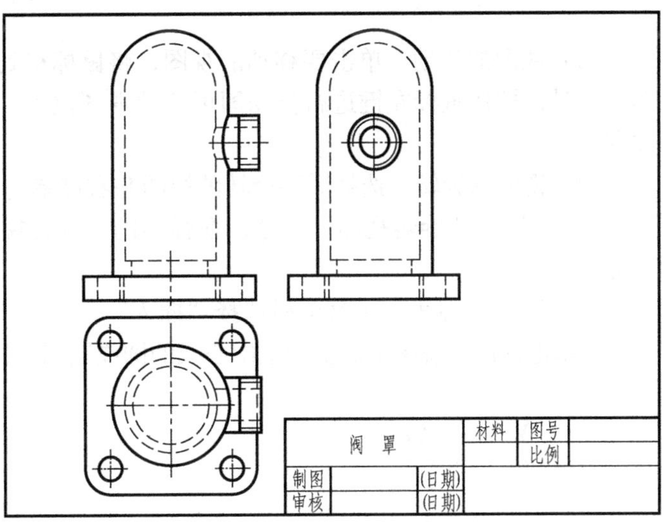

图 12-8 阀罩的三视图

3. 标准三视图的编辑

（1）视图显示比例的修改　鼠标右键单击三视图的工作窗口，在弹出的快捷菜单中选择“属性”命令，弹出的“图纸属性”对话框如图 12-9 所示，可在“比例”文本框中改变比例大小。

(2) 视角的改变　在“图纸属性”对话框的“投影类型”选项组中，可选择视角的类型（我国国家标准规定使用“第一视角”）。

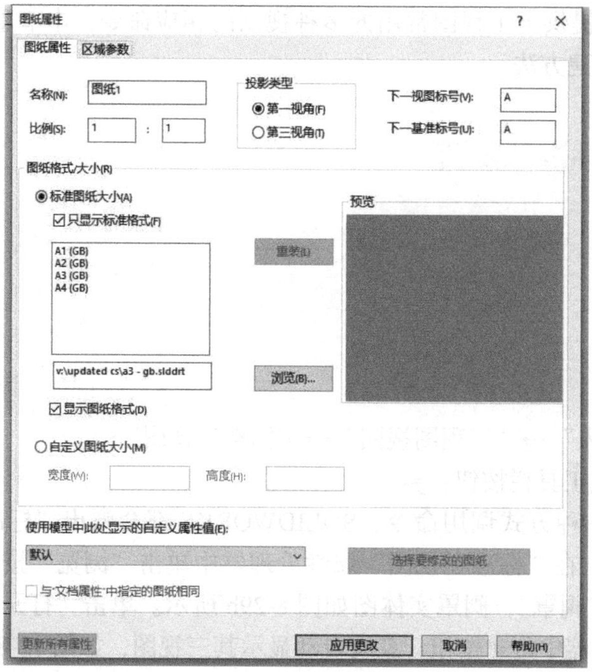

图 12-9 “图纸属性”对话框

(3) 视图的移动　单击要移动的视图，将鼠标移到视图边框附近，当鼠标指针变成移动图标时，按住鼠标左键进行拖动即可移动视图位置，此时其他两视图的位置也将相应地改变。

(4) 视图的旋转　选择需要旋转的视图并右键单击，从弹出的快捷菜单中选择“缩放/平移/旋转”→“旋转视图”命令，在弹出的“旋转视图”对话框中输入需要旋转的角度即可。

(5) 插入中心线　在菜单栏选择“插入”→“注解”→“中心符号线”或“中心线”命令，单击标准三视图中需要加上中心线的圆或圆弧，即可生成中心线。

12.3.2 创建轴测图

1. 功能

创建轴测图。

2. 命令格式

- 菜单栏：“插入”→“工程图视图”→“模型”。

- 命令管理器或工具栏按钮：。

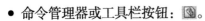

选择上述任何一种方式调用命令，SOLIDWORKS 都会弹出“模型视图”属性管理器。与生成标准三视图中选择模型的方法一样，在零件或装配体文件中选择一个模型。当返回到工程图文件时，系统自动出现一个方框表示模型视图的大小，同时，弹出的“模型视图”属性管理器如图 12-10 所示，可以在该管理器中对视图数量、视图方向、显示样式、比例等进行选择和修改。

在“模型视图”属性管理器的“方向”选项组中将“标准视图”选择为“正等测”单击按钮，在工程图中放置轴测图，如图 12-11 所示。

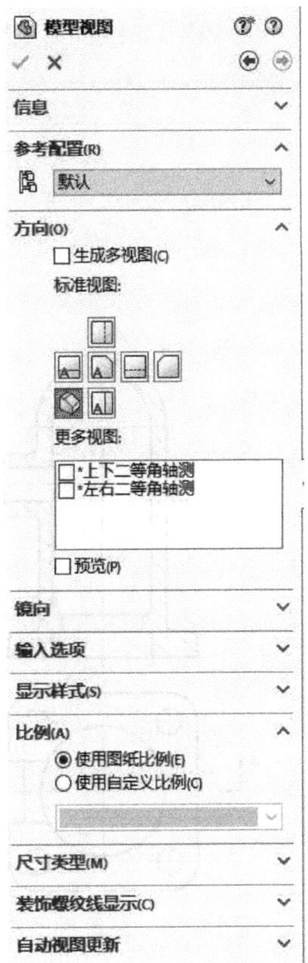

图 12-10 “模型视图”属性管理器

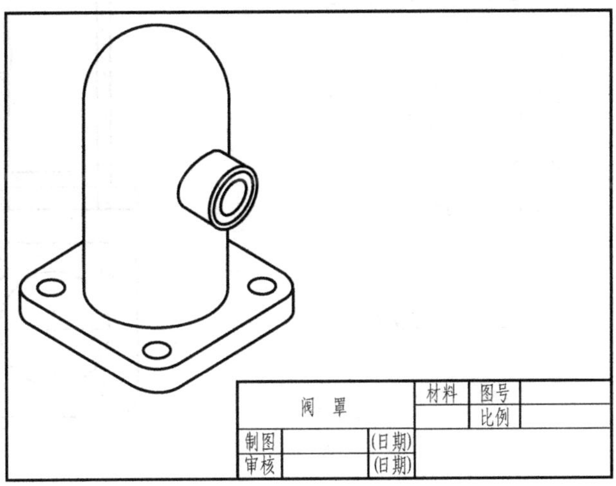

图 12-11 阀罩轴测图

12.3.3 创建剖视图

剖视图是工程视图中常用的表达方法，SOLIDWORKS 2020 提供了简单易用的剖视图工具。建立剖视图之前，按照 12.3.1 小节操作步骤首先生成一个视图作为源视图。

1. 功能

创建剖视图。

2. 命令格式

- 菜单栏：“插入”→“工程图视图”→“剖面视图”。
- 命令管理器或工具栏按钮：。

选择上述任何一种方式调用命令，SOLIDWORKS 都会显示如图 12-12 所示的“剖面视图辅助”属性管理器，提示选择剖切线并将其置于视图上。选择好剖切线之后，SOLIDWORKS 将会显示一个跟随鼠标指针移动的直线，选择合适的位置后单击鼠标左键，再单击按钮，即可自动生成一个与源视图有投影关系的剖视图，如图 12-13 所示。

SOLIDWORKS 自动生成的剖视图通常与制图的要求不符，因此应对其进行修改，结果如图 12-14 所示。

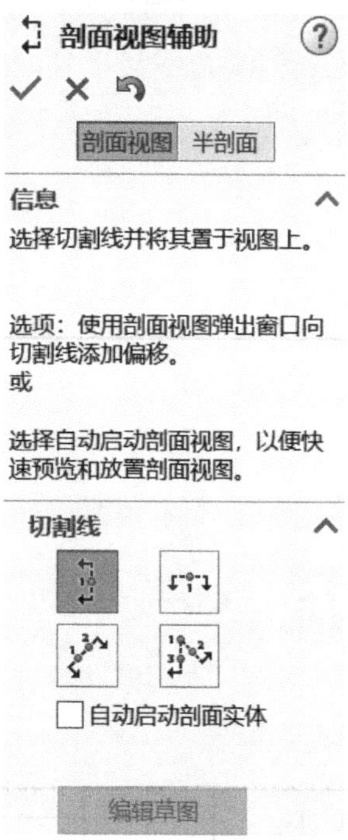

图 12-12　“剖面视图”选项卡

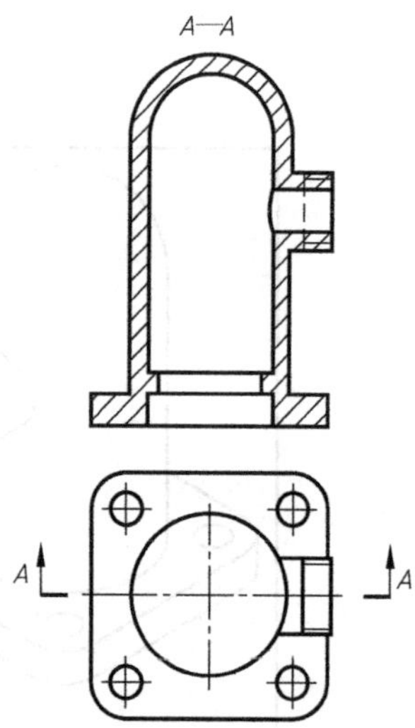

图 12-13　自动生成的剖视图

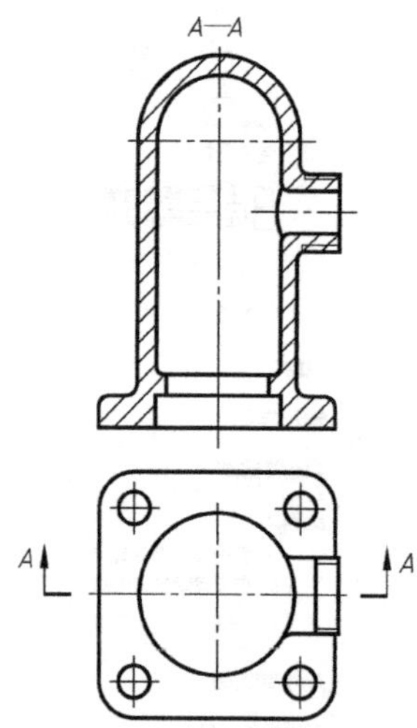

图 12-14　修改后的剖视图

> **说明：** 阶梯剖视图同样可单击按钮调用“剖面视图”命令完成，但需要在选择切割线之后，在弹出的属性管理器中单击“阶梯剖”按钮，并按照提示选择合适的剖切深度，完成阶梯剖切线的绘制。

对于圆盘形的零件，为了表达其内部结构，可采用旋转剖视图。在如图 12-12 所示属性管理器的“切割线”选项组中单击按钮即可进行旋转剖切线的绘制。绘制完成后，单击按钮即可生成一个与源视图有投影关系的旋转剖视图，如图 12-15 所示。

讲解视频：创建旋转剖视图（图 12-15）

半剖视图同样可单击按钮调用“剖面视图”命令完成。在

“剖面视图辅助”属性管理器中单击展开“半剖面”选项卡，如图 12-16 所示。在“半剖面”选项组中，选择合适的形式并将生成的半剖视图预览放置在绘图窗口合适位置，即可得到半剖视图，如图 12-17 所示。

SOLIDWORKS 自动生成的半剖视图一般不符合制图的规定，因此应对其进行修改，结果如图 12-18 所示。

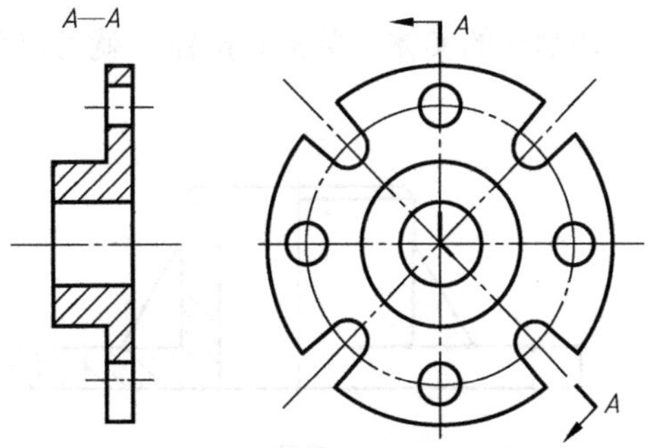

图 12-15　旋转剖视图样例

讲解视频：
创建半剖视图
（图 12-17）

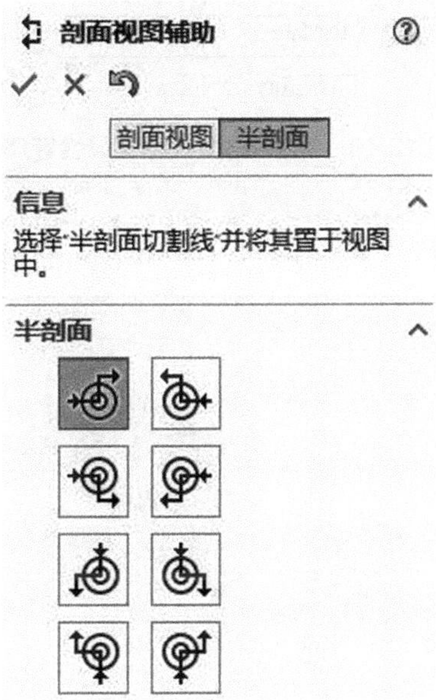

图 12-16　“半剖面”选项卡

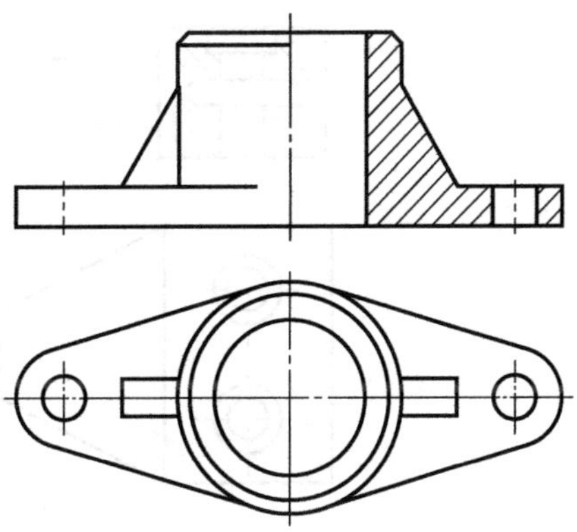
图 12-17　自动生成的半剖视图

12.3.4 创建局部剖视图

1. 功能

创建局部剖视图。

2. 命令格式

- 菜单栏：“插入”→“工程图视图”→“断开的剖视图”。
- 命令管理器或工具栏按钮：。

选择上述任何一种方式调用命令，当把鼠标指针移动到工程图图样上面时，鼠标指针会变成“铅笔”形状，此时可以在需要进行局部剖的位置绘制一封闭轮廓。绘制完后，SOLIDWORKS 会弹出“断开的剖视图”属性管理器，如图 12-19 所示，用于设置剖切深度或切割到的实体。单击✔按钮，就可以得到如图 12-20 所示的局部剖视图。

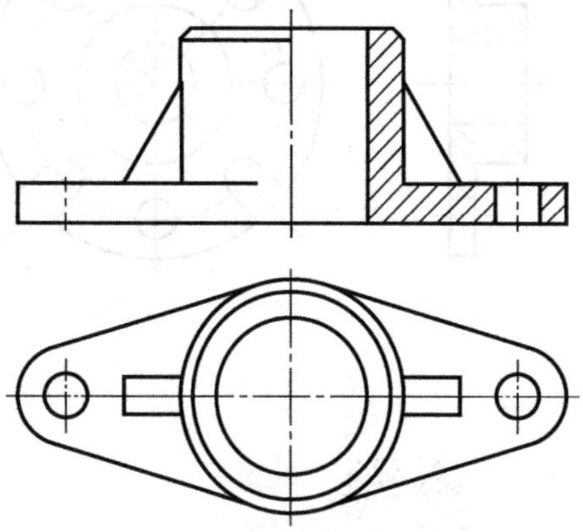

图 12-18　修改后的半剖视图

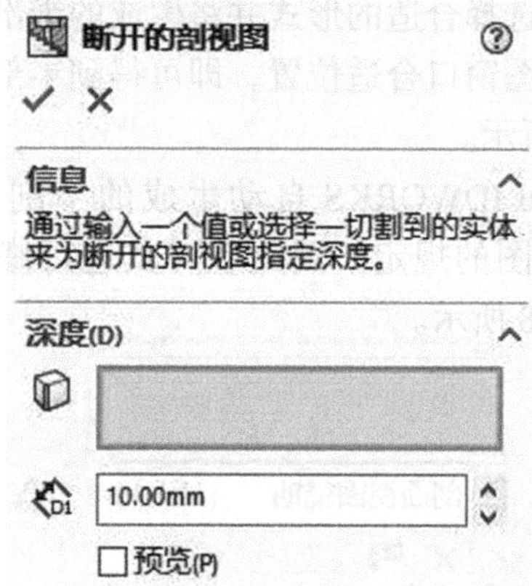

图 12-19　“断开的剖视图”属性管理器

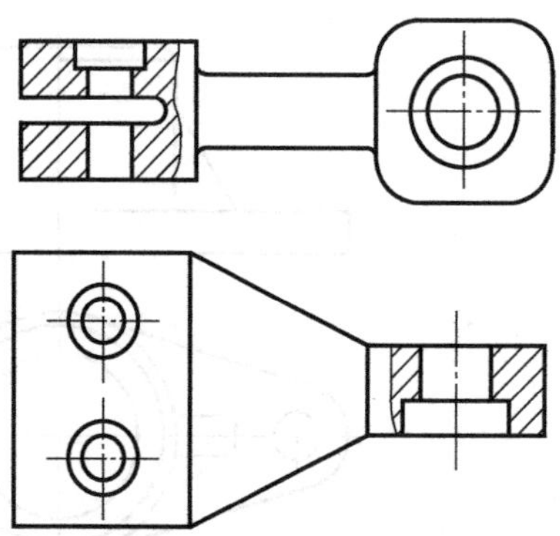

图 12-20　局部剖视图

讲解视频：创建局部剖视图（图 12-20）

12.4　标注尺寸与表面粗糙度

在 SOLIDWORKS 工程图中，可以方便地生成尺寸、表面粗糙度等技术要求。可对创建模型时标注的尺寸进行修改，也可以根据实际需要进行标注。

12.4.1　尺寸标注

1. 功能

标注尺寸。

2. 命令格式

- 菜单栏：“插入”→“模型项目”。
- 命令管理器或工具栏按钮：。

选择以上任何一种方式调用命令，SOLIDWORKS 都会弹出“模型项目”属性管理器，如图 12-21 所示，该属性管理器用于导入零部件在建模时已经设定好的尺寸和注解。

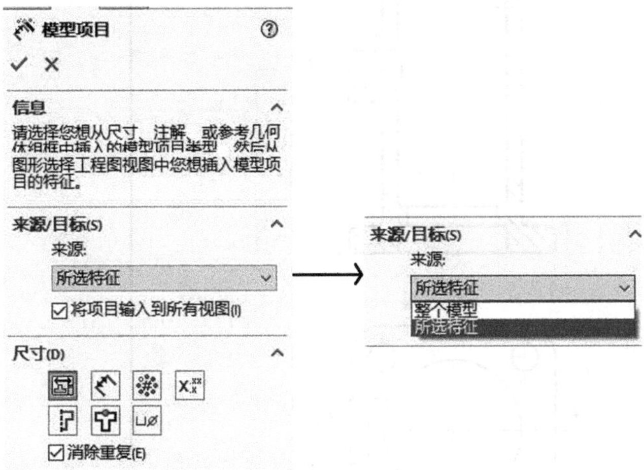

图 12-21 “模型项目”属性管理器

“模型项目”属性管理器中各主要选项的功能如下。

（1）“来源 / 目标”选项组

1）所选特征：尺寸来自绘图窗口中所选特征。

2）整个模型：尺寸来自整个模型。

勾选“将项目输入到所有视图”复选框，尺寸标注将被导入到最能清楚体现其所描述特征的视图上。

（2）“尺寸”选项组

1）：插入工程图标注尺寸。

2）：插入标注尺寸。

3）：插入实例数或圈数的整数。

4）：仅插入那些具有公差的尺寸。

5）：为以异型孔向导生成的孔插入剖视图的轮廓尺寸。

6）：为以异型孔向导生成的孔插入剖视图的位置尺寸。

7）：为以异型孔向导特征孔插入标注的孔尺寸。

若勾选“将项目输入到所有视图”复选框，则将导入所有模型项目，或者根据需要选择以上个别项目进行导入。

勾选“消除重复”复选框，可为每个尺寸消除重复标注。单击按钮，只插入那些在零件建模时所标注的尺寸。

单击✔按钮，即可看到尺寸已添加到工程图上，拖动各尺寸进行定位，结果如图 12-22 所示。

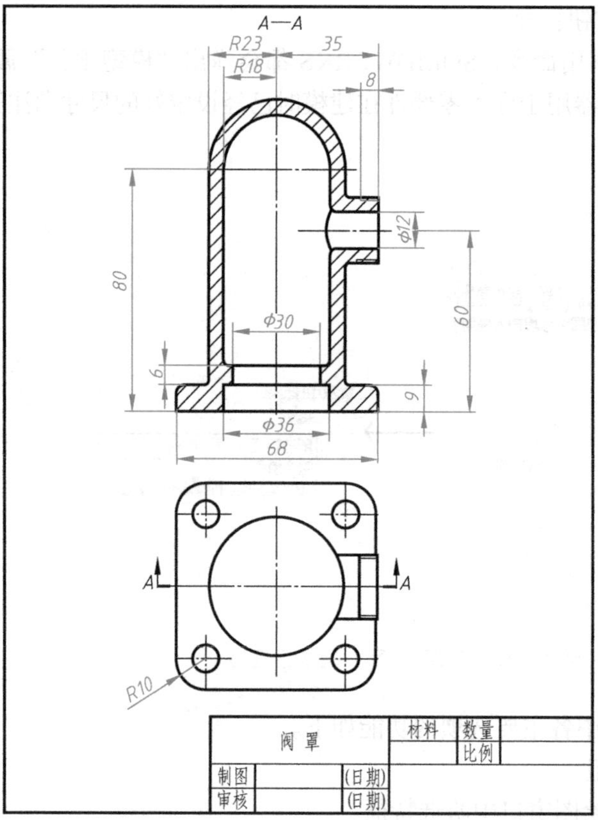

图 12-22 自动导入尺寸标注结果

由图 12-22 可以发现，自动导入的尺寸标注一般不符合实际工程图表达的要求，需要进行修改、删除或增加等操作。

（1）修改尺寸 双击某一尺寸，SOLIDWORKS 会弹出“修改”对话框，如图 12-23 示。对尺寸数值进行修改，然后单击“重建模型”按钮 ，则零件按修改后的尺寸重建，且工程图及零件模型都会更新。

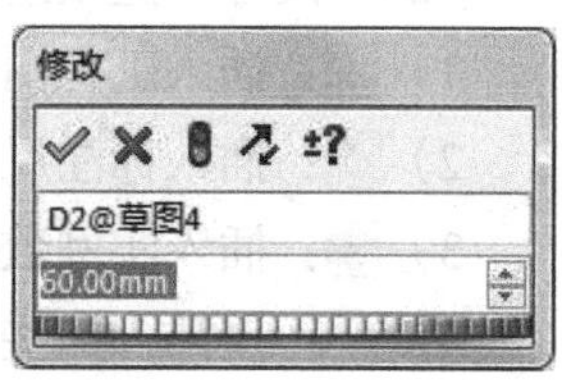

图 12-23 “修改”对话框

（2）删除尺寸 单击要删除的尺寸后，按〈Delete〉键，选定的尺寸即被删除。如图 12-22 所示，应删除半径尺寸 *R*18 和 *R*23，以重新进行标注。

（3）添加尺寸 与绘制零件草图一样，单击“尺寸标注”按钮 可为工程图添加尺寸标注。双击新添加的尺寸，则可在如图 12-24 所示的“尺寸”特征管理器中设定箭头外观与标注样式，并可以改变标注尺寸显示的内容以及选择各种常用符号等。

修改后的尺寸标注如图 12-25 所示。

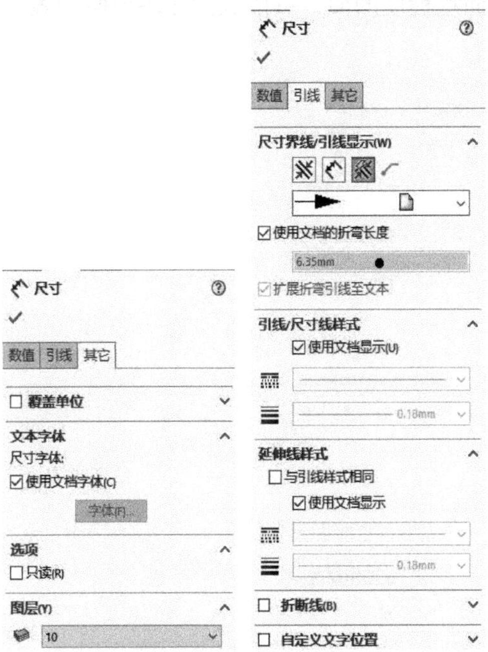

图 12-24 “尺寸”特征管理器

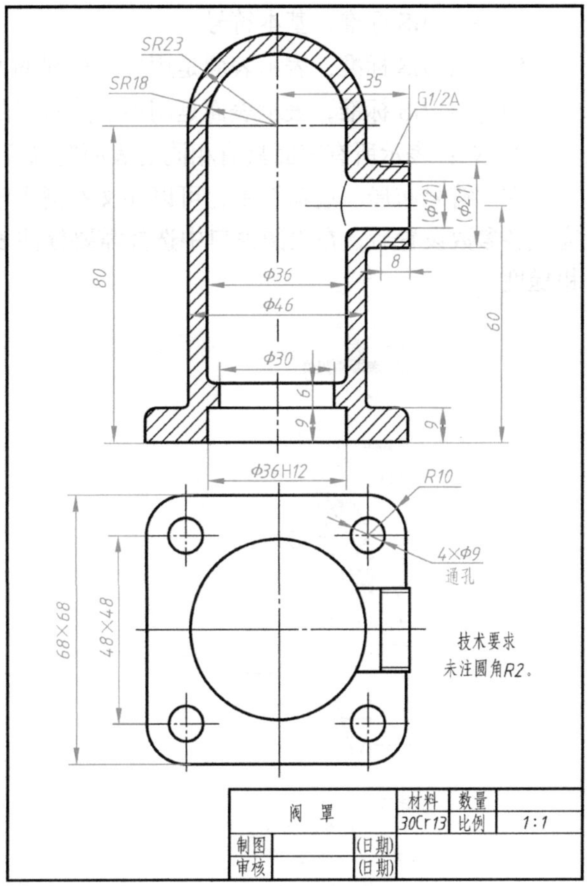

图 12-25 修改后的尺寸标注

12.4.2 表面粗糙度

1. 功能

标注表面粗糙度。

2. 命令格式

- 菜单栏：“插入”→“注解”→“表面粗糙度符号”。
- 命令管理器或工具栏按钮：√。

选择上述任何一种方式调用命令，SOLIDWORKS 都会弹出“表面粗糙度”属性管理器，如图 12-26 所示，其中主要选项的功能如下。

1）√：基本符号，表示表面可用任何方法获得。

2）√：表示表面是用去除材料的方法获得。

3）√：表示表面是用不去除材料的方法获得。

4）▽：JIS标准，基本符号。

5）√：JIS标准，表示表面是用去除材料的方法获得。

6）~：JIS标准，表示表面是用不去除材料的方法获得。

7）：表示所有表面具有相同的表面粗糙度要求。

在“符号布局”选项组中，可以在文本框中输入对应的参数值。按照图12-27所示内容完成各参数设置后，在绘图窗口中选择需要标注表面粗糙度的面，可依次标注多个面的表面粗糙度。

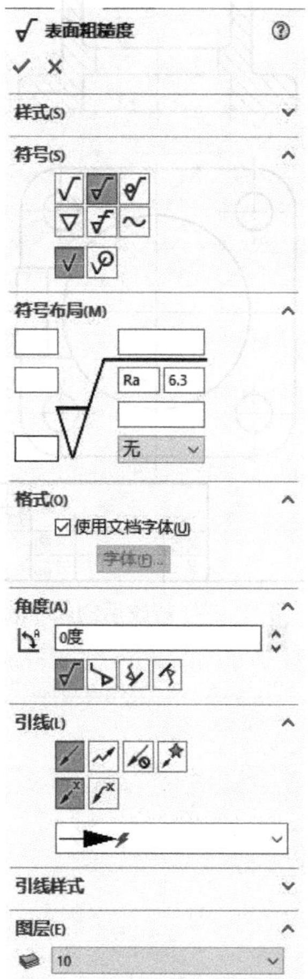

图12-26 “表面粗糙度”属性管理器

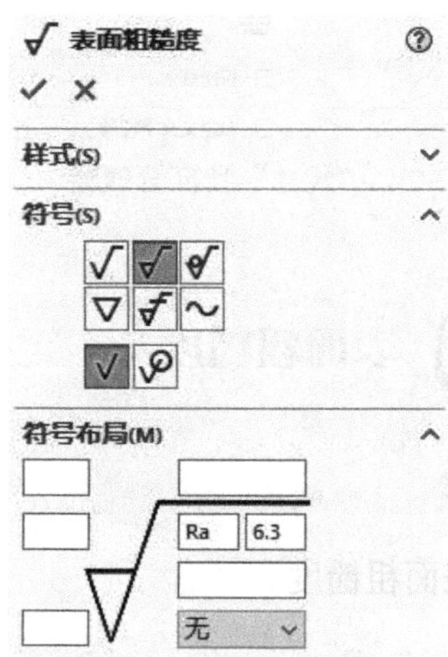

图12-27 设置表面粗糙度格式

最后，由实体模型得到的阀罩工程图，如图12-28所示。

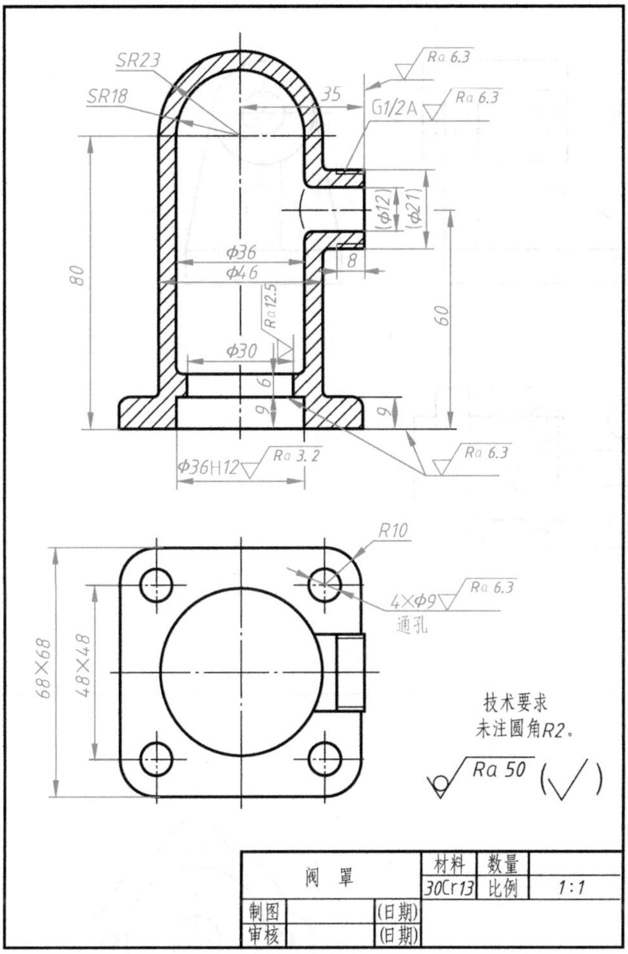

图 12-28 阀罩工程图

讲解视频：标注表面粗糙度（图 12-28）

思政拓展： 无论是机械制图、建筑制图还是土木制图，清晰、规范、准确的工程图都是成功制造（建造）的关键，扫描右侧二维码了解让重建黄鹤楼成为现实的手绘设计图。

思政拓展
重建黄鹤楼手绘设计图

习 题

【习题 12-1】 将习题 11-2 的手压阀生成装配体的工程图。

【习题 12-2】 根据图 12-29 所示轴承座三视图先进行实体造型，再生成工程图（标准三视图）。

【习题 12-3】 根据图 12-30 所示零件图先进行实体造型，再生成工程图（剖视图），并标注尺寸和表面粗糙度。

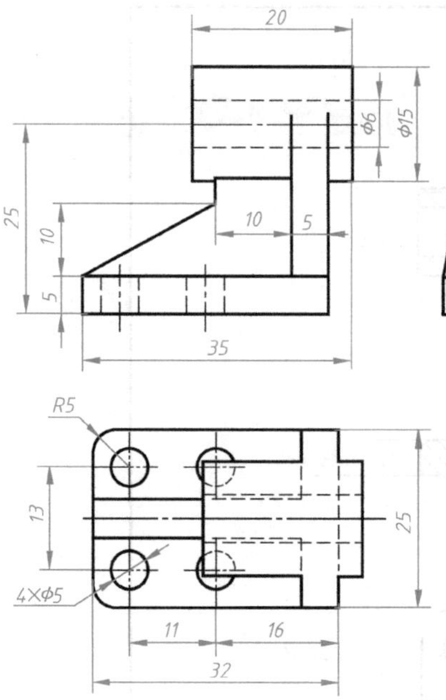

图 12-29　习题 12-2 图

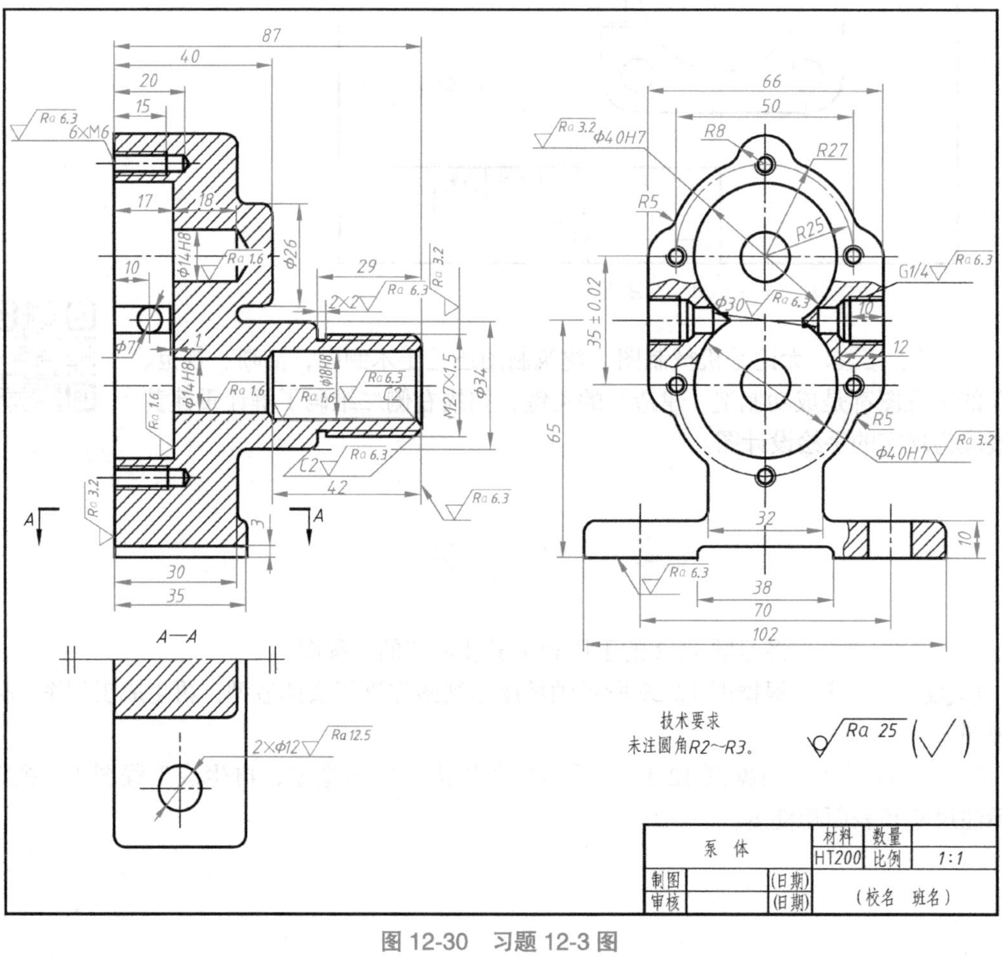

图 12-30　习题 12-3 图

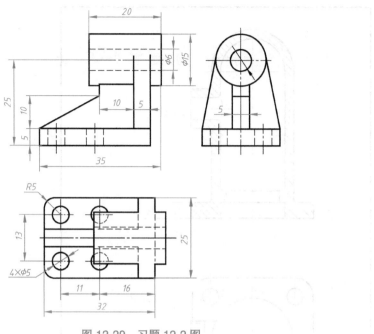

参 考 文 献

[1] CAD/CAM/CAE 技术联盟 . AutoCAD 2020 中文版从入门到精通：标准版[M]. 北京：清华大学出版社，2020.
[2] 天工在线 . 中文版 SOLIDWORKS 2020 从入门到精通：实战案例版[M]. 北京：中国水利水电出版社，2020.